"十二五"职业教育国家规划教材
经全国职业教育教材审定委员会审定

≫ 中等职业教育化学工艺专业系列教材

无机物工艺及设备

杨雷库　梅鑫东　主　编
于兰平　主　审

化学工业出版社
·北京·

本书是根据教育部近期制定的《中等职业学校化学工艺专业教学标准》，由全国石油和化工职业教育教学指导委员会组织编写的全国中等职业学校规划教材。主要内容包括硫酸、硝酸、纯碱、尿素、硝酸铵、磷肥、钾肥、复合肥料等大宗无机物产品的生产。每种产品的生产为一个项目，下设若干任务，包括了解产品的性质、规格及用途、人身健康危害及防护、生产原料及生产方法，掌握各生产工序的基本原理、工艺条件的选择和工艺流程等工艺知识，熟悉各生产工序主要设备的结构特点和维护要点，掌握各工序系统的操作要点、主要异常现象及处理。在每个项目的最后还设一个任务，了解各产品生产过程的“三废”处理、能量回收和防腐。

本教材可作为中等职业化学工艺专业教学用书，也可作为化学工程技术人员参考用书。

图书在版编目（CIP）数据

无机物工艺及设备/杨雷库，梅鑫东主编 .—北京：化学工业出版社，2016. 3 (2023. 9 重印)
“十二五”职业教育国家规划教材
ISBN 978-7-122-25965-3

Ⅰ. ①无…　Ⅱ. ①杨…②梅…　Ⅲ. ①无机物-生产工艺-中等专业学校-教材②无机物-生产设备-中等专业学校-教材　Ⅳ. ①TQ110. 6

中国版本图书馆 CIP 数据核字（2016）第 000014 号

责任编辑：旷英姿　　文字编辑：向　东
责任校对：陈　静　　装帧设计：王晓宇

出版发行：化学工业出版社（北京市东城区青年湖南街 13 号　邮政编码 100011）
印　　装：北京七彩京通数码快印有限公司
787mm×1092mm　1/16　印张 17¾　字数 420 千字　　2023 年 9 月北京第 1 版第 4 次印刷

购书咨询：010-64518888　　售后服务：010-64518899
网　　址：http://www.cip.com.cn
凡购买本书，如有缺损质量问题，本社销售中心负责调换。

定　　价：45.00 元

版权所有　违者必究

前 言

本书是根据教育部近期制定的《中等职业学校化学工艺专业教学标准》，由全国石油和化工职业教育教学指导委员会组织编写的全国中等职业学校规划教材。本书主要内容包括无机酸、纯碱和化学肥料等无机物产品。对每种产品，从了解该产品的性质、规格用途、人体危害与防护及生产方法开始，通过掌握生产工艺知识和熟悉主要设备的结构和维护，达到懂得生产系统的操作方法要点、有理论、懂操作的学习目的。每种产品的生产自成一个项目，每个项目下设若干任务，每个任务对应一个学习环节。为了树立节能降耗和绿色环保意识，部分项目最后介绍各产品生产中实施的安全环保和节能降耗措施；为了对接后续的学习，还涉及了反应动力学知识及基本工艺计算。为开拓知识视野，简单介绍了近年来的无机物生产的新工艺、新技术和新方法。为方便教学，本书配套有电子课件。本书中所涉及项目一般按照酸、碱、盐的次序排列，但考虑到有些项目对应的无机物是另外一些项目对应无机物的生产原料，借此编排项目次序。本书未涉及盐酸的生产，因为该内容被编排在配套教材《氯碱 PVC 生产工艺及设备》之中。

本书由陕西省石油化工学校杨雷库任主编，并编写项目一、项目三和项目五，江西省化工学校梅鑫东任副主编，并编写项目二和项目六，河南化工技师学院毛琳编写项目四，山东化工技师学院徐志勤编写项目七，陕西省石油化工学校王乐启编写项目八。山东济宁技师学院陈立文对项目五的编写提供了帮助。全书由天津渤海职业技术学院于兰平教授主审。

由于编者水平所限，疏漏之处在所难免，恳请专家及使用本书的广大师生批评指正。

编者

2016 年 1 月

目 录

项目四　硝酸铵的生产　101

项目一

硫酸的生产

任务一 了解硫酸产品

一、硫酸的性质

纯硫酸（H_2SO_4）为无色无味的油状黏稠液体（图 1-1），相对密度 1.8269，熔点 10.5℃，沸点 279.9℃，加水稀释或溶解三氧化硫均会使其凝固点下降。硫酸沸点高、难挥发，易溶于水，能以任意比与水混溶，且混合时放出大量的热。含 H_2SO_4 98.3%（质量分数）的水溶液，由于能形成恒沸物，其沸点和密度达到最大。

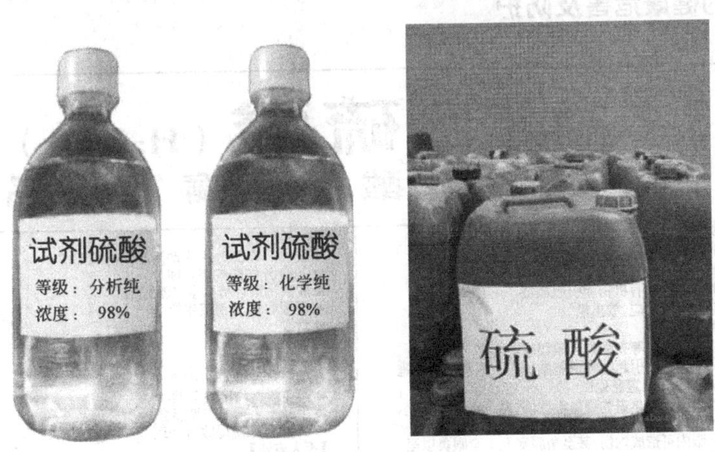

图 1-1　硫酸产品

硫酸是一种活泼的二元无机强酸，能和许多金属发生反应，并能分解大多数盐类。稀硫酸与活性顺序位于氢之前的金属作用，能生成相应的硫酸盐或酸式硫酸盐并析出氢气。浓硫酸具有强氧化性、吸水性和强酸腐蚀性。热的浓硫酸能与活性顺序位于氢之后的金属如铜、银发生氧化反应，其本身被还原成二氧化硫。浓硫酸还具有磺化性。

二、硫酸产品的规格及用途

硫酸分为稀硫酸、浓硫酸和发烟硫酸三种，其中稀硫酸和浓硫酸都是 H_2SO_4 的水溶液，浓度用所含 H_2SO_4 的质量分数表示。例如，93%和 98.3%的硫酸，而发烟硫酸是将 SO_3 通入 98.3%的浓硫酸中，溶解形成的含游离 SO_3 的硫酸溶液，由于暴露在空气中时会产生“发烟”现象，故称为发烟硫酸。发烟硫酸的浓度以所含游离 SO_3 或总 SO_3 的质量分数表示，也可以所含游离 SO_3 折合成 H_2SO_4 的质量占发烟硫酸总质量的分数表示，例如，20%SO_3（游离）和 65%SO_3（游离）的发烟硫酸，或者 104.50%和 114.62%的发烟硫酸。

如图 1-2 所示，硫酸是一种重要的工业原料，可用于制造肥料、药物、炸药、颜料、洗涤剂、蓄电池等，也广泛应用于净化石油、金属冶炼以及染料等工业中。稀硫酸可用于调节溶液 pH、金属除锈及生产硫酸铵、硫酸脲、硫酸钾等化肥，浓硫酸可用作氧化剂、干燥剂和脱水剂等，发烟硫酸主要用作磺化剂、硝化脱水剂和制造染料等。

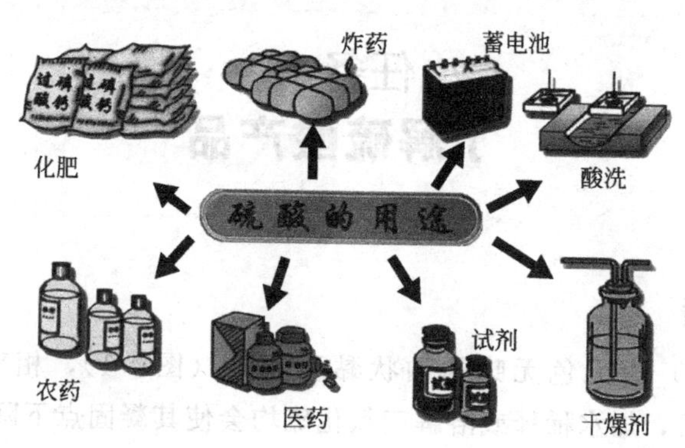

图 1-2　硫酸的用途

三、硫酸的健康危害及防护

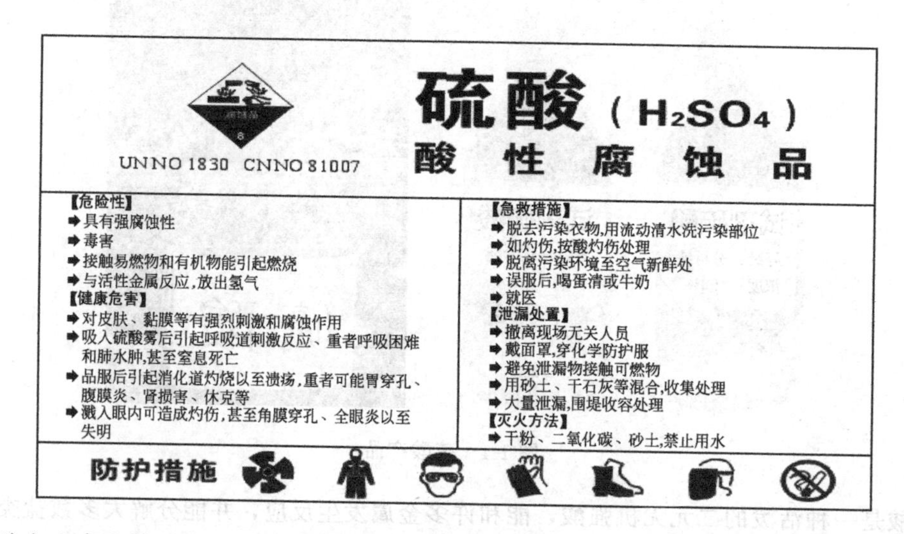

硫酸在生产和使用中，对人体健康的危害主要有火灾、爆炸、中毒、化学灼伤等，它是引起职业病的危险因素。

1. 火灾、爆炸危险

硫酸本身没有燃烧性和爆炸危险，但高浓度硫酸可与许多物质，特别是有机物剧烈反应，释放出大量的热，从而引起火灾和爆炸；当硫酸与金属反应时可释放出氢气，氢气可与空气形成爆炸性混合物，易发生火灾和爆炸；在硫酸生产中，操作不当，也可引起火灾和爆炸，因此因硫酸引起的火灾和爆炸事故屡见不鲜。

2. 中毒

人体接触硫酸可引起急性中毒。硫酸对皮肤及黏膜等组织有强烈的刺激和腐蚀危害；硫酸蒸气或酸雾可引起结膜炎、角膜混浊以致失明，可引起呼吸道刺激，重者发生呼吸困难和肺水肿；高浓度硫酸蒸气或酸雾会引起喉痉挛或声门水肿而窒息死亡。硫酸能引起消化道烧伤以致形成溃疡，严重者可引起胃穿孔、腹膜炎、肾损害及休克等。硫酸对人体的慢性影响：可引起牙齿酸蚀症、慢性支气管炎、肺气肿和肺硬化。

3. 化学灼伤

化学灼伤是硫酸生产中常见的人体危害。硫酸能使皮肤出现以浅红色为基底的、边缘清楚的溃疡。这些损伤常经久不愈，并形成很大的疤痕，使身体某些功能受到抑制，如灼伤面积过大，可导致死亡。硫酸溅入眼内可造成灼伤，导致角膜穿孔，以至失明。

4. 防护措施

为了减少硫酸对人体造成的危害，作业中应采取防护措施。

(1) 提高生产过程的密闭化和操作的机械化、自动化水平。

(2) 生产和贮存硫酸的场所要阴凉、干燥、通风良好。硫酸应与易燃或可燃物、碱类及金属粉末分开存放。

(3) 用水稀释浓硫酸时，应将浓硫酸缓慢倒入水中并不断搅拌。切勿将水直接倒入浓硫酸中，以防硫酸猛烈地飞溅而造成事故。

(4) 作业人员应穿戴合适的个体防护用品，包括防护眼镜、面罩、手套、胶靴及防护服等。

(5) 应有淋浴器、浴室及清洗用喷头，并应提供紧急冲洗眼睛的喷嘴。

(6) 触及硫酸后，应立即用大量水连续冲洗 10～15min，用弱碱性溶液冲洗眼睛时水流不能过急。

(7) 接触高浓度硫酸蒸气的受害者，应立即移至空气新鲜处，脱去被污染的衣服，吸入 2%碳酸氢钠气雾剂，并用相同的溶液漱洗口腔。病人应仰卧休息，并尽快转送医院。

四、硫酸的生产原料及生产方法

在国内目前的硫酸生产原料构成中，硫黄（图 1-3）约占 46%，硫铁矿（图 1-4）约占 30%，冶炼烟气约占 23%，硫酸盐约占 1%。不论什么原料，生产硫酸的过程都包括二氧化硫气体的制备、二氧化硫气体的净化、二氧化硫的催化氧化和三氧化硫的吸收等步骤，其中关键步骤是二氧化硫的催化氧化。根据二氧化硫催化氧化过程使用的催化剂不同，硫酸的生产方法可分为硝化法和接触法两类。

图 1-3 硫黄

图 1-4 硫铁矿

硝化法又分为铅室法和塔式法，都是借助于氮的氧化物使二氧化硫氧化，然后三氧化硫经水吸收制成硫酸，其中铅室法的反应是在气相中进行，产品一般为稀硫酸，而塔式法反应是在液相中进行，可以得到76%的硫酸产品。接触法是借助固体催化剂（钒催化剂或铂催化剂）的活性表面使二氧化硫氧化，所得三氧化硫被吸收制得硫酸。一般硝化法制得的硫酸产品浓度低，且杂质含量高，而接触法制得的硫酸产品浓度高，且杂质含量低（不含氮氧化物），目前国内外广泛采用接触法。

以硫铁矿为原料的接触法硫酸生产应用广泛，其步骤包括硫铁矿的焙烧、炉气的净化干燥、二氧化硫的转化和三氧化硫的吸收及“三废”处理等工序。本项目主要涉及以硫铁矿为原料的接触法硫酸生产工艺。

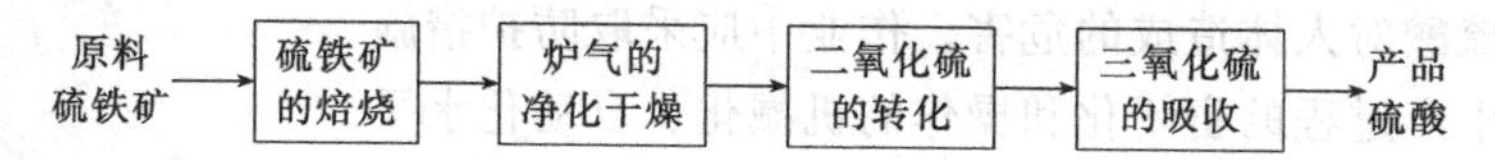

思考与练习

1. 硫酸的基本性质有哪些？硫酸有哪些基本用途？
2. 怎样表示稀硫酸和浓硫酸的浓度？怎样表示发烟硫酸的浓度？
3. 若某人不慎将硫酸滴入眼睛，应怎样安全处理？
4. 生产硫酸的关键步骤是什么？硫酸的生产方法有哪几类？
5. 以硫铁矿为原料的接触法硫酸生产包括哪些步骤？

任务二 掌握硫铁矿焙烧工艺知识

硫铁矿是自然界分布广泛的一种含硫矿物质，主要含二硫化铁（FeS_2），按产地不同，有的硫铁矿还含有铜、锌、铅、锑、钴和硒等元素的硫化物，一般富矿含硫30%～48%，贫矿含硫小于25%。按所含FeS_2晶型结构不同，硫铁矿分为黄硫铁矿、白硫铁矿和磁硫铁矿；按来源不同，硫铁矿分为普通硫铁矿、浮选硫铁矿和含煤硫铁矿。

一、硫铁矿焙烧的化学反应

硫铁矿的焙烧是以硫铁矿为原料（硫铁矿原料可简称为矿料），在工业炉内，用空气（或氧气）等为气化剂，在较高温（低于硫铁矿熔点）下通过化学反应使硫铁矿中的硫转化为二氧化硫气体的过程。该过程得到的含SO_2、O_2、N_2和水蒸气等的混合气体称为炉气，得到的铁氧化物及其他固态物质统称为烧渣。硫铁矿焙烧所用的工业炉，由于反应时内部的固体物料在气流的作用下呈沸腾状态而称为沸腾焙烧炉。利用沸腾焙烧炉焙烧硫铁矿的方法称为硫铁矿的沸腾焙烧。

硫铁矿焙烧的总化学反应式为：

$$4FeS_2(s)+11O_2(g)=\!=\!=2Fe_2O_3(s)+8SO_2(g) \tag{1-1}$$

$$\Delta_r H_m^{\ominus}(298K)=-3310.08kJ/mol$$

该反应分两步进行：

第一步，硫铁矿在高温下受热分解为硫化亚铁和硫：

$$2FeS_2(s) = 2FeS(s) + S_2(g) \tag{1-2}$$

$$\Delta_r H_m^{\ominus}(298K) = 295.68kJ/mol$$

第二步，硫蒸气的燃烧和硫化亚铁的氧化：

$$S_2(g) + 2O_2(g) = 2SO_2(g) \tag{1-3}$$

$$\Delta_r H_m^{\ominus}(298K) = -724.07kJ/mol$$

$$4FeS(s) + 7O_2(g) = 2Fe_2O_3(s) + 4SO_2(g) \tag{1-4}$$

$$\Delta_r H_m^{\ominus}(298K) = -2453.30kJ/mol$$

若空气（或氧气）过剩量小，则 FeS 不能被彻底氧化成红棕色的三氧化二铁，而是部分氧化成棕黑色的四氧化三铁。

$$3FeS(s) + 5O_2(g) = Fe_3O_4(s) + 3SO_2(g) \tag{1-5}$$

$$\Delta_r H_m^{\ominus}(298K) = -1723.79kJ/mol$$

综合式(1-2)、式(1-3) 和式(1-5) 得硫铁矿焙烧的总反应式为：

$$3FeS_2(s) + 8O_2(g) = Fe_3O_4(s) + 6SO_2(g) \tag{1-6}$$

$$\Delta_r H_m^{\ominus}(298K) = -3310.08kJ/mol$$

在上述反应中，反应式(1-3) 和反应式(1-4) 是气相或者气固相放热反应，而反应式(1-2) 是固体吸热分解反应。

由于平衡常数较大，硫铁矿焙烧反应可视为气固相不可逆反应，其进行程度不受平衡限制，只由反应速率决定。影响内扩散速率即影响硫铁矿焙烧总反应速率的因素有温度、矿料平均粒径和氧浓度等。一般地，温度越高、矿料粒径越小、氧的浓度越大，则硫铁矿焙烧反应速越大。

除上述主反应外，还可发生副反应。在焙烧过程中，硫铁矿中所含的 Pb、As、Se、Cu、Zn 和 F 等元素发生反应生成 PbO、As_2O_3、SeO_2、CuO、ZnO 和 HF，其中 CuO、ZnO 等氧化物呈固态进入烧渣中，而 PbO、As_2O_3、SeO_2和 HF 等呈气态进入炉气中。

二、硫铁矿沸腾焙烧工艺条件的选择

选择化工生产过程工艺条件时，一般应综合考虑以下方面：反应平衡、反应速率、催化剂使用条件、工艺方法、原材料消耗、前后工序的特点和安全环保要求等。硫铁矿焙烧反应属于不可逆反应，且不使用专门的催化剂，则选择工艺条件时无需考虑反应平衡和催化剂使用条件。

硫铁矿沸腾焙烧的工艺条件包括温度、炉底压力、矿料平均粒径、炉气中二氧化硫浓度等。

1. 焙烧温度

焙烧温度取决于矿料加入量、矿料含硫量和空气加入量等，一般地，矿料含硫量变化不大，当矿料加入量增大、空气加入量减小时，则焙烧温度降低。焙烧温度主要影响硫铁矿焙烧的反应速率。确定焙烧温度时应综合考虑焙烧强度［单位焙烧炉横截面上，每日焙烧的干矿料量，单位 $t/(m^2 \cdot d)$］和矿料熔点等。焙烧炉沸腾层温度一般控制在 850～950℃。

2. 炉底压力

炉底压力取决于沸腾层高度、矿料密度、矿料平均粒径等，一般地，矿料密度和平均粒径变化不大，当沸腾层高度增大时，则炉底压力增大。炉底压力直接影响空气加入量，继而影响沸腾层温度，一般炉底压力控制在 8.8～11.8kPa（表压）。

3. 矿料平均粒径

矿料平均粒径主要影响焙烧反应速率、炉内压降等，确定矿料平均粒径时应根据焙烧强度、能耗及操作费用等综合考虑，一般矿料平均粒径控制在 3～4mm。

4. 炉气中二氧化硫浓度

空气加入量一定时，提高炉气中 SO_2 的浓度，可降低 SO_3 的浓度，有利于净化工序的正常操作和设备能力提高。但炉气中 SO_2 浓度高，则空气过剩量小，会导致烧渣中残硫量高，降低硫的利用率。通过控制空气过剩量可使炉气中 SO_2 浓度保持在一定范围内，一般炉气中 SO_2 浓度维持在 10%～14%为宜。

三、硫铁矿沸腾焙烧的工艺流程

图 1-5 是硫铁矿沸腾焙烧装置。图 1-6 是硫铁矿沸腾焙烧工艺流程图。矿料先由皮带输送机送到加料斗，经圆盘加料机连续加料，从加料口均匀地被加入沸腾焙烧炉。空气通过鼓风机从底部进入空气室，经空气分布板后带动矿料呈沸腾状态，并在沸腾焙烧炉适当位置补入二次空气，与硫铁矿进行焙烧反应。焙烧反应所产生的带有大量矿尘（较小粒径的未反应矿料和固体产物的混合物）的炉气从上部出沸腾焙烧炉后，进入废热锅炉回收热量，同时除去其中粒径较大的矿尘。降温后的炉气依次经过旋风除尘器和电除尘器两级除尘，使含尘量降到 $0.2～0.5g/m^3$（标准状况下），最后离开去净化工序。沸腾层区设有溢流口，用于卸去烧渣，烧渣和炉气中除掉的矿尘均由刮板机送到贮斗，由渣车运走。废热锅炉产生的蒸汽，经过热后可驱动转子发电。

图 1-5　硫铁矿沸腾焙烧装置

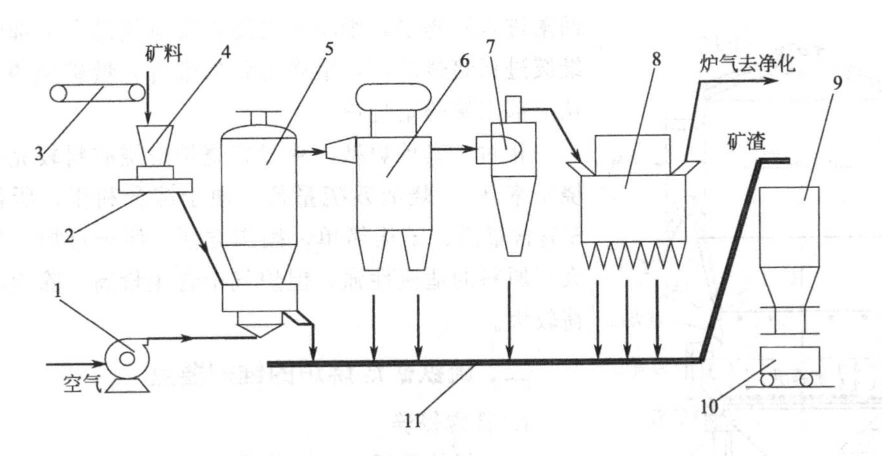

图 1-6 硫铁矿沸腾焙烧工艺流程图

1—鼓风机；2—圆盘加料器；3—皮带运输机；4—加料贮斗；5—焙烧炉；6—废热锅炉；7—旋风除尘器；8—电除尘器；9—烧渣矿尘贮斗；10—运渣车；11—刮板机

思考与练习

1. 硫铁矿焙烧反应分为哪几步？写出主要反应式。
2. 硫铁矿焙烧工艺条件有哪些？
3. 叙述硫铁矿焙烧的工艺流程。
4. 工业上怎样回收硫铁矿焙烧反应放出的热量？

任务三
熟悉硫铁矿焙烧炉

一、硫铁矿焙烧炉的结构特点

图 1-7 是硫铁矿沸腾焙烧炉结构示意图，炉体为钢壳，内衬耐火砖。炉底呈圆锥形，为空气室，上部圆柱形，为上部焙烧空间，中间部分为沸腾层。

空气室呈圆锥形，便于空气能均匀分布进入沸腾层。在沸腾层与空气室之间设有钢制的空气分布板，由筛板和插在筛孔中的风帽组成，起均匀分布气体的作用，同时又能防止矿料粒子漏入空气室。

沸腾层是矿料焙烧的主要区域，也是炉内温度最高的区域。矿料经过圆盘加料机加到沸腾层内，矿料均匀分布且在具有一定速度的空气流带动下沸腾运动，同时与空气中的氧气发生焙烧反应。为了保证空气量足够，在沸腾层补充加入二次空气，用于反应。反应生成的气体产物 SO_2 和 SO_3 进入空气流中，形成反应气流，而生成的固体产物 Fe_2O_3 等连同矿料一起做沸腾运动。为了便于调节反应温度和回收反应热，在沸腾层设有冷却管装置，管内通冷却水，吸热汽化产生蒸汽。沸腾层区设有溢流口，用于卸去烧渣。反应气流夹带着部分矿料及固体产物离开沸腾层向上运动，由于炉径逐渐增大，流速降低，较大的固体颗粒靠重力作用

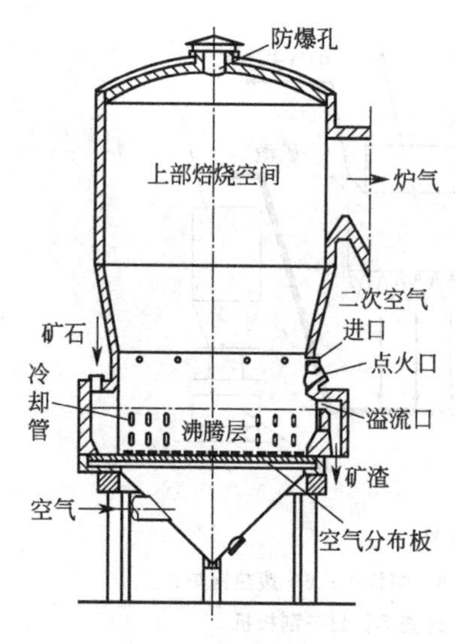

图 1-7　硫铁矿沸腾焙烧炉结构示意图

回落进入沸腾层，细小颗粒随着反应气进入上部焙烧空间继续进行焙烧反应，最终得到的带有大量矿尘的高温炉气从上部出沸腾焙烧炉。

相对于其他炉型，沸腾焙烧炉焙烧矿料较完全（硫的烧出率高），烧渣残硫量低，便于综合利用，所得炉气中 SO_2 含量高；结构简单，操作方便，便于自控；生产强度大，原料的适应性强，但炉气中含尘量高，除尘和净化负荷较大。

二、硫铁矿焙烧炉的维护要点

1. 日常保养

（1）保持鼓风机室、操作室整洁，沸腾炉各层平台及地面无灰尘和积水。

（2）保持设备无灰尘，涂料、防腐层和保温层完好。

（3）保持电机工作环境干燥，开关保险丝型号保持固定和有效。

（4）按规定时间、规定油号给润滑部位加油，加油前润滑油要经过三级过滤，确保润滑良好、减速机和电机无异声和发热。

2. 巡回检查

每小时巡回检查一次，检查内容如下。

（1）检查矿斗和圆盘加料机下料是否均匀，以防溢料、漏料和下料口堆料等情况发生。

（2）检查空气鼓风机，保证油温、油压、油位和工作电流正常，保证无震动、异声和发热现象，保证冷却水适量。

（3）检查出渣口灰斗、下灰管和排灰阀，保证下灰器灵活好用；保证下灰管畅通、无积灰和漏气；保证各电机和减速机不发热和润滑油充分；保证灰渣颜色和粒度符合要求。

（4）检查炉气出口，确保无漏点。

三、硫铁矿焙烧的其他设备简介

1. 废热锅炉

化工生产过程一般会产生大量的余热，为了降低能耗，都需进行余热回收。废热锅炉是一种余热回收装置，也称余热锅炉。其实质是一台蒸发换热设备，与普通锅炉一样，都是生产蒸汽的一种高温高压设备，所不同的是普通锅炉使用煤油、天然气、煤等作燃料，燃烧放热作热源，而废热锅炉是利用化工生产过程中高温工艺物料的余热作热源。硫铁矿焙烧过程放热，为保持沸腾层温度 850～950℃恒定，通过在沸腾层设置锅炉炉管，利用水汽化吸热移除多余的热量。出焙烧炉的高温炉气，含有大量的显热，通过设置废热锅炉回收，该废热锅炉与沸腾层中的锅炉炉管共同产生动力蒸汽，用于驱动转子发电。

按结构不同，废热锅炉分为管壳式与烟道式两种。管壳式废热锅炉与管壳式换热器相似，一般用于干净工艺物料的余热回收，而烟道式废热锅炉有一个耐火砖砌成的炉膛，炉膛内装设管束，高温气体流过炉膛，将管束内流动的水加热汽化。在硫铁矿焙烧的回收余热采用烟道式废热锅炉，其结构如图 1-8 所示。炉膛由沉降室、第一烟道室、空烟道室、第二烟道室、第三烟道室和第四烟道室组成，除空烟道室外，各烟道室均设有炉管。含尘炉气从左向右流过炉膛，将热传给炉管，管内流动的软水吸热成气液混合物，上升到汽包，气水分离，饱和水和补充的软水返回各炉管。炉气流经沉降室和各炉膛时，所含部分矿尘被分离，下落沉降在底部的集尘室，通过排灰口定期排放。

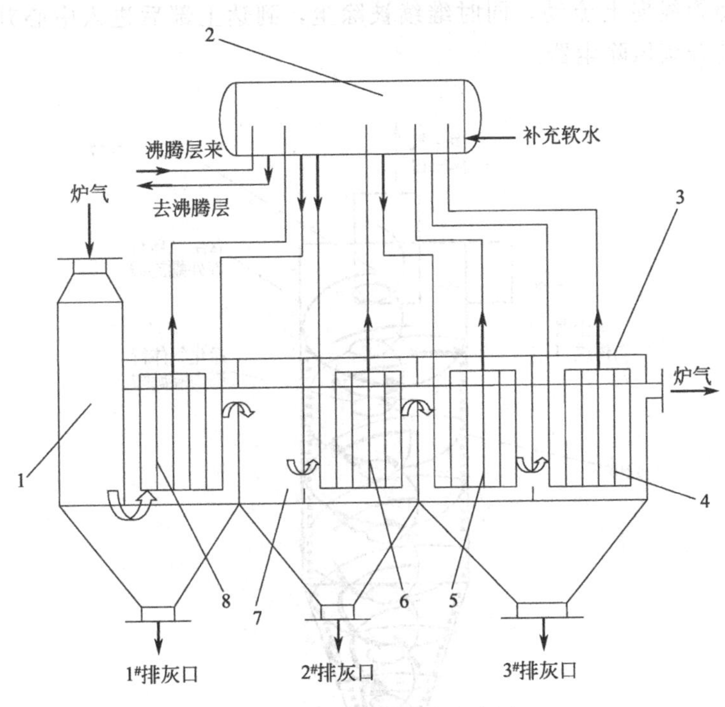

图 1-8 炉气废热锅炉示意图

1—沉降室；2—汽包；3—炉膛；4—第四烟道及炉管；5—第三烟道及炉管；
6—第二烟道及炉管；7—空烟道；8—第一烟道及炉管

2. 旋风除尘器

旋风除尘器（图 1-9）属于机械除尘设备，除尘效率可达 80%～90%，它借助于气体

图 1-9 旋风除尘器

和固体粒子同做旋转运动产生离心力大小不同来达到分离的目的。如图1-10所示，旋风除尘器的壳体由上部的圆柱体和下部的圆锥体两部分组成。在圆柱体外侧上端，设有气体切向入口，内侧上部设有中心升气管，伸向外部作为气体出口。含矿尘的炉气从入口切向进入旋风除尘器，在器壁作用下，沿下行的外螺旋线做旋转运动，矿尘粒子产生较大的离心力，不断被甩向器壁，撞到器壁速度降为零，随即沿器壁滚落到底部收集，定期排出，炉气被除尘。气体部分由于离心力小，则一直沿螺旋线向下运动，探底后，反向沿上行的内螺旋线向上流动，同时继续被除尘，到达上部后进入中心升气管，除尘后的气体从出口离开旋风除尘器。

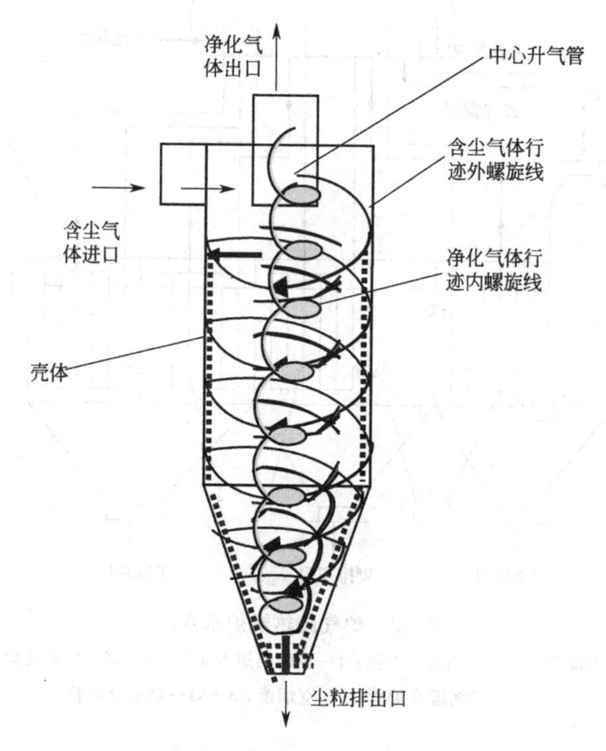

图1-10 旋风除尘器工作示意图

3. 电除尘器

电除尘器的除尘效率可达95%～99%，可除去粒径0.01～100μm的尘粒，可使气体中矿尘降到0.3g/m^3。如图1-11、图1-12所示，电除尘器由壳体、容腔、电极、顶盖和尘粒贮斗组成。壳体上设有气体进出口、阀室、沉降室和气体流道；容腔内设有电晕极（正极）和沉淀极（负极），两极间电压高达50～90kV。含矿尘的炉气从进口进入阀室，向下流到容腔中部，反向向上流入电极间，由于两极间高电压作用，电晕极产生电晕放电，使气体电离，产生大量负离子。这些负离子在强大电场作用下快速向沉淀极移动，途中与矿尘粒子相遇，被吸附一起移动，到达沉淀极上被中和，矿尘粒子被吸附，气体分子或原子回到气流主体，随着向上流动，炉气不断被除尘净化。离开电极间的气体，从容腔顶部进入出口阀室，转而向下流入沉降室，再次被除去矿尘，净化后的炉气从出口离开电除尘器。吸附在沉淀极上的矿尘，受电极震动作用掉落，落入贮斗，定期排出。

图 1-11 电除尘器

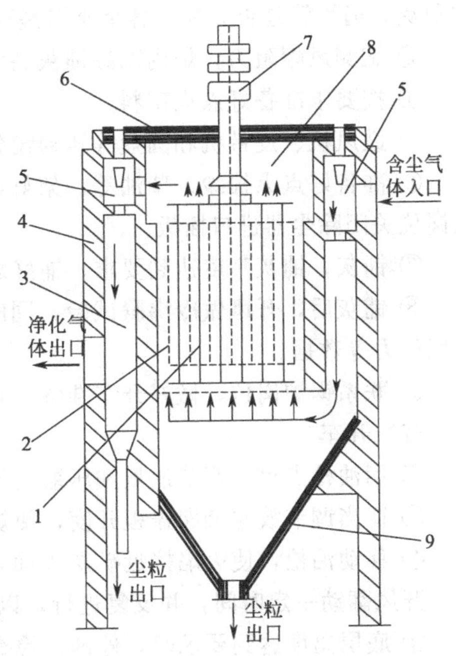

图 1-12 电除尘器结构示意图

1—电晕极；2—沉淀极；3—沉降室；4—壳体；5—阀室；6—顶盖；7—电极端子；8—容腔；9—贮斗

思考与练习

1. 硫铁矿焙烧炉炉体分为哪三部分？各部分的作用是什么？
2. 相比较于其他炉型，硫铁矿沸腾焙烧炉有哪些优点？
3. 在焙烧炉操作中，最高温度出现在哪个区域？怎样调节焙烧温度？
4. 废热锅炉的作用是什么？废热锅炉有哪两种结构形式？
5. 硫铁矿沸腾焙烧炉的维护要点有哪些？
6. 旋风除尘器和电除尘器的工作原理分别是什么？除尘效果有什么区别？

任务四 懂得硫铁矿焙烧系统操作

一、硫铁矿焙烧系统的操作要点

1. 开车

(1) 开车前的准备和检查

① 新炉应先经过烤炉，完毕之后清理干净炉膛。

② 检查风帽是否完好，眼儿是否畅通，眼儿距离火泥尺寸是否合适，风室里有无杂物

和积灰，锅炉管是否完好，各个阀门是否处于开车状态。

③ 试测风帽阻力，炉内画好铺灰高度横线。

④ 按要求准备好点火矿料。

⑤ 鼓风机、皮带机和圆盘等转动设备试车合格。

⑥ 准备好点火棉纱、柴油等，架好油枪，关闭出渣口插板，联系供压缩空气，通知热电岗位关闭除尘器进口插板。

⑦ 铺灰，铺灰高度达到要求，铺好之后砌炉门。

⑧ 铺灰后，开风做冷沸腾试验，同时观察沸腾情况，记录最佳条件时的电流、风量和炉底压力等数据。

⑨ 联系锅炉岗位，做好开车准备，并配合开车做好升温、升压工作。

（2）开车

① 用油枪点火，调节油量和压缩空气量，使火焰呈亮黄色布满炉膛。

② 适当调节放空烟囱盖板开度，使炉内呈微负压。

③ 移动油枪，使火焰接近矿层表面，启动鼓风机，使矿层微沸腾，中层温度达到要求后，开风翻动一定时间，并反复进行，以利于提高底层温度。

④ 底层温度达到要求时，停油，检查炉内是否平整、有无油疤，必要时可用钢筋探测。

⑤ 关闭点火孔，开大放空烟囱盖板，启动风机投矿料，逐渐提高炉温和炉底压力至正常。

⑥ 炉子点好后，根据要求决定通气或暂时停炉保温备用。

2. 停车

（1）紧急停车

① 停止加矿料，停鼓风机，打开放空盖板。

② 与转化和锅炉岗位联系，并报告上级。

③ 关闭出渣口插板。

④ 等待开车通知。

（2）短期停车

① 减少炉子投料量，炉温控制在要求温度以下，炉底压力按要求维持，关闭出渣口插板。记下炉温、压力、风量。

② 通知转化岗位，关小主鼓风机，停止投矿，停炉子风机，打开放空盖板。

③ 通知热电岗位关闭电除尘器进口闸门。

④ 炉底层温度达到规定值时，需进行保温，保温达到要求后停炉。

⑤ 联系锅炉工，做停车处理。

（3）长期停车

① 停炉前通知转化、电除尘和锅炉岗位配合停车操作。

② 停止加矿料，打开出渣口插板，关闭电除尘入口闸门，开大风机，尽量把炉内积渣排出。

③ 停风机，打开炉门及放空盖板，使炉子自然降温。

3. 正常操作要点

（1）随时注意炉温、炉底压力变化，严格按指标操作。

（2）随时观察入炉矿水分、粒度变化。牢记矿料干、细、含硫均匀，炉子能正常运行。

（3）要连续排渣，灰渣呈深棕色为佳。

（4）进气要稳定，烟道无堵塞、无漏气，放灰管畅通。

二、硫铁矿焙烧炉操作的异常现象及处理

在硫铁矿焙烧炉操作中的主要异常现象、产生原因及处理方法见表1-1。

表1-1 硫铁矿焙烧炉操作中的主要异常现象、产生原因及处理方法

序号	异常现象	产生原因	处理方法
1	炉子冒烟严重，净化岗位负压低	漏气量太大	检查放灰管、各盖板有无漏气或脱落
2	炉子冒烟严重，净化岗位负压过高	有积灰堵塞烟道或设备	检查烟道或设备
3	炉温下降，且正压严重，听到炉内有放气声	炉内冷却管泄漏	检查冷却管
4	沸腾层各点温度相差大，或下料口处温度偏低	沸腾不良，矿石中湿结团子太多或有杂质	检查入炉矿质量，及时更换；打开排渣插板，间断排放，严重时停炉处理

三、硫铁矿焙烧系统的安全操作事项

（1）严格按照规章，不得违规作业。

（2）所有设备的运转部分，应加防护罩。电气设备应有良好的接地装置，启动前绝缘检查必须符合要求。

（3）严格按照规定的排污步骤进行排污。冲洗水位计时，人应站在侧面。打开阀门时，应缓慢小心。运行中设备的启停原则：先启动备用设备，等正常后方可停原用设备。运行中应经常检查锅炉承压元件，有无泄漏现象。

（4）锅炉运行中，应不断地进行水位监视，水位应维持在最高和最低限之间。锅炉在大修和检修后，对更换的气、水管线和打开过的汽包，必须按规定进行水压试验，合格后方可启用。

（5）设备运行中，禁止对承压部件进行焊接及紧螺栓等操作。检修后的锅炉，允许在升温过程中紧法兰。安全灯电压不得超过36V，在潮湿和周围充满金属导体的环境，安全灯电压不得超过12V。锅炉在检修中进行焊接或更换零部件时，必须遵守锅炉及受压容器的有关规定。

（6）锅炉和汽包检修完毕后，检查确保没有工具遗留其中、没有人滞留其中，然后才能封闭人孔。发生重大设备或人身事故时，必须保护现场，等待调查处理。安全阀定砣时，应有相关安全管理人员参加。对于控制安全阀，设定调整压力值为1.04倍的工作压力，而对于工作安全阀，设定调整值为1.06倍的工作压力，定砣完毕要上铅封。

思考与练习

1. 硫铁矿焙烧炉开车前的准备工作包括哪些方面？冷态试验的目的是什么？
2. 硫铁矿焙烧炉开车分为哪几步？开车升温达到的温度主要取决于什么？
3. 硫铁矿焙烧炉正常操作时主要控制哪几个工艺参数？
4. 在硫铁矿焙烧炉运行中，经常可能出现哪些异常现象？

任务五
掌握炉气净化与干燥工艺知识

自硫铁矿焙烧工序来的290～350℃炉气，经旋风除尘和电除尘后，含矿尘0.2～0.5g/m^3（标准状况），气相主要含有SO_2、O_2、N_2，以及少量的SO_3、砷和硒的氧化物、氟化物、金属氧化物、水蒸气等。对于后续的二氧化硫催化氧化过程，炉气中SO_2和O_2是有用成分，惰性气体N_2是无害成分，其余都是有害成分。

炉气含矿尘0.2～0.5g/m^3。矿尘不仅能堵塞管道和设备而增加流体阻力，而且能覆盖固体催化剂表面而降低其活性，后续工序要求炉气中矿尘含量小于0.001g/m^3（标准状况）。

砷的氧化物（As_2O_3）既能使动物中毒，也能与活性组分反应而使催化剂中毒失去活性，后续工序要求炉气中砷的氧化物含量小于0.005g/m^3（标准状况）。硒的氧化物（SeO_2）能使催化剂中毒，还能污染最终产品硫酸。

氟化物（HF、SiF_4）能腐蚀管道、设备和填料，能水解生成凝胶而易堵塞设备和管道，还能造成催化剂载体粉化而降低催化剂活性，后续工序要求炉气中氟化物含量小于0.001g/m^3（标准状况）。

SO_3和水蒸气在一定条件下可形成酸雾，能腐蚀管道和设备，还可使催化剂活性降低，由于难被吸收而随尾气排放，造成环境污染和硫损失。后续工序要求炉气中水蒸气含量小于0.1g/m^3（标准状况），酸雾含量小于0.03g/m^3（标准状况）。

金属氧化物的危害主要是能造成催化剂活性降低。

因此，需要对炉气进行净化，除去有害成分，使之达到工艺要求。由于在炉气净化时一般采用洗涤法，会造成水蒸气含量升高，对生产过程产生不利影响，所以炉气经净化后，一般还需进行干燥除去水蒸气。

一、炉气净化与干燥的原理与方法

1. 炉气净化的原理与方法

（1）矿尘的清除　矿尘的清除分为干法和湿法两种，一般地，湿法除尘的净化度大于干法，且湿法可清除粒径<0.05μm的矿尘。炉气在离开焙烧工序前经历了自由沉降、旋风除尘、电除尘等干法除尘，已除去了大粒径的矿尘，为达到净化要求，只能再选用湿法除尘。湿法除尘一般以水或稀硫酸为洗涤剂，在空塔、填料塔、泡沫塔、文氏管和动力波洗涤器等装置中，通过洗涤炉气而除尘。在湿法矿尘清除中，洗涤剂即温度较低的酸或水被加热，产生大量的水蒸气而进入炉气，部分与SO_3形成硫酸蒸气；温度较高的炉气被冷却，炉气中的硫酸蒸气以细小的固体粒子为核心而冷凝凝结，从而产生大量酸雾悬浮在炉气中。酸雾对生产过程不利，因此炉气经湿法除尘后，还应清除酸雾。

（2）砷和硒氧化物（As_2O_3、SeO_2）的清除　炉气中气态的As_2O_3和SeO_2，若温度降低，会变成固体粒子。在湿法除尘中，固体粒子As_2O_3和SeO_2中的细小粒子，作为酸雾的凝结核心，可随酸雾除去，较大粒子随矿尘一并除去。

(3) 氟化物（HF、SiF_4）的清除　在湿法除尘中，炉气中气态的氟化物溶解于水或稀硫酸中，可同时得到净化。

(4) SO_3的净化　在湿法除尘之后，SO_3形成酸雾，通过电除雾除去。为增大酸雾粒径，需对炉气增湿，以提高除雾效果。

因此，采用温度较低的水或稀硫酸作为洗涤剂，对炉气进行洗涤净化，可同时除去矿尘、砷和硒的氧化物、氟化物，而产生的酸雾最后经过电除雾除去。

2. 炉气干燥的原理和方法

经过洗涤净化后的炉气，水蒸气含量升高，为防止后续工序再生成酸雾，影响生产过程，需经过干燥处理，除去水蒸气，使炉气中水分含量小于 0.1g/m^3（标准状况）。

浓硫酸具有强的吸水性，一般用于炉气的干燥。硫酸液面上水蒸气的平衡分压 $p^*_{H_2O}$ 随着硫酸浓度增大而降低，随着温度的降低而降低，见表 1-2。当浓硫酸液面上水蒸气的平衡分压 $p^*_{H_2O}$ 低于净化后炉气中水蒸气分压 p_{H_2O} 时，浓硫酸与炉气接触会吸收水蒸气，使炉气得到干燥。工业上，一般采用浓硫酸喷淋炉气的方法进行干燥。

表 1-2　不同浓度硫酸液面上水蒸气与三氧化硫的平衡分压

硫酸浓度/%	20℃		40℃		60℃		80℃	
	$p^*_{H_2O}$/Pa	$p^*_{SO_3}$/Pa	$p^*_{H_2O}$/Pa	$p^*_{SO_3}$/Pa	$p^*_{H_2O}$/Pa	$p^*_{SO_3}$/Pa	$p^*_{H_2O}$/Pa	$p^*_{SO_3}$/Pa
85	533×10^{-2}		25.3		97.3		324	
90	533×10^{-3}		293×10^{-2}		13.3	267×10^{-5}	52	1200×10^{-5}
94	320×10^{-4}		213×10^{-3}	400×10^{-5}	1200×10^{-3}	227×10^{-4}	5.33	1067×10^{-4}
96	533×10^{-5}	133×10^{-5}	400×10^{-4}	1200×10^{-5}	253×10^{-3}	667×10^{-4}	1267×10^{-3}	333×10^{-3}
98.3		400×10^{-5}	400×10^{-5}	267×10^{-4}	267×10^{-4}	137×10^{-3}	160×10^{-3}	800×10^{-3}
100		293×10^{-4}		187×10^{-3}	133×10^{-5}		1067×10^{-4}	4

二、炉气净化与干燥工艺条件的选择

1. 净化工艺条件的选择

采用湿法除尘结合电除雾器除酸雾净化炉气时，影响工艺的因素有洗涤温度、洗涤剂浓度和喷淋密度等。

(1) 洗涤温度　洗涤温度主要考虑保证砷和硒氧化物充分凝结为固体，以便洗涤除去。若温度过低，则酸雾形成加剧，电除雾负荷增加，一般使炉气净化离开净化设备出口温度控制为 50℃。

(2) 洗涤剂浓度　洗涤剂中硫酸浓度低有利于润湿矿尘、砷和硒氧化物凝结物表面，除尘效果增强，也有利于氟化物的溶解，但产生酸雾多，电除雾负荷增加。不同的净化流程选用的洗涤酸浓度不同，一般洗涤剂浓度控制为 2%～35%。

(3) 洗涤剂喷淋量　洗涤剂喷淋量大，炉气降温快，易形成酸雾，但除尘效果好，一般采用多次洗涤，洗涤剂喷淋量的确定以少产生酸雾为原则。

(4) 电除尘电压　电除雾器操作电压低，除雾效果差，一般控制电压略高于 50kV。

2. 干燥工艺条件的选择

采用浓硫酸喷淋干燥炉气时，影响工艺的因素有喷淋酸浓度、喷淋酸温度和喷淋酸量等。

(1) 喷淋酸浓度　喷淋酸浓度越高，硫酸液面上水蒸气平衡分压 $p^*_{H_2O}$ 越低，越有利于干燥，但同时硫酸液面上三氧化硫平衡分压 $p^*_{SO_3}$ 越高（见表 1-2），则越易形成酸雾，且喷淋酸浓度越高，二氧化硫的溶解损失越大，一般选择喷淋酸浓度93%～95%。

(2) 喷淋酸温度　喷淋酸温度高，可减少二氧化硫的溶解损失，但三氧化硫平衡分压 $p^*_{SO_3}$ 高（见表 1-2），加剧了酸雾的形成。实际喷淋酸温度应尽可能低，一般受冷却水温限制，选择30～40℃。

(3) 喷淋酸量　干燥过程中，喷淋酸吸收炉气中水蒸气时，伴随着剧烈放热，若喷淋酸量少，会导致喷淋酸量温度明显升高和酸的浓度明显降低，从而使干燥效果下降，同时加剧酸雾的形成；若喷淋酸量大，则会增加炉气阻力和动力消耗。一般选择喷淋密度为 10～15$m^3/(m^2 \cdot h)$，或保证喷淋前后酸的浓度变化率为 0.3%～0.5%。

(4) 炉气温度　进入干燥设备的炉气温度越低，则炉气含水蒸气量越少，干燥负荷越低，喷淋酸浓度降低幅度越小。一般进入干燥设备炉气的温度受冷却水温限制，选择30～37℃。

三、炉气净化与干燥的工艺流程

在硫酸生产技术中，炉气净化工艺变化最多。净化工艺的特点是区分硫酸生产流程的标志，而制酸流程也常以净化工艺来命名。

1. 净化工艺流程

按洗涤剂种类不同，炉气净化工艺流程分为水洗流程和酸洗流程，一般大型装置多使用酸洗流程。按酸洗流程的设备不同，分为“三塔两电”流程、“两塔两电”流程和“两塔一器两电”流程等，其中以“三塔两电”流程最具代表性，该流程污水排放少、能回收副产品稀硫酸，且三氧化硫和二氧化硫的损失少。

图 1-13 为“三塔两电”炉气净化工艺流程。来自焙烧工序温度为 290～350℃的炉气，从底部进入第一洗涤塔，该塔为空塔，不装填料以防堵塞。在第一洗涤塔内，炉气向上流动，与塔顶喷淋而下的温度约 60～70℃、浓度为 25%～35%的硫酸溶液逆向

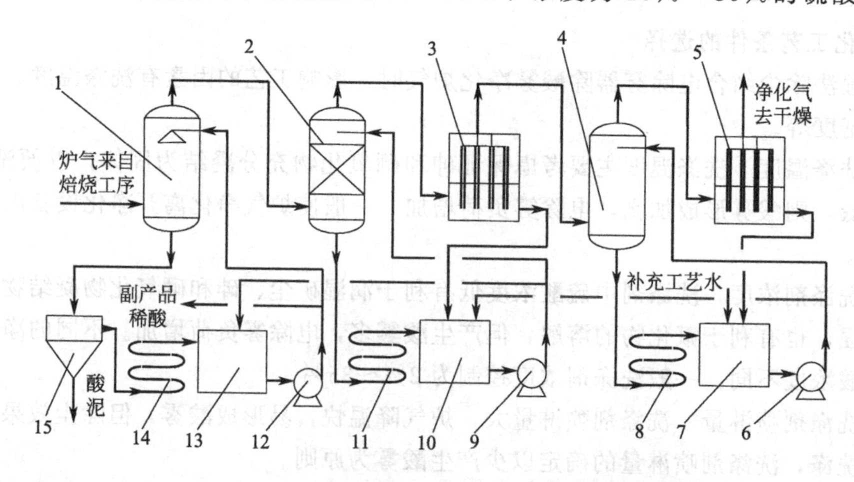

图 1-13　“三塔两电”炉气净化工艺流程

1—第一洗涤塔；2—第二洗涤塔；3—第一级电除雾器；4—增湿塔；5—第二级电除雾器；6—增湿塔循环泵；7—增湿塔循环槽；8—增湿塔冷却器；9—第二洗涤塔循环泵；10—第二洗涤塔循环槽；11—第二洗涤塔冷却器；12—第一洗涤塔循环泵；13—第一洗涤塔循环槽；14—第一洗涤塔冷却器；15—沉降槽

接触，发生传质与传热，炉气被冷却到70～90℃，其中的大部分矿尘及有害杂质被洗掉。经第一洗涤塔洗涤后的炉气，从底部进入第二洗涤塔，与塔顶喷淋的浓度为8%～10%的硫酸溶液在填料表面接触，发生传质与传热，炉气继续被除去矿尘和有害杂质，同时温度继续降低，降到约30℃。此时炉气中砷和硒的氧化物凝结变成固体，一部分随矿尘被除去，另一部分作为凝聚中心，形成酸雾，随炉气进入第一级电除雾器（结构与电除尘器类似）。

在第一级电除雾器中，炉气从底部进入向上流动，其中大部分粒径大的酸雾被除去。为了增强除雾效果，从顶部离开第一级电除雾器的炉气，进入空塔的增湿塔，与塔顶喷淋的5%的低浓度硫酸溶液逆向接触，炉气被增湿降温，从而使炉气中残留的小粒径酸雾粒子粒径增大，便于电除雾除去。离开增湿塔的炉气，进入第二级电除雾器，被进一步清除酸雾得净化气，净化气去干燥工序。

在第一洗涤塔、第二洗涤塔和增湿塔中，各塔喷淋酸洗涤炉气后，浓度和温度均有所提高，需经冷却和稀释后方可循环使用。从第一洗涤塔、第二洗涤塔到增湿塔，由于喷淋酸的浓度依次降低，故可从后面的塔的酸循环槽中取出部分酸，作为稀释剂加入到前面相邻塔的酸循环槽（即串酸）。而对增湿塔，通过补充工艺水，或来自其他工序的较低浓度酸液以保持循环酸量和浓度恒定。第一洗涤塔循环酸，浓度约为60%，由于其中含有大量的矿尘，需先沉淀分离出矿尘，再冷却进酸循环槽。为保持第一洗涤塔酸循环槽的酸量恒定，多余部分循环酸从循环槽被取出，作为副产品，因其含有毒的砷化物等，可限制性地用于磷肥生产。在电除雾器中，酸雾粒子集聚在沉淀极，形成污酸泥浆，污酸液被收集在前面相邻塔的循环槽，泥浆落到贮斗定时排出。

2. 干燥工艺流程

图1-14为炉气干燥工艺流程图。净化后的炉气从底部进入干燥塔向上流动，在填料表面与塔顶喷淋而下的浓硫酸接触，所含水蒸气被吸收，之后经塔顶的捕沫器除去酸沫，离开干燥工序。

吸收水蒸气后的浓硫酸温度升高，浓度降低，从干燥塔底部出塔，经喷淋式冷却器降温，再进入酸循环槽，在此与来自吸收工序的浓度98.3%的浓硫酸混合，增浓达到要求浓度后循环使用，多余部分返回吸收工序，或取出92.5%的硫酸作为产品入库。

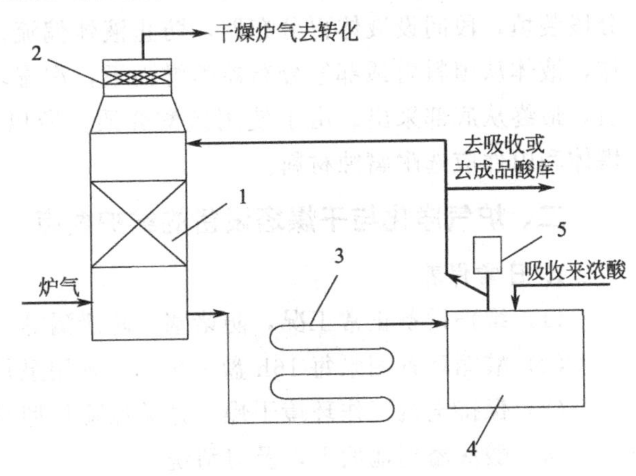

图1-14 炉气干燥工艺流程图

1—干燥塔；2—捕沫器；3—喷淋式冷却器；4—酸循环槽；5—酸循环泵

思考与练习

1. 炉气含有哪些组分？对于硫酸生产过程，哪些组分有益？哪些组分有害？
2. 对于硫酸生产过程，炉气中有害组分各有什么危害？
3. 在硫酸生产中，一般怎样对炉气进行净化和干燥？
4. 影响炉气净化和干燥的主要工艺因素有哪些？指标各控制在什么范围？
5. 炉气净化流程中，怎样稀释各塔底部循环槽中的酸液？

任务六 熟悉炉气净化与干燥塔设备

一、炉气净化与干燥塔设备的结构特点

炉气的净化和干燥过程用到多个塔设备。塔设备是化工生产过程中一种常见的设备，常用于气-液、汽-液或液-液传质过程。如图 1-15 所示，塔设备外形为圆柱形，主要由筒体、封头（或称盖头）、接管、内件和支座等组成。塔内件的主要作用是为了增大气液之间的接触面积，提高传质速率，有填料和塔板两种类型。根据主要内件不同，塔设备分别对应称为填料塔和板式塔，其中填料塔一般用于液体吸收气体的过程。对于炉气的净化和干燥过程，除第一洗涤塔和增湿塔采用无填料的空塔外，其余塔均为填料塔。填料按装填方式分为散堆和规整两种，其中常用散堆填料的形状有拉西环、鲍尔环和阶梯环等。常用的填料材料有陶瓷、塑料和金属三种，按介质的特性选用不同材质。可分段装填且由于用到稀硫酸和浓硫酸介质，所以塔体和内件材质选耐腐蚀材料。填料堆在支承板上，未固定，填料上部覆盖压板。按塔的高度，填料可分段装填，段间设液体再分布器，防止液体偏流。填料塔一般逆流操作，液体从填料塔顶部经分布器喷淋而下，润湿填料，在表面进行传质，最终从底部采出。由于使用硫酸介质，所以净化和干燥塔设备、塔体和内件应选耐腐蚀材料。

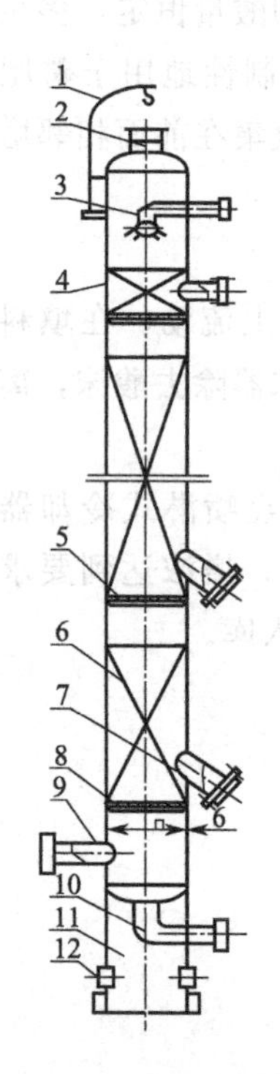

图 1-15 填料塔结构示意图

1—吊柱；2—气体出口；3—喷淋装置；4—壳体；5—液体再分布器；6—填料；7—卸填料口；8—支撑装置；9—气体入口；10—液体出口；11—支座；12—出入口

二、炉气净化与干燥塔设备的维护要点

1. 日常保养

（1）维护设备正常工况，防堵塞、防泄漏等。

（2）酸循环备用泵每 16h 盘一次车，现用泵每 8h 加一次油。

（3）保持电机工作环境干燥，开关保险丝型号保持固定和有效。

（4）酸液溢到地面上，及时清洗。

（5）每周给各阀门和地脚螺栓的丝杆和螺帽涂一次黄油，以防咬死。

2. 巡回检查

(1) 注意设备情况，做到不赌、不漏、不超压。

(2) 注意气温变化，防断酸而烧毁设备和管线。

(3) 每小时检查一次泵电机，使电流稳定正常，壳体固定、不发热。

(4) 每小时检查一次各塔液位，保证液位正常。

(5) 每小时检查一次所有管道，保证无泄漏。

(6) 经常检查各阀门是否灵活，保证无泄漏。

思考与练习

1. 塔设备有哪些部分组成？塔主要内件的作用是什么？
2. 净化第一洗涤塔为什么采用空塔？净化和干燥设备能否选择碳钢材质？
3. 备用循环酸泵为什么要经常盘车？现用泵为什么要经常润滑？
4. 塔设备日常巡回检查的内容有哪些？

任务七 懂得炉气净化与干燥系统操作

一、炉气净化与干燥系统的操作要点

1. 开车

(1) 开车前的准备和检查

① 检查并确保操作工具准备齐全。

② 检查并确保设备管道安装就位。

③ 检查并确保所有阀门操作灵活。

④ 检查并确保所有塔及其他设备的人孔封好。

⑤ 检查并确保所有上水管线水压正常、循环槽酸液充足安全水封加水充足。

⑥ 检查并确保所有塔及其他设备指示计安装好。

⑦ 检查并确保所有电器设备绝缘好、所有仪表工况好。

⑧ 确保所有泵试车合格。

(2) 开车

① 联系污泥岗位人员，准备开车。

② 启动循环酸泵，并循环酸液，发现“跑、冒、滴、漏”现象立即消除。

③ 开冷却水。

④ 向电除雾器送电，检查电极有无异常响声，若有马上消除。

⑤ 通入炉气，逐步调节正常。

2. 停车

(1) 紧急停车

① 停止加水与串酸，保持循环酸泵打循环。

② 关小冷却水。

③ 电除雾器断电。

④ 等待开车通知。

(2) 短期和长期停车

① 操作同“紧急停车”。

② 短期停车时，在上述操作后，进行相关计划作业；长期停车时，在上述操作后，将循环酸槽酸液换清水，冲洗各塔、各槽，直至冲洗水变清。

③ 关闭冷却水。

3. 正常操作要点

① 密切观察并严格控制压力，保证压力指标。

② 密切关注前工序送来的炉气温度变化，发现问题及时采取对应措施处理。

③ 密切关注各设备压力变化，发现问题及时采取对应措施处理。

④ 密切关注电除雾器电压和电流，确保高电压和强电流指标。

⑤ 随时根据气温、酸浓度和液位变化调节串酸和加水量。

二、炉气净化与干燥系统操作的异常现象及处理

净化与干燥塔设备操作中部分异常现象、产生原因及处理方法见表 1-3。

表 1-3 净化与干燥塔设备操作中部分异常现象、产生原因及处理方法

设　备	异常现象	产生原因	处理方法
塔设备	出塔气温过高	①喷淋酸量不足 ②循环酸温度过高	①检查循环槽液位与泵电流，加大循环量；启动备用泵 ②加大水冷器水量
	压差过大	①喷淋酸量过大 ②填料堵塞 ③气量过大	①减小喷淋量 ②停车清理堵塞 ③联系焙烧炉岗位，减小主风机风量
循环槽	酸浓度过高或过低	①加水量波动过大 ②串酸量不合适	①调节加水量 ②调节串酸量
循环泵	打不上酸	①泵转向相反 ②泵抽空 ③泵叶轮损坏	①联系电工，重接电 ②检查液位，及时补充酸 ③启动备用泵

三、炉气净化与干燥系统的安全操作事项

(1) 上岗穿戴好劳保用品。

(2) 清理塔设备、槽等之前，要利用负压抽净二氧化硫气体。

(3) 打开塔设备时，要站在上风口，以免二氧化硫呛人。

(4) 进入塔设备作业时，须戴好防毒面具和手套、穿好耐酸衣、靴，同时塔外须有人监护。

(5) 进入电除雾器作业前，应办理准入证、挂好接地棒，并安排好器外监护人。

(6) 用水冲洗设备和地面时，不得将水溅到电器上。

(7) 所有玻璃钢和聚丙烯、聚氯乙烯等材质设备及管线，严禁与火接触。

(8) 凡遇电器设备着火时，禁止使用水灭火，而应用四氯化碳灭火器灭火。

(9) 新人到岗位时，须经三级安全教育，且考试合格后才可上岗。

思考与练习

1. 净化和干燥塔设备开车前的准备工作包括哪些方面？
2. 净化和干燥塔设备开车分为哪几步？
3. 净化和干燥塔设备长期停车时，应用清水清洗设备到什么程度？
4. 净化和干燥塔设备正常操作时要密切注意哪些方面？
5. 净化和干燥操作时，有哪些安全注意事项？

任务八 掌握二氧化硫转化工艺知识

二氧化硫需要通过催化氧化反应，转化成三氧化硫，才能被水吸收得到硫酸，因此炉气被净化和干燥后，需进行二氧化硫的转化。

一、二氧化硫转化的化学反应

二氧化硫催化氧化反应，也称二氧化硫转化反应，简称转化反应。

1. 影响反应平衡的因素

二氧化硫氧化成三氧化硫的化学反应式为：

$$SO_2(g)+0.5O_2(g)\xrightleftharpoons{\text{催化剂}}SO_3(g)+Q \tag{1-7}$$

该反应是可逆放热、体积减小的气固相催化反应，在400～700℃范围内的标准反应焓变与温度的关系式如下：

$$-\Delta_r H_m^{\ominus}(T)=(101342-9.25T)\times 10^{-3}\,kJ/mol \tag{1-8}$$

上式表明，温度升高，反应放热减少。

用转化率表示该反应进行的程度。二氧化硫的转化率指当转化反应进行到某一程度时，转化成三氧化硫的二氧化硫的量占反应前二氧化硫量的百分数。在一定的条件下，当转化反应达到平衡时，二氧化硫的转化率称为该条件下的平衡转化率，简称平衡转化率，用符号 x_T^* 表示；若转化反应未达到平衡时，二氧化硫的转化率称为实际转化率，简称转化率，用符号 x_T 表示。一般地，$x_T < x_T^*$，即平衡转化率是实际转化率的极限。

反应(1-7) 的平衡常数表达式如下：

$$K_p=\frac{p_{SO_3}^*}{p_{SO_2}^* p_{O_2}^{*0.5}}=\frac{y_{SO_3}^*}{y_{SO_2}^* y_{O_2}^{*0.5}}p^{-0.5} \tag{1-9}$$

式中 K_p——平衡常数；

$p_{SO_3}^*$——SO_3的平衡分压，Pa；

$p_{SO_2}^*$——SO_2的平衡分压，Pa；

$p_{O_2}^*$——O_2的平衡分压，Pa；

$y_{SO_3}^*$——SO_3的平衡摩尔分数；

$y_{SO_2}^*$——SO_2的平衡摩尔分数；

y_{O_2}——O_2的平衡摩尔分数；

p——反应系统的压力，Pa。

平衡常数K_p与平衡温度T(K)有关，在673～973K的温度范围内，可按下式计算：

$$\lg K_p=\frac{4905.5}{T}-4.6455 \tag{1-10}$$

式(1-9)和式(1-10)表明，若温度降低，则平衡常数增大，平衡向右移动，$y^*_{SO_3}$增大、$y^*_{SO_2}$减小，SO_2的平衡转化率x^*_T增大；反之，若反应温度升高，则平衡常数减小，平衡向左移动，$y^*_{SO_3}$减小、$y^*_{SO_2}$增大，SO_2的平衡转化率x^*_T减小。若压力增大，平衡右移，SO_3的平衡含量增大，SO_2的平衡转化率x^*_T增大；反之，若压力降低，平衡左移，SO_3的平衡含量减小，SO_2的平衡转化率x^*_T减小。

2. 影响反应速率的因素

(1) 钒催化剂　在工业生产中，一般使用钒催化剂加速二氧化硫转化反应。钒催化剂的活性组分为V_2O_5，助催化剂为K_2O或Na_2O，载体为SiO_2，此外，为了提高催化剂的抗毒性及热稳定性，有时还添加铁、铝、锑和钙等氧化物。钒催化剂按外形可分为具有微孔结构的环状（见图1-16）、球状和圆柱状三种。钒催化剂的毒物除矿尘外，还有砷化物、氟化物、酸雾和水分等，其中矿尘由于能覆盖活性中心而降低催化剂活性，其他毒物都因能与活性组分发生化学反应而降低催化剂活性。钒催化剂型号多样，不同型号的活性温度范围不同。

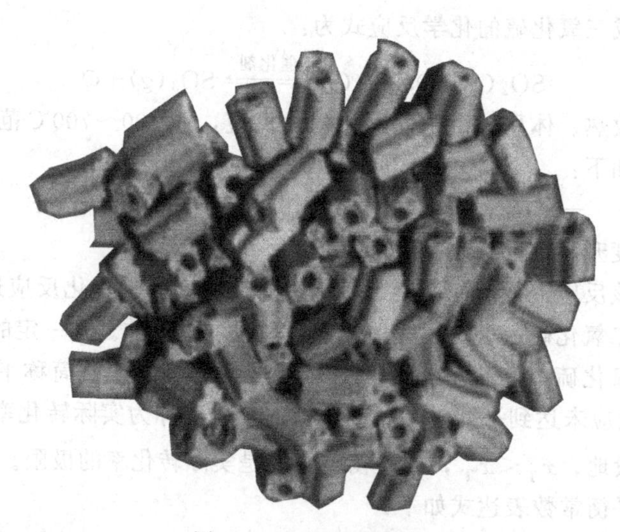

图1-16　环状钒催化剂

(2) 温度和压力　如图1-17所示，一般在较低的温度范围内，反应温度升高，反应速率增大；而在较高温度范围内，反应温度升高，反应速率减小。这样，对一定的反应组成，存在一个温度值，使二氧化硫转化反应速率出现最大值，该温度称为该反应组成的最适宜温度，用符号T_{opt}表示。如图1-18所示，最适宜温度与反应组成有关，一般随二氧化硫实际转化率x_{SO_2}的增大而降低。

若反应压力升高，则反应速率增大；相反，若反应压力降低，则反应速率减小。若反应物SO_2和O_2的含量增大，则反应速率增大。

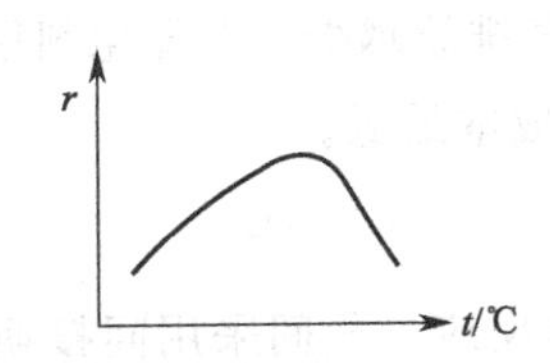

图 1-17 反应速率随温度变化的关系图

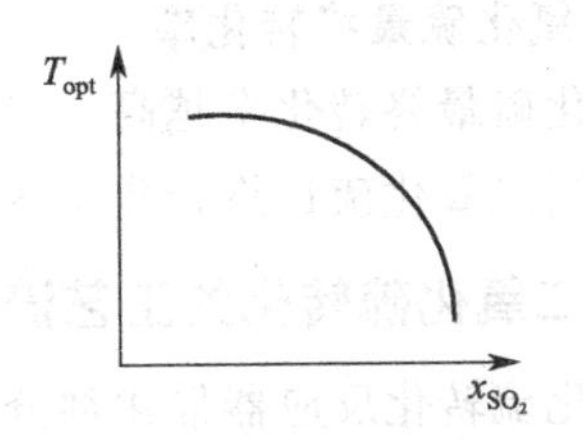

图 1-18 最适宜温度随二氧化硫转化率的变化图

二、二氧化硫转化工艺条件的选择

1. 温度

根据二氧化硫转化反应的特点，降低温度，SO_2的平衡转化率增大，有利于反应进行。温度对反应速率的影响存在着最适宜温度 T_{opt}，当反应在该温度下进行，速率最大，有利于反应进行。由于最适宜温度 T_{opt}与反应组成有关，一般随着反应程度的加深（即随着SO_2实际转化率增大）而降低，这就要求随着反应的进行，应控制反应温度逐渐降低，才可能保证反应速率最大。但随着反应的进行，反应不断放热，若不及时移出，被反应混合物吸收后，反应温度会逐渐升高，与最适宜温度 T_{opt}的要求矛盾，为此在工业生产上，反应器中催化剂分段装填，反应分段进行，各段内反应绝热进行，段间移出反应热，这样整体上，反应的实际温度围绕最适宜温度 T_{opt}上下波动。催化剂段数越多，反应温度越接近最适宜温度，对反应越有利，一般催化剂段数多取 4～5。

由于二氧化硫转化使用钒催化剂，按催化剂使用要求，反应温度还必须处于活性催化剂温度范围。因此，二氧化硫转化操作温度的选择应综合考虑反应平衡、反应速率和催化剂三个方面。

2. 压力

增大压力，SO_2的平衡转化率增大，可使产物中未反应的 SO_2浓度降低、SO_3浓度提高，有利于反应进行，但压力增大，设备腐蚀加剧、设备密封性要求提高、催化剂中毒加剧，综合考虑，一般转化反应器入口压力为 130～150kPa。

3. 二氧化硫起始浓度

二氧化硫起始浓度越高，转化反应速率越大，各段反应量越大，放热越多，反应温升越大，有可能烧坏催化剂；反之，反应温升越小，却会破坏系统自热平衡。另外，二氧化硫起始浓度越低，平衡转化率越大，反应器出口残余 SO_2浓度越低，吸收工序尾气排放量减小；反之，则吸收工序尾气排放量增大。二氧化硫起始浓度也影响转化反应器的生产能力，一般地，转化反应器的生产能力随二氧化硫起始浓度的增大先增大，后减小，存在最大值，在常用催化剂、反应器结构和其他条件下，当二氧化硫起始浓度约为 7%时，转化反应器生产能力最大。二氧化硫起始浓度应综合考虑而适当选择。

4. 氧的起始浓度

氧的起始浓度越高，反应速率越高，且二氧化硫平衡转化率越高，二氧化硫氧化越彻底，尾气排放越少，但维持高的氧浓度，则要求焙烧反应中空气过剩量大，这样会导致炉气中三氧化硫浓度高，净化过程产生的酸雾量增加，硫损失增大，设备腐蚀加大。一般综合考虑，选择氧的起始浓度约 11%。

5. 二氧化硫最终转化率

二氧化硫最终转化率越高，二氧化硫氧化越彻底，尾气排放越少，但催化剂用量随之增加，一般当二氧化硫最终转化率达 97%～99%时，生产总成本最低。

三、二氧化硫转化的工艺流程

二氧化硫转化反应器催化剂分 4～5 段装填，段内绝热反应，段间采用间接换热式或直接换热式（冷激式）移出反应热。工业上为了使转化反应过程维持较高的二氧化硫浓度，以提高反应速率和转化率，一般将转化过程和三氧化硫吸收过程相结合，即将段间冷却后的反应混合物送往吸收工序除去三氧化硫，之后再返回继续反应。按转化次数（反应气体混合物进出一次转化工序称一次转化）和吸收次数（反应气体混合物离开转化工序到吸收工序的次数）不同，二氧化硫转化工艺流程分为“一转一吸”和“两转两吸”两大类。当转化反应器催化剂四段装填时，按照每次转化所经历的反应段数，“两转两吸”流程可分为“3＋1”和“2＋2”类型，其中“3＋1”类型较常用。

图 1-19 是“3＋1”类型两转两吸二氧化硫转化工艺流程图。从干燥工序来的炉气，被主风机加压后，依次经过第三换热器和第一换热器的壳程，被加热后从顶部进入转化反应器。在转化反应器中，催化剂分四段装填，段间间接换热，使反应温度接近最适宜温度。经第一段反应后，部分 SO_2 转化，反应放热，混合物温度升高，转化气出反应器，进入第一换热器管程，被原料气冷却。之后返回反应器，进入第二段继续反应。SO_2转化率增大，反应混合物温度升高，转化气出反应器进入第二换热器管程，被一次吸收后的尾气冷却，之后返回反应器，进入第三段反应，转化率继续增大，同时温度升高，转化气出反应器，进第三换热器管程，被冷却后去吸收工序。三段转化气进吸收工序的第一吸收塔，部分三氧化硫被吸收后，尾气返回转化工序，依次经过第四换热器和第二换热器壳程，被加热后，进反应器第四段，继续进行转化反应，SO_2转化率增大到最大，反应放热，反应混合物温度升高，最终的转化气出反应器进第四换热器管程，被冷却后离开转化工序，第二次去吸收工序，完成转化任务。设置电加热炉，用于系统开车时加热原料炉气，停车时加热吹扫空气。

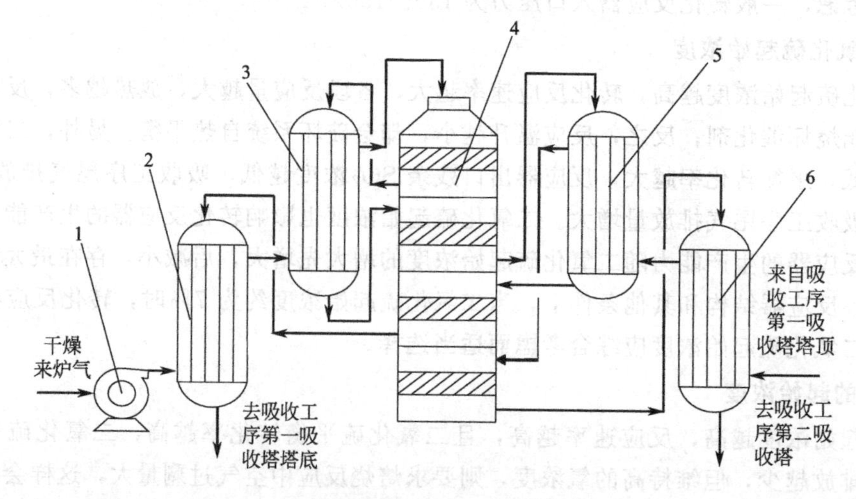

图 1-19 “3＋1”类型两转两吸二氧化硫转化工艺流程图

1—主风机；2—第三换热器；3—第一换热器；4—转化反应器；5—第二换热器；6—第四换热器

思考与练习

1. 二氧化硫转化反应的作用是什么？该反应有什么特点？
2. 什么是最适宜温度？二氧化硫转化反应为什么存在最适宜温度？
3. 影响二氧化硫转化工艺的因素主要有哪些？怎样选择操作温度？
4. 为什么二氧化硫转化反应要分段进行？二氧化硫转化工艺流程分为哪几类？
5. 简述“3+1”型两转两吸工艺流程。

任务九 熟悉二氧化硫转化器

二氧化硫催化氧化反应器，也称二氧化硫转化器，或者二氧化硫转化炉，简称转化器，或称转化炉。

一、二氧化硫转化器的结构特点

工业生产对二氧化硫转化器的要求是：使反应温度尽可能接近最适宜温度，生产能力大、压降尽可能小、结构简单且使用方便等。二氧化硫转化反应属于可逆放热、体积减小的气固相催化反应，为此转化器一般采用催化剂分4～5段装填的固定床结构。按照段间换热场所不同，二氧化硫转化器分为外部换热型、内部换热型和混合型三种，其中内部换热型的换热场所位于转化器内部，外部换热型的换热场所位于转化器外部，一般内部换热型转化器的内部空间有效利用率比外部换热型低。内部换热型的换热方式分为间接换热式和直接换热式两种，其中直接换热式也称冷激式，用冷原料炉气或组分气直接和热反应气体混合物混合，达到使热反应气体混合物冷却降温的目的。

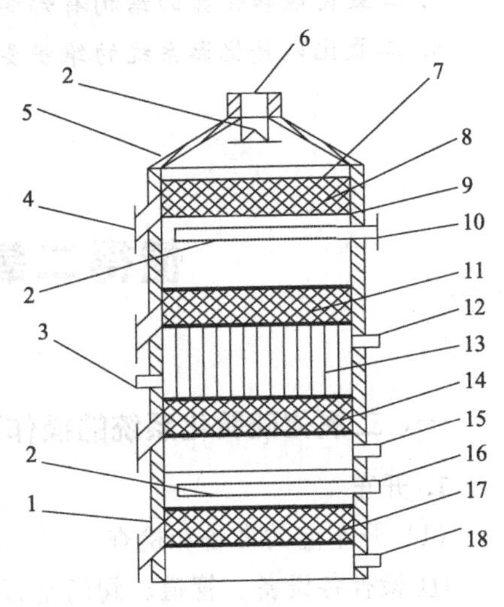

图1-20 混合型二氧化硫转化器的结构示意
1—筒体和保温层；2—气体分布器；3—冷却气出口；4—催化剂卸出口；5—锥形封头；6—原料炉气入口；7—催化剂压板；8—一段催化剂层；9—催化剂支承板；10—冷激气入口；11—二段催化剂层；12—冷却气入口；13—二、三段间换热列管；14—三段催化剂层；15—三段转化气出口；16—三段转化气入口；17—四段催化剂层；18—四段转化气出口

图1-20是一种混合型二氧化硫转化器的结构示意图。该转化器实为多段式固定床反应器，一、二段间采用原料炉气冷激式换热，二、三段间内设间接换热器，三、四段间外设间接换热器。

二氧化硫转化器的壳体由筒体和锥形封头组成，壳体上有气体进出口接管和催化剂卸出口管，内侧有保温层。催化剂分四段装填，每段催化剂层均堆放在支承板上（支承板带有缝隙，固定于壳体上），上面盖着压板（压板带有缝隙，固定于壳体上），以防颗粒松动。为保证气体在反应器横截面上均匀分布，在气体进口管上装有气体分布器。二、三段间设有列管，用于转化气和管外冷却气换热。

二、二氧化硫转化器系统的维护要点

(1) 主风机

① 轴瓦温度不超过55℃，冷却水温不超过30℃。

② 油压不低于0.08MPa，油位在规定范围内。

③ 运行三个月更换一次润滑油。

④ 保持设备整洁，记录发现的异常现象和隐患。

⑤ 长期停用的风机，防止电机受潮。

⑥ 若电机冒烟、异常震动、轴瓦温度突升等现象发生，应紧急停车。

(2) 各阀门每月涂一次润滑脂。

(3) 维护好转化器保温层，定期对设备进行防锈。

(4) 每天检查一次设备，确保保温层无裂缝或倒流现象，阀门管道无泄漏。

(5) 经常检查所属阀门是否灵活好用、分析仪器试剂是否齐备。

思考与练习

1. 工业生产对二氧化硫转化器的要求是什么？二氧化硫转化器一般采用什么结构？
2. 按换热方式不同，二氧化硫转化器分为哪几种类型？
3. 二氧化硫转化器的结构有哪些特点？
4. 二氧化硫转化器系统的维护要点有哪些？

任务十
懂得二氧化硫转化系统操作

一、二氧化硫转化系统的操作要点

1. 开车

(1) 开车前的准备和检查

① 检查各设备、管道、阀门是否完好，是否符合开车要求。

② 检查主风机，加油、盘车并空载试车，观察有无异常，检查油路和水路管线是否通畅，润滑油是否供应正常，正常后停下待用。

③ 检查各仪表是否齐全、准确，压力表是否对零。

④ 准备好分析仪器及试剂。

⑤ 联系公用系统岗位，检查电器设备绝缘是否良好、能否启用，联系供水。

⑥ 联系其他工序准备开车。

(2) 开车

① 启动主风机循环油泵，打开冷却水阀门。

② 关闭主风机出口阀，盘动风机转子。

③ 启动主风机，缓慢打开出口阀，根据电流表的读数来调节开度。

④ 用热空气加热转化器。

⑤ 预热炉气，升温到要求温度。

⑥ 转化炉通气，调节至正常工况。

2. 停车

(1) 紧急停车

① 迅速沟通各工序人员停车。

② 将副线阀关闭。

(2) 短期停车

① 停车前升温，逐步提高转化各段温度。

② 升温过程中，保证一段出口温度低于温度上限。

③ 与其他工序人员沟通，做好停车前的准备工作。

④ 焙烧工序停炉前风机，接着停本工序主风机。

⑤ 通知吸收工序人员停止干吸酸循环。

⑥ 鼓风机要定时盘车，停机后每小时盘一次。

⑦ 停车后应将各副线阀关闭。

(3) 长期停车　长期停车前吹净催化剂层内的二氧化硫和三氧化硫，然后将转化器降温。

① 停车前半小时关闭副线阀，提高各段温度，并通知吸收工序人员提高酸浓度。

② 在统一指挥下，待焙烧工序停止送气后，关小主风机阀门。

③ 开空气入口阀，开电炉，用干燥热空气吹催化剂。

④ 在转化器第一段催化剂的进口温度高于要求时，适当加大风量，尽快吹净催化剂层中残留的二氧化硫和三氧化硫气体。

⑤ 在第四段出口取样分析，当 SO_2 与 SO_3 浓度和小于 0.03%时，可以开始降温。

⑥ 逐步加大风量，停电加热炉，按要求对催化剂进行降温，之后停主风机。

⑦ 通知吸收工序人员停酸泵，关掉阀门。

3. 正常操作要点

(1) 随时注意观察一段进口和催化剂层温度，发现异常立即调节。

(2) 随时注意观察气体浓度，发现异常，及时联系沸腾焙烧工序人员，并采取措施。

(3) 若气量发生变化，与前工序人员联系查明原因，并采取措施调节。

二、二氧化硫转化系统操作的异常现象及处理

二氧化硫转化系统操作中的常见异常现象、产生原因及处理方法见表 1-4。

三、二氧化硫转化系统的安全操作事项

(1) 上班时必须穿戴好劳保用品。

(2) 处理漏气时，人应站在上风口，以免吸入 SO_2 气体引起中毒。

(3) 装卸催化剂时，一定要穿戴好劳保用品，事后应将手、脸洗干净后才能进食。

(4) 登高作业时，应系好安全带，安全带应高拴低用。

表 1-4 转化系统主要设备操作中的常见异常现象、产生原因及处理方法

设 备	异常现象	产生原因	处理方法
转化器	各段温度下降	①主风机风量太大 ②二氧化硫浓度降低	①关小风机 ②联系焙烧工序，提高气体浓度，查漏、堵漏
	转化率、温度突然下降	①主风机前严重漏气 ②二氧化硫浓度降低 ③仪表故障	①查漏、堵漏 ②通知焙烧炉调节 ③通知仪表工维修
	转化率低	①转化进口温度低于催化剂起燃温度 ②二氧化硫浓度波动范围太大 ③二氧化硫浓度太高 ④换热器漏气 ⑤分析误差或分析仪器故障 ⑥催化剂中毒、粉化 ⑦催化剂层气体短路	①调整修正进口温度操作指标 ②联系焙烧工序，稳定沸腾炉操作 ③联系焙烧工序，调节沸腾炉负荷 ④检查压力变化情况，查明漏气处 ⑤检查更换分析仪器及试剂 ⑥停车大修、筛分补充更换催化剂 ⑦停车、检查扒平催化剂，发现不足应及时补充
	反应温度不够	①一段进口温度太低，反应量小 ②一段催化剂粉化、中毒	①调整一段进口温度至要求 ②检查筛分更换一段催化剂
主风机	风机进口负压升高，出口压力下降	主风机前设备或管道堵塞	与前后工序联系，查明原因后处理
	主风机进口负压下降、出口压力升高	风机出口正压设备或管道堵塞	查明位置，进行处理

(5) 开启电炉及启动电器设备时，手不能潮湿，以防触电。

(6) 任何电器设备上的警示牌，未经值班电工许可，不得擅自移动。

(7) 电器设备发生火灾后，须首先切断电源，然后用干粉或 1211 灭火器灭火。

(8) 进入转化器或换热器内检修需要照明时，应使用 36V 以下的安全照明灯。

(9) 禁止带负荷拉下电闸。

(10) 不能用湿布擦电器设备。

思考与练习

1. 二氧化硫转化系统开车前的准备工作包括哪些方面？
2. 二氧化硫转化系统开车分为哪几步？
3. 长期停车时，用热空气吹催化剂层到什么程度？
4. 二氧化硫转化系统正常操作时要密切注意哪些方面？
5. 二氧化硫转化系统操作的常见异常现象有哪些？怎样处理？

任务十一 掌握三氧化硫吸收工艺知识

炉气经二氧化硫转化反应后，所得的产物气体混合物称为转化气。转化气中的三氧化硫用水吸收，即可制得硫酸产品。

一、三氧化硫吸收的化学反应

用水吸收三氧化硫的化学反应式为：

$$nSO_3(g)+H_2O(l) \longrightarrow H_2SO_4(aq)+(n-1)SO_3(aq) \quad \Delta_r H_m^{\ominus}(T)<0 \quad (1\text{-}11)$$

当 $n<1$ 时，生成含水硫酸，即硫酸水溶液；

当 $n=1$ 时，生成无水硫酸，即纯硫酸；

当 $n>1$ 时，生成发烟硫酸，即三氧化硫的硫酸溶液。

在实际生产中，分别用高浓度硫酸和低浓度硫酸作吸收剂，分两次吸收转化气中的三氧化硫，所得尾气进行回收。

三氧化硫吸收反应是可逆放热的气液相反应，低温、高压和高的三氧化硫浓度有利于吸收。

影响三氧化硫吸收速率的因素主要有三氧化硫的气相分压、吸收剂液面上三氧化硫的平衡分压和气液接触面积。一般地，三氧化硫的气相分压越大、吸收剂液面上三氧化硫的平衡分压越小、气液接触面积越大，则三氧化硫吸收速率越大。

二、三氧化硫吸收工艺条件的选择

1. 吸收酸浓度

工业生产中，一般用硫酸作吸收剂，当用浓硫酸作吸收剂时，浓度常选为98.3%（H_2SO_4），这样可使炉气中SO_3被吸收较完全。

对于浓度低于98.3%（H_2SO_4）的硫酸，液面上三氧化硫的平衡分压较小，而水蒸气分压较大，当作为吸收剂时，一部分SO_3从气相进入液相被吸收，而另一部分SO_3会与液面上的水蒸气结合生成硫酸蒸气。随着硫酸蒸气的生成，吸收剂硫酸中的水分不断蒸发补充液面水蒸气，这样又加剧了硫酸蒸气的生成。大量的硫酸蒸气若遇到冷却降温时极易形成酸雾，而酸雾很难被吸收，随尾气排放，造成三氧化硫吸收率降低。吸收剂硫酸浓度越低，形成酸雾越容易，造成三氧化硫的吸收率可能越低。对于浓度高于98.3%（H_2SO_4）的硫酸，液面上三氧化硫的平衡分压较大，且浓度越大，平衡分压越大，吸收速率降低，三氧化硫吸收率降低。未被吸收的三氧化硫随尾气排入大气遇到水分时，也产生白色的酸雾。一般可根据尾气中“白烟”的浓稀判断三氧化硫吸收率的高低和吸收剂硫酸浓度合适与否。

当用发烟硫酸作吸收剂时，浓度常选为18.5%SO_3（游离）或20%SO_3（游离）。发烟硫酸吸收转化气中的三氧化硫是一个物理过程。由于发烟硫酸液面上三氧化硫的平衡分压比浓硫酸大，所以吸收速率小，三氧化硫吸收率低，为此需要用98.3%（H_2SO_4）浓硫酸做吸收剂，二次吸收转化气中剩余的三氧化硫，以提高三氧化硫的总吸收率。

2. 吸收酸温度

吸收酸的温度升高，蒸发加剧，硫酸液面上水蒸气的平衡分压升高，吸收时易形成酸雾，不利于三氧化硫吸收率的提高，且加剧管道设备腐蚀。吸收酸的温度越低，三氧化硫被吸收得越完全，吸收率越高，但温度太低，吸收率提高幅度不明显，且冷却成本增加。三氧化硫的吸收是放热过程，为避免吸收过程温升过大，通常采用较大的吸收液气比，并控制吸收酸浓度变化为0.3%～0.5%，温升不超过20～30℃。

3. 进塔气温度

转化气进吸收塔温度越低，当炉气干燥不佳时，越易形成酸雾。当进塔转化气中水分含

量为0.1g/m³（标准状况）时，其露点为120℃，保持温度高于120℃，则可减少酸雾形成，若水分含量升高，则进塔温度应适当提高，以高于转化气露点。

三、三氧化硫吸收的工艺流程

因为三氧化硫的吸收是放热过程，为了使吸收剂硫酸的温升不超标，所以除吸收塔外，工艺流程中一般要设置冷却器，此外还要设置酸循环槽和循环泵等。这些设备的组合方式有“塔＋槽＋泵＋冷”、“塔＋冷＋槽＋泵”和“塔＋槽＋冷＋泵”三种方式，其中“塔＋槽＋冷＋泵”组合方式较安全，酸循环快，冷却效果好。

图1-21是一种三氧化硫吸收的工艺流程图。该流程可同时制得三种浓度的硫酸产品：标准发烟硫酸（俗称105酸，含20%SO_3）、98酸（即98.3%H_2SO_4）、92酸（即92.5%H_2SO_4，从干燥塔中得到）。

来自转化工序的转化气从底部进入发烟硫酸吸收塔，与顶部喷淋而下的18.5%SO_3（游离）或20%SO_3（游离）发烟硫酸逆向接触，三氧化硫被吸收，从顶部离开，进入浓硫酸吸收塔的底部，与塔顶喷淋而下的98.3%H_2SO_4逆向接触，剩余三氧化硫被吸收，经塔顶部的除沫器分离掉浓硫酸液滴后出塔，去尾气回收系统或通过烟囱放空。在发烟硫酸吸收塔中，吸收了三氧化硫的发烟硫酸，温度和浓度都升高，出塔进入循环槽，加入来自浓硫酸循环槽经冷却后的98.3%H_2SO_4稀释混合，经泵加压和冷却后，小部分作为产品去发烟硫酸库，大部分作为吸收剂循环使用。而在浓硫酸吸收塔中，吸收了三氧化硫的浓硫酸，温度和浓度同样也都升高，出塔进入循环槽，加入来自干燥工序循环槽经冷却后的92.5%H_2SO_4稀释混合，经泵加压和冷却后分为四部分，第一部分作为产品去浓硫酸库，第二部分去干燥循环槽增浓干燥酸，第三部分到发烟硫酸循环槽作稀释剂，第四部分作为吸收剂循环使用。

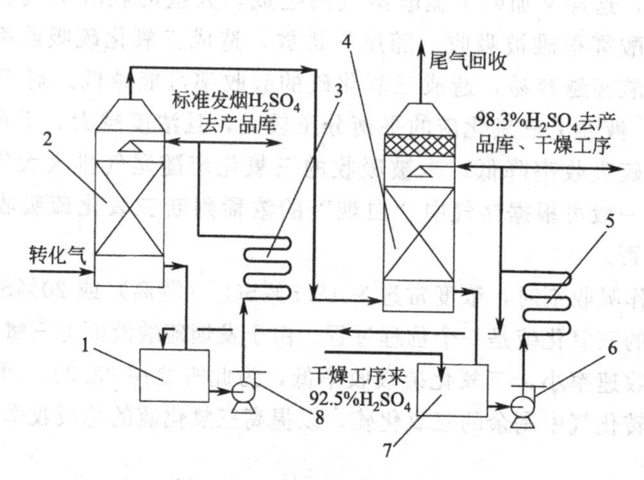

图1-21　三氧化硫吸收的工艺流程图

1—发烟硫酸循环槽；2—发烟硫酸吸收塔；3—发烟硫酸冷却器；4—浓硫酸吸收塔；
5—浓硫酸冷却器；6—浓硫酸循环泵；7—浓硫酸循环槽；8—发烟硫酸循环泵

由于转化气中三氧化硫分压较低，该流程不能制得高浓度的发烟硫酸，即含65%SO_3（游离）的硫酸，俗称115酸。制取65%SO_3（游离）发烟硫酸的方法是，将普通发烟硫酸加热，使挥发出游离态的三氧化硫，收集得到纯三氧化硫，再用20%SO_3（游离）发烟硫酸吸收纯三氧化硫，即可制得最终产品。

思考与练习

1. 三氧化硫吸收的反应是什么？该反应有什么特点？
2. 影响三氧化硫吸收反应的因素有哪些？怎样影响？
3. 选择吸收剂浓硫酸时，为什么要选择98.3% H_2SO_4？
4. 简述三氧化硫吸收的工艺流程。不同浓度的硫酸产品分别从什么位置采出？
5. 在发烟硫酸吸收塔、浓硫酸吸收塔和干燥塔之间，怎样进行串酸？

任务十二 熟悉三氧化硫吸收塔

一、三氧化硫吸收塔的结构特点

三氧化硫吸收塔实为一填料吸收塔，但由于吸收剂硫酸的腐蚀性强和黏度大的特点，其材质和部分部件结构性能比一般填料塔要求高。三氧化硫吸收塔结构示意图见图1-15。外壳由碳钢板卷焊而成，内衬耐酸砖，壳体上开有人孔和气液体的进出口。塔内底部用耐酸砖砌成一层隔板，隔板上设有供液体和气体通过的孔道，使进气体在整个塔截面上分布均匀，同时使吸收剂硫酸流动通畅。中部装有陶瓷或聚四氟乙烯制成的阶梯环状或鞍形填料层，用于增大气液接触面积。填料层上部设有分酸装置（即液体分布器），使黏度较大的吸收剂在整个塔截面上均匀淋洒，保证气液接触充分。分酸装置有槽式和管式两种，一般用铸铁、碳钢或不锈钢制造。在分酸装置上部设有捕沫层，用于分离吸收后的尾气所夹带的酸沫。捕沫层是一填料层，填料常用球拱或条拱支撑。

二、三氧化硫吸收塔系统的维护要点

吸收塔属于填料塔，其维护要点与净化工序的塔设备维护内容相似，但由于使用酸的浓度高，所以维护要求更高。

1. 日常保养

（1）维护设备正常工况，严防“跑、冒、滴、漏”等情况发生。

（2）设备漏酸时，检修完毕及时用水清洗，防止腐蚀。

（3）酸液溢到地面上，及时清洗。

（4）酸循环备用泵每16h盘一次车，现用泵每8h加一次油。

（5）禁止电机超负荷运转，严防电机受潮，启用备用电机前应检查合格。

（6）每周给各阀门和地脚螺栓的丝杆和螺帽涂一次黄油，防止生锈，保持开关灵活。

（7）各润滑点按要求加油润滑。

（8）搞好设备清洁卫生。

2. 巡回检查

（1）注意设备情况，做到不赌、不漏、不超压。

（2）注意气温变化，防断酸而烧毁设备和管线。

(3) 每小时检查一次泵电机，保证电流稳定正常，壳体固定、不发热。

(4) 每小时检查一次各塔液位，保证液位正常。

(5) 每小时检查一次所有管道，保证无泄漏。

(6) 经常检查各阀门是否灵活，保证无泄漏。

思考与练习

1. 三氧化硫吸收塔塔体一般选用什么材质？壳体内衬耐酸砖的目的是什么？
2. 吸收塔填料的作用是什么？常用三氧化硫吸收塔填料的材质和形状有哪些？
3. 三氧化硫吸收塔维护要点有哪些？

任务十三
懂得三氧化硫吸收系统操作

一、三氧化硫吸收系统的操作要点

1. 开车

(1) 开车前的检查和准备

① 检查设备管道、阀门等是否完好，是否符合开车要求。

② 所有铸铁管应试压不漏。

③ 清扫塔内杂物和捕沫器后，封闭人孔，检查酸分布装置。

④ 运转设备进行电气检查和试运转。

⑤ 检查各仪表压力表，保证齐全、准确。

⑥ 检查分析用具等，保证齐全。

⑦ 关死出口阀，盘车数转后试空车，检查酸泵保证运转正常。

⑧ 准备足量的98酸（开工用母酸）。

⑨ 联系公用系统供水，打开酸冷器进水阀门。

(2) 开车

① 给受酸罐加酸到一定液位，向循环槽加酸达到要求。

② 启动酸循环泵建立浓硫酸吸收塔、浓硫酸冷却器及其管路中的酸循环，并调节酸进吸收塔的温度达要求。

③ 先向浓酸吸收塔通转化气，调节液气比等参数，待酸转清。

④ 启动酸循环泵建立发烟硫酸吸收塔、发烟硫酸冷却器及管路中的酸循环，并调节酸进吸收塔的温度达要求。

⑤ 打开发烟硫酸吸收塔进气阀门和塔顶尾气进浓硫酸吸收塔阀门，逐渐增大转化气进发烟硫酸吸收塔气量，同时逐渐减小转化气进浓硫酸吸收塔气量，直至转化气串联经过发烟硫酸吸收塔和浓硫酸吸收塔，最后调整系统至稳定。

2. 停车

① 冬季停车时，防止水管、酸管结冰；检修人员进入设备前，确保残酸冲洗干净。

② 提前使酸循环槽液位适当降低，防止停泵后酸溢出来。

③ 吸收停车一般在转化器吹冷结束后进行。

④ 当发烟硫酸吸收系统停车时，需先用浓硫酸清洗设备管道，完毕将设备及管路中的酸抽净。

⑤ 如果是浓硫酸吸收系统之一发生故障，需短时停车，可不停其他系统的酸泵，只需关死各串酸阀、产酸阀。

⑥ 大修时所有塔、器、桶和罐等设备中的酸全部排入地下槽。

3. 正常操作要点

① 密切注意吸收酸进口温度，保证控制在要求范围以内。

② 密切注意转化气入塔温度，保证控制在要求范围以内。

③ 密切注意吸收酸的浓度，保证控制在要求范围以内。

④ 密切注意喷淋酸量，保证吸收液气比控制在要求范围以内。

⑤ 随时检测尾气中三氧化硫含量，以防超标。

二、三氧化硫吸收系统操作的异常现象及处理

三氧化硫吸收系统操作中主要异常现象、产生原因及处理方法见表1-5。

表1-5 吸收系统主要设备操作中常见异常现象、产生原因及处理方法

异常现象	产生原因	处理方法
电机突然跳闸	管道和设备漏酸或渗酸	关闭产酸阀、串酸阀、加水阀和泵出口阀
吸收塔尾气出口冒白烟	①泵电流及运转不正常 ②仪表失灵 ③入塔酸温太高 ④入塔气温过低	①切换备用泵 ②联系仪表工维修 ③开制冷系统 ④联系转化工序调节
98.3%硫酸浓度低	①加水阀失灵 ②仪表失灵 ③串酸阀失灵	①更换加水阀 ②联系仪表工维修 ③更换串酸阀
发烟硫酸浓度低	①加水阀失灵 ②仪表失灵 ③串酸阀失灵 ④入塔气浓度低	①更换加水阀 ②联系仪表工维修 ③更换串酸阀 ④联系焙烧工序调节

三、三氧化硫吸收系统的安全操作事项

(1) 进行带酸作业时，必须穿戴耐酸衣裤、手套和靴子等劳保用品。

(2) 检修设备前，应放尽余酸、卸掉余压，并冲洗干净。

(3) 进入塔器工作时，必须穿戴好耐酸劳保用品，用安全灯照明，并留人监护。

(4) 电气设备发生故障时，应联系专业人员维修，电气设备发生火灾时，应使用四氯化碳灭火器灭火。

(5) 稀释酸时，应将酸缓慢倒入水中。

(6) 外来人员进入生产区学习和培训时，应进行“三级”安全教育。

思考与练习

1. 吸收系统开车前的准备工作包括哪些方面？

2. 吸收系统开车应注意哪几点？

3. 吸收系统正常操作时要密切注意哪些方面？

4. 吸收系统设备常见异常现象有哪些？怎样处理？

5. 吸收生产应注意哪些安全事项？

任务十四
了解硫酸生产过程综合利用、“三废”治理和设备防腐

硫酸生产过程各工序产生的尾气、污水和污酸、烧渣和矿尘属于“三废”，为了降低消耗，回收有价值的物质，也为了保护环境，需要对这些“三废”物质进行综合利用和处理。焙烧工序和转化工序产生大量的反应热，为了节约能量，需要进行热量综合利用和回收。硫酸生产中，几乎所有工艺物料都具有腐蚀性，通过采取各种防腐措施，提高设备的使用寿命，保证生产的正常运行。

一、烧渣和矿尘的综合利用

硫铁矿不纯，除含铜、锌、铅、钴、金和银等有色金属外，还主要含有 FeS_2，焙烧硫铁矿时，FeS_2 氧化得到 Fe_2O_3 和 Fe_3O_4 固体产物。固体产物、未反应完的矿石和矿石中的杂质及其氧化物一起构成了烧渣和矿尘。对于含硫量为 25%～35% 的铁矿石原料，一般生产 1t 硫酸，则同时产生 0.7～8t 烧渣和矿尘。

1. 铁的回收

烧渣和矿尘中含有一定量的铁，可用作炼铁原料、作为水泥生产的助熔剂、制取硫酸亚铁和氯化铁等无机盐等。

(1) 作为炼铁原料　烧渣和矿尘炼铁时，首先通过磁选和重选过程，分离掉杂质，选出铁，然后和铁矿石掺烧炼铁。

(2) 制取硫酸亚铁　硫酸亚铁可用作净水剂、消毒剂、农药和磁性材料，制造着色剂和颜料铁红等，广泛用于橡胶、塑料、建筑和电子工业。

首先将烧渣用稀硫酸溶液浸取，再加入铁屑，使硫酸铁还原，最后经结晶、洗涤、干燥脱水等即得硫酸亚铁产品。

(3) 制取三氯化铁和铁粉　三氯化铁常用作净水剂和防渗剂，也可制作颜料。将烧渣用盐酸溶液浸取，得到三氯化铁溶液，再经过滤、浓缩、结晶，即可得三氯化铁产品。三氯化铁再用氢气还原，可制得铁粉。

2. 回收有色金属

从烧渣中回收有色金属铜、锌、铅和钴等，常用的方法是氯化法，也称氯化焙烧和氯化挥发法。按照焙烧温度不同，氯化焙烧和氯化挥发法又分为中温法和高温法两种，其中高温法原理如下。

首先，将烧渣和一定比例的氯化钙溶液混合，制成球状颗粒，并干燥。然后把颗粒在 1000～1200℃下焙烧，烧渣中的硫变成二氧化硫和三氧化硫，然后与氯化剂 $CaCl_2$、有色金属氧化物 MeO 反应。

在高温下，生成的有色金属氯化物 $MeCl_2$ 挥发进入烟气中，其他固体产物送去炼铁。烟气经洗涤，分离出有色金属单质或化合物。先加入铁屑，分离得到铜；再加入硫化物，沉淀分离得硫化铅；之后，经除铁，调节酸碱度沉淀分离出氢氧化锌。

二、污水和污酸处理

硫酸生产中的污水和废酸主要产生于净化工序。净化工序用水或稀酸洗涤炉气，炉气中的矿尘及对大自然和人体有毒有害的砷化物、氟化物、硫化物等转移进入水或稀酸中，形成污水和污酸。污水和污酸的量与生产规模大小、原料组成和净化流程及设备结构等有关。污水和污酸先进行过滤，除去矿尘泥即得到污酸泥浆，然后按照下述方法处理。

1. 污水的处理方法

硫酸生产中的污水处理一般采取中和法。该方法用碱性物质石灰或电石渣与污水中的砷化物、氟化物和硫化物进行中和反应，生成沉淀，分离沉淀，原理如下。

首先，石灰与污水中的硫酸铁、氧气和水反应生成氢氧化钙和氢氧化铁，接着，氢氧化钙与污水中的硫化物反应生成 $CaSO_4$ 沉淀。氢氧化钙、氢氧化铁与污水中的砷化物反应生成 $Ca(AsO_2)_2$、$Ca(OH)AsO_2$ 或 $Fe(AsO_2)_3$ 沉淀。氢氧化钙与氟化物反应生成 CaF_2 沉淀。最后进行过滤，将沉淀分离出，使污水中砷化物、氟化物、硫化物被除去。

2. 污酸的处理方法

与污水相比较，污酸中硫化物含量高，此外，除污水的成分外，污酸还含有较多的重金属，一般分两步处理，首先加入硫化盐（Na_2S），使重金属和砷化物沉淀，分离沉淀，第二步再中和，同污水处理方法。

3. 污酸泥中提取硒

矿尘泥是在污酸和污水处理前过滤的产物，也称污酸泥。

硒是一种稀有元素，在电子工业有重要用途。在硫铁矿焙烧中，硫铁矿中45%的硒以气态二氧化硒的形式进入炉气，经净化工序，变成固体，少部分进入污酸或污水中，经过滤得“贫”污酸泥浆，而大部分作为酸雾的凝结中心在电除雾器中除去，成为“富”污酸泥浆。

往“贫”污酸泥浆中加入碱液中和，硒化物成为硒沉淀，滤去清液，干燥，再进一步精制得硒单质。将“富”污酸泥浆加热到90～100℃，逸出的二氧化硫将硒化物还原成硒沉淀，过滤、干燥，再进一步精制得硒单质。

三、尾气的处理和利用

硫酸生产中的尾气主要产生于吸收工序，由于在吸收塔中转化气不能被完全吸收，剩余部分作为尾气而排放。尾气中含有少量的二氧化硫、三氧化硫和酸雾，这些成分能对环境造成危害，需处理，含量达标后，尾气方可排放。常用处理尾气中的二氧化硫、三氧化硫和酸雾的方法原理如下。

氨-酸法即用氨水作为吸收剂，吸收尾气中的二氧化硫、三氧化硫和酸雾，生成可供造纸行业使用的硫酸铵或亚硫酸铵。

亚硫酸铵和亚硫酸氢铵不稳定，可与氧、三氧化硫等反应。氨水中游离氨与酸雾反应。经氨-酸法处理后的尾气，二氧化硫、三氧化硫和酸雾含量达标后，即可排放。吸收后的溶液加入硫酸，将不稳定的亚硫酸盐分解转化为稳定的硫酸盐，再加氨水中和多余的硫酸，得硫酸铵溶液，浓缩结晶，制得硫酸铵产品。

四、热能的综合利用

硫酸生产中，焙烧和转化反应过程都产生大量的反应热，这些热能的品位高，回收利用价值明显。在生产实际中，这些热能除被用作加热介质，预热反应物外，大部分通过废热锅炉加热水产生蒸汽而得到回收，但由于承载热能的反应气体混合物温度高、腐蚀性强和矿尘夹带量大等特点，限制了废热锅炉中传统换热管的使用，从而影响热能回收利用。若以热管换热元件代替传统的换热管，则能克服这些不利影响。

如图 1-22 所示，热管是一段封闭的圆管，内壁紧贴有数层毛细物质（例如，金属丝网），作为吸液芯，吸液芯内充有一定量的载热工作液，热管两端用金属板封闭，内部保持负压，以使工作溶液汽化。当热管一端（热端）受热时，工作液吸热、升温、汽化进入空腔。随着热端工作液的不断汽化，在吸液芯毛细管作用下，冷端的工作液不断流来补充。随着冷端空腔内蒸汽量的不断增多，在微压差作用下，蒸汽沿空腔流向冷端，遇冷降温，冷凝放热，热量被管壳传出，同时凝液返回到吸液芯，再流向热端，重复上述循环，实现热管将热从热端传向冷端。

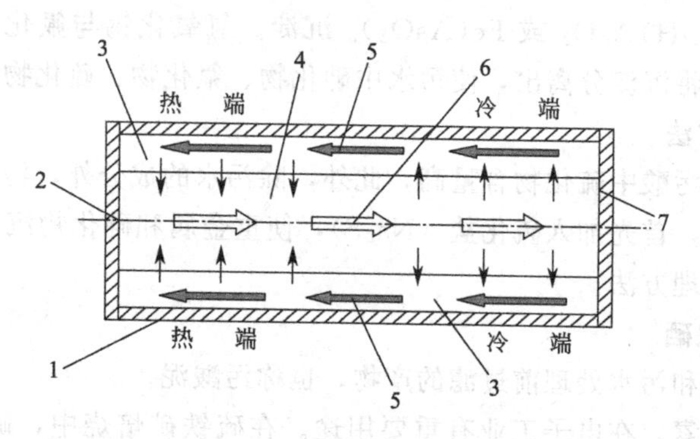

图 1-22 热管工作原理示意图

1—管壳；2—热端盖板；3—吸液芯层；4—空腔；5—冷凝态工作液流；6—汽化态工作液流；7—冷端盖板

用普通废热锅炉回收焙烧炉产生的高温炉气热量时，由于炉气的高温、高含尘量和高腐蚀性等特点，使炉管易发生损坏，而只要有一根发生泄漏，就会造成炉气与水互串，影响热回收效率，必须停炉检修。若用热管代替炉管制成新型的蒸汽发生器，可提高热回收效率，且由于热管特殊的工作原理，可避免普通废热锅炉的上述弊端。

五、设备防腐

硫酸生产中，几乎所有工艺物料都具有强腐蚀性，尤其是炉气，不但腐蚀性强，而且温度高、夹带矿尘量大，极易造成设备腐蚀性破坏，发生泄漏，影响正常生产，使维修投资增加，原材料消耗增加、产品质量降低，还可能危害人身健康和自然环境。

硫酸生产中，设备防腐采用的措施包括选择耐腐蚀材质、表面隔离、工艺介质中加入缓蚀剂缓解腐蚀、电化学保护等。

1. 设备材质选择

耐腐蚀材料分为金属材料和非金属材料，选择耐腐蚀材质时应考虑：①工艺介质的组成、温度和压力；②设备类型与结构；③产品要求；④材料的性价比。硫酸生产设备常用的金属材料有：不锈钢、碳钢、低铬铸铁等，还用到合金不锈钢、镍钼铬合金、哈氏合金等。

非金属材料有玻璃钢、塑料、石墨和陶瓷板砖等。

2. 表面隔离

在设备的金属或非金属材质表面，通过“涂”“衬”“镀”“渗”等工艺增加耐腐隔离层，阻止工艺介质与材质接触，减少设备腐蚀，其中以涂层及衬里应用最广泛。涂层表面隔离常用的涂料有：富锌涂料、重防腐涂料、耐高温涂料、陶瓷类涂料、带锈涂装涂料和氟树脂涂料等。衬里表面隔离常用的材料有：碳钢、玻璃钢、铸铁、塑料、石墨和陶瓷板砖等。

3. 工艺介质加入缓蚀剂

缓蚀剂是一种在很低浓度下，能降低设备材质遭受腐蚀性介质的腐蚀速率的助剂，可以是一种化合物或几种化合物组成的复合物质。在硫酸生产中，缓蚀剂主要用于防止冷却水系统的腐蚀。

4. 电化学保护

电化学保护是指利用外部电流使金属（包括合金）腐蚀电位发生改变以降低其腐蚀速率的防腐蚀技术，是一种既经济又实用的有效防腐蚀手段。电化学保护可分为阴极保护和阳极保护。阴极保护是在金属表面上通入足够的阴极电流，使金属电位变负，减小金属溶解速率。阴极保护除可防止一般的均匀腐蚀外，还可以防止一些材料的点蚀、晶间腐蚀、冲击腐蚀和选择性腐蚀等，使用时要求被保护设备的结构形状一般不宜太复杂，否则会产生“遮蔽”现象，从而影响防腐效果。阳极保护是将被保护的金属材质构件与外加直流电源的正极相连，使金属构件在电解质溶液中极化达到具有一定电位，从而维持金属材质原有的稳定钝态，抑制溶解，降低腐蚀速率。在硫酸生产中，如碳钢贮槽、各种换热器、三氧化硫发生器等均使用阳极保护。既可采用阳极保护，也可采用阴极保护，并且二者保护效果相差不多的情况下，则应优先考虑采用阴极保护，但若氢脆严重时，则应选阳极保护。

思考与练习

1. 烧渣和矿尘主要产生于哪些工序？综合利用的途径有哪些？

2. 污水和污酸主要产生于哪些工序？处理方法的原理分别是什么？

3. 常用的尾气处理和利用方法的原理是什么？

4. 硫酸生产中反应热的传统回收方法中，换热管的使用为什么受到限制？热管的工作原理是什么？

5. 硫酸生产中的防腐措施有哪些？

任务十五
了解其他含硫原料生产硫酸的方法

除硫铁矿外，还可用其他含硫原料生产硫酸。其他含硫原料包括硫黄、有色金属冶炼气、石膏等，由于组成不同，这些原料生产硫酸的工艺与硫铁矿为原料的工艺相互间都存在差异。不同含硫原料生产硫酸工艺的差异主要表现在制取满足转化要求的含二氧化硫原料气的方法不同，而后续其他部分工艺都基本相同。

一、硫黄制硫酸

硫黄来自于天然的硫黄矿和工业生产中的脱硫回收物，所含成分主要为硫，其他成分较少，燃烧时产生灰尘和烧渣也较少。相对于硫铁矿，我国的硫黄资源不丰富，所以以硫黄为原料生产硫酸的装置少。对于含砷和硒的硫黄，生产硫酸的工艺流程与硫铁矿经焙烧和酸洗净化炉气等工序生产硫酸相同，所用设备区别在于用焚硫炉代替焙烧炉，其他设备基本相同；而对于不含砷和硒的硫黄生产硫酸过程，设备方面还是用焚硫炉代替焙烧炉，但不需要净化工序而使工艺流程大大简化，设备减少，且排放废气少。

图 1-23 是焚硫炉的结构示意图。外形为钢制圆筒，内壁衬保温砖和耐火砖，炉膛分为燃烧室和烟道。熔融态的硫黄经过喷嘴喷入炉内，空气由端部进入，与经旋流装置雾化后的硫黄充分接触，燃烧生成二氧化硫和三氧化硫。炉内设有折流挡墙，以强化硫黄与空气的混合。为防止燃烧不够完全，一般还设有二次风，用于补充氧量以及调节炉膛温度，促使反应完全，以免产生升华硫。高温炉气从炉另一端去废热锅炉。

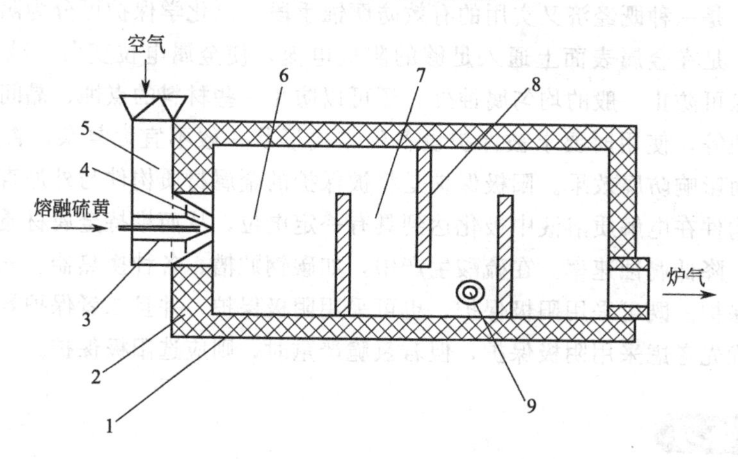

图 1-23　焚硫炉的结构示意图

1—壳体；2—耐火保温层；3—熔硫喷嘴；4—空气旋流叶片；5—空气入口；6—硫黄燃烧室；7—烟道；8—折流挡墙；9—二次空气入口

二、冶炼气制硫酸

冶炼气是冶炼有色金属时的副产物，含有二氧化硫。冶炼原料不同、冶炼条件不同，则所得冶炼气中二氧化硫的含量不同，所含其他组分种类亦不同，与硫铁矿焙烧制得炉气生产硫酸相比较，冶炼气作原料生产硫酸，不需要焙烧工序，但净化工艺差别大，且不同的冶炼气净化难易程度不同、所用工艺不同，除此之外，转化和吸收工序二者基本相同。另外由于有色金属冶炼属间歇过程，使得冶炼气的成分和气量的供给不稳定、波动大，因此用冶炼气生产硫酸过程呈现非稳态，引起工艺操作控制困难、设备效率低、产品质量低等现象，但冶炼气生产硫酸是降低冶炼业环境污染较有效的方法，产品成本低。

三、石膏制硫酸

石膏来自于天然的石膏矿和工业副产物，主要成分是硫酸钙（$CaSO_4$）。在石膏中，$CaSO_4$ 以两种形式存在：生石膏（$CaSO_4 \cdot 2H_2O$）和硬石膏（$CaSO_4$）。用石膏作为原料生产硫酸前，生石膏必须先经煅烧成硬石膏才可使用。我国石膏矿藏丰富，磷肥副产石膏量大，与硫铁矿生产硫酸相比，石膏生产硫酸的同时，还可得到水泥产品，因此利用石膏生产硫酸，可综合利用磷酸生产排放的废渣，还可同时得到两种产品，一种是化工基础原料，另一种是普通建材产品。

石膏生产硫酸的工艺过程与硫铁矿相比，工序步骤和工艺设备等基本相同，其他方面有区别。用石膏生产硫酸联产水泥的过程，首先在回转窑内将石膏、黏土、砂石和焦炭煅烧，得到含二氧化硫的窑气和可作水泥熟料的烧渣，用烧渣去生产水泥。

$$2CaSO_4 + C = 2CaO + 2SO_2\uparrow + CO_2\uparrow \quad (1\text{-}12)$$

窑气中含 SO_2 约6%～10%，符合生产硫酸的要求。窑气中不含砷化物、硒化物和氟化物，且三氧化硫含量低，所以窑气的净化比硫铁矿焙烧炉气净化简单，但窑气含氧量不足，需在 SO_2 转化前补入空气。窑气净化去掉固体尘粒和酸雾，并经干燥后，补入空气，再经转化和吸收，最终制得硫酸产品。由于窑气中含有氮氧化物、氢和烃类化合物，若不净化除去，则会影响产品质量，且使尾气排放量升高。

思考与练习

1. 除硫铁矿外，其他可生产硫酸的含硫原料有哪些？
2. 以硫黄为原料生产硫酸的工艺过程与硫铁矿为原料相比，主要有哪些不同？
3. 与铁矿石为原料相比，以冶炼气作原料生产硫酸的工艺过程主要有哪些不同？
4. 为什么说以石膏为原料生产硫酸是一举多得？
5. 与硫铁矿焙烧所得炉气相比，石膏煅烧所得窑气组成特点是什么？怎样影响后续生产工序？

项目二

磷肥的生产

任务一 了解磷肥产品

一、磷肥的分类、规格及用途

过磷酸钙和钙镁磷肥见图 2-1 和图 2-2。

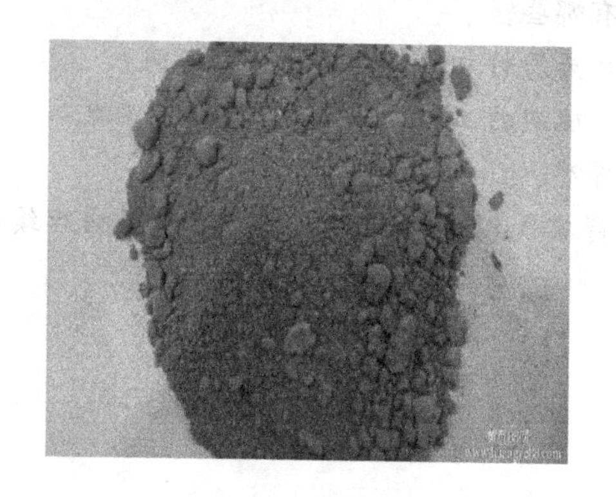

图 2-1 过磷酸钙

图 2-2 钙镁磷肥

磷肥是提供植物单一磷养分的肥料。磷肥的品种很多，分类也比较复杂。

按化学组成分类，磷肥可分为单一磷肥、二元磷肥、三元磷肥和含中量、微量元素的多元磷肥。例如，三元磷肥同时含有氮、磷、钾三种基本有效元素；磷铵硼则不但含氮、磷，还同时含有微量元素硼。

按含有效磷化合物的可溶性分类，磷肥可分为水溶性磷肥和枸溶性磷肥两类。枸溶性磷肥按有效磷提取液不同，又分为 2%柠檬酸溶性和中性柠檬酸铵溶性两种类型。对作物而言，水溶性磷和枸溶性磷都是可以吸收的，因而加起来统称为有效磷，并以此作为考核磷肥品位的标准。

按有效物质含量分类，磷肥可分为高含量（有效成分高于 45%）、中含量（有效成分为 30%～45%）和低含量（有效成分不大于 30%）。

按生产方法分类，磷肥可分为单一磷肥、复合肥料、复混肥料和掺混肥料。

按生产工艺分类，磷肥可分为酸法磷肥和热法磷肥两大类。酸法磷肥通常是指用硫酸、磷酸、盐酸和硝酸分解磷矿制成的磷肥和含磷复合肥的通称。这类肥料多属水溶性速效肥，在生产中所占比例较大。热法磷肥是指以热化学方法在高温（高于 1000℃）的条件下，加入部分配料分解磷矿制得的磷肥。这类肥料为非水溶性磷肥，肥效持久，不易流失或被土壤固定，因而肥料的总利用率较高。

磷肥的主要品种和性质如表 2-1 所示，复合（混）肥料的主要品种如表 2-2 所示。

表 2-1 磷肥的品种和性质

名称	代号	主要有效组分	有效 P_2O_5 含量/%	酸碱性	有效磷提取液
		酸法磷肥			
部分酸化磷矿	PAPR	$Ca(H_2PO_4)_2 \cdot H_2O$	>8	酸性	2%柠檬酸
普通过磷酸钙	SSP	$Ca(H_2PO_4)_2 \cdot H_2O$	12～20	酸性	碱性柠檬酸铵
氨化过磷酸钙		$Ca(H_2PO_4)_2 \cdot H_2O, NH_4H_2PO_4$	14～20	中性	
重过磷酸钙	TSP	$Ca(H_2PO_4)_2 \cdot H_2O$	42～46	酸性	中性柠檬酸铵
富过磷酸钙		$Ca(H_2PO_4)_2 \cdot H_2O$	25～35	酸性	
超重过磷酸钙		$Ca(H_2PO_4)_2 \cdot H_2O$	54		
磷酸氢钙	DCP	$CaHPO_4 \cdot H_2O$	18～30	中性	中性柠檬酸铵
		热法磷肥			
钙镁磷肥	FMP	$\alpha\text{-}Ca_3(PO_4)_2$	12～18	碱性	2%柠檬酸
钢渣磷肥		$Ca_4P_2O_9 \cdot CaSiO_3$	14～18	碱性	2%柠檬酸
脱氟磷肥	DFP	$\alpha\text{-}Ca_3(PO_4)_2 \cdot CaNaPO_4$	20～42	碱性	中性柠檬酸铵
钙钠磷肥		$CaNaPO_4$	19～23	碱性	中性柠檬酸铵
偏磷酸钙	CMP	$Ca(PO_3)_2$	64～68	碱性	中性柠檬酸铵

表 2-2 复合（混）肥的主要品种

名称	代号	主要有效组分	$N\text{-}P_2O_5$/%	$N\text{-}P_2O_5\text{-}K_2O$ 成分/%
		磷酸铵类		
磷酸一铵	MAP	$NH_4H_2PO_4$	10-50,12-52	10-50-0,10-52-0
磷酸二铵	DAP	$(NH_4)_2HPO_4, NH_4H_2PO_4$	18-46,16-48	18-46-0,16-48-0
硫磷酸铵	APS	$NH_4H_2PO_4, (NH_4)_2SO_4, (NH_4)_2HPO_4$	16-20	13-13-13,14-28-14
硝磷酸铵	APN	$NH_4H_2PO_4, (NH_4)_2HPO_4, NH_4NO_3$	23-23	14-14-14,17-17-17
尿素磷酸铵	UAP	$NH_4H_2PO_4, (NH_4)_2HPO_4, (NH_2)_2CO$	28-28,20-20	22-22-11,19-19-19
多磷酸铵	APP	$(NH_4)_{n+2}P_nO_{3n+1}, (NH_4)_2HPO_4$	10-34,15-62	10-34-0,15-62-0
偏磷酸铵	AMP	NH_4PO_3	12-60	12-60-0
		硝酸磷肥		
冷冻法		$NH_4H_2PO_4, CaHPO_4, NH_4NO_3$	20-20,23-23	15-15-15,17-17-17
混酸法		$NH_4H_2PO_4, CaHPO_4, NH_4NO_3$	16-23,13-35	11-11-11,14-14-14
碳化法		$CaHPO_4, NH_4NO_3$	16-14,18-12	13-11-12
		磷酸钾类		
磷酸二氢钾	MKP	KH_2PO_4		0-47-31
偏磷酸钾	KMP	KPO_3		0-55-37

注：复合（混）肥料一般用 $N\text{-}P_2O_5\text{-}K_2O$ 的质量分数表示有效成分。如，规格为 22-22-11 的复合（混）肥，表示 N 含量 22%，P_2O_5 含量 22%，K_2O 含量 11%。

二、磷肥的生产原料和生产方法

1. 磷肥的生产原料

工业上生产磷肥的主要原料是天然磷酸盐矿物，并且把具有工业开采价值的天然磷酸盐矿床称为磷矿。磷矿在自然界中因形成原因不同，可分为磷灰石和磷块岩两类，它们的主要成分大多是氟磷灰石，即$Ca_5F(PO_4)_3$。

(1) 磷灰石　磷灰石是由含磷物质熔融岩浆经过冷却、结晶而形成，属火成岩矿物。它具有六角形晶体结构，不含结晶水，结构坚固致密，只溶于强酸，不溶于水，在化学加工中分解速率较慢。纯磷灰石中含有约42%的P_2O_5。随含有的杂质及共生矿物不同，磷灰石可呈现灰色、灰绿色、紫色或咖啡色等不同颜色，其中以灰绿色较为普遍。磷灰石在火成岩中分布极广，以分散状态存在，所以自然界中高品位磷灰石矿甚少。我国磷灰石矿床主要分布在华北、东北和山东等地，品位均较低，常伴生磁铁矿、钒钛磁铁矿等，但可综合利用。

(2) 磷块岩　磷块岩又称纤核磷灰石，主要是由海水中的磷酸钙沉积而成，是水成岩矿物。它一般呈细小的结晶体或隐晶质状态，密度介于2800～3000kg/m³，颜色有灰白色、灰黑色、浅绿色或黄褐色等。磷块岩摩擦得厉害时，可以闻到一种家用火柴燃烧时所产生的气味。磷块岩疏松多孔，比表面积大，能被土壤中的酸性溶液溶解，因此常将这种品位低（P_2O_5含量不大于10%～24%）、不适用于化学加工的磷块岩磨成细粉直接用作肥料施用。

磷块岩通常比磷灰石P_2O_5含量高，贮量大，是磷肥生产原料的最主要来源。

生产磷肥的原料除了磷矿外，还有蛇纹石、硫酸、磷酸等。蛇纹石在磷肥生产中用作助溶剂，它是对一类含水的富镁硅酸盐矿物的总称，例如叶蛇纹石、利蛇纹石、纤蛇纹石等。蛇纹石的化学式为$Mg_6[Si_4O_{10}](OH)_8$。它们的颜色通常为绿色，但也有浅灰色、白色或黄色等其他颜色。因蛇纹石具有青绿相间像蛇皮一样的外形，故称为蛇纹石。块状或纤维状的蛇纹石都具有光泽，块状如蜡，纤维状如丝。人们将蛇纹石当作建筑用材料，有些可用作耐火材料，颜色好看的还可以制成装饰品或工艺品。

2. 磷肥的生产方法

磷肥的生产方法一般分为三类：物理法、酸分解法、热分解法。

(1) 物理法　将含有效磷较高的磷块岩，破碎磨细至85%～90%能通过100目筛，即为磷矿粉肥。

(2) 酸分解法　用硫酸、磷酸、硝酸或盐酸等无机酸分解磷矿，使其中的不溶性磷转化成为易被农作物吸收的有效磷。此法所得产品就是磷肥、磷复肥，如过磷酸钙类、磷酸铵类、硝酸磷肥、磷酸氢钙等。酸法磷肥、磷复肥生产示意图，如图2-3所示。

(3) 热分解法　利用电热或燃料燃烧热所形成的高温（1250～1600℃），破坏磷矿中氟磷酸钙晶体的结构或使氟磷酸钙与其他配料反应，生成可被作物吸收的磷酸盐。这类产品就是热法磷肥，如钙镁磷肥、脱氟磷肥、钙钠磷肥、钢渣磷肥等。此类磷肥一般不溶于水，属枸溶性磷肥。热法磷肥的生产示意图，如图2-4所示。

本项目中，酸法磷肥将介绍普通过磷酸钙的生产工艺，热法磷肥将介绍钙镁磷肥的生产工艺。

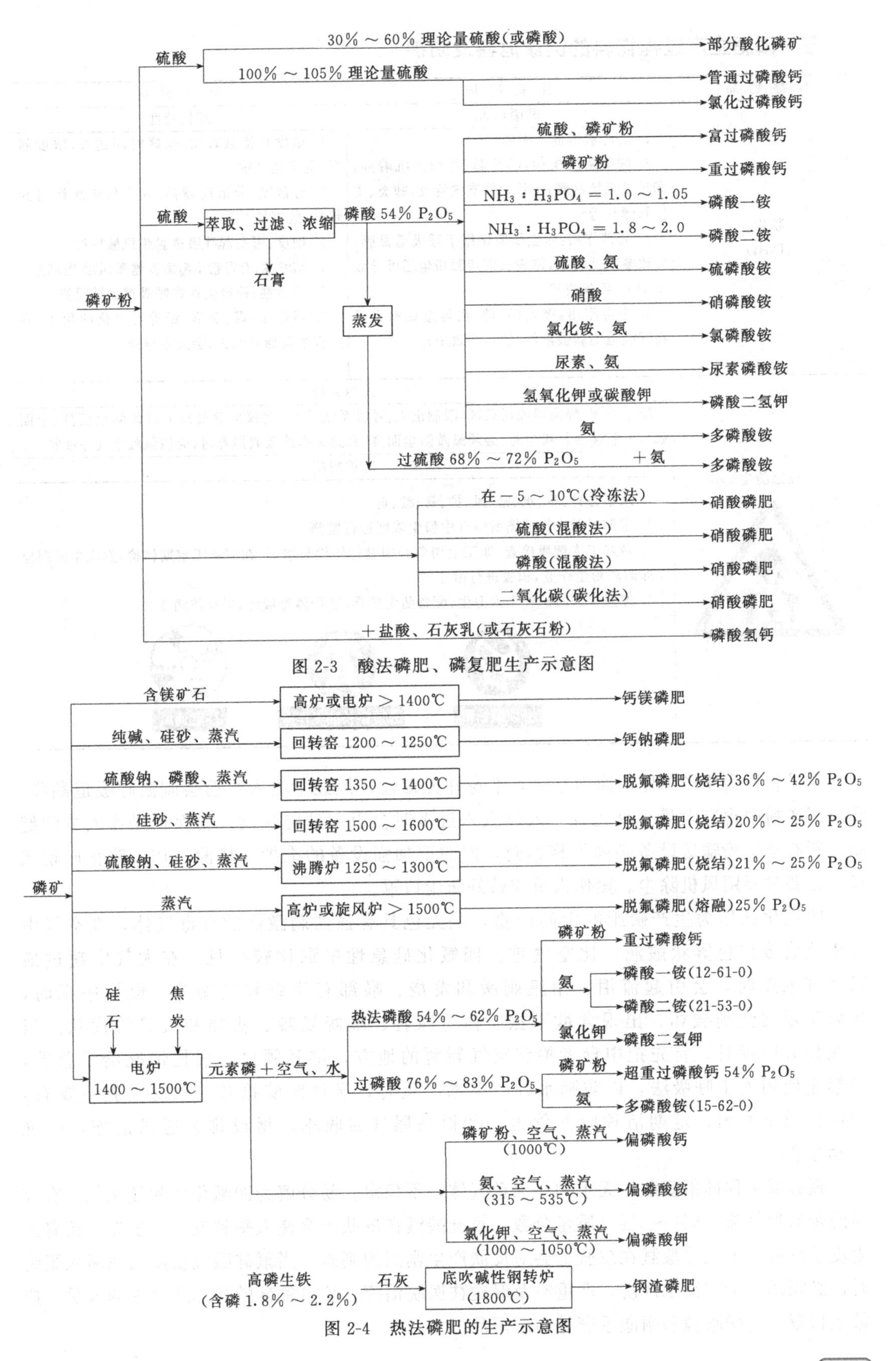

图 2-3 酸法磷肥、磷复肥生产示意图

图 2-4 热法磷肥的生产示意图

三、磷肥生产过程物料的健康危害及防护

<table>
<tr><th>有毒物品</th><th>注意防护</th><th>保障健康</th></tr>
<tr><td rowspan="2">粉尘
(Dust)</td><td>健康危害</td><td>理化特性</td></tr>
<tr><td>1. 经呼吸道进入人体
2. 呼吸系统疾病：①尘肺；②粉尘沉着症；③呼吸系统肿瘤；④粉尘性支气管炎、肺炎、支气管哮喘等
3. 局部作用：粉尘长期作用于呼吸道黏膜，导致萎缩性病变，体表长期接触粉尘还可导致皮脂炎、毛囊炎等
4. 中毒作用：吸入铅、砷、锰等金属粉尘可在呼吸道黏膜被溶解吸收，导致中毒</td><td>1. 浓度和接触时间：暴露时间越长，浓度越高，危害越严重
2. 分散度：分散度越高，在空气中飘浮时间越长，危害越严重
3. 硬度：可引起呼吸道黏膜机械损伤
4. 溶解度：有毒粉尘溶解度越高，毒作用越强
5. 荷电性：荷电尘粒在呼吸道易被阻留
6. 爆炸性：煤、亚麻、铅等可氧化的粉尘，在适宜浓度遇到明火，会发生爆炸</td></tr>
<tr><td rowspan="4">注意防尘</td><td colspan="2">应急处理</td></tr>
<tr><td colspan="2">应急处理：隔离泄漏污染区，限制出入；呼吸系统防护：建议应急处理人员戴防尘面具(全面罩)，可能接触其粉尘时，必须佩戴防尘面具，紧急事态抢救或撤离时，应该佩戴空气呼吸器</td></tr>
<tr><td colspan="2">防护措施</td></tr>
<tr><td colspan="2">1. 八字方针：革、水、密、风、护、管、教、查
2. 定期对粉尘作业场所空气中粉尘浓度进行监测
3. 做好工人健康检查，职工上岗前必须进行体检和培训，在职职工定期体检，发现尘肺病应立即调离粉尘作业，积极进行治疗
4. 加强个人防护和个人卫生：配备防尘护具，进行体育锻炼，提高防病能力
必须戴口罩　必须穿长袖工作服　注意通风</td></tr>
</table>

磷矿粉作为生产磷肥的原料之一，本身并无毒性，但经常吸入矿粉会刺激呼吸道黏膜，同时因矿粉中含有大量二氧化硅，人体吸入过多时会引起硅肺疾病。为保护操作人员的健康，所有磷矿粉输送设备必须严格密封，同时要加强设备的维护和堵漏工作，防止矿粉飞扬，必要时要用风机除尘。操作人员应戴好防尘口罩。

四氟化硅作为生产磷肥的中间产物，是无色具有强烈刺激性的有毒气体，在空气中与水化合成白色雾状酸滴，比空气重。四氟化硅急性中毒比较少见，在大气中超过最高允许浓度时，会引起流泪、角膜刺激和发烧、喉部有痒感和气喘等。慢性中毒时，牙齿珐琅质受到破坏，出现食欲不振、体重减轻、喉咙发哑、头痛和头晕等症状。当四氟化硅中毒时，首先把中毒者抬到空气新鲜的地方，解开领口，根据情况给予急救，但禁止使用人工呼吸法，以防肺水肿。中毒严重时，送往医院抢救。预防措施主要有：①保证设备密闭，定期清理废气管道；②提高尾气回收率，增设排毒通风措施，改善劳动条件。

氟硅酸又称硅氟氢酸。无水物是无色气体，不稳定。易分解为四氟化硅和氟化氢。有较强的刺激性气味，5%～6%（质量分数）氟硅酸溅在皮肤上会使人感到发热、发痒，接着产生皮肤红肿，浓氟硅酸溅在皮肤上会对皮肤产生剧烈的刺激。当氟硅酸烧伤皮肤或溅入眼睛时，必须用大量的清水冲洗，严重时及时送往医院治疗。从事氟硅酸操作或检修的人员，应戴上口罩、防酸眼镜和耐酸手套等防酸用品。

思考与练习

1. 填空题

(1) 按生产方法分类，磷肥又可分为单一磷肥、复合肥料、________和掺混肥料。

(2) 利用电热或燃料燃烧热所形成的高温，破坏磷矿中氟磷酸钙晶体的结构或使氟磷酸钙与其他配料反应，生成__________的磷酸盐。

(3) 蛇纹石是一种含水的__________矿物的总称，如叶蛇纹石、利蛇纹石、纤蛇纹石等。化学式为 $Mg_6[Si_4O_{10}](OH)_8$。

2. 选择题

(1) 酸法磷肥通常是指用酸分解磷矿制成的磷肥和含磷复合肥的通称。下列不能用于分解磷矿生产磷肥的酸是（　）。

A. 硫酸　　B. 醋酸　　C. 硝酸　　D. 盐酸

(2) 物理法生产磷肥时，是将含有效磷较高的磷块岩，破碎磨细至 85%～90%能通过（　）目筛，即为磷矿粉肥。

A. 10　　B. 100　　C. 50　　D. 200

3. 判断题

(1) 按有效物质含量分类，磷肥可分为高含量（有效成分高于50%）、中含量（有效成分为30%～50%）和低含量（有效成分不大于30%）。（　）

(2) 从事氟硅酸操作或检修的人员，应戴上口罩、防酸眼镜和耐酸手套等防酸用品。（　）

(3) 四氟化硅是一种无毒气体，刺激性很大，5%～6%（质量分数）氟硅酸溅在皮肤上会使人感到发热、发痒，接着产生皮肤红肿，浓氟硅酸溅在皮肤上会对皮肤产生剧烈的刺激。（　）

4. 简答题

(1) 按含有效磷化合物的可溶性分类，磷肥可分为哪两大类？它们有什么不同之处？

(2) 酸分解法生产的磷肥有哪些？是如何生产的？

任务二
掌握普通过磷酸钙生产工艺知识

酸法磷肥是用硫酸等无机酸分解磷矿而制成的磷肥，这类磷肥多属水溶性速效肥料。酸法磷肥主要包括以水溶性 P_2O_5 为主要有效养分的普通过磷酸钙、重过磷酸钙、富过磷酸钙等。普通过磷酸钙，简称普钙，是用硫酸分解磷矿制得的含有以磷酸一钙和硫酸钙为主体，含有少量游离磷酸和其他磷酸盐（铁、铝）的磷肥。重过磷酸钙，简称重钙，是以湿法磷酸或热法磷酸分解磷矿制得的以磷酸一钙为主体，含有少量游离磷酸和其他磷酸盐的磷肥。富过磷酸钙是用浓硫酸和稀磷酸的混酸分解磷矿制成的肥料，其有效 P_2O_5 含量介于重过磷酸钙与普通过磷酸钙之间。本项目以普通过磷酸钙为例，介绍酸法磷肥的生产相关知识与技能。

一、普通过磷酸钙性质及生产的化学反应

1. 普通过磷酸钙的性质

普通过磷酸钙是一种呈灰白色、深灰色、灰黑色的疏松多孔粉末，其主要成分是一水合磷酸二氢钙 [$Ca(H_2PO_4)_2 \cdot H_2O$，亦称磷酸一钙] 和难溶的无水硫酸钙（$CaSO_4$）。此外，还含有游离的磷酸、游离水、磷酸铁、磷酸铝、二水合磷酸二氢镁、氟硅酸、氟硅酸盐、硅酸及其他杂质等。

磷酸二氢钙和游离磷酸是磷的水溶性化合物，而磷酸铁和磷酸铝能部分溶解于柠檬酸铵溶液中，简称枸溶性磷。水溶性磷和枸溶性磷通称为过磷酸钙中的有效磷，即五氧化二磷（P_2O_5）。有效磷是指肥料中可被植物吸收利用的五氧化二磷的量，它是衡量普通过磷酸钙质量的主要指标。

普通过磷酸钙加热时不稳定，当温度高于120℃时，磷酸一钙失去结晶水，水溶性五氧化二磷逐渐变成枸溶性五氧化二磷。加热到150℃时无水磷酸一钙缩合失水，转变为焦磷酸氢钙（$CaH_2P_2O_7$），从而失去肥效。所以在制粒状过磷酸钙时，物料干燥温度应控制在120℃以下，以免水溶性 P_2O_5"退化"成枸溶性 P_2O_5。

一般情况下，普通过磷酸钙吸湿性较小，如果空气相对湿度达80%以上，就有吸湿现象。当含有过量游离酸或经常接触潮湿空气时，普通过磷酸钙也会吸湿结块，因此在其贮运过程中应注意防水、防潮。

普通过磷酸钙的质量标准见表2-3。本标准适用于以工业硫酸分解磷矿粉生产的农用粉状过磷酸钙。其外观为灰白色、深灰色、灰黑色等疏松粉状物。

表 2-3 普通过磷酸钙的质量标准

项目		指标			
		优等品	一等品	合格品	
				Ⅰ	Ⅱ
有效 P_2O_5 含量(质量分数)/%	≥	18.0	16.0	14.0	12.0
游离酸含量(质量分数,以 P_2O_5 计)/%	≤	5.0	5.5	5.5	5.5
水分(质量分数)/%	≤	12.0	14.0	14.0	15.0

2. 普通过磷酸钙生产的化学反应

普通过磷酸钙是用硫酸分解磷矿粉，经过混合、化成、熟化工序制成的。其总化学反应方程式为：

$$2Ca_5F(PO_4)_3+7H_2SO_4+3H_2O \xlongequal{} 3Ca(H_2PO_4)_2 \cdot H_2O+7CaSO_4+2HF \quad (2\text{-}1)$$

实际上，此反应分成两个阶段进行。

第一阶段是硫酸分解磷矿，生成磷酸和半水硫酸钙，该反应在混合器和化成室中完成。化学反应方程式如下：

$$2Ca_5F(PO_4)_3+10H_2SO_4+5H_2O \xlongequal{} 6H_3PO_4+10CaSO_4 \cdot \frac{1}{2}H_2O+2HF \quad (2\text{-}2)$$

因为硫酸是强酸，反应温度较高，可达110℃以上，且反应在固相与液相之间进行，所以这一阶段反应速率很快，特别是在反应初期更为剧烈，一般在半小时以内即可完成。随着反应的进行，磷矿不断被分解，硫酸逐渐减少，CO_2、SiF_4 和水蒸气等气体不断逸出，固体硫酸钙结晶大量生成，使得反应料浆在几分钟内变稠，进入化成室后就能很快固化。在这一阶段中，磷矿被硫酸分解的质量约占总质量的70%，剩下30%未分解的磷矿留在第二阶段

继续与磷酸作用。

第二阶段反应是以第一阶段生成的磷酸分解剩余的磷矿粉，生成普钙的主要有效成分是磷酸一钙。化学反应方程式如下：

$$Ca_5F(PO_4)_3+7H_3PO_4+5H_2O = 5Ca(H_2PO_4)_2 \cdot H_2O+HF \tag{2-3}$$

第二阶段反应开始于化成室，主要在熟化仓库内进行。该阶段的反应速率与第一阶段相比要慢得多，若要达到94%～95%的转化率，通常需要几天到十几天甚至几十天，生产上将这一阶段称为"熟化"。

二、普通过磷酸钙生产工艺条件的选择

1. 硫酸浓度

硫酸浓度对磷矿粉的分解率、料浆的固化速率和产品的物理性能都有较大影响。工艺上要求硫酸的浓度应高一些为好，因为化学反应速率是与化学反应物的含量成正比的。采取较高浓度的硫酸，不仅可以加速第一阶段分解过程的进行，而且由于液相量较少、生成的磷酸含量也较高，因而也会加快第二阶段反应的速率。由于反应过程作用激烈，水分蒸发较多，加上硫酸带入的水分较少，因而可降低过磷酸钙的含水量。从而改善产品的物理性能，提高产品的有效磷含量。

若硫酸浓度过高，不但不能提高分解反应速率，相反还会降低分解率。

目前，用来分解磷矿的硫酸浓度一般控制在61%～75%（质量分数）。容易分解和比较细的磷矿可以采用浓度较高的硫酸。冬季由于气温低，水分不易从普钙中蒸发，所以酸浓度也可以适当比夏季高一些。

2. 硫酸温度

硫酸温度和硫酸浓度一样，对于磷矿的分解速率、转化率、料浆固化、产品质量和物理性能等都有很大的影响。硫酸的温度越高，化学反应速率越快，并且由于带入的热量较多，加上激烈反应时所产生的大量反应热，促进了水分蒸发和含氟气体的逸出，有利于改善普钙的物理性能。但是，酸温太高会使反应过分激烈，容易产生过磷酸钙包裹现象，这样就阻碍了磷矿粉的继续分解，并使过磷酸钙的物理性质恶化。

在生产过程中，酸温一般采用50～80℃。夏季因气温和矿粉温度高、混合机散热较少、水分容易蒸发，所以酸温一般较冬季低5～10℃。

含镁较高的磷矿，宜用较高的硫酸温度（70～80℃）。含铁较高的磷矿，则宜用较低的硫酸温度（50～60℃）。这样有利于产品质量的提高。

3. 硫酸用量

硫酸用量，又叫硫酸定额，是指分解100份质量的磷矿粉所用的硫酸量（按100% H_2SO_4计）。硫酸用量对磷矿粉的分解率有着直接的影响。所谓分解率是指被硫酸分解了的磷矿粉占磷矿粉总进料的质量分数，它表示磷矿粉被硫酸分解的程度。对普钙而言，分解率等于转化率。

硫酸用量多，分解率高，磷矿粉第一阶段反应所占的比例大，产品中所含的游离酸量也大。因此，适当增加硫酸用量，可以提高转化率。但游离酸含量也会随着硫酸用量的提高而增加，将会导致产品游离酸含量过高，对农作物有害。当硫酸用量不足时，会因磷矿粉分解不完全而降低转化率，使产品中的有效磷下降。为了保证产品质量和得到最佳转化率，必须根据不同的矿种与生产条件，选用最适宜的硫酸用量。

4. 磷矿粉细度

矿粉越细，与酸的接触面积越大，反应速率也越快，有利于提高分解率。但如果要求矿

粉细度过高，将会降低磨粉设备的生产能力，同时增加电耗和加工磷矿粉的生产成本，从技术经济的角度考虑是不划算的。

对矿粉细度的要求应根据各种磷矿粉的分解难易程度而定。一般易分解的磷矿粉细度要求可低些（过100目为90%～93%），难分解的磷矿粉细度要求应高些（过100目为94%～96%）。

5. 搅拌强度

搅拌的作用是为了使参与反应的物质混合均匀，液固相接触良好。同时，增大液相和磷矿粉颗粒的相对运动速率，湍流程度增大，可以减小扩散阻力，加快反应速率，避免反应局部停顿，使整个反应过程都能均匀和迅速地进行。搅拌还可以将沉积在矿粉颗粒表面上的硫酸钙薄膜打碎，减少包裹现象，促进硫酸和矿粉颗粒新表面的接触和反应。

搅拌强度可以用搅拌桨叶末端的线速度表示，单位为m/s。若线速度太小，矿粉将在料浆中下沉，反应缓慢；若线速度过快，料浆将沿桨叶线速度方向打在壁上，不仅摧毁了半水物的“骨架”，使其变得稀薄而难以固化，而且使桨叶的机械磨损和腐蚀加剧，还会引起振动。搅拌强度与所采用的混合器类型有关。卧式混合器长桨叶线速度一般为15～18m/s，短桨叶线速度一般为9～12m/s，立式混合器线速度一般采用4～12m/s。

6. 混合与化成时间

（1）混合时间　混合时间是指物料在混合器内的停留时间。对难分解的磷矿或较粗的矿粉混合时间应长一些，这样才能保证第一阶段分解反应的充分进行；对易分解的磷矿与较细的磷矿粉，混合时间可以短一些。混合时间如果过长，将引起料浆在混合器内凝固，造成堵塞。混合时间还和其他工艺条件有关，例如，所选用的硫酸浓度及采用的混合器类型等。因此必须按照各种磷矿确定的优化工艺条件，来合理选择混合时间。

（2）化成时间　化成时间是指混合料浆从进入化成室（化成皮带）到成为过磷酸钙鲜肥卸出的时间。化成时间应能保证料浆在化成室内正常固化。化成时间太短，则料浆不能固化，分解率太低；化成时间过长，不仅降低产量，而且会影响产品质量。化成时间的长短与矿种分解的难易程度和所采用的化成设备类型有关。一般皮带化成的料浆停留时间在13～18min，回转化成室化成时间一般为45～60min。化成室的温度一般在100～110℃，回转化成室可比皮带化成室维持较高的温度。

7. 熟化时间

熟化时间是指第二阶段反应所需要的时间。熟化速率的快慢，因磷矿性质的不同而有差异。一般磷矿被硫酸分解，在混合、化成过程中需要15～90min。而在熟化仓库中，反应过程则进行得非常缓慢，往往需要5～18d，甚至更长时间。

8. 熟化温度

化成室卸出的物料温度在80～90℃，从蒸发水分的角度来说是有好处的。但实际上，磷矿的种类和成分不同，对于制定鲜肥的熟化温度也有所不同。熟化温度的控制，随矿粉的不同，可分为高温熟化和低温熟化两种。高温熟化适用于磷矿中含镁量较高或使用易分解的磷矿，在采用较高的酸用量时，应在较高的温度下熟化，一般选择在70～80℃熟化，矿粉分解较快，故物料采用大堆熟化。低温熟化适用于铁铝含量较高的磷矿，用低温熟化能减少或避免发生退化现象，所以物料多采用小堆熟化，控制熟化温度在30～50℃。

三、普通过磷酸钙生产的工艺流程

根据原料的情况不同，普通过磷酸钙的生产方法可以分为稀酸矿粉法（简称干法）和浓酸矿浆法（简称湿法）两种。稀酸矿粉法用60%～78%的硫酸与磷矿粉混合，再经过化成及熟化工序制成粉状过磷酸钙，而浓酸矿浆法是把浓硫酸和经过加水湿磨的磷矿浆进行混合，然后同样经化成与熟化工序制成粉状过磷酸钙。不论采用何种生产方法，普通过磷酸钙的生产流程一般都包括原料准备、混合化成、熟化中和、含氟气体吸收、成品包装及贮存等工序。若需生产粒状普通过磷酸钙，还须增加造粒与干燥工序。

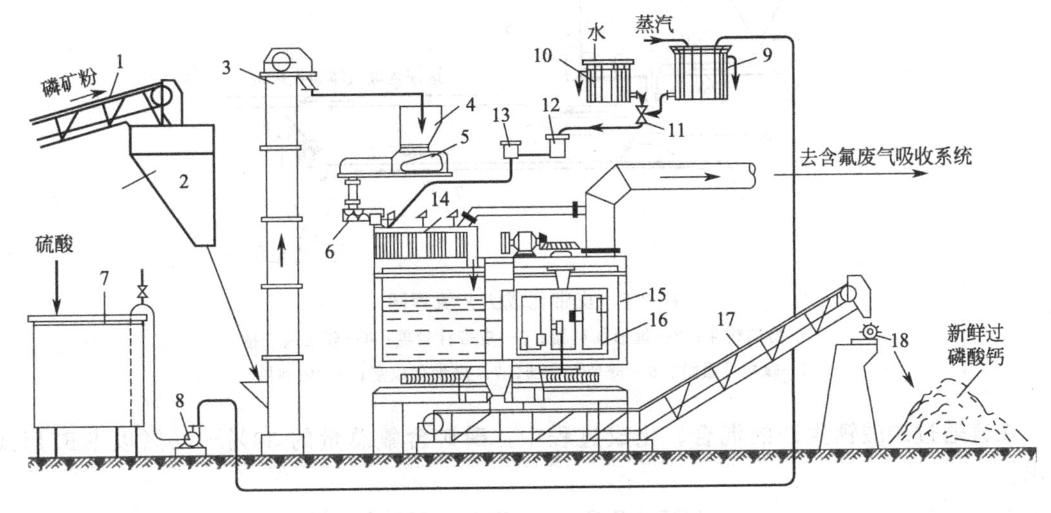

图 2-5 稀酸矿粉法普通过磷酸钙生产的工艺流程图

1—皮带输送机；2—磷矿粉贮斗；3—斗式提升机；4—带有重量式计量器的矿粉贮斗；5—重量式计量器；6—螺旋加料器；7—硫酸贮槽；8—泵；9—硫酸高位槽；10—水高位槽；11—配酸器；12—浓度计；13—流量计；14—立式混合器；15—回转化成室；16—切削器；17—皮带输送机；18—撒扬器

图 2-5 为稀酸矿粉法普通过磷酸钙生产的工艺流程。磷矿粉由皮带输送机 1、斗式提升机 3 送到带有重量式计量器的矿粉贮斗 4 中，经重量式计量器 5 计量后，用螺旋加料器 6 送入立式混合器 14 中。原料硫酸由硫酸贮槽 7 经酸泵 8 送到硫酸高位槽 9，在配酸器 11 中加入来自高位槽 10 的水，稀释到所需浓度。经浓度计 12、流量计 13 检测计量后送入立式混合器 14 中。磷矿粉和一定浓度的硫酸同时加入螺旋立式混合器，经过几分钟的混合搅拌，逐渐变成稠厚的料浆。料浆流入回转化成室 15 后，继续反应 1～2h（具体时间由试验确定），并随回转化成室缓慢旋转而逐渐固化。当固化的新鲜普钙抵达化成室切削区时，即被回转切削器 16 切成碎片。切下的碎片通过化成室的中心筒落于特种皮带输送机 17 上，送去熟化仓库。新鲜普钙集中到熟化仓库进行熟化，即进行第二阶段反应。新鲜普钙在熟化过程中，应定期翻堆以控制熟化温度，并使水分进一步蒸发。熟化时间约为 5～18d，甚至更长（随磷矿特性及工艺操作条件而定）。经取样分析，游离酸（以 P_2O_5 计）含量符合质量指标，转化率达到 90%以上，即可作为粉状过磷酸钙成品出厂。若游离酸含量过高，则需中和处理达标后方可出厂，如要生产粒状普通过磷酸钙，则将中和后的粉状普通过磷酸钙送造粒工段造粒和干燥即可。

对于较易分解的磷矿则采用皮带化成室代替笨重的回转化成室。皮带化成工艺流程如图 2-6 所示。磷矿粉和一定浓度的硫酸经过各自计量后，同步加入螺旋透平混合器 6 进行混合、反应，生成的料浆流入皮带化成室 7 的胶带上继续反应，料浆随着胶带向右移动，并逐渐固化，到达端头时，被切削器 8 切碎，然后送入熟化库进行熟化。皮带化成室的胶带上方设有罩子，罩子与胶带接触的边缘用软橡胶板密封，用于收集混合、化成过程中产生的含氟气体与水蒸气。

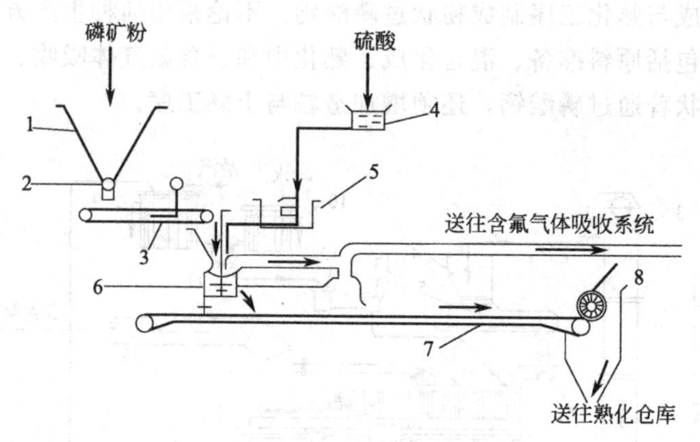

图 2-6 皮带化成工艺流程图

1—矿粉加料斗；2—星形加料器；3—皮带计量器；4—硫酸高位槽；
5—硫酸计量槽；6—透平混合器；7—皮带化成室；8—切削器

在普通过磷酸钙生产的混合、化成过程中，磷矿含氟总量的 30%～45%以 SiF_4 形式逸出。

$$4HF + SiO_2 = SiF_4 + 2H_2O \tag{2-4}$$

气体 SiF_4 与水蒸气和 CO_2 一起逸出，为了保证现场操作人员身体健康，保护环境不受污染，必须要对逸出的含氟气体进行吸收处理。图 2-7 是含氟气体吸收工艺流程图。

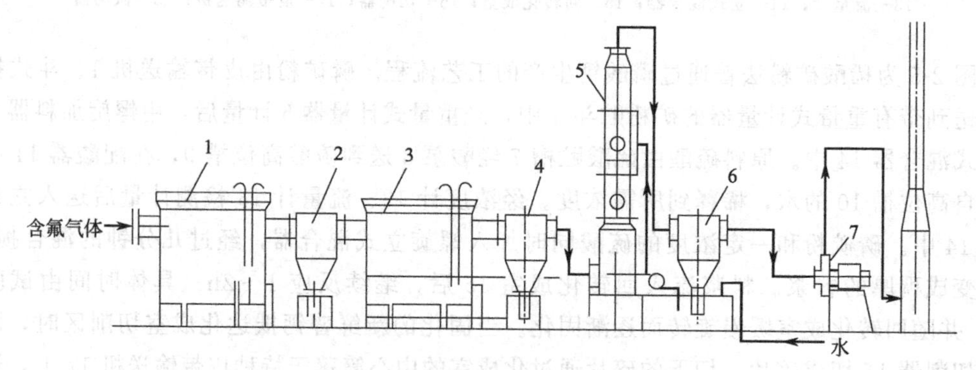

图 2-7 含氟气体吸收工艺流程图

1—1# 氟吸收室；2—1# 除沫器；3—2# 氟吸收室；
4—2# 除沫器；5—吸收塔；6—3# 除沫器；7—排风机

通常将混合、化成系统保持在约 300Pa（真空度）的负压状态下操作，用排风机将混合、化成系统逸出的含氟气体引入氟吸收系统用水逆流循环吸收，达到排放标准后经排气筒放空。吸收的反应方程式如下。

$$3SiF_4 + (n+2)H_2O = 2H_2SiF_6 + SiO_2 \cdot nH_2O \downarrow \tag{2-5}$$

为符合排放标准，应设法提高吸收效率。因 SiF_4 的蒸气分压影响，提高吸收率的有利因素是较低的气体温度、较低的吸收液温度、较高的气体含氟浓度、较低的吸收液浓度。其中气体的温度及含氟浓度由混合、化成的工艺条件决定。

吸收液的温度一般控制在50～60℃，吸收液（即H_2SiF_6溶液）含量则取决于回收利用的要求。从回收利用的角度考虑，希望尽量提高H_2SiF_6浓度，但如果H_2SiF_6浓度超过12%时，吸收效率将明显下降。为此，工业生产上只有采用高效设备，并多段吸收，才能既保证排放的尾气符合标准，又便于回收的H_2SiF_6溶液进行加工利用。

思考与练习

1. 填空题

（1）酸法磷肥是用无机酸分解磷矿而制成的磷肥，这类磷肥多属________速效肥料。

（2）普通过磷酸钙是用硫酸分解磷矿粉，经过混合、化成、熟化工序制成的。其总化学反应方程式为：________________________________。

（3）皮带化成室的胶带上方设有罩子，罩子与胶带相接触，其连接的边缘处用________密封。

2. 选择题

（1）硫酸浓度对磷矿粉的分解率、料浆的固化速率和产品的物理性能都有较大影响，用来分解磷矿的硫酸浓度一般在（　　）（质量分数）。

A. 62%～73%　　B. 67%～81%　　C. 72%～83%　　D. 61%～75%

（2）酸法磷肥生产的影响因素有多种，下列不属于酸法磷肥生产影响因素的是（　　）。

A. 搅拌时间　　B. 熟化时间　　C. 硫酸用量　　D. 硫酸温度

3. 判断题

（1）高温熟化适用于磷矿中含镁量较高或使用易分解的磷矿，在采用较高的酸用量时，应在较高的温度下熟化，一般选择在70～80℃熟化。（　　）

（2）重过磷酸钙是用浓硫酸和稀磷酸的混酸处理磷矿制成的肥料，其有效P_2O_5含量在富磷酸钙与普通过磷酸钙之间。（　　）

（3）将混合、化成系统保持在约300Pa（绝压）以下操作，用排风机将混合、化成系统逸出的含氟气体引入氟吸收系统，达到排放标准后经排气筒放空。（　　）

4. 简答题

（1）普通过磷酸钙生产的总反应与分步反应分别是什么？

（2）简述回转化成室生产普通过磷酸钙的工艺流程。

任务三 熟悉普通过磷酸钙生产主要设备

普通过磷酸钙生产的主要设备包括立式混合器、回转式化成室、含氟气体吸收室等。

一、普通过磷酸钙生产主要设备的结构特点

1. 立式混合器

图2-8是立式混合器的结构示意图。立式混合器采用钢板或水泥制作，壳体是一个椭圆

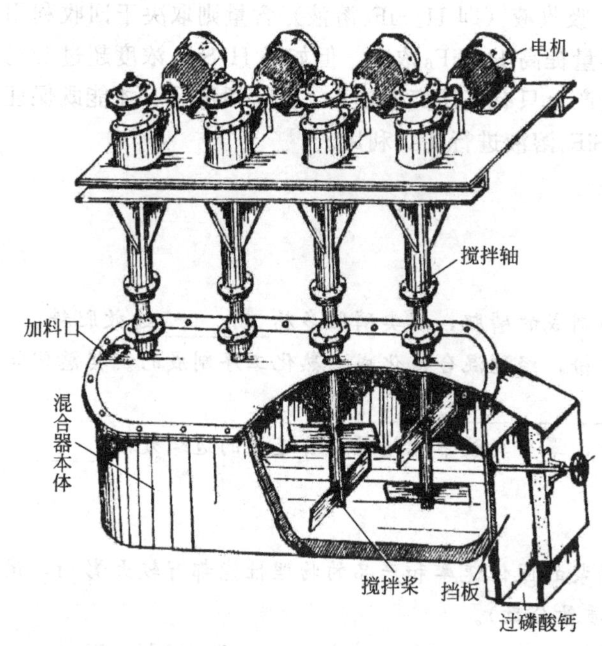

图 2-8　立式混合器结构示意图

形槽子，内衬耐酸砖或辉绿岩胶泥防腐层。顶盖用薄合金板制成活动盖板，上面有酸、磷矿粉加料口。沿壳体纵向依次装有 3～4 台立式搅拌器，每台搅拌器的桨叶有 2～3 层，并与轴成一定角度。搅拌桨由钢或铸铁制成，上面涂有一层防腐的辉绿岩胶泥，为保证混合均匀，桨叶不在同一高度上。搅拌桨转动时，将物料上下挤压，把酸和磷矿粉搅拌均匀。每一支搅拌桨转动方向是把硫酸搅向磷矿粉下料的方向，以后依次互为相反方向转动。桨叶前端的线速度，前两片 7～10m/s，靠近出料端最末一片桨叶线速度最低，只有 5m/s 左右。在混合器的出口处装有挡板，其作用是调节料浆液位，从而调节料浆在混合器中的停留时间。料浆溢过挡板后进入化成室。一般料浆在混合器内的停留时间是：磷灰石精矿需要 5～6min，磷块岩需要2～3min。

2. 回转化成室

图 2-9 是回转化成室的结构示意图。它是一个带有钢壳的钢筋混凝土圆筒，支承在若干个滚轮上，内部用铸铁挡板把料浆的进口和切削器切碎新鲜过磷酸钙的卸料区分开。切削器吊在卸料区的盖板下，它的旋转方向与化成室旋转方向相反。为消除由于化成时膨胀起来的过磷酸钙与铸铁管摩擦而引起的过大阻力，在中心管旁的加料区安装有凸轮，以使筒体旋转时在中心铸铁管附近形成必要的空间，供过磷酸钙膨胀用。旋转化成室的特点是对原料磷矿有较强的适应性。

3. 含氟气体吸收室

图 2-10 是含氟气体多轴长方形吸收室结构示意图。其内部以垂直隔板分成数个彼此相通的分室。含氟气体依次通过各个分室，并在每一分室改变流动方向。每个分室各有一个拨水轮，相邻两分室的拨水轮，以相对的方向将水拨成细小水滴，使气体和液滴有良好的接触。拨水轮叶片浸入吸收液中 2～3cm，拨水轮的旋转速度一般控制在叶片端点的线速度为

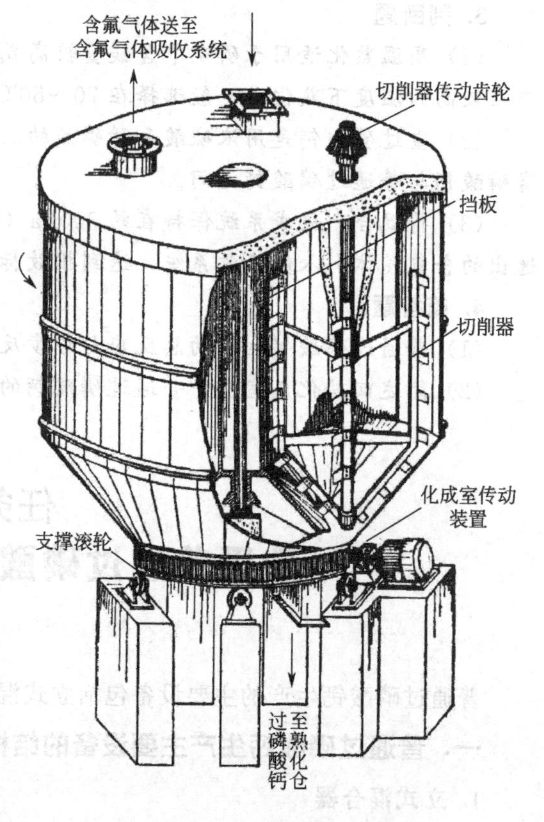

图 2-9　回转化成室结构示意图

10m/s，为了便于清理硅胶，各分室均设有人孔。

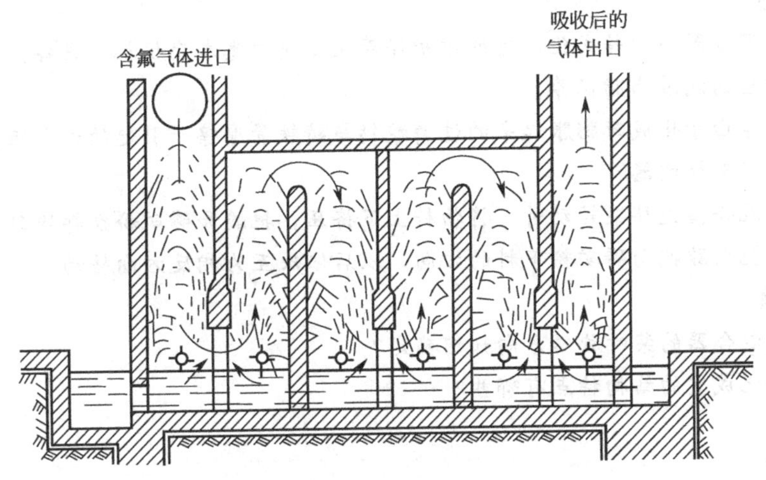

图 2-10 多轴长方形吸收室结构示意图

二、普通过磷酸钙生产主要设备的维护要点

立式混合器与回转式化成室的维护保养有许多相似之处，主要为机电运转设备，其维护保养则基本相同。熟悉本岗位机电设备，严格按设备使用性能使用相应的润滑油脂保养。例如，某磷肥企业，混合器搅拌主轴承采用 ZG1～ZG2 型润滑脂润滑，加油周期为 6 个月，换油周期为 12 个月；电机轴承采用 ZG1～ZG5 型润滑脂润滑，加油周期为 4 个月，换油周期为 12 个月；回转式化成室减速齿轮采用 N100 机械油，每月加油一次，换油周期为 12 个月；电机、支承滚轮和切削机体轴承采用 ZG1～ZG5 型润滑脂润滑，电机轴承加油周期为 4 个月，支承滚轮和切削机体轴承加油周期为 1 个月，换油周期均为 12 个月。

当设备停车时，应检查设备防腐层是否完好、桨叶等部位的磨损情况，视情况进行维修或更换。

思考与练习

1. 填空题

(1) 立式混合器采用__________制作，壳体是一个椭圆形槽子，内衬耐酸砖或辉绿岩胶泥防腐层。

(2) 回转化成室是一个带有钢壳的__________圆筒，支承在若干个滚轮上。

2. 选择题

(1) 立式混合器沿壳体纵向依次装有 3～4 台立式搅拌器，每台搅拌器的桨叶有（　　）层，并与轴成一定角度。

A. 1～2　　B. 2～3　　C. 3～4　　D. 4～5

(2) 回转式化成室内部用（　　）把料浆的进口和卸料区分开。

A. 铸铁挡板　　B. 切削器　　C. 支撑滚轮　　D. 凸轮

(3) 拨水轮叶片浸入吸收液中（　　）cm，拨水轮的旋转速度一般控制在叶片端点的线速度为 10m/s，为了便于清理硅胶，各分室均设有人孔。

A. 1～2　　B. 2～3　　C. 3～4　　D. 4～5

3. 判断题

(1) 立式混合器与回转式化成室的维护保养主要是熟悉本岗位机电设备，严格按设备使用性能使用相应的润滑油脂保养。（　）

(2) 为消除由于化成时膨胀起来的过磷酸钙与铸铁管摩擦而引起的过大阻力，在中心管旁的加料区安装有切削器。（　）

(3) 立式混合器搅拌桨转动时，将物料上下挤压，把酸和磷矿粉搅拌均匀。每一支搅拌桨转动方向是把硫酸搅向磷矿粉下料的方向，以后依次互为相反方向转动。（　）

4. 简答题

(1) 立式混合器的桨叶旋转方向如何确定？

(2) 回转化成室的结构特点有哪些？

任务四
懂得普通过磷酸钙生产主要设备操作

主要介绍与立式混合器和回转式化成室两设备相关的操作要点。

一、立式混合器和回转式化成室的操作要点

立式混合器开车前，磨矿岗位粉仓内应有足量的矿粉，保证立式混合器和回转式化成室正常开车需要，并通知分析工做好取样分析准备；配酸岗位应配制好酸，并开启酸泵，保持岗位酸缸内有2/3的酸，回酸阀打开；氟吸岗位应将设备运转起来。

立式混合器、回转式化成室及相关设备开车顺序：合上空气开关→排氟风机→回转式化成室（化成皮带）→混合器搅拌桨→星形下料器（矿粉机）→斗式提升机→螺旋运输机→矿粉机→酸调节阀。

正常操作时的操作要点：应经常注意混合器搅拌电机的电流，经常注意酸泵、回转式化成室（化成皮带）及各矿粉螺旋运输机的电流，经常检查硫酸的浓度和温度，时刻注意料浆的稠厚度和料浆的反应温度，时刻观察鲜肥疏松干燥情况，经常检查化成室料面不得超过规定高度。视料浆的反应情况及每小时游离酸的分析数据，及时调节下矿量和下酸量。

系统停车时的操作要点：应首先停止配酸、高低稀酸槽内存有保证能满足混合器洗锅之用的酸量。停止加矿，继续加酸，直到混合器里料浆不能固化为止。然后停酸泵将闸板降下，把混合器内部料浆放入化成室。短期停车，要使化成皮带继续运转，直至物料输送完毕后可停化成皮带。若停车时间超过4h，化成室内物料应全部输送完毕后，再停化成皮带并把熟化皮带回松。

二、立式混合器和回转式化成室操作的异常现象及处理

1. 立式混合器

立式混合器操作中的主要异常现象、产生原因及处理方法见表2-4。

表 2-4 立式混合器操作中的主要异常现象、产生原因及处理方法

异常现象	产生原因	处理方法
混合口盖板处料浆氟气外逸	①混合器内部料浆过多 ②混合器内部积料，形成挡墙 ③混合器出口堵塞严重	①适当降低挡板 ②停车，清理积料 ③停车，清理混合器出口
料浆过稠固化于混合器中	①酸量不足 ②矿粉下料量过大 ③料浆在混合器中停留时间过长	①适当调节加酸量，停矿 ②降低挡板位置，暂停或减少矿粉下料量 ③适当降低挡板位置，停车清理
料浆太稀、分层、不易固化	①料浆反应时间太短 ②浆叶磨损，搅拌强度不够 ③硫酸浓度偏高或偏低 ④硫酸温度过高或过低 ⑤硫酸流量过大 ⑥矿粉下料量减少	①适当调节挡板 ②更换搅拌浆叶 ③检查调节酸浓度 ④检查调节酸温度 ⑤适当调节酸量 ⑥调节矿粉下料量
混合下料口氟气大量外逸	①氟气管道堵塞 ②吸收系统或化成室漏气 ③风机叶轮腐蚀、磨损 ④化成室料面过多 ⑤混合器出口和下料口堵塞严重	①冲洗氟气管道 ②密封好漏气处 ③更换备用风机 ④调小酸、矿下料量，控制料面高度 ⑤清理混合器出口和下料口

2. 回转式化成室

回转式化成室操作中的主要异常现象、产生原因及处理方法见表 2-5。

表 2-5 回转式化成室操作中的主要异常现象、产生原因及处理方法

异常现象	原因分析	处理方法
皮带机打滑或跑偏	①送矿太多 ②皮带太松 ③被动轮不正，料沾糊多	①调节矿量 ②拉紧皮带 ③校正被动轮，保持水平或清理被动轮
料浆从化成室下边流出	用酸量过大，料浆太稀不易固化	停止加酸，调节好料浆稠度，校正工艺条件
游离酸达不到规定指标	①矿量忽多忽少 ②硫酸浓度不适当 ③酸用量不足 ④停留时间不适当	①通知磨矿岗位稳定矿量 ②调整硫酸浓度 ③调整用酸量 ④调整下料口挡板高度

思考与练习

1. 填空题

(1) 立式混合器开车前，磨矿岗位粉仓内应有足量的________，保证立式混合器和回转式化成室正常开车需要，并通知分析工做好取样分析准备。

(2) 系统停车时的操作要点：应首先停止________、高低稀酸槽内存有保证能满足混合器洗锅之用的酸量。

2. 选择题

(1) 下列不是混合下料口氟气大量外逸的原因的是（　　）。

A. 氟气管道堵塞　B. 吸收系统或化成室漏气　C. 风机叶轮腐蚀、磨损

D. 酸用量不足

(2) 正常操作时的操作要点：应经常注意混合器搅拌电机的（　　）。

A. 电流　B. 润滑　C. 温度　D. 轴承

3. 判断题

(1) 因混合器内部料浆过多引起的混合口盖板处料浆氟气外逸，可通过适当降低挡板来调节。 ( )

(2) 若停车时间超过2h，化成室内物料应全部输送完毕后，再停化成皮带并把熟化皮带回松。 ( )

(3) 若突然停电，应立即用手盘动搅拌桨，同时往混合器内加酸，使料浆稀释到不固化为止，再关闭酸阀。 ( )

4. 简答题

(1) 立式混合器、回转式化成室及相关设备开车顺序是什么？

(2) 料浆从化成室下边流出的原因有哪些？如何调节？

(3) 回转式化成室游离酸达不到规定指标，可能是什么原因？如何处理？

任务五 掌握钙镁磷肥生产工艺知识

采用热法磷肥生产的磷肥有钙镁磷肥、钢渣磷肥、脱氟磷肥、钙钠磷肥、偏磷酸钙等，本项目以钙镁磷肥为例，介绍热法磷肥的生产知识与技能。

一、钙镁磷肥生产的化学反应

钙镁磷肥，又称熔融含镁磷肥，是一种含有磷酸根的硅酸盐玻璃体的微碱性肥料，无明确的化学式，主要成分为α-$Ca_3(PO_4)_2$（α型二磷酸三钙）和$Ca_2Si_2O_4$，除此之外，还含有镁、钾、铁、锰、铜、锌、钼等多种元素，肥效好，特别适用于酸性土壤、砂质土壤和缺镁的贫瘠土壤。

生产钙镁磷肥的原料主要有磷矿、助熔剂、燃料等。磷矿中含有一些杂质，其中MgO、SiO_2对钙镁磷肥的生产有益，而Fe_2O_3和Al_2O_3是有害的，生产时磷矿的块度要控制在10～120mm范围内。助熔剂，其作用是降低炉料的熔点，改善熔料的流动性，增加肥料中其他营养元素，常用的有蛇纹石、白云石等。常用燃料有焦炭、无烟煤等。

钙镁磷肥的生产就是对原料进行加热，首先在较低的温度，约550～650℃，配料中的蛇纹石等矿物脱除结晶和水。

$$Mg_3Si_4O_{11}\cdot 3Mg(OH)_2\cdot H_2O = Mg_3Si_4O_{11}+3MgO+4H_2O \quad (2\text{-}6)$$

当温度升至750～1000℃时，其中的碳酸盐发生分解。

$$MgCO_3 = MgO+CO_2\uparrow \quad (2\text{-}7)$$

$$CaCO_3 = CaO+CO_2\uparrow \quad (2\text{-}8)$$

生成的氧化物与蛇纹石反应生成硅酸镁。

$$Mg_3Si_4O_{11}+3MgO = 2Mg_2SiO_4+2MgSiO_3 \quad (2\text{-}9)$$

对于另一种原料磷矿石，在高温，且炉料中含有足够的水蒸气和二氧化硅时，按下列反应进行：

$$2Ca_5F(PO_4)_3+SiO_2+H_2O = 3Ca_3(PO_4)_2+CaSiO_3+2HF \quad (2\text{-}10)$$

若水蒸气不足，则按下列反应进行：

$$4Ca_5F(PO_4)_3+2SiO_2 \xlongequal{} 6Ca_3(PO_4)_2+Ca_2SiO_4+SiF_4 \quad (2\text{-}11)$$

二、钙镁磷肥生产工艺条件的选择

1. 原料配比

钙镁磷肥生产的最主要的问题是确定合适的原料配比。配料的原则如下。

① 生产有效 P_2O_5 含量高的产品；

② 有较低炉料熔融温度及良好的流动性。

配料时关键是要控制好氧化物的摩尔比，如镁硅比 MgO/SiO_2、镁磷比 MgO/P_2O_5、余钙碱度（$CaO+MgO-3P_2O_5$）/SiO_2等。常用的配料比为：$CaO:MgO:SiO_2:P_2O_5=$（3.5～3.7）：（2.7～3.5）：（2.5～2.8）：1，其中 $MgO/SiO_2=0.98～1.36$，余钙碱度控制在0.8～1.3。

2. 水淬中的水温与水压

水淬是钙镁磷肥生产中完成骤冷步骤的主要手段，其主要任务是分散熔料，使熔料温度从1400～1500℃骤冷到700℃以下，把已形成的枸溶性的高温型 α-$Ca_3(PO_4)_2$ 固定下来，尤其要迅速跨越1100℃左右的禁区，阻止不溶性的低温型 β-$Ca_3(PO_4)_2$ 的生成和不溶性氟磷灰石结晶的析出。水淬效果的好坏，主要取决于水温、水压、水量等对出料方式（常用的出料方式有喷火出料、流股出料、开放式出料三种）、熔料中 P_2O_5 和F等含量的适应与否。根据经验，采用喷火出料，P_2O_5 含量较低时，水温应保持在42℃以下，水压为0.20MPa。

3. 炉缸温度

如图2-11所示，提高熔融温度可使一次转化率提升，对生产有利，但当温度高于1420℃以后，一次转化率增速减缓。提高炉缸温度、热风温度，还可使熔料黏度降低，炉缸活跃，炉子顺行，半成品呈灰黑或黑绿色，转化率高；反之，炉缸温度、热风温度低，熔料黏稠，出料忽大忽小，半成品呈淡绿色或淡黄色，转化率较低。

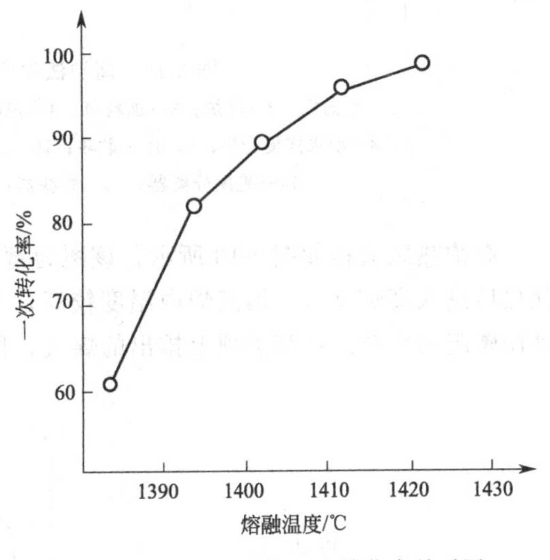

图2-11 熔融温度与一次转化率关系图

三、钙镁磷肥生产的工艺流程

典型的钙镁磷肥生产的工艺流程是高炉法生产流程，如图2-12所示。磷矿石、蛇纹石（或白云石）和焦炭破碎到一定大小后，按一定比例配好装入料车，用卷扬机1送入高炉2中。从热风炉来的热风经风嘴4喷入高炉2。焦炭迅速燃烧而产生高温，使高温区温度达到1500℃以上。热风从高炉的顶部炉气出口管5排出。物料在炉内充分熔融后，自出料口6放出熔融体，并用表压大于0.2MPa的水喷射（水量约为20m³/1000kg物料），使其急冷而凝固，并破碎成细小的粒子流入水淬池7中。经过骤然冷却，可以使熔融物中的玻璃体结构固定下来，防止氟磷灰石结晶，水淬后的湿料经沥水式提升机8、贮斗9送入回转干燥机10，采用热空气进行干燥，干燥后的半成品一般含水在0.5%以下。干燥后的尾气进入料尘捕集器 18，回收尾气中夹带的粉尘后，经抽风机 17 放空。料尘捕集器 18 收集的粉尘与回转干燥机 10 排出的产品一起经斗式提升机 11、贮斗 12 后，进入球磨机 13 磨细，要求细度达到产品的 80%以上通过 80 目筛。具有一定细度的钙镁磷肥才能更快地溶于土壤的弱酸溶液或农作物分泌的根酸中而被农作物吸收。尾气经旋风分离器 14、袋滤器 15 两级除尘后，由抽风机 16 放空。

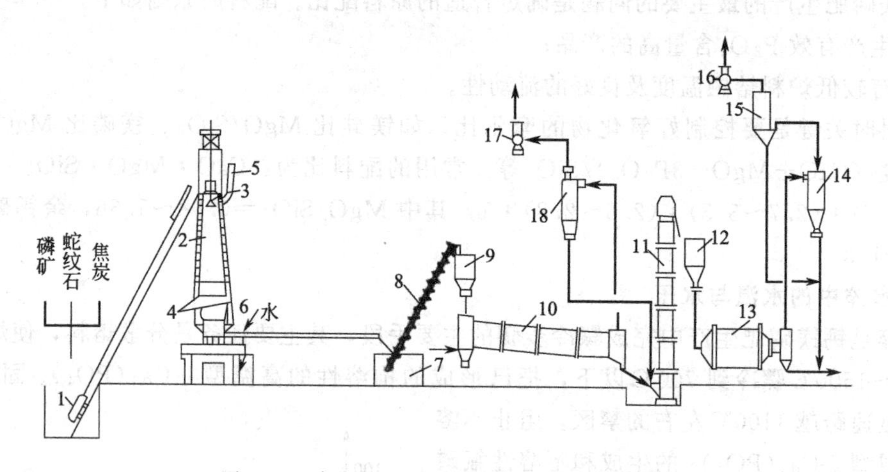

图 2-12 高炉法生产钙镁磷肥的工艺流程图

1—卷扬机；2—高炉；3—加料罩；4—风嘴；5—炉气出口管；6—出料口；7—水淬池；
8—沥水式提升机；9，12—贮斗；10—回转干燥机；11—斗式提升机；13—球磨机；
14—旋风分离器；15—袋滤器；16，17—抽风机；18—料尘捕集器

高炉热风流程如图 2-13 所示，该图为蓄热式热风炉。空气（风）进入右侧热风炉 6，经预热后进入高炉反应。因高炉内温度较高，空气与煤反应生成大量的 CO，放出热量，供给钙镁磷肥的生产。从高炉顶上排出的煤气，依次进入重力除尘器 7、文氏管 8、洗涤塔 9 除

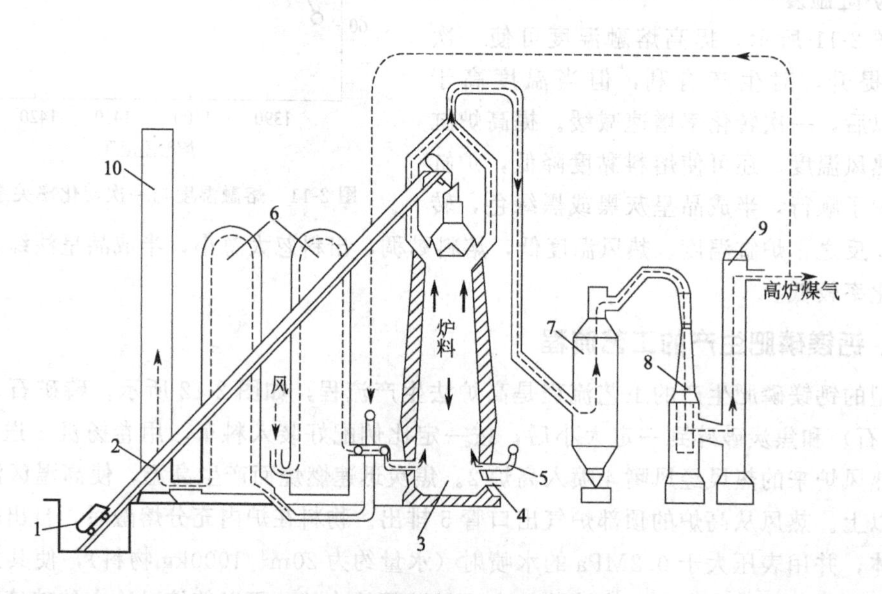

图 2-13 高炉热风流程示意图

1—料车；2—上料斜桥；3—高炉；4—渣口；5—风口；
6—热风炉；7—重力除尘器；8—文氏管；9—洗涤塔；10—烟囱

去气体中的粉尘后排出。高炉煤气可供其他工段使用，但主要是返回左侧热风炉 6，燃烧降温（将热传递给热风炉，蓄热）后，从烟囱排出。下一循环，则使用左侧热风炉加热空气，右侧热风炉蓄热，这样交替进行。

思考与练习

1. 填空题

(1) 钙镁磷肥，又称＿＿＿＿＿＿＿＿，是一种含有磷酸根的硅酸盐玻璃体的微碱性肥料。

(2) 提高炉缸温度、热风温度，还可使熔料黏度＿＿＿＿＿，炉缸活跃，炉子顺行，半成品呈灰黑或黑绿色，转化率高。

2. 选择题

(1) 生产钙镁磷肥的磷矿中含有一些杂质，其中 MgO、SiO_2 对钙镁磷肥的生产有益，而 Fe_2O_3 和 Al_2O_3 是有害的，生产时磷矿的块度要控制在（　　）mm。

A. 10～60　　B. 20～120　　C. 10～160　　D. 10～120

(2) 水淬是使熔料骤冷到 700℃以下，尤其要迅速跨越（　　）℃左右的禁区，阻止不溶性的低温型 β-$Ca_3(PO_4)_2$ 的生成和不溶性氟磷灰石结晶的析出。

A. 1000　　B. 1100　　C. 1200　　D. 900

3. 判断题

(1) 钙镁磷肥特别适用于酸性土壤、砂质土壤和缺镁的贫瘠土壤。（　　）

(2) 钙镁磷肥生产时，采用热空气进行干燥，干燥后的半成品一般含水在 0.2%以下。（　　）

(3) 提高熔融温度可使一次转化率提升，对生产有利，但当温度高于 1420℃以后，一次转化率增速减缓。（　　）

4. 简答题

(1) 钙镁磷肥生产的最主要的问题是确定合适的原料配比，配料的原则是什么？

(2) 简述高炉法生产钙镁磷肥的工艺流程。

(3) 高炉法生产钙镁磷肥的主要反应方程式。

任务六 熟悉钙镁磷肥生产主要设备

高炉是钙镁磷肥生产的主要设备。

一、高炉的结构特点

图 2-14 是高炉的结构示意图。高炉的外形为腰鼓形，内部形状自上而下分为炉喉、炉身、炉腰、炉腹和炉缸五个部分。各部分的作用和形状如下。

(1) 炉喉是高炉最上的圆筒形部分。它的主要作用是控制炉料的均匀分布。这部分以上有炉头，装有煤气导出管。炉喉直径与炉缸直径相近。

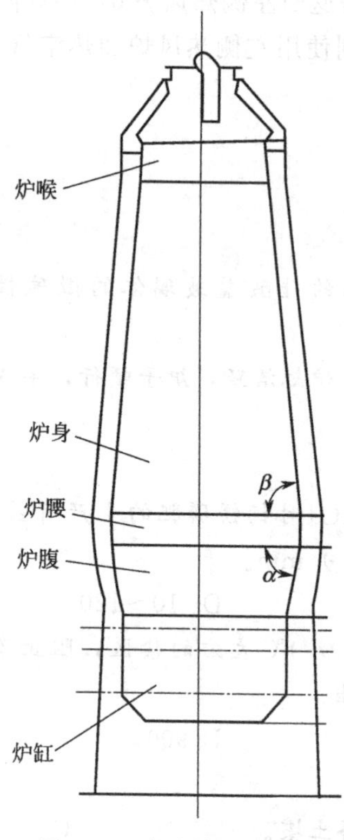

图 2-14 高炉结构示意图

(2) 炉身是炉喉以下向下逐渐扩大的部分，好像一个截头圆锥。它是高炉各部分中容积最大的一部分。它的主要作用是将炉料预热，在炉身下部，会有部分炉料开始熔融。炉身的形状主要是为了适应炉料受热后体积逐渐膨胀，而又保证料柱疏松，也适应煤气上升时，温度降低和体积缩小的变化。

炉身侧壁与水平线的夹角称为炉身角，如图中的β角。炉身角越小炉身就越倾斜，这虽然对炉料下降有利，可是会促使煤气从边缘大量流过，造成煤气分布不均匀；炉身角太大，炉身就很陡，容易造成炉料的下降困难。一般认为炉身角控制在85°～86°的范围比较合适。

(3) 炉腰是高炉中部最宽的部分，呈圆筒状，是炉腹和炉身之间的一个过渡区域，也是高炉各部分中容积最小的部分。

(4) 炉腹，位于炉腰以下，形状是一个上大下小的截头圆锥。由于接近风口带，是炉料进行强烈熔化的区域，熔化后的炉料体积逐渐缩小，而燃烧后的煤气体积急剧增大，为了适应这一变化，炉腹设计为上大下小的形状。炉腹角是炉腹侧壁与水平线相交所成的角，如图中的α角，比较合适的炉腹角是83°～85°。

(5) 炉缸是高炉最下面的圆筒形部分，熔料和铁水在这里存放。图中炉缸位置有三根点画线，自上而下依次是风口、料口、铁口的中心线位置。燃料燃烧所需的空气由风口吹入高炉，生成的熔料和铁水分别从料口、铁口流出高炉。炉缸下面是炉底，用耐火砖砌成，坐落在高炉基础上。为了保护炉底不受熔料侵蚀，在出铁口中心线以下通常会留有50～150mm深的容积贮存一部分铁水，叫“死铁层”。

高炉所用的热风炉有两种：一种是蓄热式热风炉，炉内砌衬格子砖，炉气在热风炉内燃烧，产生的热量蓄于格子砖内，由热风炉外鼓风机送入的空气与格子砖换热后，送入高炉。使用这种热风炉时，热风温度可达200～500℃，在热风炉燃烧后，废气由烟囱排入大气。另一种是管式热风炉，冷空气走管内，煤气在管外燃烧，把空气加热，然后将空气送入高炉。

二、高炉的维护要点

(1) 加强对鼓风机、上料卷扬机、助燃风机、高炉体、热风炉、煤气系统的维护保养，做到三勤：勤听、勤看、勤摸，发现问题及时报告处理，严禁设备超温、超压和带病运行，并做到四无：无漏、无锈、无油污、无灰尘。

(2) 确保鼓风机、上料卷扬机、助燃风机、皮带机等轴承润滑，做到及时加油。

(3) 热冷风阀、防爆阀、煤气放散阀及炉前各种水阀的开关不可用力过猛，并定期加油，以防损坏。

(4) 随时注意设备及管道的震动、腐蚀和涂料、保温情况，发现问题及时处理。

(5) 保持高炉冷却系统大小管线畅通无阻，遇堵塞应及时排除。

思考与练习

1. 填空题

(1) 腰鼓形高炉的内部形状自上而下分为炉喉、炉身、________、炉腹和炉缸五个部分。

(2) 加强对鼓风机、上料卷扬机、助燃风机、高炉体、热风炉、煤气系统的维护保养，做到三勤：________、勤看、勤摸，发现问题及时报告处理。

(3) 为了保护炉底不受熔料侵蚀，在出铁口中心线以下通常会留有50～150mm深的容积贮存一部分铁水，叫________。

2. 选择题

(1) 炉身侧壁与水平线的夹角称为炉身角，炉身角越小炉身就越倾斜，这虽然对炉料下降有利，一般认为炉身角控制在（　）比较合适。

A. 83°～85°　　B. 83°～84°　　C. 85°～86°　　D. 85°～87°

(2) 加强对鼓风机、上料卷扬机、助燃风机、高炉体、热风炉、煤气系统的维护保养，做到"四无"。下列不是"四无"的是（　）。

A. 无漏　　B. 无锈　　C. 无腐蚀　　D. 无灰尘

3. 判断题

(1) 炉身的形状主要是为了适应炉料受热后体积逐渐膨胀，而又保证料柱疏松，也适应煤气上升时，温度降低和体积缩小的变化。（　）

(2) 高炉所用的热风炉有两种：一种是蓄热式热风炉；另一种是管式热风炉。（　）

(3) 由于接近风口带，是炉料进行强烈熔化的区域，熔化后的炉料体积逐渐缩小，而燃烧后的煤气体积急剧增大，为了适应这一变化，炉腹设计为上小下大的形状。（　）

4. 简答题

(1) 高炉中炉身的作用是什么？

(2) 炉缸结构有什么特点？

任务七
懂得钙镁磷肥生产主要设备操作

一、高炉的操作要点

高炉的操作要点主要有以下几点。

(1) 经常注意入炉原燃料质量与粒度变化，注意雨天水分变化情况，矿石与焦炭堆位情况，通过观察、分析，及时进行调节。正常掌握炉况，对高炉应勤分析、勤调节。正常情况下，必须稳定风压操作，不得任意拉风、减风。

(2) 上料及时、准确，保证炉料的粒度符合要求，按规定装料倒料，一般为倒分装，即装料顺序为：先装焦炭，再装磷矿，最后加蛇纹石。

(3) 每隔一段时间（如1.5h），铁口出铁一次，出铁前应清理好铁水沟，做好撇渣器，每次出铁应将渣铁出净，并稍加喷吹。

(4) 料口出料，应保持一定流股，并使其对正水淬槽，不偏流，待熔料放净后，可适当堵口贮料，以便启口后，形成流股（切忌时间太长，以免造成风眼灌渣），当炉况不好导致料口不畅时，应多喷吹。经常检查料口套是否完好，若发现漏水，应立即更换。

(5) 水淬时，水压应在0.25MPa左右，水温度控制在40～50℃以下。

(6) 保证喷淋、风眼、料口和铁口冷却水畅通，喷淋水要均匀，确保喷淋水有足够的水重，做到不偏流、不堵塞。每半小时测量风口、料口冷却水温差一次，并做好记录。若发现风口、料口、铁口漏水，应立即进行更换。

(7) 严格按料线进行加料，若料线失灵，可暂时按高炉炉顶温度加料。正常炉况下，可保持规定料柱以下加料，炉顶温度可控制在200℃左右加料。

(8) 采用勤观察、勤分析、勤调节的操作办法，确保热风温度稳定，做好热风炉保温工作，以免因热胀冷缩使管道破裂。确保煤气中CO含量在13%以上，可供给热风炉良好燃烧之用。

二、高炉操作的异常现象及处理

高炉操作中的主要异常现象、产生原因及处理方法见表2-6。

表2-6 高炉操作中的主要异常现象、产生原因及处理方法

异常现象	产生原因	处理方法
料口烧穿	料口带铁或试压不够所致	减风更换(特殊情况应休风更换)
低料线(例如，低于指定料线1.5m超过1h)	①上料慢 ②上料设备及炉顶装料设备发生故障 ③崩料或连续崩料、坐料	①视炉温和低料线的严重程度适当减轻焦炭的负荷，以补偿低料线所造成的损失 ②由于上料系统故障或其他原因不能及时恢复时，应立即减风至炉况允许的最低水平，以风口不灌料、炉顶温度不超过正常水平上限为原则 ③在低料线赶料线过程中，为减轻炉料对气流的恶劣影响，应采取疏松边沿的装料方式；低料线所减风量，可在料线正常后逐步恢复
偏料	①开炉时，木料填塞不实，使某些部位空膛引起 ②各风口进风不均或炉内煤气分布不均，使得某些区域料速过快或过慢 ③炉壁部分被严重侵蚀或是高炉结瘤造成高炉内型不规整 ④料车倒料不正，料钟偏心或旋转倒料器工作不正常	①开炉时，木料填塞好 ②各风口进风可调整风口直径和长度，将进风多的风口直径适当缩小 ③在线除瘤或停车除瘤 ④因装料设备不对中引起的偏料，必须调整好后，才能消除；经常发生偏料的高炉，要探测炉瘤，消除偏料的根源

思考与练习

1. 填空题

(1) 高炉生产时，应保证喷淋、风眼、料口和铁口冷却水畅通，喷淋水要均匀，确保喷淋水有足够的水重，做到________、不堵塞。

(2) 料口出料，应保持一定流段，并使其对正水淬槽，不偏流，待熔料放净后，可适当堵口贮料，以便启口后，形成________。

2. 选择题

(1) 水淬时，水压应在（ ）MPa左右，水温度控制在40～50℃以下。

A. 0.20　B. 0.25　C. 0.30　D. 0.35

(2) 严格按料线进行加料，若料线失灵，可暂时按高炉炉顶温度加料。正常炉况下，可保持规定料柱以下加料，炉顶温度可控制在（ ）℃左右加料。

A. 160　B. 180　C. 200　D. 230

(3) 若因负荷过轻、煤气利用改善、原燃料质量改善等引起热行，则应加重焦炭的负荷，炉热已经形成时，忌（ ），以免悬料。

A. 加风　B. 加料　C. 出铁　D. 出渣

3. 判断题

(1) 严格按料线进行加料，若料线失灵，可暂时按高炉炉顶温度加料。（ ）

(2) 采用勤观察、勤分析、勤调节的操作办法，确保热风量稳定，做好热风炉保温工作，以免因热胀冷缩使管道破裂。（ ）

(3) 正常炉况下，可保持规定料柱以下加料，炉顶温度可控制在220℃左右加料。（ ）

4. 简答题

(1) 料口烧穿的原因及处理方法是什么？

(2) 偏料的原因及处理方法是什么？

任务八 磷肥生产的防腐与废物处理

节能减排、腐蚀与防腐、“三废”处理等已成为全社会共同关注的话题，磷肥生产也存在这些问题，下面分别进行介绍。

一、磷肥生产装置的腐蚀与防腐

对于磷肥生产装置，腐蚀是一个非常严重的现实问题，腐蚀问题遍及生产过程的各个环节，严重影响生产的正常进行，导致经济损失、资源浪费甚至严重威胁员工的人身安全。下面就磷肥生产装置中几个主要设备的腐蚀与防腐问题进行分析。

1. 普通过磷酸钙生产装置的腐蚀与防腐

由于F、Cl等元素与磷矿石伴生，且磷矿石中夹带有石英等坚硬的固体物质，在加工过程中，回转式化成室筒体既要受到无机酸（如H_3PO_4、HF等）的腐蚀，又要遭受以石英为主的固体物料的磨蚀，使腐蚀复杂化。回转式化成室属于具有大表面积的静设备，其内表面防腐宜采用非金属，常用的结构材料有各种合金钢、玻璃钢、石墨等。研究表明，室温自硫化丁基橡胶与钾水玻璃-KP-1粉胶泥组成的复合衬里，具有质量稳定，经济合理等特点，特别适用于大面积钢板衬里结构。

含氟气体吸收装置中的吸收室、排氟风机等要与含氟废气接触，且含氟废气具有一定的腐蚀性，若处理不好，极易产生腐蚀破坏。以排风机为例，若采用碳钢制作，不作防腐处理，极易腐蚀损坏，风机叶轮一般只能使用2个月，使用1个月后即需补焊找平衡。有的磷肥生产企业，吸收室采用耐酸水泥砌筑，再进行防漏、防腐处理；拨水轮使用碳钢焊制，再用509橡胶进行防腐处理。对于排氟风机，风机上下壳接缝处需采用弹性较好且有一定回弹力的密封垫，以保证其密封性，可使用戈尔软性四氟垫；若风机叶片的衬胶层意外损坏，可用耐腐蚀玻璃钢或树脂＋耐蚀粉料混合物进行处理，也可衬胶修补。

2. 钙镁磷肥生产装置的腐蚀与防腐

钙镁磷肥高炉煤气净化设备存在较为严重的腐蚀问题，其原因是高炉产生的煤气成分复杂，含有固体颗粒粉尘腐蚀性成分，如：SO_x、NO_x、F^-、PO_4^{3-}等，相对湿度为7%～10%，温度为60～120℃。钙镁磷肥高炉煤气净化设备的防腐可采用下列几种方法。

重力除尘等设备，采用的防腐方法是：将金属壳体内壁清理干净，涂一遍防腐沥青，再用耐火泥加水和一定量的磷酸混合使用，同时砖应顶紧壳体，使其不易脱落穿漏。

文丘里管洗涤塔的防腐，不能使用橡胶衬里，因为橡胶衬里的使用温度不能超过150℃，若超过150℃，橡胶衬里易脱落。可采用耐酸胶泥衬里，具体做法是：设备金属壳安装后，先除去内壁的铁锈，并在表面焊上5～8mm长的间距不等的铁钉，再敷上8～10mm厚的耐酸胶泥，自然干燥养护24h后，即可投入使用。

二、磷肥生产装置的“三废” 处理

磷肥生产中所产生的废气、废水和废渣（简称“三废”）中，含有多种有害物质，这些物质的不合理排放，会对空气、水源和土壤造成污染，直接危害人类和生物。“三废”的防治应当贯彻“预防为主”和“生产装置内自行消化”的方针。防治污染除了要全面规划，合理布局外，还要注意改革工艺，强化“三废”的综合利用。

磷肥生产所产生的废气主要是含氟气体，废水主要是含氟、磷的酸性废水，废渣主要是磷石膏。上述“三废”对大气、水质和土壤造成的污染是相当大的，必须进行适当处理。

1. 含氟废气的吸收与利用

(1) 含氟废气吸收过滤的特点　含氟气体不论是气体形式还是液体形式均有较强的腐蚀性。当温度低于93℃时，吸收设备可使用非金属材料，如衬橡胶的钢材、各种玻璃纤维增强的聚酯、聚四氟乙烯等。金属材料中的蒙乃尔合金和316L型不锈钢都能适用，但成本较高。

用水吸收SiF_4时会产生SiO_2沉淀，这种硅胶沉淀会在系统中产生堵塞，给生产操作带来很大困难。若吸收在50℃以下进行，有HF存在时，沉淀物呈凝胶状或软纤维状。若温度较高时，沉淀物可能呈粒状并粘接在一起。

(2) 含氟废气吸收液的利用　含氟废气吸收液的主要成分是H_2SiF_6，可用它作为原料来生产氟硅酸钠（Na_2SiF_6）、氟化铝（AlF_3）、氟化钠（NaF）等副产品。

①氟硅酸钠的生产　氟硅酸钠主要用于搪瓷助熔剂、玻璃乳白剂、耐酸胶泥和耐酸混凝土添加剂，也可用于木材防腐剂和用作农药杀虫剂等。

氟硅酸钠是用氟硅酸溶液与饱和食盐（或芒硝）溶液制成，食盐（或芒硝）用量应超过理论用量的25%～30%，以保证反应后母液中含有约2%的食盐（或芒硝），这样可大幅降

低 Na_2SiF_6 在母液中的溶解度。为使 Na_2SiF_6 的结晶粗大，易于过滤，应将食盐（或芒硝）溶液缓慢加入氟硅酸溶液中，总的加料时间约15～20min，加料后再搅拌5min，然后静置沉降，沉降所需时间与母液浓度有关。将母液放出用水搅拌，结晶洗涤两次后用离心机过滤。滤饼含水约8%～10%（质量分数），送去气流干燥制得成品。生产中得到的含有约2%～5%的盐酸（或硫酸）母液，经过处理才能排放。

② 氟化铝的生产　氟化铝（AlF_3）主要供炼铝时作调整电解质钠铝比用，在石油化工中也可作催化剂。

用氟硅酸作原料生产 AlF_3，有两种生产流程：一种是先制成铵冰晶石，然后与固体氧化铝（$Al_2O_3 \cdot 0.6H_2O$）混合煅烧，在生成 AlF_3 的同时放出 NH_3，NH_3 回收后循环利用，这种流程工业生产中应用较少；另一种是 H_2SiF_6 与 $Al(OH)_3$ 反应生成 AlF_3 溶液，过滤后在结晶槽中加入晶种而获得 $AlF_3 \cdot 3H_2O$ 结晶，然后经过滤、煅烧得无水 AlF_3，这一流程被普遍采用。

2. 污水处理

磷酸和磷肥生产中，产生的污水是pH较低的酸性污水。其处理方法较多，可以利用本厂的碱性污水中和，也可以使用化学中和剂来进行处理。常用的处理方法是采用两段石灰中和-沉降法。

中和后的污水pH升到5～6，石灰（石灰石或石灰乳均可）用量需大大超过理论用量。第一阶段中和将除去大部分的氟化物，生成不溶性的 CaF_2 和铁、铝化合物沉淀，同时生成可溶性的磷酸钙。进入第二阶段的可溶性磷酸钙对除氟很有好处，因为当溶液中 P_2O_5 与F质量比接近5∶1（第二段溶液中常存在的比例）时，已接近生成氟磷酸钙 $Ca_5F(PO_4)_3$ 的理论比值。这种沉淀物极难溶于水，故可除去大部分 PO_4^{3-} 及剩余的氟化物。经第二段沉降几小时后，上层清液中氟化物的含量可降到10～12mg/kg，磷酸盐降到20～30mg/kg，pH上升到6左右，可直接排放。

思考与练习

1. 填空题

(1) 高炉作为钙镁磷肥生产的主要__________，能量消耗较大，也是节能改造的重要对象。

(2) 磷肥生产所产生的废气主要是__________，废水主要是含氟、磷的酸性废水，废渣主要是磷石膏。

(3) 在加工过程中，回转式化成室筒体既要受到无机酸（如 H_3PO_4、HF等）的腐蚀，又要遭受以__________为主的固体物料的磨蚀，使腐蚀复杂化。

2. 选择题

(1) 文丘管洗涤塔的防腐，不能使用橡胶衬里，因为橡胶衬里的使用温度不能超过(　　)℃，若超过，橡胶衬里易脱落。

A. 100　　B. 150　　C. 180　　D. 200

(2) 磷酸和磷肥生产中，产生的污水。经第二段沉降几小时后，上层清液中氟化物的含量可降到(　　)mg/kg，磷酸盐降到(　　)mg/kg，pH上升到6左右，可直接排放。

A. 10～12，20～30　B. 20～30，10～12　C. 10～12，10～20　D. 10～12，15～25

3. 判断题

(1) 钙镁磷肥生产装置的节能除可从高炉、热风炉进行改造外，还可从煤气净化系统、干磨系统进行改造。 ( )

(2) 磷酸和磷肥生产中，产生的污水是pH较高的酸性污水。 ( )

(3) 将金属壳体内壁清理干净，涂一遍防腐沥青，再用耐火泥加水和一定量的磷酸混合使用，同时砖应顶紧壳体，使其不易脱落穿漏。可用于文丘里管洗涤塔的防腐。 ( )

项目三

硝酸的生产

任务一 了解硝酸产品

一、硝酸的性质

纯硝酸（HNO_3）是无色液体，带有刺鼻的窒息性气味，沸点 86℃，相对密度 1.51。硝酸的酸酐是五氧化二氮（N_2O_5）。硝酸能和水以任意比例混合，混合时放热。一般所说的硝酸是指硝酸的水溶液，硝酸浓度用所含 HNO_3的质量分数表示。硝酸极不稳定，一旦受热或见光就会分解出红棕色的二氧化氮，并溶解其中，使硝酸呈黄色。由于能形成恒沸物，浓度 68.4%的硝酸具有最高沸点 121.9℃，在低浓度范围内，硝酸沸点随浓度增大而升高，而在高浓度范围内，硝酸沸点随浓度的增大而降低。硝酸是一种强酸，具有强氧化性、强腐蚀性，能溶解和氧化大多数金属，能与浓盐酸以 1∶3（体积）的比例混合制成具有强腐蚀性的王水。

二、硝酸产品的规格及用途

硝酸产品分为稀硝酸和浓硝酸。一般当浓度小于 70%（实为 68.4%）时称为稀硝酸，浓度大于或等于 70%（实为 68.4%）时称为浓硝酸。工业产品的稀硝酸浓度在 50%～70%，而浓硝酸浓度在 96%～98%。当浓硝酸浓度达到 96%或以上时，由于能逸出红棕色气体，所以浓度 96%或以上的浓硝酸也称为发烟硝酸。

硝酸是一种重要的化工原料。稀硝酸大部分用于制造硝酸铵、硝酸磷肥和各种硝酸盐。浓硝酸最主要用于国防工业，它是生产三硝基甲苯（TNT）、硝化纤维、硝酸甘油等的主要原料。硝酸还广泛用于有机合成工业，用硝酸将苯硝化并经还原制得苯胺，用于染料生产。此外，制药、塑料、有色金属冶炼等方面都需要用到硝酸。

三、硝酸的健康危害及防护

	危害信息	理化特性
硝酸（HNO_3）	侵入途径：吸入、食入。健康危害：对皮肤、黏膜等组织有强烈的刺激和腐蚀作用。皮肤灼伤轻者出现红斑，重者形成溃疡；溅入眼内可造成灼伤，甚至角膜穿孔、全眼失明。其蒸气或雾可引起结膜水肿、角膜混浊，以致失明；引起呼吸道刺激，重者发生呼吸困难和肺水肿；口服后引起消化道烧伤以致形成溃疡，严重者可能出现胃穿孔、腹膜炎、肾损害、休克等	无色无臭、透明液体，由于纯度不同，颜色有无色、黄色、棕色，有时呈浑浊状，不易燃。危险特性：强氧化剂。能与多种物质如金属粉末、电石、硫化氢、松节油等猛烈反应，甚至发生爆炸。与还原剂或可燃物如糖、纤维素、木屑、棉花、稻草或废纱头等接触，引起燃烧并散发出剧毒的棕色烟雾。熔点−42℃，沸点 86℃

续表

	急救处理	应急处理
 当心腐蚀 CAUTION,CORROSION	脱去被污染的衣着,用流动的清水彻底冲洗皮肤。眼睛接触:提起眼睑,用大量流动清水或生理盐水冲洗至少15min。吸入:迅速脱离现场至空气新鲜处。呼吸困难时给输氧。如呼吸停止,立即进行人工呼吸,就医。食入:饮足量温开水,催吐,就医	迅速撤离泄漏污染区人员至安全区,并进行隔离,严格限制出入。建议应急处理人员戴自给正压式呼吸器,穿防酸碱工作服。不要直接接触泄漏物。尽可能切断泄漏源。防止流入下水道、排洪沟等限制性空间。小量泄漏:用砂土、干燥石灰或苏打灰混合。也可以用大量水冲洗,冲洗用水稀释后放入废水系统。大量泄漏:构筑围堤或挖坑收容。回收或运至废物处理场所处置
	注意防护     	

四、硝酸的生产原料和生产方法

硝酸生产流程设备见图 3-1。

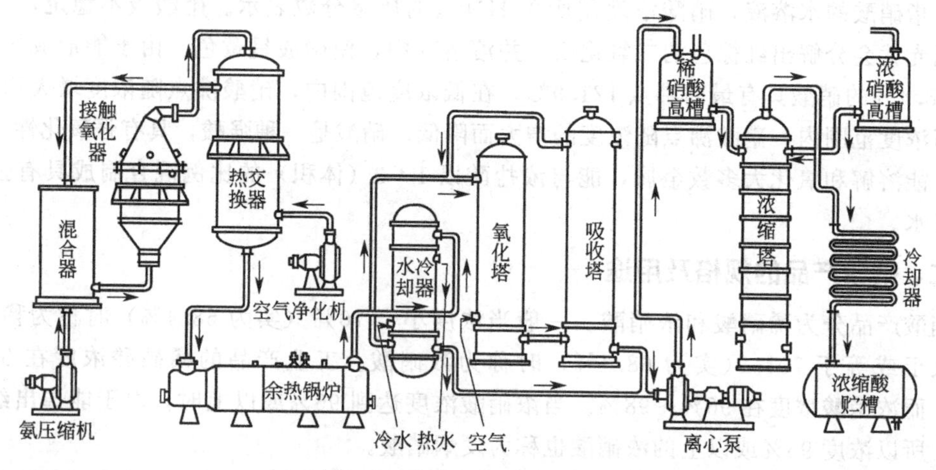

图 3-1 硝酸生产流程设备图

最早硝酸生产是采用硫酸分解硝石($NaNO_3$)的方法,由于硫酸消耗量大,硝石难获得,现在都改用氨和空气为原料的氨的催化氧化法进行生产。氨的催化氧化法只能制得稀硝酸,不能直接得到浓硝酸,要制得浓硝酸,一般需要将稀硝酸再加工,所以氨的催化氧化法也称稀硝酸生产法。

稀硝酸生产法的步骤包括氨的催化氧化、一氧化氮氧化、氮氧化物吸收和尾气处理等工序。按照氨催化氧化和氮氧化物吸收过程压力的不同,稀硝酸生产法分为常压法、中压法、高压法、综合法和双加压法(氧化为中压,吸收为高压)。在常压法、中压法和高压法中,每种方法各自的氨催化氧化和氮氧化物吸收两过程的压力都相同,分别为常压、0.25～0.50MPa 和 0.7～1.2MPa。在综合法中,氨催化氧化过程的压力为常压,而氮氧化物吸收过程的压力为中压;在双加压法中,氨催化氧化过程的压力为中压,而氮氧化物吸收过程的压力为高压。在稀硝酸生产法中,双加压法有许多优点,属于较先进的方法。

浓硝酸生产方法有直接法、间接法和超共沸酸精馏法三种。直接法以氨为原料直接合成得到浓硝酸；间接法以稀硝酸为原料，通过浓缩得到浓硝酸；而超共沸酸精馏法是先合成出超共沸酸（浓度大于恒沸硝酸浓度 68.4%），再经精馏得到浓硝酸。在浓硝酸生产法中，间接法被国内普遍采用。

本项目主要涉及双加压法稀硝酸的生产和间接法浓硝酸的生产，其他生产方法只作简介。

思考与练习

1. 硝酸有哪些基本性质？
2. 按浓度不同，硝酸有哪些品种？稀硝酸和浓硝酸各有哪些用途？
3. 若某人不慎皮肤接触到硝酸，应怎样安全处理？
4. 稀硝酸生产包括哪些步骤？稀硝酸生产分为哪些方法？
5. 浓硝酸生产有哪些方法？

任务二 掌握氨的催化氧化工艺知识

由于氨的催化氧化反应时间非常短，反应气体混合物刚一接触催化剂表面，即完成反应离开，所以氨的催化氧化反应也被称作氨的接触催化氧化反应，简称氨的接触氧化反应。

一、氨的催化氧化反应

1. 反应特点

氨和氧之间能发生的主要反应为：

$$4NH_3+5O_2 = 4NO+6H_2O \qquad \Delta_r H_m^{\ominus}(298K)=-907.28kJ/mol \tag{3-1}$$

$$4NH_3+4O_2 = 2N_2O+6H_2O \qquad \Delta_r H_m^{\ominus}(298K)=-1104.9kJ/mol \tag{3-2}$$

$$4NH_3+3O_2 = 2N_2+6H_2O \qquad \Delta_r H_m^{\ominus}(298K)=-1269.02kJ/mol \tag{3-3}$$

三个主要反应均为强放热反应，由于能彻底进行，都可视为不可逆反应。

上述反应中，反应式(3-1)的产物一氧化氮是生产稀硝酸的中间物，所以称为主反应。在工业生产中，常采用铂催化剂，选择性地加速主反应，而阻止进行其他反应，所以氨的氧化是有催化剂存在的氧化反应，也称作氨的催化氧化。

在氨的催化氧化过程中，氨按主反应被氧化的程度用催化氧化率 α 表示。氨催化氧化率，简称氨氧化率，其定义式为：

$$\alpha=\frac{\text{氧化生成一氧化氮的氨量}}{\text{氧化反应前加入系统的总氨量}}\times 100\% \tag{3-4}$$

可见，氨催化氧化率 α 越大，单位量的氨产一氧化氮就越多。

2. 影响反应速率的因素

(1) 铂催化剂

① 组成　铂催化剂一般是铂（Pt)-铑（Rh）的二元合金、铂（Pt)-铱（Ir）的二元合金或铂（Pt)-铑（Rh)-钯（Pd）的三元合金，其中铂为活性组分，含量在 90%以上，其余组分均为助催化剂，起降低铂催化剂成本和提高活性的作用。铂催化剂一般不使用载体，为了增大单位

质量催化剂的表面积，保证气体均匀通过催化剂表面且阻力小和便于装卸等，一般将铂催化剂合金拉伸成直径为0.04～0.10mm的细丝，并编制成网状（见图3-2），称为铂网催化剂，简称铂网。

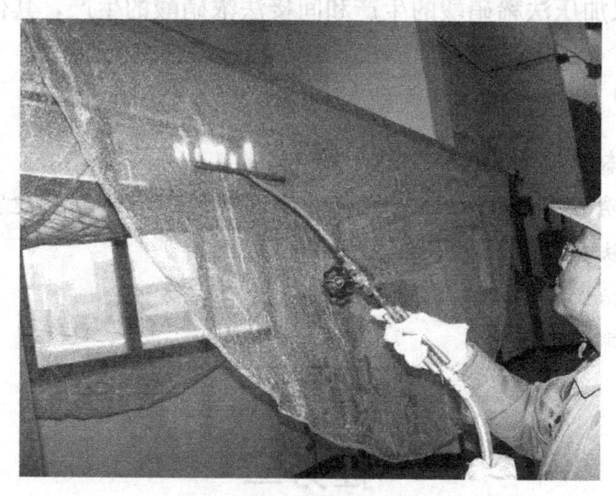

图3-2 铂网催化剂

② 活化 催化剂的活化是使催化剂活性组分由钝化状态转变成活化状态，以提高催化剂活性的操作。一般新制备的催化剂和重新投用的催化剂，使用前都要进行活化处理。不同类型的催化剂，活化方法不同。铂催化剂的活化方法是先用盐酸溶液恒温浸泡，之后用蒸馏水冲洗至中性，再用氢火焰烘烤。

③ 中毒 因反应原料中的微量杂质与活性组分发生化学反应而使催化剂活性和选择性明显降低或丧失的现象称为催化剂中毒，这种能引起催化剂中毒的杂质称为催化剂的毒物。如果中毒反应是可逆的，当催化剂中毒时，能用简单方法，如提高原料的纯度等，使催化剂活性恢复，这类中毒称为暂时性中毒，相反不能用简单方法使活性恢复的中毒称为永久性中毒。

在氨和空气原料中，杂质磷化氢对铂催化剂影响极大，极少量就可以造成催化剂永久性中毒，灰尘、硫化氢、铁粉和油污等可以造成催化剂暂时性中毒，乙炔、一氧化碳、二氧化碳、二氧化硫和三氧化硫等也能使催化剂中毒，因此应严格净化原料氨和空气原料。

④ 再生 随着使用时间的延长，由于催化剂中毒、表面覆盖、晶型结构改变和活性组分损失等原因，催化剂的活性会逐渐降低，因此一段时间后，需要对催化剂进行再生处理，恢复其正常活性。对于铂催化剂，其再生主要采用与活化相同的方法，此外还要采用机械修补的方法。

（2）反应速率 氨的催化氧化主反应是气固相催化反应，总过程分为五个连串的步骤。

① 氨和氧气从气流主体扩散传质到催化剂表面；

② 氧气分子被催化剂表面吸附，变为吸附态活性分子；

③ 吸附态活性氧分子和氨分子发生表面反应，生成吸附态的一氧化氮和水；

④ 吸附态的一氧化氮和水从催化剂表面上脱附；

⑤ 一氧化氮和水从催化剂外表面扩散传质进入气流主体。

其中①步骤氨的扩散为总过程的控制步骤，所以氨的扩散速率近似等于总过程速率。影响氨的催化氧化反应的主要因素是：温度、氨气浓度和催化剂比表面积。一般地，温度越高、氨气浓度越高、催化剂比表面积越大，则反应速率越大。

二、氨催化氧化工艺条件的选择

选择氨的催化氧化工艺条件时，应尽可能提高主反应速率，而降低其他反应速率；提高氨的催化氧化率，降低原料单耗；使催化剂保持高的活性和选择性，提高催化剂的生产强度[单位时间、单位体积催化剂表面上处理的氨的质量，单位 kg $NH_3/(m^3 \cdot d)$]，减小设备尺寸；保证生产系统安全稳定运行。

1. 反应温度

氨的催化氧化反应温度也称炉温或铂网温度，指靠近铂网表面处反应混合物的温度，由于主反应强放热，所以铂网本身的温度一般比反应气体混合物的温度高。

在一定温度范围内，铂催化剂才具有高的活性，温度超出此范围，则活性变差，此温度范围称为铂催化剂的活性温度范围。在铂催化剂下，当氨的催化氧化温度高于650℃时，温度越高，氧化反应速率越大；当温度超过1000℃时，氧化反应速率反而减小，且这时铂的损失增大，反应器材料要求也更高。综合各种因素，当反应压力为常压时，氨的催化氧化反应温度控制为750～850℃；当反应压力为中压（0.25～0.50MPa）时控制为870～900℃。由于高温操作，所以氨的催化氧化反应器也称为氨的催化氧化炉，简称氨氧化炉。

2. 反应压力

氨氧化反应为不可逆反应，提高压力时，原料气中氨的浓度增大，主反应速率增大，而选择性降低。主反应为体积增大的反应，压缩反应物比压缩产物容易，提高反应压力可节省压缩能耗，此外，提高反应压力，气体混合物体积减小，可减小设备尺寸，但提高反应压力，气流对铂网的冲击加剧，使铂的损失加大。因此，反应压力的选择，应综合考虑各种因素而确定。实际生产中，不同的稀硝酸生产方法氨的催化氧化压力不同，双加压法为0.25～0.50MPa。

3. 接触时间

在氨的催化氧化过程中，原料混合气体在催化剂铂网区停留的时间称为原料混合气体与催化剂的接触时间，简称接触时间，用符号 τ_0 表示。

$$\tau_0=\frac{V_{自由}}{V_{气}} \tag{3-5}$$

式中 τ_0——接触时间，s；

$V_{自由}$——铂网自由容积，m^3；

$V_{气}$——反应原料混合气体在操作条件下的体积流量，m^3/s。

4. 反应原料混合气体组成

氨空气混合原料气的氧氨比 γ（氧量与氨量的摩尔比）和氨含量 y_{NH_3} 是影响氨的催化氧化的重要因素。一般地，随着 γ 的增大，空气带入到氨空气混合原料气中的氮量减小，y_{NH_3} 减小，催化剂生产强度降低，动力消耗增大，且反应放热减小，甚至难以维持自热平衡。

实践表明，当氨空气混合原料气的 γ 低于1.7时，氨的氧化率 α 随着 γ 的增大而急剧增大；但当 γ 高于2.0时，氨的氧化率 α 随着 γ 增大而降低，且不明显；当 γ=1.7～2.0时，

氨氧化率 α 达到最高，此时对应的氨空气混合原料气中氨的含量 $y_{NH_3}=9.5\%\sim11.5\%$。

可见，要保证氨氧化率 α 达到最高，若选择氨空气混合原料气的 $\gamma=1.7\sim2.0$，低于总氧氨理论比 $\gamma=2$，则需要在后续工序补充二次空气，才能满足总反应对氧量的要求。

在确定的氧氮比 γ 下，若要提高氨空气混合原料气中氨的含量，则需用富氧空气部分或全部代替空气作为氨催化氧化的原料，但无论如何，氨空气混合原料气中氨的含量绝不能超过氨-空气混合物的爆炸限。

三、氨催化氧化的工艺流程

图 3-3 是某双加压法氨的催化氧化工艺流程图。原料液氨首先经过液氨过滤器，除去其中的固体杂质和油污后，进入液氨蒸发器，被加热汽化，得到 0.52MPa 的氨气。液氨中未能汽化的杂质水和油污仍留在液氨蒸发器中，定期除去。氨气经过氨气过滤器进一步除去杂质，再经氨气过热器被蒸汽加热至要求温度，之后进入氨-空气混合器的喉部。

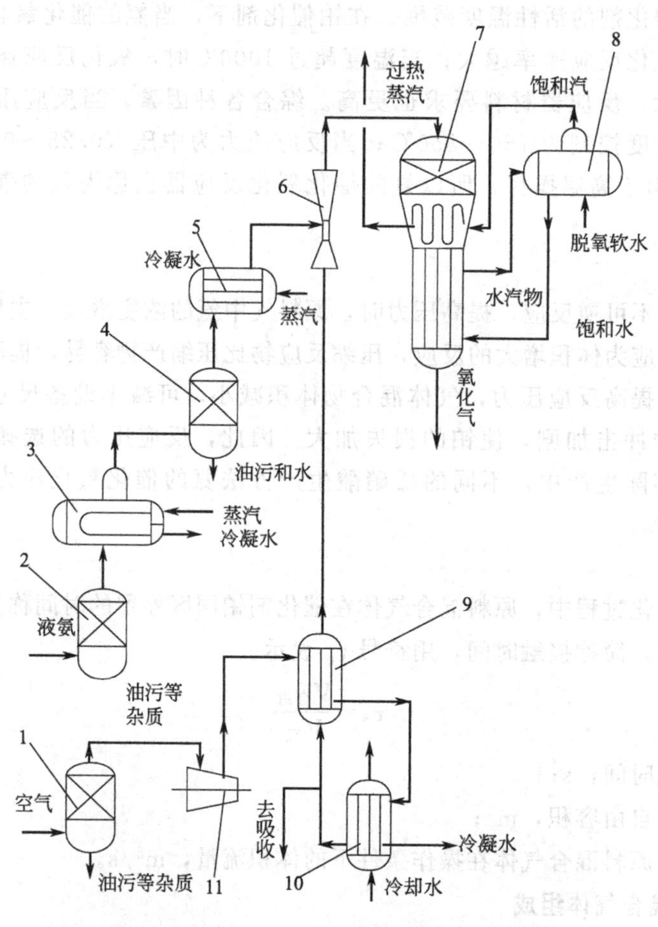

图 3-3 某双加压法氨的催化氧化工艺流程图

1—空气过滤器；2—液氨过滤器；3—液氨蒸发器；4—氨气过滤器；5—氨气过热器；6—氨-空气混合器；7—氨催化氧化炉；8—汽包；9—空温恢复器；10—水冷器；11—空气压缩机

原料空气经空气过滤器除掉杂质，进入空气压缩机压缩至约 0.45MPa（236℃）。压缩后的空气分别经空温恢复器和水冷器冷却，并使所含水分冷凝除去。冷却后的压缩空气分为两股，一股作为一次空气，经空温恢复器加热，之后进入氨-空气混合器的收缩管，与氨气混合（混合气中氨含量约为9.5%）；另一股空气作为二次空气去氮氧化物吸收工序的漂白塔，作为补充空气用。经氨-空气混合器混合均匀的氨空气混合物从顶部进入氨催化氧化炉，在上段进行放热的氨的催化氧化反应。高温的产物气体（氨氧化气）向下分别流经位于中段的蒸汽过热器和下段的废热锅炉回收热量后，从炉底离开进入一氧化氮氧化工序。废热锅炉产生的饱和汽-水混合物，经汽包分离后，饱和水重回废热锅炉，饱和蒸汽进蒸汽过热器，产生的过热蒸汽进管网，同时汽包不断被补充脱氧软水。

思考与练习

1. 氨氧化可发生哪些反应？这些反应有什么特点？
2. 什么是氨的催化氧化率？
3. 影响氨催化氧化的主要工艺因素有哪些？怎样选择氨空气原料中的氧氨比？
4. 简述双加压法氨催化氧化工艺流程。

任务三 熟悉氨氧化炉

一、氨氧化炉的结构特点

氨的催化氧化炉，简称氨氧化炉（图 3-4、图 3-5）。氨的催化氧化工艺特点是：高温、加压或常压、强放热、铂催化剂昂贵、气速大、接触时间极短。为此，工业生产对氨氧化炉的要求是：氨空气混合气体能均匀通过催化剂层、单位体积的反应接触面积大，耐高温且保温性好，结构简单，便于维修等。

氨氧化炉的结构有两种：一种是不带热回收的单一功能炉型，适用于小生产规模；另一

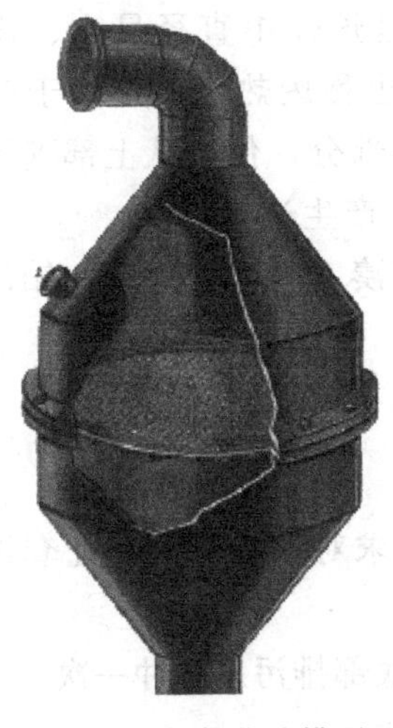

图 3-4　氨氧化炉模型

图 3-5　氨氧化炉实物

种是带热回收的联合炉型，适用于大生产规模。

图 3-6 是单一功能型氨氧化炉结构示意图。壳体由上、下两部分组成，其中上部分由圆锥体和圆柱体构成，两者分别称为上圆锥体和上圆柱体，材质为不锈钢，焊接而连；下部分也由圆锥体和圆柱体构成，两者分别称为下圆锥体和下圆柱体，焊接而连，材质为普通碳钢，内衬石棉板和耐火砖。两圆锥体的锥角一般为 67°～70°，利于气体分布和及时收集。铂网相叠，置于上、下两圆柱体之间，被法兰和压网圈固定。为了防止铂网受气流冲击和高温变形，一般在铂网下绷有不锈钢钢条托网架。上圆柱体上设有视镜和取样孔，下圆柱体上设有点火孔。为了使氨空气混合气体均匀通过铂网，在上圆锥体内进口处接有一侧面开有筛孔的锥形气体分布器，在下圆锥体和下圆柱体连接区域堆放有瓷环，起消音作用。

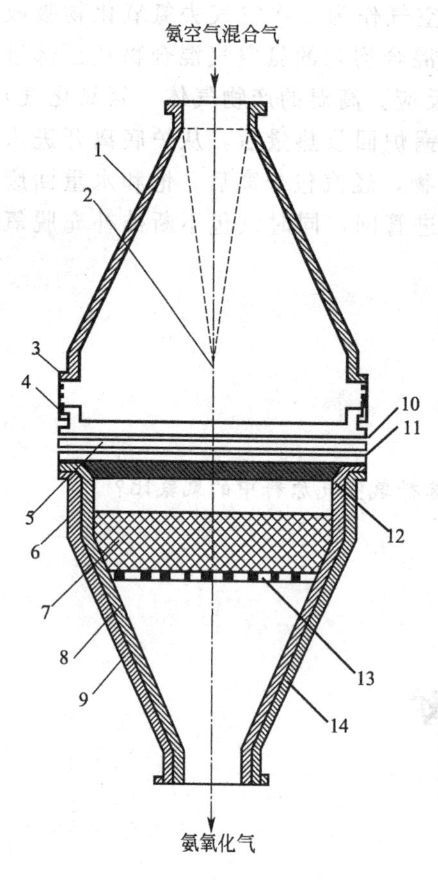

图 3-6　单一功能型氨氧化炉结构示意图
1—上圆锥体；2—锥形气体分布器；3—视镜；4—上圆柱体；5—铂网；6—下圆柱体；7—消音环；8—石棉；9—耐火砖；10—压网圈；11—托网架；12—耐火球；13—花板；14—下圆锥体

图 3-7 是联合型氨氧化炉结构示意图。该炉相当于将氨催化氧化反应器、蒸汽过热器和废热锅炉三者组合在一起，兼有氧化反应和反应热回收功能。其外形整体为手电筒形，直径上大下小，共分为上、中、下三部分，上部为氧化段，即反应区，外形近似球形，是炉体中直径最大部分，内安装有铂网。为了防止铂网因受力和高温而变形，一般在铂网下设有不锈钢管或石英管托网架。为了使原料气体分布均匀，除在气体入口处设分布板外，还在铂网上方设有铝环和不锈钢环填充层，保证气体在铂网上均匀分布。为了防止氨过早受热裂解，在铝环和不锈钢环填充层中埋设有冷却水降温管。下部为加热段，即废热锅炉，是炉体中直径最小、长度最长部分，内部安装有立式换热列管，实则一列管式换热器，也称废热锅炉，用于产生饱和水蒸气。中部为过热段，即对蒸汽过热，是炉体中容积最小部分，位于从上部到下部的缩小部位，内安装有蒸汽的换热盘管，用高温氨氧化气加热，产生过热蒸汽。

相对于单一功能型氨氧化炉，联合型氨氧化炉设备紧凑，生产能力大，铂网生产强度高，氨氧化率高，设备余热回收利用好，锅炉部分阻力小，操作方便。一般地，凡非特别指明，氨氧化炉即指联合型氨氧化炉。

二、氨氧化炉的维护要点

为了营造安全的生产环境，保持好系统工况，需按要求对氨氧化炉和配套设备进行维护，要点如下。

（1）根据水质调节废热锅炉连续排污水量，每班打开底部排污总阀冲一次。

（2）经常检查各设备的运行情况并关注各工艺条件变化。

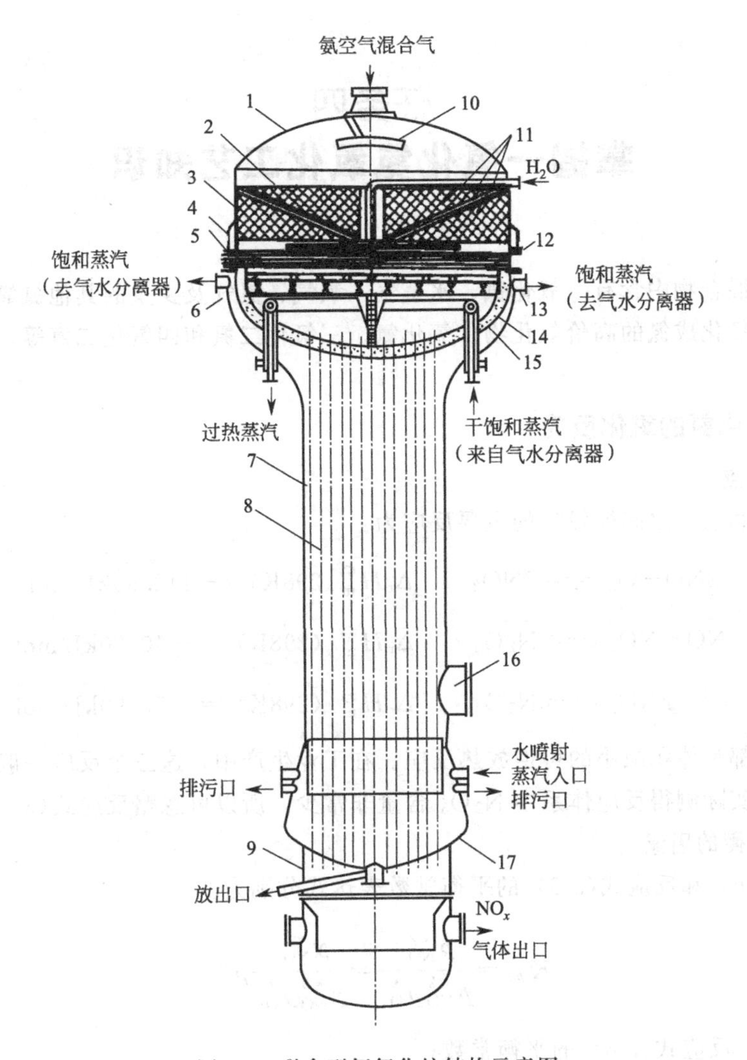

图 3-7 联合型氨氧化炉结构示意图

1—氧化炉炉头；2—铝环；3—不锈钢环；4—铂-铑-钯网；5—铂网；6—石英管托网架；7—废热锅炉；8—列管；9—炉底；10—气体分布板；11—花板；12—蒸汽过热器；13—法兰；14—隔热层；15—列管式换热器上管板；16—人孔；17—列管式换热器下管板

(3) 加减负荷时，及时调整氨管手动阀。

(4) 经常对照中控室和现场仪表指示值，弄清误差情况。

(5) 消除“跑、冒、滴、漏”现象。

(6) 按责任按时巡回检查，真实记录。

思考与练习

1. 工业生产对氨氧化炉有哪些要求？氨氧化炉有哪几种结构？
2. 简述联合型氨氧化炉的结构，它有哪些优点？
3. 对于联合型氨氧化炉，怎样保证气体均匀分布？怎样防止氨过早分解？
4. 氨氧化炉系统的日常维护要点有哪些方面？

任务四
掌握一氧化氮氧化工艺知识

氨氧化气混合物中含有一氧化氮、水蒸气、氧气、氮气及少量的其他氮氧化物，其中一氧化氮需继续氧化成氮的高价氧化物二氧化氮、三氧化二氮和四氧化二氮等，才能被水吸收制得硝酸。

一、一氧化氮的氧化反应

1. 反应特点

一氧化氮和氧气之间能发生的主要反应为：

$$2NO+O_2 \rightleftharpoons 2NO_2 \quad \Delta_r H_m^{\ominus}(298K)=-112.60kJ/mol \tag{3-6}$$

$$NO+NO_2 \rightleftharpoons N_2O_3 \quad \Delta_r H_m^{\ominus}(298K)=-40.20kJ/mol \tag{3-7}$$

$$2NO_2 \rightleftharpoons N_2O_4 \quad \Delta_r H_m^{\ominus}(298K)=-56.90kJ/mol \tag{3-8}$$

上述反应都是体积减小的可逆放热反应。在工业生产中，这三个反应一般不需催化剂即可进行。由于实际测得反应体系中 N_2O_3 含量非常少，所以可忽略反应式(3-7)。

2. 影响平衡的因素

反应式(3-6) 和反应式(3-8) 的平衡常数表达式分别为：

$$K_{p1}=\frac{p_{NO_2}^{*2}}{p_{NO}^{*2}p_{O_2}^{*}}=\frac{y_{NO_2}^{*2}}{y_{NO}^{*2}y_{O_2}^{*}}p^{-1} \tag{3-9}$$

式中 K_{p1}——反应式(3-6) 的平衡常数；

$p_{NO_2}^{*}$——NO_2的平衡分压，Pa；

$y_{NO_2}^{*}$——NO_2的平衡摩尔分数；

p_{NO}^{*}——NO 的平衡分压，Pa；

y_{NO}^{*}——NO 的平衡摩尔分数；

$p_{O_2}^{*}$——O_2的平衡分压，Pa；

$y_{O_2}^{*}$——O_2的平衡摩尔分数；

p——反应压力，Pa。

$$K_{p3}=\frac{p_{N_2O_4}^{*}}{p_{NO_2}^{*2}}=\frac{y_{N_2O_4}^{*}}{y_{NO_2}^{*2}}p^{-1} \tag{3-10}$$

式中 K_{p3}——反应式(3-8) 的平衡常数；

$p_{N_2O_4}^{*}$——N_2O_4的平衡分压，Pa；

$y_{N_2O_4}^{*}$——N_2O_4的平衡摩尔分数。

平衡常数 K_{p1}和 K_{p3}与平衡温度 T(K) 的关系分别为：

$$\lg K_{p1}=\frac{5749}{T}-1.75\lg T+5\times10^{-4}T-2.839 \tag{3-11}$$

$$\lg K_{p3}=\frac{2692}{T}-1.75\lg T-4.84\times10^{-3}T+7.144\times10^{-6}T^2+3.062 \tag{3-12}$$

一氧化氮氧化成二氧化氮的程度用一氧化氮的氧化率表示。一氧化氮的氧化率指当反应进行到某一程度时，转化成二氧化氮的一氧化氮的量占反应前一氧化氮量的百分数。在一定的条件下，当反应达到平衡时，一氧化氮的氧化率称为该条件下的平衡氧化率，简称平衡氧化率，用符号 α_{NO}^* 表示，若反应未达到平衡时，一氧化氮的氧化率称为实际氧化率，简称氧化率，用符号 α_{NO} 表示。一般地，$\alpha_{NO}<\alpha_{NO}^*$，即平衡氧化率是实际氧化率的极限。

$$\alpha_{NO}=\frac{\text{氧化生成二氧化氮的一氧化氮量}}{\text{氧化反应前一氧化氮量}}\times100\% \tag{3-13}$$

由式(3-9)～式(3-12) 可知，温度 T 越低、压力 p 越高、原料中氧的含量越大，则 α_{NO}^* 和 $y_{N_2O_4}^*$ 越大。常压下，当温度小于 100℃时，或者压力大于 0.5MPa 和温度小于 200℃时，α_{NO}^* 近似为 100%，此时反应式(3-6) 可视为不可逆反应。当温度大于 800℃时，α_{NO}^* 近似为 0，即高温下，一氧化氮氧化反应几乎不能发生。

3. 影响反应速率的因素

温度升高时，反应速率减小；压力增大时，反应速率增大；原料气中一氧化氮和氧气的含量升高，反应速率增大。

二、一氧化氮氧化工艺条件的选择

一氧化氮的氧化反应既可以在气相中进行，也可以在液相或气液相界面进行，在实际生产中，这三种情况可能部分或全部同时存在。当一氧化氮氧化反应在气相中进行时，称为干法氧化，而当一氧化氮氧化反应在液相中进行时，称为湿法氧化。在双加压法稀硝酸生产过程中，一氧化氮氧化过程一般分为补充二次空气前和补充二次空气后两个阶段进行，前者称为前期氧化，主要是干法氧化，而后者称为后期氧化，主要是湿法氧化。由于一氧化氮的氧化反应放热，为了维持温度，就必须不断移走反应热。在实际生产中，随着氨氧化气离开氧化炉，流经管道和一个个换热器，逐步降温，直到进入吸收塔前，一直进行着一氧化氮的氧化反应，即一氧化氮的前期氧化是在管道和换热器中进行的，而并未在专门的反应器中进行，反应放出的热经换热器被冷却介质移走。

影响一氧化氮氧化的工艺因素主要有温度、压力、反应原料气的组成和停留时间。

1. 温度

温度 T 越低，则 α_{NO}^* 越大。常压下，当温度小于 100℃时，或者压力大于 0.5MPa、温度小于 200℃时，α_{NO}^* 近似为 100%。一氧化氮的氧化速率随温度的升高而减小。综合考虑各种因素，一般一氧化氮氧化温度维持低于 200℃。

2. 压力

压力 p 越高，则 α_{NO}^* 越大、反应速率 r_{NO} 增大。对于不同的稀硝酸生产方法，一氧化氮氧化压力不同，常压法为常压，中压法为 0.25～0.50MPa，高压法为 0.7～1.2MPa，而双加压法，前期为 0.25～0.50MPa，后期为 0.7～1.2MPa。

3. 反应原料气的组成

提高原料气中一氧化氮和氧的含量，有利于一氧化氮氧化率的提高。一般地，对前期的一氧化氮氧化，原料中的氧含量是由氨空气混合原料气组成决定，氧含量约 6.93%，对后期的一氧化氮氧化，原料中的氧含量由补充的二次空气量决定，氧的含量以使吸收尾气中氧的浓度为 3%～5%为宜。

4. 停留时间

停留时间即一氧化氮和氧的反应时间。一般停留时间越长，一氧化氮氧化率越大，设备体积越大。实际生产中，离开氨氧化炉的气体当温度低于 400℃后，在流经的管道和设备内，一氧化氮的氧化反应就一直进行着，所以氨氧化炉以后的管道和设备，包括氮氧化物吸收设备，也充当着一氧化氮氧化反应器的作用，流经的时间即停留时间。

思考与练习

1. 氨的氧化气主要包含哪些组分？
2. 为什么一氧化氮氧化反应体系可简化为一个反应？该反应有什么特点？
3. 什么是一氧化氮的氧化率？什么是一氧化氮的干法氧化和一氧化氮的湿法氧化？
4. 影响一氧化氮氧化的主要工艺因素有哪些？怎样选择原料气中氧含量？
5. 在实际生产中，一氧化氮的前期氧化反应在哪些场所进行？

任务五 掌握氮氧化物吸收工艺知识

经一氧化氮前期氧化后，氨氧化气中的部分一氧化氮转变成了二氧化氮、四氧化二氮和少量的三氧化二氮，剩余部分一氧化氮还需要补充空气后继续进行后期氧化，氧化后的产物称为氮氧化物。把氮氧化物用水吸收，反应得到硝酸，该过程称为氮氧化物的吸收，简称吸收。温度和压力对氮氧化物吸收的影响结果与对一氧化氮氧化的影响结果是一致的，即低温和高压对两过程均有利。在实际生产中，一氧化氮的氧化过程与氮氧化物的吸收过程总是同时交织进行的：一方面，在一氧化氮氧化的同时，生成的氮氧化物与水进行着吸收反应；另一方面，在氮氧化物吸收的同时，吸收生成的新一氧化氮和原一氧化氮一起发生着氧化反应，但在氨氧化炉之后与吸收塔之前，主要进行的是一氧化氮的氧化反应，而在吸收塔中，主要进行的是氮氧化物的吸收反应。

一、氮氧化物吸收的化学反应

1. 反应特点

气体氮氧化物和水的反应，称为氮氧化物吸收反应。氮氧化物吸收反应如下：

$$2NO_2+H_2O \rightleftharpoons HNO_3+HNO_2 \qquad \Delta_r H_m^{\ominus}(298K)=-116.10kJ/mol \tag{3-14}$$

$$N_2O_3+H_2O \rightleftharpoons 2HNO_2 \qquad \Delta_r H_m^{\ominus}(298K)=-55.70kJ/mol \tag{3-15}$$

$$N_2O_4+H_2O \rightleftharpoons HNO_3+HNO_2 \qquad \Delta_r H_m^{\ominus}(298K)=-59.20kJ/mol \tag{3-16}$$

以上反应都是可逆放热的液相氧化还原反应。由于 NO_2 到 N_2O_4 是快速反应，在 10^{-4} s 内即可达到平衡，所以可认为反应式(3-16) 与式(3-14) 是同一个反应，以后凡所提二氧化氮的吸收都包括四氧化二氮的吸收。另外，由于一氧化氮氧化产物中 N_2O_3 含量很小，则反应式(3-15) 可忽略。

亚硝酸只有在低于0℃和极稀溶液中才能存在，而在工业生产条件下，一经生成则立即分解。

$$3HNO_2 = HNO_3 + 2NO + H_2O \qquad \Delta_r H_m^{\ominus}(298K) = 75.90kJ/mol \qquad (3-17)$$

所以，氮氧化物吸收总反应式为：

$$3NO_2 + H_2O \rightleftharpoons 2HNO_3 + NO \qquad \Delta_r H_m^{\ominus}(298K) = -136.20kJ/mol \qquad (3-18)$$

该反应为体积减小的可逆放热反应。氮氧化物吸收时，反应的二氧化氮中，2/3被氧化成了等物质的量的硝酸，其余1/3被还原成了一氧化氮。

2. 影响平衡的因素

对于氮氧化物吸收总反应式(3-18)，以分压表示的平衡常数为：

$$K_p = \frac{p_{NO}^*}{p_{NO_2}^{*3}} = \frac{y_{NO}^*}{y_{NO_2}^{*3}} p^{-2} \qquad (3-19)$$

式中 p_{NO}^*——气相NO的平衡分压，Pa；

y_{NO}^*——气相NO的平衡摩尔分数；

$p_{NO_2}^*$——气相NO_2的平衡分压，Pa；

$y_{NO_2}^*$——气相NO_2的平衡摩尔分数；

p——吸收压力，Pa。

上式中，平衡常数K_p的大小与温度和吸收剂中硝酸的浓度有关，一般地，在一定范围内，温度越低，K_p越大；吸收剂中硝酸浓度越低，K_p越大。

氮氧化物吸收反应的程度用二氧化氮的吸收度或转化度表示。二氧化氮的吸收度指当吸收反应进行到某一程度时，被吸收的二氧化氮的量占吸收反应前二氧化氮量的百分数。在一定条件下，当吸收反应达到平衡时，二氧化氮的吸收度称为该条件下的平衡吸收度，简称平衡吸收度，用符号$Z_{NO_2}^*$表示；若反应未达到平衡时，二氧化氮的吸收度称为实际吸收度，简称吸收度，用符号Z_{NO_2}表示。一般地，$Z_{NO_2} < Z_{NO_2}^*$，即平衡吸收度是实际吸收度的极限。

$$Z_{NO_2} = \frac{\text{被吸收的二氧化氮的量}}{\text{吸收反应前二氧化氮的量}} \times 100\% \qquad (3-20)$$

二氧化氮的转化度指当吸收反应进行到某一程度时，被吸收转化为HNO_3的二氧化氮的量占吸收反应前二氧化氮量的百分数。在一定条件下，当吸收反应达到平衡时，二氧化氮的转化度称为该条件下的平衡转化度，简称平衡转化度，用符号$Y_{NO_2}^*$表示，若反应未达到平衡时，二氧化氮的转化度称为实际转化度，简称转化度，用符号Y_{NO_2}表示。一般地，$Y_{NO_2} < Y_{NO_2}^*$，即平衡转化度是实际转化度的极限。

$$Y_{NO_2} = \frac{\text{吸收转化为 } HNO_3 \text{ 的二氧化氮的量}}{\text{吸收反应前二氧化氮的量}} \times 100\% \qquad (3-21)$$

二氧化氮的吸收度与转化度之间的关系为：

$$Y_{NO_2} = \frac{2}{3} Z_{NO_2} \qquad (3-22)$$

由式(3-19) 和式(3-20) 可知，温度降低、吸收剂中硝酸浓度减小，因 K_p 增大，则 $\frac{y^*_{NO}}{y^*_{NO_2}}$增大，进而 $Z^*_{NO_2}$ 增大；压力升高，因 K_p 不受影响，则$\frac{y^*_{NO}}{y^{*3}_{NO_2}}$增大，进而 $Z^*_{NO_2}$ 增大。一般地，由于受吸收平衡的限制，用水吸收氮氧化物只能制得稀硝酸（HNO_3质量分数低于70%），例如，双加压法制得硝酸产品浓度在60%～70%。

3. 影响速率的因素

氮氧化物的吸收总反应式(3-18) 是一个气液非均相反应。

在较低温度下，氮氧化物中 NO_2 含量越高、吸收压力越大、吸收液中硝酸浓度越低，则氮氧化物吸收速率越大。由于在氮氧化物吸收反应进行的同时，也进行着一氧化氮氧化反应，实际上，氮氧化物吸收反应的速率还受到一氧化氮氧化反应的影响。

二、氮氧化物吸收工艺条件的选择

氮氧化物吸收工艺条件的选择，应保证二氧化氮的总转化度尽可能大、硝酸产品浓度尽可能高。影响氮氧化物吸收的工艺因素主要有温度、压力、氮氧化物原料气的组成等。

1. 温度

温度 T 降低，则二氧化氮的平衡吸收度 $Z^*_{NO_2}$ 和一氧化氮的平衡氧化率 α^*_{NO} 均增大。在较低温度范围内，一氧化氮氧化速率和氮氧化物吸收速率都随温度升高而增大。总之，低温时，氮氧化物总转化度大、硝酸产品浓度较高。综合考虑，进吸收塔的原料气体温度约40℃。

由于一氧化氮氧化和氮氧化物吸收均为放热过程，为了维持吸收温度，在吸收过程中要及时移走反应热。

2. 压力

压力 p 越高，则二氧化氮的平衡吸收度 $Z^*_{NO_2}$ 和一氧化氮的平衡氧化率 α^*_{NO} 越大。压力升高时，一氧化氮氧化速率和氮氧化物吸收速率增大。总之，压力高时，氮氧化物总转化度高、得到的硝酸产品浓度较高。不同的稀硝酸生产方法，吸收压力不同，双加压法为0.7～1.2MPa。

3. 氮氧化物原料气的组成

氮氧化物原料气的组成主要指氮氧化物原料气中二氧化氮和氧的浓度。

(1) 二氧化氮的浓度　当氮氧化物原料气中二氧化氮浓度高时，相对地，一氧化氮浓度低，则二氧化氮的吸收反应速率大，而一氧化氮的氧化反应速率小，主要进行二氧化氮吸收，且二氧化氮浓度越高，得到的稀硝酸浓度越高；反之，主要进行一氧化氮氧化。

(2) 氧的浓度　为了保证氧量足够，在一氧化氮的后期氧化中补充二次空气或富氧空气，或者在氨氧化时用足够的富氧空气部分或全部代替空气。在一定范围内，氮氧化物中氧的浓度高时，一氧化氮氧化成二氧化氮的速率大，二氧化氮的吸收速率也相应大，有利于吸收，但超过一定范围，由于氧带入大量的氮，稀释了一氧化氮和二氧化氮的浓度，使一氧化氮氧化和二氧化氮吸收均难以进行。综合考虑各种因素，氮氧化物中氧的浓度以使吸收尾气中氧的浓度为3%～5%为宜。

三、一氧化氮氧化和氮氧化物吸收的工艺流程

图3-8是双加压法一氧化氮氧化和氮氧化物吸收工艺流程图。高温氨氧化气先后经过高温气-气换热器和省煤器，分别被吸收尾气和锅炉给水冷却，再经低压水冷器被冷却水冷却到约45℃，部分一氧化氮发生氧化反应生成二氧化氮，并溶解在冷凝水中，发生吸收反应，生成硝酸，形成酸-氮氧化物非均相混合物。酸-氮氧化物非均相混合物和漂白塔顶来的二次空气漂白气混合进入氮氧化物分离器，分离出所得的约34%稀硝酸，用泵将其送入吸收塔内相应的第5～8块塔板上，分离所得的气体混合物还称为氮氧化物，进入氮氧化物压缩机，被压缩至1.0MPa（约194℃），之后，先后经过尾气预热器和高压水冷器，分别被尾气和冷却水冷却到45℃，进入吸收塔底部，逐板向上流动。塔顶加入常温工艺水，作为吸收剂，并逐板向下流动。在每块塔板上不断进行着氮氧化物吸收反应和一氧化氮氧化反应，吸收热和氧化热被设在每块塔板上的冷却水盘管移走。当工艺水逐板流下时，硝酸浓度不断提高，在塔底部收集得到稀硝酸，浓度为65%～67%。当进入吸收塔底的氮氧化物逐板向上时，一氧化氮和二氧化氮浓度不断降低，在塔顶得到氮氧化物含量约为0.018%的尾气。

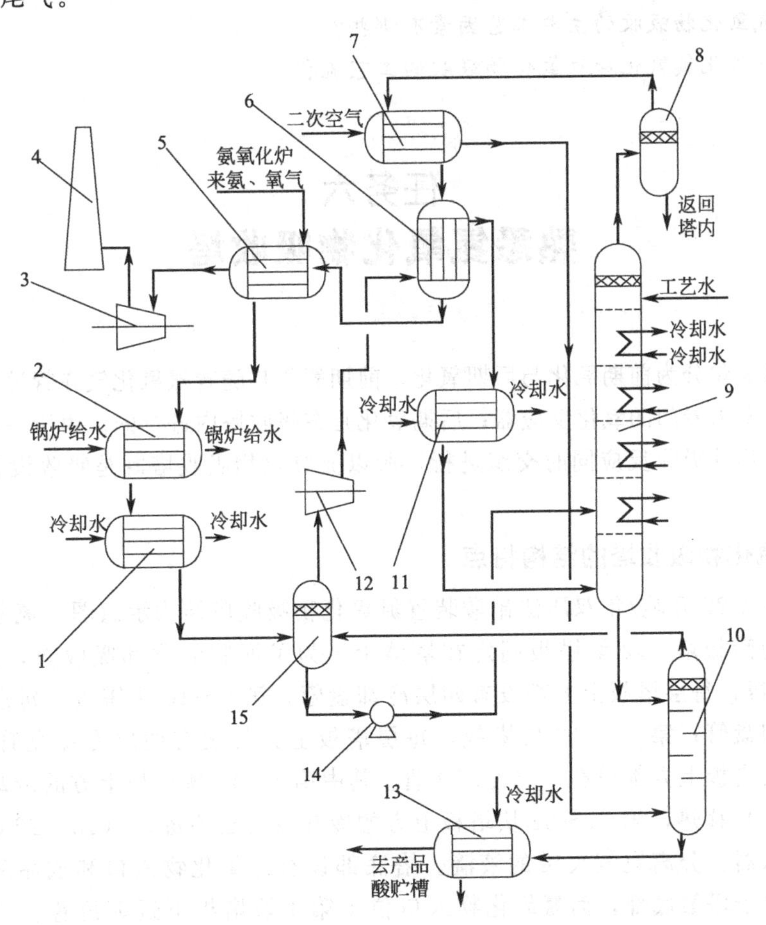

图3-8 双加压法一氧化氮氧化和氮氧化物吸收工艺流程图

1—低压水冷器；2—省煤器；3—尾气透平机；4—烟囱；5—高温气-气换热器；6—尾气预热器；7—二次空气冷却器；8—尾气分离器；9—吸收塔；10—漂白塔；11—高压水冷器；12—氮氧化物压缩机；13—酸冷器；14—酸泵；15—氮氧化物分离器

自吸收塔底来的65%～67%的成品稀硝酸，进入漂白塔顶部塔板，向下流动，漂白塔底部通入经尾气冷却的二次空气，向上流动与酸液逆向接触，成品稀硝酸中溶解的氮氧化物不断被吹出，形成二次空气漂白气，从塔顶引出，进入氮氧化物分离器，返回吸收塔回收。漂白塔塔底引出的产品酸浓度为60%，含 HNO_2<0.01%，经水冷却至约50℃后，送往产品酸贮槽。

吸收塔塔顶出来的尾气，经尾气分离器分离掉稀硝酸液滴后，先后经过二次空气冷却器、尾气预热器和高温气-气换热器，分别被二次空气、氮氧化物压缩机出口的气体混合物和氨氧化物加热至约360℃，之后进入尾气透平机，回收能量后，经烟囱排入大气。

思考与练习

1. 氮氧化物吸收的总反应是什么？有什么特点？
2. 什么是二氧化氮的吸收度或转化度？
3. 在实际生产中，氧化反应和吸收反应是怎样交织进行的？
4. 影响氮氧化物吸收的主要工艺因素有哪些？
5. 简述一氧化氮氧化和氮氧化物吸收的工艺流程。

任务六
熟悉氮氧化物吸收塔

一氧化氮氧化分为前期氧化与后期氧化。前期氧化是随着氨氧化气在管道和换热器内流动而进行的，不需专门的氧化反应器；后期氧化是在吸收塔内进行的。由于一氧化氮的氧化反应和氮氧化物的吸收反应同时交织进行，所以氮氧化物吸收塔既是吸收设备，也是氧化设备。

一、氮氧化物吸收塔的结构特点

图3-9是某27万吨/年双压法硝酸装置氮氧化物吸收塔结构示意图。氮氧化物吸收塔为带降液管的筛板塔，32块塔板固定在塔体上。为了回收氧化和吸收热，从底部往上，第1～7块塔板，每层塔板上方都设有四层冷却盘管；第8～10块塔板，每层塔板上方都设有三层冷却盘管；第11～18块塔板，每层塔板上方都设有两层冷却盘管；第19～32块塔板，每层塔板上方都设有一层冷却盘管。其中第1～10块塔板上方的冷却盘管通冷却水（32～42℃）移热，第11～32块塔板上方的冷却盘管通冷冻水（18～22℃）移热。塔顶部设有捕沫器，分离尾气夹带的液滴。塔底部设有氮氧化物入口和成品酸出口，其中成品酸出口位于塔最底部，而氮氧化物入口位于第1块塔板下近邻位置。塔顶部设有尾气出口和工艺水入口，其中尾气出口位于塔最顶部，而工艺水入口位于第32块塔板上。从氮氧化物分离器来的约34%稀硝酸进入到第5～8块塔板中的合适塔板上。为了检修和操作方便，塔体上设有三个人孔。

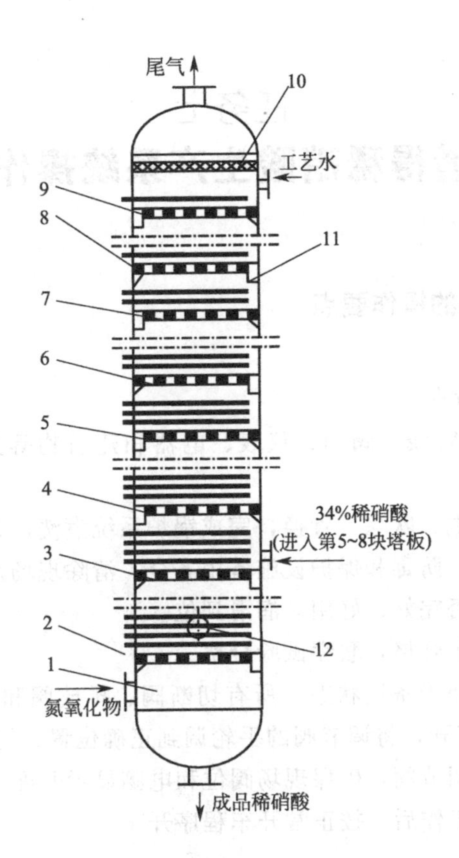

图 3-9 双压法硝酸装置氮氧化物吸收塔结构示意图

1—第 1 块塔板；2—冷却水盘管；3—第 7 块塔板；4—第 8 块塔板；
5—第 10 块塔板；6—第 11 块塔板；7—第 18 块塔板；8—第 19 块塔板；
9—第 32 块塔板；10—捕沫器；11—降液管；12—人孔

二、氮氧化物吸收塔设备的维护要点

为了营造安全的生产环境，保持好系统工况，需按要求对氮氧化物吸收塔和配套设备进行维护，要点如下。

(1) 坚持定点定时巡回检查，检查工艺温度、压力及流量等是否合乎要求。

(2) 发现异常现象，应立即查明原因，并及时上报，由有关部门及时处理。

(3) 保持设备和环境清洁，及时消除“跑、冒、滴、漏”现象。

(4) 检查设备各零部件是否完整、设备及管线密封是否良好、各仪表是否灵敏。

(5) 塔设备整体震动程度是否在允许范围内。

(6) 认真填写运行记录，对暂时不能消除的异常现象提出报告。

思考与练习

1. 氮氧化物吸收塔的作用是什么？其内部进行哪两个反应？
2. 冷却盘管的作用是什么？盘管的层数怎样分布？各通入什么冷却剂？
3. 在正常操作时，从下到上氮氧化物吸收塔的温度分布趋势如何？
4. 氮氧化物吸收塔的维护要点有哪些？

任务七 懂得稀硝酸生产系统操作

一、稀硝酸生产系统的操作要点

1. 开车

(1) 开车前的准备和检查

① 检查确认各设备、管线、阀门、仪表、电器和建筑物等处于正常状态，符合开车要求。

② 完成管线和设备清洗、吹除、置换，完成锅炉系统煮洗，并确认合格。

③ 通信、照明、消防、防毒和保护设施备用齐全，清除现场杂物，保持环境整洁。

④ 检查各运转设备是否完好、好用、润滑到位。

⑤ 各泵单体、联动试车合格，联锁试验合格。

⑥ 检查所有现场仪表处于备用状态，所有切断阀、排放阀和取样阀处于关闭状态。检查所有现场仪表阀门是否打开，将调节阀的手轮调到正确位置，使调节阀能发挥作用。

⑦ 配合中控调试所有调节阀，确保现场阀位和电脑显示开度一致。

⑧ 做好开车记录准备工作后，按正常开车程序开车。

(2) 开车

① 蒸汽系统建立。

② 废热锅炉接受软水。

③ 锅炉系统升温升压。

④ 循环水系统建立。

⑤ 冷冻循环水系统建立。

⑥ 冷冻机投运。

⑦ 压缩机组启动。

⑧ 吸收系统建立。

⑨ 氨-空气原料系统准备。

⑩ 氧化炉点火通氨-空气原料。

⑪ 通氨反应后，锅炉系统操作。

⑫ 酸系统操作。

2. 停车

(1) 计划停车

① 根据工艺要求，按正常步骤减量，切断氨、停压缩机和膨胀机。

② 使废热锅炉保温保压，吸收塔和漂白塔维持液位，停冷冻机。

(2) 紧急停车　紧急停车和计划停车方法相同，不同的是前者在较高的负荷下停止运行。紧急停车的类别如下。不同类别按相对应的计划停车方法进行。

① 停电作紧急停车处理。

② 压缩机间冷器断水、油压异常、测温点异常、机组震动等，按下停车按钮，作机组紧急停车处理。

③ 氧化炉超温、氨空比过高、氨气温度过低、压缩机停车等，按下停车按钮，作工艺紧急停车处理。

④ 压缩机防喘振阀开一次，导致空气流量过低，作工艺紧急停车处理。

⑤ 膨胀机入口阀突然关闭，导致系统超压，打开防喘振阀、放空阀，作工艺紧急停车处理。

⑥ 压缩机和膨胀机正常运转，其他系统出现重大情况，作工艺紧急停车处理。

⑦ 紧急停车时，压缩机联锁、膨胀机联锁和工艺联锁必须正常处于联锁状态。每个工艺保护联锁的动作，均通过关闭紧急事故切断阀，使氧化反应终止。

⑧ 做好停车记录，并记录好惰走时间，手动或电动盘车。

⑨ 除压缩机联锁故障自动停车外，只有在发生设备事故或人身伤亡事故时，才可按下紧急事故停车按钮，进行紧急停车，①～⑥情况按类别进行处理。

3. 正常操作

（1）氧化炉系统

① 经常检查调节状态和工艺参数变化，对比现场和中控各项工艺指标，现场配合中控操作。

② 保证气、氨供应正常，检查蒸发器、过滤器运行状况，定时排放蒸发器和过滤器。关注铂网的颜色和温度，判断是否正常，铂网出现闪烁现象，说明铂损失或氨过滤不彻底，需清洗过滤器。

③ 稳定炉况，避免大幅增减负荷，减少铂网机械损失。

④ 经常检查铂网是否有裂缝、脏物、漏洞、暗点和发白等异常现象，并作相应处理。

⑤ 系统增负荷时，先加空气后加氨；系统减负荷时，先减氨后减空气。

⑥ 控制好气、氨温度。

（2）锅炉系统

① 正常运行期间，应定期检查和保证蒸汽系统处于良好运行状态，注意锅炉汽包水位和锅炉给水泵的运行情况，保证锅炉不超压。

② 每小时检查一次汽包液位，每班进行一次排污，防堵塞和假液位，检查其指标是否正常。

③ 根据锅炉水分析情况，及时调整排污量和加化学药剂量，使水质 pH 在 8～13。

④ 每周交替开启成对泵，互为备用，以便备用泵有效处于备用状态，能随时启动。

⑤ 定时排铂回收器和尾气预热器导淋。

⑥ 控制好氧化炉冷却水，禁止外溢。

⑦ 控制好软水槽液位。

⑧ 接班前应按巡回路线检查一次。操作工随时检查主要控制点，其余各点按要求检查。

⑨ 按时按质巡检，发现问题及时处理或反映。按时填写记录。

（3）吸收系统

① 严格控制氮氧化物分离器液位和稀酸温度在指标范围内，严格控制氮氧化物中 NH_4^+ 含量，若偏高，作相应处理。

② 氮氧化物分离器中酸量过大，检查冷却器是否泄漏。

③ 每班分析相关塔板上酸液中 Cl^- 含量，若超标，做相应处理。

④ 根据氨氧化负荷，及时按要求调节吸收塔加水量，控制好酸浓度。

⑤ 经常检查成品酸质量。

⑥ 尾气中氮氧化物含量与压力的三次方成反比，维护吸收塔的较高压力，保证尾气浓度合格。

⑦ 环境温度升高时，应努力降低冷却水温度，以防尾气浓度超标。

⑧ 调节二次空气量，保证尾气中氧含量在3%～5%。

⑨ 注意吸收塔和漂白塔液位，经常对比现场和中控指示是否一致，不一致及时处理。注意酸泵的运行情况，异常及时处理。注意酸槽液位，勤排以防假液位。

⑩ 注意冷冻机的工作情况，各参数是否正常，异常及时处理。

⑪ 及时检查系统酸液泄漏，若泄漏及时回收。

⑫ 经常检查电机运行情况。

⑬ 接班前应按巡回路线检查一次。操作工随时检查主要控制点，其余各点按要求检查。

⑭ 按时按质巡检，发现问题及时处理或反映。按时填写记录。

(4) 压缩机和膨胀机系统

① 经常检查压缩机和膨胀机运转情况，检查各轴承温度、油温、油压，异常时报告处理。

② 注意风量和压力变化，遇问题及时处理。

③ 检查增速箱、膨胀机和电机运转情况是否正常，异常及时处理。

④ 保持冷冻水压低于油压。

⑤ 汽缸定时排污。定时更换空气过滤器，及时清洗过滤棉和布。

⑥ 经常检查电机运行情况。

⑦ 接班前应按巡回路线检查一次。操作工随时检查主要控制点，其余各点按要求检查。

⑧ 按时按质巡检，发现问题及时处理或反映。按时填写记录。

二、稀硝酸生产系统操作的异常现象及处理

稀硝酸生产系统操作中的主要异常现象、产生原因及处理方法见表3-1。

表3-1 氨氧化系统操作中异常现象、产生原因及处理方法

序号	异常现象	产生原因	处理方法
1	氨氧化率降低	①铂网发生暂时性或永久性中毒 ②铂网表面污迹、炭渣或铁屑太多太脏 ③铂网破裂或脱边，催化剂筐坏 ④锅炉盘管泄漏	①停车后清洗、活化铂网 ②更换空气过滤器；更换过滤器滤布，清洗铂网(停车后) ③检修铂网或换新的铂网，检修催化剂筐 ④停车检修锅炉系统
2	氧化炉温升高，铂网呈白炽色	①自动调节失灵 ②有液氨进入炉内 ③其他未明原因	①关小氨手动阀，处理 ②紧急停车处理，查明液氨进入原因 ③关小氨手动阀，若无效，则紧急停车处理
3	过热盘管泄漏	①过热段温度剧烈变化，盘管骤冷骤热 ②锅炉水质不好，盘管结垢严重，阻力不均，局部受热 ③经常处于低负荷运行，造成过热温度过高 ④制造质量缺陷	①严格控制过热器温度，特别是刚开车锅炉系统升温升压时，严格按升温升压曲线进行 ②停车处理结垢 ③负荷应控制在70%以上 ④停车检修

续表

序号	异常现象	产生原因	处理方法
4	成品酸浓度低	①塔顶加水量过多 ②吸收系统压力低 ③冷却水温度高或冷却水量小 ④铂网氧化率低 ⑤吸收塔塔盘故障	①减小塔顶加水量 ②提高吸收压力 ③调节冷却水量,降低氧化氮气体温度 ④清洗或再生铂网,更换铂网 ⑤检查修理塔盘
5	尾气中 NO_x 含量高,氧含量波动	①吸收塔冷却水量小或水温高 ②吸收塔加水量小 ③二次空气量小 ④吸收压力低 ⑤换热器效率低 ⑥氨转化反应器问题	①增加冷却水量,降低冷却水温 ②增加吸收塔塔顶加水量 ③增加二次空气量 ④提高吸收压力 ⑤停车后清洗换热器列管 ⑥检查进氨量,检查反应器的催化剂
6	成品酸中 NO_x 含量高	①二次空气量小或温度低 ②吸收塔排酸温度低 ③成品酸浓度、流量不稳定 ④漂白塔问题	①增加二次空气量,提高二次空气温度 ②调整冷却水量 ③控制酸浓度、流量稳定 ④停车后检修漂白塔塔盘

三、稀硝酸生产系统的安全操作事项

(1) 严禁在压力管道或容器上行走、攀登、敲击。

(2) 各机泵开车前必须符合设备、工艺生产的安全规定；新安装的管道、容器必须分段吹扫合格。

(3) 各种安全附件如安生阀、爆破片、信号、各种联锁、报警装置应齐全可靠；电机、风机、泵、罐和设备的静点接地良好，设备内和设备上无遗留工具及杂物。

(4) 各机泵开车前必须盘车，无异常现象，确认各关阀门开、关正确方可开车；并且严格执行定期检查、检测的规定。

(5) 在巡回检查中遇到下列情况之一或危及人身、设备安全时，有权先停车处理，后向班长报告。

① 发生火灾、爆炸、大量漏气、漏油、带水、带液、电流突然升高。

② 超温、超压、断水、缺油不能恢复正常。

③ 机械、电机运转有明显异常声音，有发生事故的可能。

④ 当易燃、易爆气体大量泄漏需紧急停车时，应立即通知电工在配电室切断电源。

(6) 严格执行设备润滑管理制度，正确执行“五定”“三级过滤”制度。代用油的闪点必须高于原来用油，并经设备主管部门批准方可使用代用油。

(7) 必须及时消除设备管道、阀门的“跑、冒、滴、漏”现象。保持静密封点泄漏率在0.5‰以下，动密封点泄漏率在2‰以下。

(8) 严格控制 NH_3 氧化开车点火升温与停车降温时的速率，一定要缓慢进行，就是在正常加减负荷时，也要慢慢调整，力求系统工艺平稳。

(9) 在机组开车前，在预定的时间内，将锅炉系统预热到操作压力和温度。

(10) 在系统接受和输送蒸汽时，应先将设备管线内冷凝液排除干净，严防“水击”现象发生。

(11) 如遇停电、晃电或仪表气源中断等情况，要果断采取停车措施。

(12) 开关阀门应缓慢进行，不要用力过猛，更不能用附加杠杆使劲开关，避免将阀门关坏。

(13) 酸泄漏于地坪时，应及时用大量水稀释，并用石灰中和，以避免腐蚀地基础。

(14) 空气过滤器和气氨过滤器的过滤材料每次设备检修时要进行清洗，每次大修时要进行更新。

(15) 各转动设备要定期加油或换油，并定期分析油质，一般控制每个月做一次润滑油质的分析。

思考与练习

1. 稀硝酸生产系统开车前的准备工作有哪些？
2. 了解稀硝酸生产系统开车的几大步骤。
3. 了解稀硝酸生产系统计划停车步骤。
4. 稀硝酸生产系统紧急停车操作中，哪些情况按工艺紧急停车处理？
5. 了解稀硝酸生产系统操作中，典型的异常现象、原因及处理办法。

任务八 了解稀硝酸生产综合回收、尾气处理和设备防腐

硝酸生产过程中，一方面反应产生大量热，尾气具有很大的压力能；另一方面，空气和氮氧化物需要压缩而耗能，为了降低能耗，需要回收这些反应热和压力能，并加以利用。铂属于贵金属，但在使用过程中，铂网会逐渐损失，需要予以回收。吸收尾气中含有一定量的氮氧化物，直接排放至大气会造成环境污染，需要进行处理。硝酸生产的原料氨和产品硝酸都具有腐蚀性，必须采取措施，降低腐蚀，延长设备使用寿命。

一、硝酸生产的尾气处理

硝酸生产过程中产生的尾气，简称硝酸尾气，其中的氮氧化物（NO_x）包括 NO、NO_2、N_2O_3、N_2O_4和 N_2O_5等，除 NO_2外，其他氮氧化物均极不稳定。N_2O_3、N_2O_4和 N_2O_5遇光、湿或热会立即变成 NO_2和 NO，而 NO 遇到尾气中的氧会变为 NO_2，所以，硝酸尾气中的氮氧化物主要为 NO 和 NO_2，并以 NO_2为主。氮氧化物对环境及人体有巨大的毒害作用。氮氧化物（NO_x）与空气中的水结合会生成硝酸和硝酸盐，形成酸雨；还可与汽车尾气形成有毒的光化学烟雾。为了减小危害，降低氮氧化物含量，必须对硝酸生产的尾气进行处理。

目前，硝酸尾气处理方法分为吸收法、吸附法和催化还原法三种。其中前两种方法可回收氮氧化物，第三种方法则不能，而是将氮氧化物还原成了 N_2。吸收法处理量大，适用于氮氧化物含量大的尾气的处理，但净化度低，不能将氮氧化物含量降到 0.02%以下，而吸附法与吸收法与之相反，净化度高，但处理能力小。

1. 吸收法

在硝酸尾气处理的吸收法中，首先将尾气氧化，使尾气中部分 NO 转变为 NO_2，然后

两次经过 Na_2CO_3 溶液吸收，最后达标排空。吸收液经浓缩、结晶可得到固体 $NaNO_2$ 和 $NaNO_3$。Na_2CO_3 溶液浓度一般控制在 200～250g/L。

2. 吸附法

在硝酸尾气处理的吸附法中，常以分子筛、硅胶、活性炭和离子交换树脂等作吸附剂，对尾气进行选择性吸附，达到减少或除去尾气中氮氧化物的目的。吸附剂吸附达到饱和时，利用热空气或蒸汽再生后，可重新使用。常用吸附剂中，活性炭的吸附能力最大，硅胶的吸附能力最小。

3. 催化还原法

催化还原法是在铂、钌和钯等的催化作用下，用氢气、氨气或烃将氮氧化物还原为氮气，达到减少或除去尾气中氮氧化物的目的。根据能否同时将氧除去，催化还原法分为选择性和非选择性两种，前者不能同时除去氧，而后者可以。

(1) 选择性催化还原法　该方法常用氨等作还原剂，在以铂为活性组分和三氧化二铝为载体的催化剂作用下，将 NO_2 还原成 N_2。

反应的温度为 200～300℃，催化床层温升小。实际操作时，在温度 220～260℃、氨过量 20%～50%、空速 150000h^{-1} 等条件下，通过该反应，可将尾气中的氮氧化物降至 0.02%以下。

(2) 非选择性催化还原法　该方法常用含甲烷、氢等成分的天然气、炼厂气、合成氨驰放气和焦炉气等作还原剂，在以钯为活性组分和三氧化二铝为载体的催化剂作用下，将 NO_2 还原成 N_2、O_2 还原成 H_2O。

NO_2的脱除分两步，第一步脱色，第二步脱除 NO，若还原剂量不足，则不能彻底脱除氮氧化物。

二、稀硝酸生产的能量综合回收利用

稀硝酸生产过程中，可回收的能量有氨氧化、一氧化氮氧化、氮氧化物吸收的反应热和高压尾气的压力能，而需耗能的是空气的压缩和氮氧化物的压缩。在生产中，广泛采用“硝酸四合一机组”，联合废热锅炉，回收反应热和压力能，来压缩空气和氮氧化物，富余的能量通过蒸汽承载外输。“硝酸四合一机组”是将蒸汽透平机、尾气透平机、空气压缩机和氮氧化物压缩机等四机串在一起形成的组合，其中，蒸汽透平机和尾气透平机作为驱动机，提供动力，而空气压缩机和氮氧化物压缩机作为工作机，接受动力。

“硝酸四合一机组”中“四机”的空间布置多样，“四机”可以同轴同速，也可以不同轴不同速，两个驱动机可在机组端部，也可以不在端部。图 3-10 是一种“硝酸四合一机组”布置示意图。

对于双加压法，在氨氧化炉中，反应后的高温氨氧化气温度约 860℃，经过设置在氧化炉内的蒸汽过热器和废热锅炉，回收反应热，产生约 4.0MPa 的中压过热蒸汽，进入机组，驱动蒸汽透平机。吸收塔顶尾气的压力约 0.9MPa，经过空气冷却器回收二次空气热量，再经过尾气预热器和高温气-气换热器，继续回收反应热，被加热至约 360℃，进入机组，驱动尾气膨胀机。空气经过滤器后，进入机组，在空气压缩机中被加压至约 0.45MPa（约 236℃），用作氨和一氧化氮的氧化剂。来自氮氧化物分离器，并混合了二次空气的氮氧化物进入机组，在氮氧化物压缩机中被压缩至 1.0MPa（约 194℃），回收热量后进漂白塔。“硝酸四合一机组”回收系统中的能量，输出机械功，用于压缩气体。

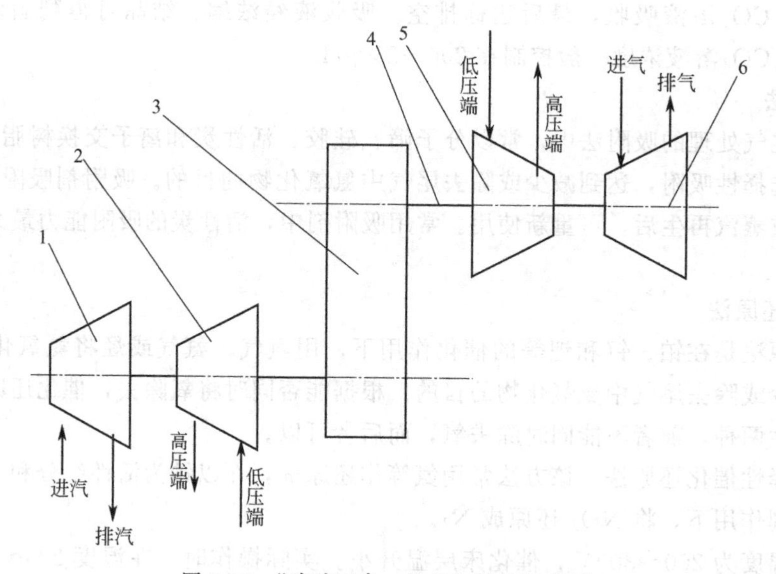

图 3-10 “硝酸四合一机组”结构示意图

1—蒸汽透平机；2—氮氧化物压缩机；3—变速机；4—轴；5—空气压缩机；6—尾气透平机

三、稀硝酸生产的催化剂铂回收

铂网在使用过程中，由于受到高温及气流冲刷，表面会发生物理变化，铂细粒脱落而被气流带走，造成铂网损失。影响铂网损失的因素较多，包括反应过程的工艺条件、铂网规格型号、使用时间及气流方向等。一般认为，当温度超过 900℃，铂损失会随温度升高而急剧增加；加压（0.8～0.9MPa）下使用时，铂网损失量是常压下的两倍；铂铑合金比纯铂损失少；反应混合气流自上而下通过铂网时，铂网振动小，铂网损失少；氨-空气混合物做原料时，铂网损失比氨-纯氧-水蒸气混合物时少。

铂网损失后，被气流带走的铂细粒大部分会沉积在废热锅炉气体入口管处，剩余小部分一部分沉积在硝酸贮槽底部，另一部分则被尾气带走。回收铂的方法目前主要有三种。

1. 机械过滤法

该法是将过滤介质置于铂网之后和废热锅炉气体入口之前，对氨氧化气进行过滤，回收铂细粒。使用的过滤介质一般是玻璃纤维布，或者氧化锆、三氧化二铝、硅胶、白云石和沸石的混合物压成的片层。

2. 捕集网法

该法是将与铂网直径相同的一张或数张钯-金网（含钯 80%，金 20%）作为捕集网，置于铂网之后，捕集被气流带走的铂细粒。原理是：在 750～850℃下，被气流带出的铂微粒通过捕集网时，钯被铂置换，铂进入钯-金网而被捕集。铂的回收率与捕集网数、氨氧化的操作压力和生产负荷有关。常压时，用一张捕集网可回收 60%～70%的铂，而加压氧化时，用两张网可回收 60%～70%的铂。

3. 大理石不锈钢筐法

将盛有直径 3～5mm 大理石颗粒的不锈钢筐置于铂网后，捕集氨氧化气流带走的铂细粒。原理是：大理石在 600℃分解成氧化钙，在 750～850℃下，氧化钙吸附铂细粒而使铂得以回收。

四、稀硝酸生产设备的防腐

硝酸生产中的原料氨和产品都具有腐蚀性，而高温高压条件又加剧了腐蚀性，极易造成设备腐蚀破坏，危害环境和人身健康。在硝酸生产中，选择合适的材质是减少设备腐蚀的重要措施之一。

1. 金属材料

硝酸生产中常用的金属材料有碳钢、铸铁、高硅铁、铝和铬镍钢等。

(1) 碳钢和铸铁　当浓度为30%时，硝酸对碳钢和铸铁的腐蚀速率最快；当浓度大于30%时，随着浓度增大，腐蚀速率逐渐降低；当增大到50%以上时，由于氧化性增强而使碳钢和铸铁表面钝化，腐蚀速率显著降低。

(2) 高硅铁　高硅铁在任何温度（直至硝酸沸点）下，对任何浓度硝酸都具有耐腐蚀性，因此高硅铁广泛用于制造漂白塔、泵等。

(3) 铝　由于铝表面有一层坚固致密的三氧化二铝保护膜，使之在某些介质中比较稳定。铝的纯度越高，则耐腐蚀性越强。铝在常温下，能耐浓度低于10%和高于65%的硝酸的腐蚀，但在沸腾时，浓硝酸对铝有腐蚀性。所以铝设备的使用温度一般不超过200℃。

(4) 铬镍钢　铬镍钢也称为18-8合金钢，是一种用途广泛的不锈钢，含镍8%～11%，铬17%～19%。当温度低于70℃时，铬镍钢对浓度小于95%的硝酸具有耐腐蚀性，是制造硝酸生产设备的主要金属材料。

2. 非金属材料

(1) 无机材料　硅酸盐材料包括辉绿岩铸石、玻璃、搪瓷和陶瓷等，其中二氧化硅含量越高，耐腐蚀性能越好。在硝酸生产中，硅酸盐材料一般用作金属设备的内衬材料，也可以直接用作管道和某些耐腐蚀设备材料。

(2) 有机材料　硬聚氯乙烯塑料是硝酸生产中使用较多的有机材料，相比较于无机材料，易于焊接和加工，对硝酸的耐腐蚀性好。在常温和低压下，硬聚氯乙烯强度高，故常代替金属材料，制作常温和低压设备或管道。

思考与练习

1. 硝酸尾气的氮氧化物包括哪些物质？尾气处理主要针对哪两种氮氧化物？
2. 处理硝酸尾气有哪几种方法？它们的区别是什么？
3. 稀硝酸生产中，可回收的能量有哪些？耗能的设备有哪些？
4. 简述“硝酸四合一机组”的构成及工作原理？
5. 铂网损失与哪些因素有关？回收铂有哪些方法？
6. 硝酸生产中可选的防腐材料有哪些？它们的使用条件分别是什么？

任务九
掌握硝酸镁法浓缩稀硝酸工艺知识

由于受到水吸收二氧化氮平衡的限制，氨的催化氧化法不能制得浓硝酸，只能制得稀硝酸（浓度低于70%）。在工业上，浓硝酸的生产方法有三种：间接法、直接法和超共沸酸精馏法。间接法是目前使用最广泛的方法，是在脱水剂存在下，通过浓缩稀硝酸而制得浓硝酸；直接法是以氨为原料直接合成浓硝酸；而超共沸酸精馏法是首先合成出浓度大于恒沸浓度（68.4%）的硝酸，然后进行精馏而制得浓度更大的浓硝酸。

按照使用的脱水剂不同，间接法又分为硝酸镁法和硫酸法。硝酸镁法和硫酸法原理相同，流程相近，两者以硝酸镁法最为常用。

一、硝酸镁法浓缩稀硝酸的基本原理

由于HNO_3和H_2O的二元混合物能形成恒沸物，所以直接浓缩稀硝酸得不到浓硝酸。当稀硝酸中加入脱水剂（硝酸镁或硫酸）时，形成三元混合物，打破了原来HNO_3和H_2O的二元恒沸物组成，浓缩该三元混合物可得到浓硝酸。

恒沸物，又称共沸物，是指在恒定压力下沸腾时，组成与沸点均保持不变的两组分或多组分的液体混合物，此时蒸气组成亦保持不变，且等于液体混合物的组成。表3-2是0.1MPa下HNO_3水溶液的沸点及气液相组成。

表3-2　0.1MPa下HNO_3水溶液的沸点及气液相组成

沸点/℃	HNO_3水溶液质量浓度/%		沸点/℃	HNO_3水溶液质量浓度/%	
	液相	气相		液相	气相
100.0	0	0	120.05	68.4	68.4
104.0	18.5	1.25	116.1	76.8	90.4
107.8	31.8	5.06	113.4	79.1	93.7
111.8	42.5	13.4	110.8	81.0	95.3
114.8	50.4	25.6	96.1	90.0	99.2
117.5	57.3	40.0	88.4	94.0	99.9
119.9	67.6	67.0	83.4	100.0	100.0

由表3-2可知，0.1MPa下硝酸水溶液形成的二元恒沸物HNO_3-H_2O组成为68.4%（HNO_3），恒沸点为120.05℃。当压力变化时，硝酸水溶液形成的二元恒沸物HNO_3-H_2O，其沸点升高，但组成基本不变，还约为68.4%（HNO_3）。因此，对稀硝酸进行浓缩时，不管怎样操作，不管选什么设备，极限情况只能得到浓度68.4%的硝酸，而得不到浓度更大的硝酸。

若向稀硝酸中加入难挥发的脱水剂，形成三元混合物，由于脱水剂与水的作用力大于HNO_3与水的作用力，改变了原二元混合物HNO_3-H_2O的气液平衡关系，阻止了二元恒沸物HNO_3-H_2O（68.4%HNO_3）的形成。当三元混合物汽化时，所得蒸气中HNO_3的浓度较原二元混合物HNO_3-H_2O汽化时所得蒸气中HNO_3的浓度大，而水的浓度却较小，这样，通过向稀硝酸中加入难挥发脱水剂，形成三元混合物（脱水剂-HNO_3-H_2O）然后进行精馏浓缩，最终可制得浓硝酸。

工业生产对脱水剂的要求是：能显著降低硝酸液面上水蒸气分压，而本身蒸气压极小；热稳定性好，不与硝酸发生反应，且易与硝酸分离；对设备腐蚀性小；价廉易得等。常用的脱水剂有硝酸镁和浓硫酸。采用硝酸镁作脱水剂时，浓缩稀硝酸制浓硝酸的方法称作硝酸镁法浓缩稀硝酸，简称硝酸镁法；而采用浓硫酸作脱水剂时，制浓硝酸的方法称作硫酸法浓缩稀硝酸，简称硫酸法。二者以硝酸镁法最常见。

二、硝酸镁法浓缩稀硝酸工艺条件的选择

硝酸镁极易吸水而生成多种水合物，如 $Mg(NO_3)_2 \cdot H_2O$、$Mg(NO_3)_2 \cdot 2H_2O$、$Mg(NO_3)_2 \cdot 3H_2O$、$Mg(NO_3)_2 \cdot 6H_2O$、$Mg(NO_3)_2 \cdot 9H_2O$ 等，而且各种水合物间可相互转化。硝酸镁水溶液极易结晶，且结晶温度与浓度有关，一般浓度越高，越易结晶。硝酸镁水溶液的黏度随温度和浓度变化，一般温度越低、浓度越大，则黏度越大。当浓度大于75%时，黏度随浓度的增加而剧增。在常压和不同真空度下，硝酸镁水溶液的沸点随浓度的增大而升高。

硝酸镁法的原理是：首先向原料稀硝酸中加入 $Mg(NO_3)_2$ 溶液，形成三元混合物 HNO_3-$Mg(NO_3)_2$-H_2O，然后在常压或负压下精馏浓缩得到浓硝酸。影响硝酸镁法生产过程的工艺因素有：硝酸镁溶液的浓度、配料比和精馏温度等。

当稀硝酸浓度一定，精馏条件不变时，硝酸镁溶液浓度越高，则产品浓硝酸浓度越高，操作也越易控制。但硝酸镁溶液浓度越高，黏度越大、沸点越高，能量消耗增加。综合各种影响，一般硝酸镁溶液浓度取 72%～74%。

配料比指硝酸镁溶液与稀硝酸的质量比。配料比越大，产品浓硝酸浓度增大，但配料比过大，使精馏塔釜液黏度增大，沸点升高，分离困难。一般取配料比为 4～6。

精馏塔内温度从塔底到塔顶，逐渐降低，精馏温度一般指灵敏板温度。精馏温度越高，产品量越大，但浓度降低，且能耗和冷却水耗量增大。一般地，精馏温度约为 85℃。

三、硝酸镁法浓缩稀硝酸的工艺流程

图 3-11 是硝酸镁法浓缩稀硝酸的工艺流程。

72%～76%的浓硝酸镁和 60%的稀硝酸由各自高位槽，经计量后按配料比(4～6)∶1 的比例流进混合分配器，混合均匀，形成三元液体混合物 HNO_3-$Mg(NO_3)_2$-H_2O。该混合物从中部进入硝酸浓缩塔，在负压下进行精馏，塔顶流出的含 HNO_3 98%以上的硝酸蒸气，进入填料式漂白塔底部。漂白塔内上升的热硝酸蒸气与下降的冷硝酸液体逆向接触，并进行传热和传质，冷硝酸液体中所溶解氮氧化物 NO_x 被解吸出来，从底部出漂白塔，进入成冷器，被循环水冷却至常温后，泵入成品酸中间槽。在漂白塔内，热硝酸蒸气温度降低，携带着漂白出的 NO_x 一起从顶部出来，被抽吸进入浓硝酸冷凝器，硝酸蒸气冷凝成浓硝酸和不凝气，经气液分离器分离，不凝气进尾气真空系统，而浓硝酸进分配酸封，被分为两部分，2/3 浓硝酸经回流酸封后回流进硝酸浓缩塔顶部，而其余 1/3 浓硝酸经漂白酸封，从顶部进入漂白塔，解析出所溶解氮氧化物 NO_x。

硝酸浓缩塔塔底流出的稀硝酸镁溶液，进入硝酸镁加热器，经蒸汽间接加热后沸腾成气液混合物，气相即二次蒸汽，从底部返回进塔内，向上流动，与中部加入的三元原料混合物和塔顶回流的浓硝酸逆向接触，传质、传热，在负压下进行 HNO_3-$Mg(NO_3)_2$-H_2O 三元液体混合物的精馏浓缩。未汽化的稀硝酸镁溶液从硝酸镁加热器自流进入用低压蒸汽保温加热的稀硝酸镁贮槽。接近沸腾状态的稀硝酸镁用泵打入硝酸镁蒸发器，在负压下，用蒸汽间接加热蒸发，浓缩后所得的 72%～76%浓硝酸镁溶液自流进入用低压蒸汽保温的浓硝酸镁贮槽，然后泵入浓硝酸镁高位槽。蒸发器内汽化得到的水蒸气和硝酸镁解吸出的 NO_x 等混合物从顶部被抽出，进入间接冷凝器，被冷却水冷却，部分冷凝成液体，去镁尾水槽回收利用，而未凝气体进喷射真空系统。

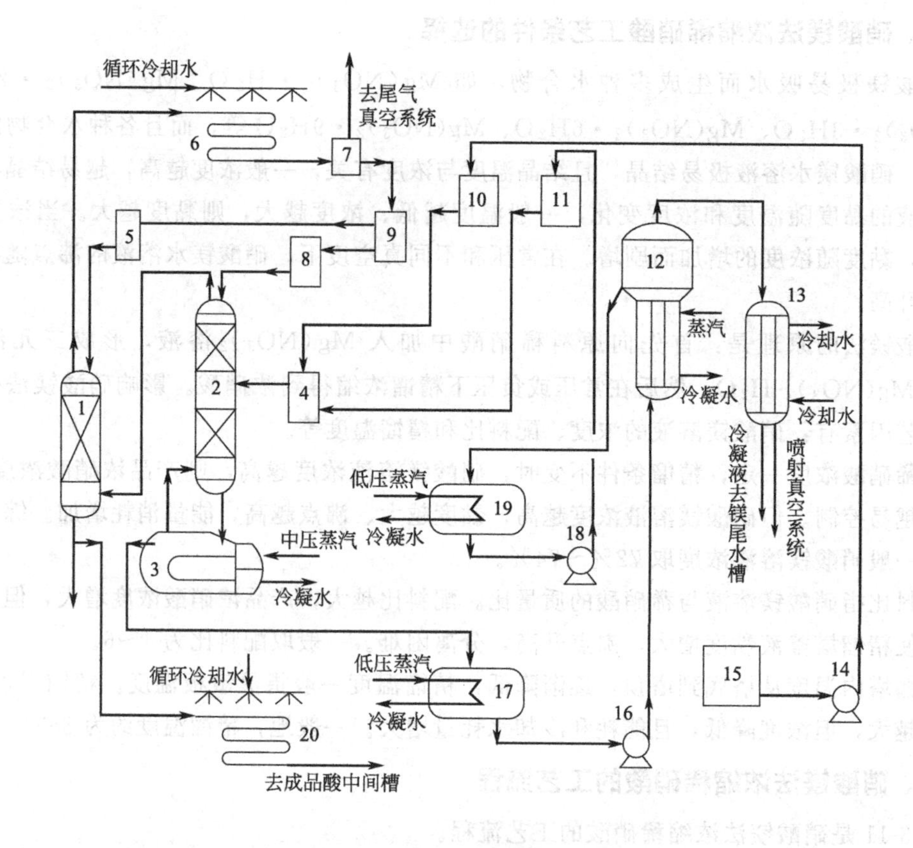

图 3-11　硝酸镁法浓缩稀硝酸工艺流程图

1—漂白塔；2—硝酸浓缩塔；3—硝酸镁加热器；4—混合分配器；5—漂白酸封；6—浓硝酸冷凝器；7—气液分离器；8—回流酸封；9—分配酸封；10—稀硝酸高位槽；11—浓硝酸镁高位槽；12—硝酸镁蒸发器；13—间接冷凝器；14—稀硝酸泵；15—稀硝酸贮槽；16—稀硝酸镁泵；17—稀硝酸镁贮槽；18—浓硝酸镁泵；19—浓硝酸镁贮槽；20—成品浓硝酸水冷器（成冷器）

思考与练习

1. 工业上浓硝酸的生产方法有哪几种？
2. 稀硝酸浓缩的原理是什么？
3. 工业生产对脱水剂的要求有哪些？
4. 影响硝酸镁法浓缩稀硝酸的主要工艺因素有哪些？
5. 简述硝酸镁法浓缩稀硝酸的工艺流程。

任务十
熟悉硝酸镁法浓缩稀硝酸主要设备

硝酸镁法浓缩稀硝酸的主要设备有硝酸浓缩塔、硝酸镁蒸发器。

一、硝酸浓缩塔

硝酸浓缩塔是用来对 HNO_3-$Mg(NO_3)_2$-H_2O 三元液体混合物进行精馏，得到馏出液浓硝酸和塔釜液稀硝酸镁溶液的设备。

1. 硝酸浓缩塔的结构特点

硝酸浓缩塔为一填料式精馏塔，塔体材料一般为耐蚀球墨铸铁，分为上下两段。塔体由塔节和上、下封头及底座组成，塔节之间用法兰连接。上封头设有硝酸蒸气出口和回流酸进口，塔中部有三元混合物进口，塔底部有稀硝酸镁出口和二次蒸汽进口。塔内共有三段填料，其中精馏段有一段，提馏段有两段。填料是形状为矩鞍环填料和拉西环的陶瓷或玻璃散堆填料，或者陶瓷规整填料。塔顶有盘式（草帽式）的回流酸分布器，塔中部有三元混合物料的槽式分布器。为使塔内液体分布均匀，在提馏段中部加设集液器，并加装再分布器。

2. 硝酸浓缩塔的维护要点

为了维持硝酸浓缩塔正常工况，延长使用寿命，需要进行日常维护。硝酸浓缩塔实为一个填料精馏塔，其日常维护要点与一般塔设备一致。

(1) 坚持定点定时巡回检查，检查工艺温度、压力及流量等是否合乎要求。

(2) 发现异常现象，应立即查明原因，并及时上报，由有关部门及时处理。

(3) 保持设备和环境清洁，及时消除“跑、冒、滴、漏”现象。

(4) 检查设备各零部件是否完整、设备及管线密封是否良好、仪表是否灵敏。

(5) 塔设备整体震动程度是否在允许范围内。

(6) 认真填写运行记录，对暂时不能消除的异常现象提出报告。

二、硝酸镁蒸发器

硝酸镁蒸发器用来对稀硝酸镁溶液进行加热蒸发、浓缩，得到浓硝酸镁溶液。

1. 硝酸镁蒸发器的结构特点

硝酸镁溶液蒸发器采用列管式升膜蒸发器，由上部的分离室和下部的加热室构成。加热室即一直立列管式换热器，管间通加热蒸汽，稀硝酸镁溶液经预热达到沸点或接近沸点后，由加热室底部引入管内，被高速上升的二次蒸汽带动，沿壁面一边呈膜状流动、一边进行蒸发，上升到加热室顶部进入分离室。在分离室，气液进行分离，浓的硝酸镁溶液由分离器底部排出，蒸发产生的二次蒸汽和解吸出的酸性气体混合物从加热室顶部被抽出。

由于硝酸镁溶液及蒸发产物呈微酸性，所以与硝酸溶液接触的蒸发列管、管板和上下封等零部件的材质应耐腐蚀，一般选 0Cr18Ni9。

2. 硝酸镁蒸发器的维护要点

为了维持硝酸镁蒸发器正常工况，延长使用寿命，需要进行日常维护。

(1) 定期洗效：对蒸发器的维护通常采用“洗效”（又称洗炉）的方法，即清洗蒸发装置内的污垢。洗效方法分大洗和小洗两种。

① 大洗　首先降低进汽量，将效内料液出尽，然后将冷凝水加至规定液面，并提高蒸汽压力，使水沸腾以溶解效内污垢，开启循环泵冲洗管道，当达到洗涤要求时，降低蒸汽压力，再排洗效水。若结垢严重，可进行两次洗涤。

② 小洗　一般蒸发器的加热部件上方易结垢，在未整体结垢前可定时水洗，以清除加热室局部垢层，从而恢复正常蒸发强度。方法是降低蒸汽量之后，将加热室及循环管内料液出尽，然后循环管内进水达到一定液位时，再提高蒸汽压，并恢复正常生产，让洗效水在效

内循环洗涤。

(2) 经常观察各泵的运行电流及工况。

(3) 蒸发器周围环境要保持清洁无杂物，设备外部的保温保护层要完好，及时消除“跑、冒、滴、漏”现象，及时进行维护，以减少热损失。

(4) 严格执行大、中、小修计划，定期进行拆卸检查修理，并做好记录。

(5) 蒸发器的测量及安全附件、温度计、压力表、真空表等都必须定期校验，要求准确可靠、确保蒸发器的正确操作控制及安全运行。

(6) 认真填写运行记录，对暂时不能消除的异常现象提出报告。

思考与练习

1. 硝酸浓缩塔的作用是什么？其结构有什么特点？
2. 硝酸浓缩塔的日常维护要点有哪些？
3. 硝酸镁蒸发器的作用是什么？其结构有什么特点？
4. 硝酸镁蒸发器的日常维护要点有哪些？

任务十一 懂得硝酸镁法浓缩稀硝酸系统操作

硝酸镁法浓缩稀硝酸过程由 HNO_3-$Mg(NO_3)_2$-H_2O 三元液体混合物的精馏浓缩和硝酸镁溶液的蒸发浓缩两大部分组成，对应的操作岗位分别是提浓岗位和硝酸镁岗位，两者操作相互联系。

一、硝酸镁法浓缩稀硝酸系统的操作要点

1. 开车

(1) 开车前的准备与检查

① 岗位清理整洁，准备好开车用具和安全防护用具。

② 检查确保各设备、管线、管件、阀门、仪表、电器和建筑物等一切处于完好状态，该抽掉的盲板已抽掉。

③ 检查确保所有仪表齐全，调节灵敏、好用。

④ 联系蒸汽岗位到位，对蒸汽主管道进行保温预热。

⑤ 联系硝酸镁岗位做好开车准备工作。

⑥ 做好开车记录准备，通知化验室做好分析准备。

(2) 开车

① 塔系统的热水升温。

② 塔系统的蒸汽升温。

③ 硝酸镁溶液的循环浓缩。

④ 投酸。

⑤ 转成品。

2. 停车

(1) 正常停车

① 联系各部门做好停车配合工作。

② 加水脱硝。

③ 硝酸镁系统停止循环。

(2) 紧急停车

① 冷却水、电或蒸汽突然中断，设备有重大泄漏及其他因素而无法维持正常生产时，应作紧急停车处理。

② 遇到需紧急停车情况后，一般处理方法为：一次减完浓缩塔稀硝酸进料，加适量工艺水，关回流阀，并打开导稀硝酸阀。

③ 若突然停冷却水，应立即停止加酸，关闭回流阀，停尾气真空系统。关闭浓硝酸镁高位槽出口阀，关闭冷却水上水阀，停硝酸镁加热器蒸汽。

④ 若突然停电，应立即停止加酸，若能快速送电，送电后应立即建立硝酸镁系统循环，若不能快速送电，则按一般紧急停车处理，放净浓硝酸镁高位槽溶液，用蒸汽吹扫硝酸镁管线及有关设备。

3. 正常操作

(1) 调节控制硝酸镁溶液和稀硝酸的加入量，保证合适的配料比。经常检查蒸发器、稀硝酸和浓硝酸镁高位槽上料情况，保持液面稳定。

(2) 经常检查各点温度、压力、流量，根据成品酸浓度、硝酸镁溶液浓度和含硝酸量，及时调节浓缩塔参数。

(3) 经常检查冷却水量和水压、蒸汽压力、系统负压等，及时调节。

(4) 认真检查所属设备、管线、阀门和法兰，若有“跑、冒、滴、漏”等现象，及时处理与检修。

(5) 严格操作，确保各工艺参数正常。

(6) 按时认真做好操作记录，保持环境卫生。

二、硝酸镁法浓缩稀硝酸系统操作的异常现象及处理

硝酸镁法浓缩稀硝酸操作中的主要异常现象、产生原因及处理方法见表 3-3。

表 3-3 硝酸镁法浓缩稀硝酸操作中的主要异常现象、产生原因及处理方法

序号	异常现象	产生原因	处理方法
1	浓缩塔负压波动大或突然变小	①尾气真空系统故障 ②气液分离器液面淹没气体出口 ③循环水压低、水量小 ④浓硝酸冷凝器断水 ⑤稀硝酸加量过大 ⑥回流量太大 ⑦循环水温高 ⑧加热器加热蒸汽量大 ⑨加热器加热管或花板泄漏、冷凝排管爆裂或连接法兰泄漏 ⑩塔及负压系统泄漏	①检修或更换水喷射泵 ②将存酸排出 ③联系提水压和水量 ④查明原因处理 ⑤适当减小稀硝酸量 ⑥适当减小回流量 ⑦联系降低循环水温 ⑧在保证稀硝酸镁含硝酸合格的情况下，适当降低加热蒸汽压力 ⑨停车处理 ⑩减负荷，查漏、堵漏

续表

序号	异常现象	产生原因	处理方法
2	成品酸浓度低或不合格	①配料比小 ②浓硝酸镁浓度低 ③稀硝酸浓度低 ④加热器加热蒸汽量大 ⑤浓缩塔塔顶温度高 ⑥回流量小 ⑦冷凝排管爆裂或连接法兰泄漏 ⑧加热器加热管或花板泄漏、分散盘分散效果不好 ⑨塔本身故障	①加大浓硝酸镁量 ②提高浓硝酸镁浓度 ③联系提高稀硝酸浓度 ④保证稀硝酸合格的情况下，降低加热器加热蒸汽压力 ⑤调节配料比、回流酸量或加热蒸汽压力 ⑥适当加大回流酸量 ⑦停车处理 ⑧停车处理 ⑨减负荷，查漏、堵漏
3	浓缩塔精馏段顶部和提馏段顶部温度波动大	①浓硝酸镁的量波动大 ②稀硝酸浓度变化大 ③回流酸量波动大 ④塔负压波动大 ⑤加热蒸汽压力波动大	①检查调节硝酸镁系统 ②联系调整稀硝酸浓度 ③精心调节回流酸量 ④联系稳定塔负压 ⑤稳定蒸汽压力
4	浓硝酸镁浓度低	①蒸发器真空度低 ②蒸发器蒸汽压力低或溶液温度低 ③蒸发器稀硝酸镁加料量大或浓度低 ④蒸发器加热列管或花板泄漏 ⑤不凝气或蒸汽冷凝液未排出	①提高真空度 ②提高加热器蒸汽压力 ③减小稀硝酸镁加入量，加大加热器蒸汽压力 ④停车检修 ⑤及时排放不凝气或蒸汽冷凝液

三、硝酸镁法浓缩稀硝酸系统的安全操作事项

(1) 上班期间，穿戴好防护用品，岗位准备好碱面。如遇毒气泄漏，应戴好防毒面具，并及时检查原因，予以处理。

(2) 当身体被浓硝酸烧伤，应立即用大量水冲洗，并尽快用纯碱擦洗烧伤处，搓去焦痂出现红肉为止，然后就医。

(3) 严禁木材、纸、草绳等有机物接触浓硝酸。

(4) 禁止大力敲击矽铁、辉绿石板，禁止加热升温过快；禁止用重物敲击耐酸瓷砖地面。

(5) 对大量浓硝酸镁液禁用水冲，以防飞溅伤人。

(6) 冬季停车要将管线和设备内存水放净，以免冻坏设备和管线。

(7) 严禁有机物混入硝酸镁溶液。

(8) 设备交付检验前，应隔断酸、蒸汽、毒物和可燃性气体，压力设备一定泄完压。

(9) 动火前应办理动火证。

(10) 压力容器和膨胀器的安全阀、压力表和液位计应齐全、灵敏和可靠。

思考与练习

1. 硝酸镁法浓缩稀硝酸系统开车前的准备工作有哪些？
2. 了解硝酸镁法浓缩稀硝酸系统开车步骤。
3. 了解硝酸镁法浓缩稀硝酸系统正常停车步骤。
4. 了解硝酸镁法浓缩稀硝酸系统操作中，典型的异常现象、原因及处理办法。

任务十二 了解直接法和超共沸酸精馏法生产浓硝酸

浓硝酸的生产，除了最常用的间接法外，还有直接法和超共沸酸精馏法。

一、直接法生产浓硝酸

直接法即直接合成浓硝酸法的简称。直接法是利用液态 N_2O_4 与 O_2 和 H_2O 直接合成浓硝酸，其总反应如下。

$$2N_2O_4(l)+O_2(g)+2H_2O(l) \rightleftharpoons 4HNO_3(l)$$
$$\Delta_r H_m^{\ominus}(298K)=-78.90kJ/mol \quad (3\text{-}23)$$

工业上制取液态 N_2O_4 的原料可用氨和空气的混合物，也可用氨、氧和水蒸气的混合物，由于后者需要空分装置，投资大，所以直接法多数以前者为原料。

以氨和空气的混合物为原料的直接法生产浓硝酸的步骤包括氨的催化氧化、氮氧化物气体的冷却和过量水分的除去、NO 的氧化、液态 N_2O_4 的制备和浓硝酸的合成五个过程。

1. 氨的催化氧化

这一过程的原理与方法与稀硝酸生产中的“氨的催化氧化”相同，结果得到含 NO 的混合气体，称为氮氧化物气体或氧化气。

2. 氮氧化物气体的冷却和过量水分的除去

由于氨的氧化生成水蒸气，水蒸气冷凝后会吸收 NO 深度氧化后的产物 NO_2 而生成稀 HNO_3，不利于浓硝酸的生产，故要快速除去。方法是将氮氧化物经过快速冷却器冷却，水蒸气快速冷凝，并快速与氮氧化物气体分离，使冷凝水尽量少吸收氮氧化物。

3. 一氧化氮的氧化

这一过程的原理与方法与稀硝酸生产中的“一氧化氮的氧化”相似，结果得到含 NO_2 的混合气体。分两步进行，首先是大部分 NO 和空气进行干法氧化，未被氧化的 NO 和浓硝酸进行湿法氧化。NO 与浓硝酸的湿法氧化反应如下。

$$2HNO_3(l)+NO(g) = 3NO_2(g)+H_2O(l) \quad (3\text{-}24)$$

4. 液态四氧化二氮的制备

该过程又分为浓硝酸吸收二氧化氮、发烟硝酸解吸和液态四氧化二氮的制备三个步骤。

(1) 浓硝酸吸收二氧化氮　在低温下，二氧化氮在硝酸中有较大的溶解度，且温度降低和压力升高，溶解度增大。在 0℃和 0.7MPa 压力下，98%的浓硝酸吸收 NO_2 可得到含游离 NO_2 达 32%～36%的发烟硝酸，尾气含 NO_2 0.1%～0.2%，再经处理即可放空。

(2) 发烟硝酸解吸　二氧化氮在硝酸中的溶解度随着温度的升高和压力的降低而减小。将发烟硝酸加热到沸腾时，溶解的 NO_2 会解吸。发烟硝酸的沸点随着溶解的 NO_2 量的增加而降低。

(3) 二氧化氮冷凝成液态四氧化二氮　在低温下，二氧化氮分子会叠合生成四氧化二氮。常压下，二氧化氮沸点为22.4℃，而四氧化二氮的冷凝温度为21.2℃。先后用冷却水和冷冻盐水将解吸出的二氧化氮冷却、冷凝，得到液态四氧化二氮。

5. 合成浓硝酸

液态四氧化二氮和氧、水反应，生成浓硝酸。该反应为可逆的放热的气液相反应。一般增大压力、控制一定温度，采用过量的四氧化二氮及高纯氧，并进行充分搅拌，有利于浓硝酸的生成。

二、超共沸酸精馏法生产浓硝酸

该方法包括氨的氧化、超共沸酸（含 HNO_3 大于68.4%）的制备和精馏三个部分。氨与空气在常压下进行氧化，生成氮氧化物气体，该气体被快速冷却，分离掉冷凝水。氮氧化物气体经氧化塔与60%稀硝酸进行湿法氧化生成 NO_2，反应见式(3-24)。氧化后的氮氧化物加入二次空气解吸气，并加压，进行两次吸收。第一吸收塔用共沸硝酸作吸收剂，制得含80% HNO_3 的超共沸硝酸，第二吸收塔用水作吸收剂，得到稀硝酸。氮氧化物经两次吸收后，所得尾气经预热和回收能量后放空。吸收所得的超共沸硝酸和稀硝酸，由于溶解有二氧化氮，进入各自的解吸塔，用二次空气解吸，塔顶得到二次空气解吸气。解吸后的稀硝酸可作为产品，而解吸后的超共沸硝酸进入精馏塔进行精馏，塔顶得到浓度大于80%的浓硝酸产品，塔底得到近似共沸硝酸，循环使用。

相较于间接法和直接法浓硝酸的生产方法，超共沸酸精馏法有下列优点。

① 以氨和空气为原料生产浓硝酸，氨在常压下氧化，产生的尾气中氮氧化物含量低于0.02%，在三种浓硝酸生产方法中最低。

② 不需要纯氧、冷冻和脱水剂，可同时得到任意浓度的浓硝酸和稀硝酸，两种酸量的产量可任意调节。

③ 投资低、公用工程费用低，总体成本低。

思考与练习

1. 了解直接法浓硝酸生产的步骤和原理。
2. 了解超共沸酸精馏法浓硝酸生产的步骤和原理。
3. 相较于间接法和直接法浓硝酸的生产方法，超共沸酸精馏法有哪些优点？

项目四

硝酸铵的生产

任务一 了解硝酸铵产品

一、硝酸铵的性质

硝酸铵，简称硝铵，化学式 NH_4NO_3，相对分子质量 80.04。硝铵是一种高效氮素固体化肥，外观为无色无臭的透明结晶粉末或白色的小颗粒，见图 4-1。

图 4-1　硝酸铵颗粒

硝酸铵易溶于水、液氨、甲醇、乙醇、丙酮，但不溶于乙醚等醚类。硝酸铵在水中的溶解度随温度的升高而急剧增加，且硝酸铵溶于水时吸收大量热量。

硝酸铵的五种晶型，物理参数见表 4-1。

表 4-1　硝酸铵晶体的物理参数

晶型代号	晶体形态	稳定存在的温度范围/℃	密度/(g/cm³)	转变热/(J/g)
Ⅰ	立方晶体	169.6～125.2	1.69	70.13
Ⅱ	菱形晶体	125.2～84.2	1.69	51.25
Ⅲ	单斜晶体	84.2～32.3	1.66	17.46
Ⅳ	正交晶体	32.3～−16.9	1.726	20.89
Ⅴ	四方晶体	−16.9 以下	1.725	6.70

硝酸铵还具有吸湿性、易结块和爆炸性。长期的使用实践证明，纯的硝酸铵对于震动、冲击和摩擦都是不敏感的，也没有自燃的性质，因此生产和使用硝酸铵实际上是安全的，如果严格遵守操作条件，通常不会有失火和爆炸的危险。一旦发生火灾，用水灭火最为合理和有效。因为水分不仅降低温度，而且还使硝酸铵溶解。为了保证安全，在硝酸铵中可加入尿

素等稳定剂，降低其热分解和爆炸的危险性。

硝酸铵中氮元素以硝态氮（NO_3^-）和铵态氮（NH_4^+）两种形式存在，能与氢氧化钠、氢氧化钙、氢氧化钾等碱反应生成氨气，氨气具有刺激性气味。

二、硝酸铵的用途

硝酸铵用途广泛。在农业上，硝酸铵是一种水溶性速效肥料，纯硝酸铵含氮量35%，仅次于尿素的含氮量，而且硝酸铵发挥对作物的有效作用比尿素或硫铵更快。它适用于各种性质的土壤，可作为农作物的基肥和追肥，对于麦类、稻谷、玉米、棉花等都有明显的增产效果。硝酸铵应用造粒技术制成粒状以后，其物理性能，尤其是吸湿性有明显改善，施用更为方便。

在工业领域上，硝酸铵是一种"安全炸药"，主要用作民爆器材的原料，广泛地应用于矿山开采、道路建筑、移山造田作业；少量用作氧化氮吸收剂、色谱分析试剂、烟火、杀虫剂、冷冻剂、无碱玻璃等的原料。民爆器材领域消耗的硝酸铵约占总消费量的64%。在国防上硝酸铵炸药亦得到广泛应用，常与TNT混合使用，还研究成功作为加固建筑物地基的一种新型添加剂。在医药上，硝酸铵被用于制造一氧化二氮，俗称笑气，可作药用麻醉剂。

三、硝酸铵的健康危害及防护

硝酸铵对呼吸道、眼及皮肤有刺激性。接触后可引起恶心、呕吐、头痛、虚弱、无力和虚脱等。大量接触可引起高铁血红蛋白血症，影响血液的携氧能力，出现紫绀、头痛、头晕、虚脱症状，甚至死亡。口服可引起剧烈腹痛、呕吐、血便、休克、全身抽搐、昏迷，甚至死亡。

硝酸铵的急救措施：若与皮肤接触，应脱去污染的衣着，用大量流动清水冲洗皮肤。若与眼睛接触，应提起眼睑，用流动清水或生理盐水冲洗并就医。若吸入，应迅速脱离现场至空气新鲜处，保持呼吸道通畅。如呼吸困难，需输氧；如呼吸停止，应立即进行人工呼吸并就医。若误食入，应立刻用水漱口，饮牛奶或蛋清并就医。

硝酸铵的消防措施：由于硝酸铵是强氧化剂。遇可燃物着火时，能助长火势。与可燃物粉末混合能发生激烈反应而爆炸。急剧加热时可发生爆炸。与还原剂、有机物、易燃物如硫、磷或金属粉末等混合可形成爆炸性混合物。其有害燃烧产物是氮氧化物。

四、硝酸铵的生产原料和生产方法

生产硝酸铵的原料主要有氨和硝酸。生产方法分为转化法和中和法两种，而以中和法较为常见。中和法硝酸铵的生产因产品用途不同，工艺稍有差异，但一般都包括下列几个主要工序：添加剂溶液的制备、制取硝酸铵稀溶液、硝酸铵稀溶液的蒸发、硝酸铵熔融液的结晶造粒和成品的冷却、包装和运输等。

思考与练习

1. 熟悉硝酸铵的基本性质。
2. 硝酸铵有哪些用途？
3. 若某人不慎将硝酸铵滴入眼睛，应怎样安全处理？
4. 硝酸铵生产的主要工序有哪些？

任务二
掌握硝酸和氨中和工艺知识

一、硝酸和氨的中和反应

NH_3 与 HNO_3 的中和反应是一个不可逆反应，其反应速率很快，同时放出大量的热，其总反应式为：

$$NH_3 + HNO_3 \longrightarrow NH_4NO_3 + Q$$

生产中如果以气氨为原料，由于氨是气态的，而气相中和反应是很不完全的，会导致大量的氮损失，为使反应进行得完全以减少氮损失，氨与硝酸的中和反应要在液相中进行，其反应分为两步，第一步，气氨溶解于稀硝酸所带入的水中，生成氨水，这一步生成氨水的反应，化学反应速率受扩散和化学反应两个过程的控制；第二步，氨水与硝酸进行中和反应。反应放出热量与所用硝酸的浓度，以及原料温度有关，浓度和温度越高，放出的热量就越多，其放出热量应为生成热减去纯硝酸的稀释热和固态硝铵的溶解热。

从理论上讲，中和反应放出的热量足以保证反应后得到近乎干燥的硝酸铵产品，不需外加热量蒸发，但是在硝酸铵生产初期，是不利用中和反应热的，甚至还会利用冷却水将反应热移走，这是由于硝酸的沸点远低于所生成的硝酸铵溶液的沸点，反应区域温度升高会造成硝酸分解，而使中和过程中氮损失严重。但现在使用的中和设备都是利用反应热的，即在中和器内利用中和反应热加热硝酸铵溶液，使其蒸发掉一部分水分，以便制得浓度较高的硝酸铵溶液。在利用中和热的条件下，热损失按3%计，可得到硝酸铵的浓溶液甚至熔融液而不需外加热量，因此硝酸铵的生产流程可以分为两种：一种是先制取硝酸铵稀溶液，然后再蒸发的多段流程；另一种是直接制取熔融液的一段流程或无蒸发流程。

二、硝酸和氨中和工艺条件的选择

中和过程氮会损失，其原因在于 HNO_3 分解和 NH_3 的挥发，高温、高压、HNO_3 含量高，氨气纯度低，惰性气体含量多，中和器设计不当等因素都会加剧氮的损失。

1. 温度

(1) 入中和器的气氨温度　气氨温度越高，中和反应相应增加，生成的硝酸铵溶液浓度也就越高，而且气氨的温度高也能防止液氨进入中和器。如果温度太低，管道内一部分气氨就会凝结成液氨，液氨进入中和器后，体积迅速膨胀，反应时产生的热量也急剧增加，这就会造成中和器内剧烈超压，有损于设备，同时还导致氨的损失增加，操作也很难稳定，因此，氨气中不允许夹带液氨。中和过程要求氨气纯度在99.8%以上，不含有油类等杂质，因油能促进硝酸分解。

(2) 入中和器的硝酸温度　进入中和器的硝酸温度越高，越有利于中和反应生成硝酸铵。但是硝酸有腐蚀性，温度越高对不锈钢的腐蚀性越强，浓度为43%～53%的硝酸在70℃时腐蚀较严重，因此进入中和器的硝酸温度选择在30～50℃。

(3) 中和器内的溶液温度　硝酸浓度不同，中和工艺不同，中和器内的溶液温度也就不同。硝酸铵溶液在0.2kPa下的沸点为120℃。为防止硝酸在反应区内沸腾，逸出硝酸蒸气，而造成浪费，中和器内的溶液温度最高不能超过130℃（因浓度而异）。

2. 压力

常压中和工艺，需要考虑入中和器的氨气压力、入中和器硝酸的静压、中和蒸发蒸汽的压力等因素，氨气进入中和器后，通过氨喷头均匀地与硝酸喷头喷出的硝酸反应，如果氨压力过高，流速过快，一部分气氨来不及反应，就冲过硝酸铵溶液层逸入蒸汽。进入中和器硝酸流量要稳定，保证进入中和器硝酸的静压恒定，压力过高会使硝酸喷头处酸无法喷出，硝酸进不了反应器，发生气阻现象。

三、硝酸和氨中和的工艺流程

如前所述，氨与硝酸中和制取硝酸铵一般包括中和、蒸发、结晶造粒等生产过程。在硝酸铵的几种生产方法当中，浓缩、结晶、造粒工艺过程差别不大，但是中和工艺有较大的区别，故按中和工艺的不同将硝酸铵生产划分为常压中和工艺、加压中和工艺和管式反应器加压工艺。

1. 常压中和工艺

我国从1935年开始硝酸铵工业生产以来，大多数的硝酸铵生产装置，一直沿用常压中和工艺。中和压力接近于常压，压力为0.12MPa，直接利用合成氨车间氨冷器蒸发出来的0.15～0.25MPa气氨。该工艺与当时我国硝酸生产水平相适应，稀硝酸的浓度在45%～49%，从中和器出来的硝酸铵浓度在62%～75%，利用中和出口的二次蒸汽将中和器来的硝酸铵溶液蒸发浓缩，再送去结晶，造粒制备硝酸铵产品。常压中和工艺流程如图4-2所示。

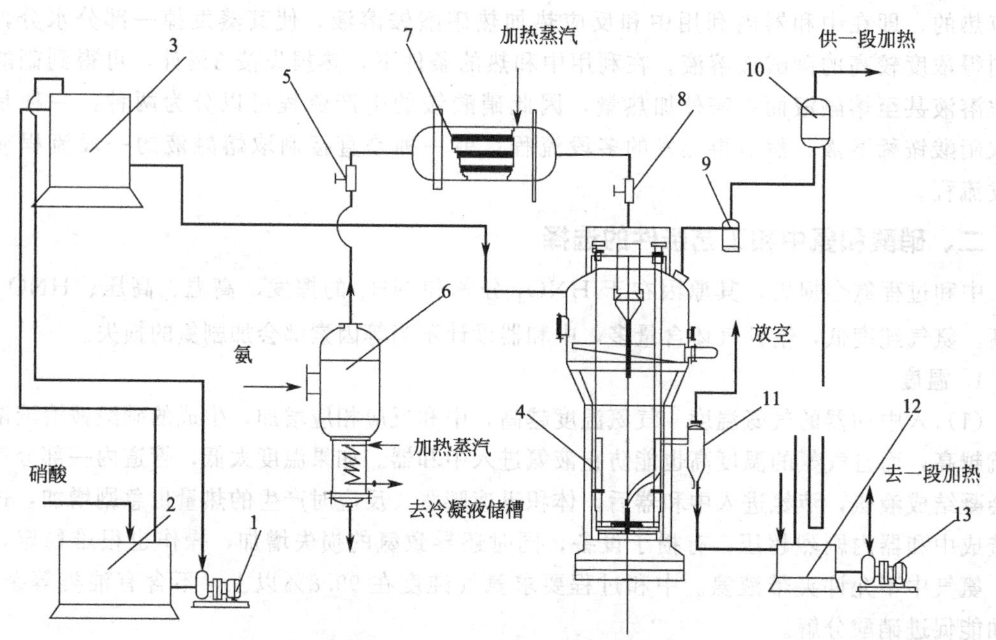

图4-2　常压中和工艺流程图

1—硝酸泵；2—硝酸贮槽；3—硝酸高位槽；4—中和器；5—氨气压力调节阀；6—氨蒸发分离器；7—氨预热器；8—氨流量调节阀；9—旋风分离器；10—离心式表面型分离器；11—膨胀器；12—再中和器；13—泵

由硝酸车间来的硝酸进入硝酸贮槽2，保持一定液位后，经硝酸泵1打至硝酸高位槽3，硝酸依靠位能，由酸喷头压入中和器4。硝酸高位槽3溢流的硝酸返回酸贮槽。

由氨库送来的气氨进入氨蒸发分离器6，分离出其中夹带的液氨和油类及机械杂质，由分离器底部集油器定期排放。气氨经调节阀5稳定在0.18MPa（表压）进入氨预热器7，预热至一定温度，由氨流量调节阀8控制一定流量，经氨喷头进入中和器与硝酸进行中和反应。反应压力为0.12MPa（绝压），温度为120～130℃，在此中和过程放出的热量将硝酸铵溶液浓缩。出中和器的浓缩液流入膨胀器11，膨胀后的蒸汽进入捕集器后排空；膨胀后的硝酸铵溶液流入再中和器12，加入少量氨气，使溶液呈中性或弱碱性，再中和后的溶液供一段蒸发器进一步蒸发浓缩。在中和器内产生的蒸发蒸汽进入旋风分离器9，分离下来的硝酸铵溶液返回中和器内。蒸发蒸汽进入离心式表面型分离器10，再进行一次气液分离，以减少损失，分离后的气体供一段蒸发器作为热源，分离后的溶液进入再中和器12。

2. 加压中和工艺

由于高压法和双加压法生产的硝酸浓度在55%～60%，所以硝酸铵生产也开始使用加压中和工艺来制取硝酸铵。图4-3是加压中和工艺流程图。加压可以降低由于热分解而造成的氮损失。因加压生产强度大，与常压中和相比，设备仅为原来的1/10，操作强度提高，操作弹性增大，但是压力增加，中和器成为高危设备，必须采用独特结构的中和器，再加上多种工艺控制手段和联锁手段，确保装置可靠、稳定、安全运行。

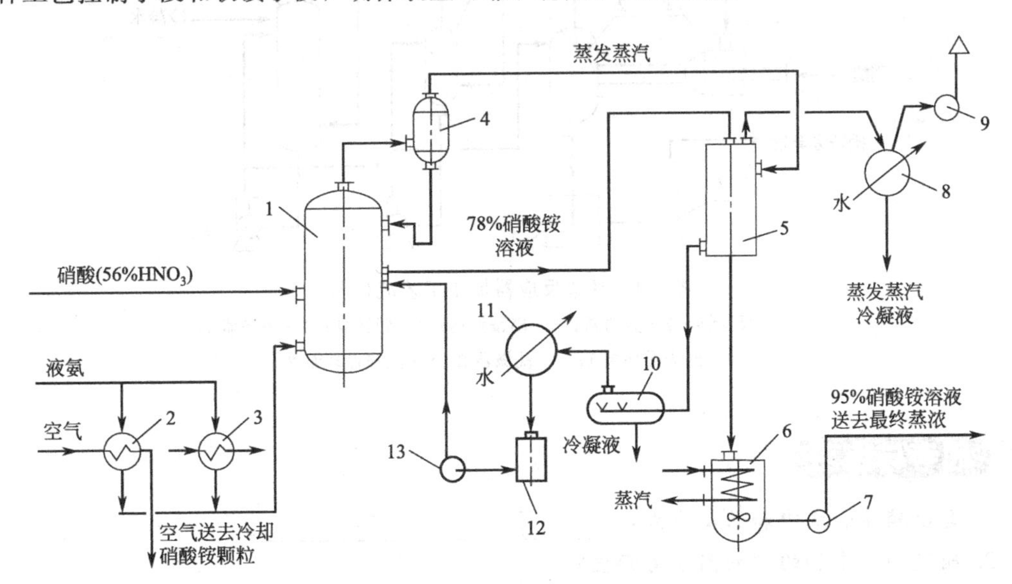

图4-3 加压中和工艺流程图

1—中和器；2,3—氨蒸发器；4—分离器；5—硝酸铵溶液蒸发器；6—硝酸铵溶液浓缩槽；7—硝酸铵溶液泵；8，11—冷凝器；9—真空泵；10—气液分离器；12—冷凝液贮槽；13—冷凝液泵

为防止中和温度剧烈上升而引发硝酸铵分解甚至爆炸，在中和器底部加入适量冷却液以控制中和温度在180℃。反应产物浓度约78%，中和器分上下两段，下段为反应段，由内筒和外筒构成。中和反应发生在内筒，硝酸和气氨由喷嘴喷出，互相接触，剧烈反应并放出大量热，使溶液温度急剧升高，部分水分蒸发，溶液变轻上升至中和器上段气液分离，除部分中和溶液经中和器出口流出外，大部分溶液沿外筒循环至下段进入中和内筒以确保中和器中

不出现任何热点死角。

氨、酸比例应控制在使中和液 pH 不低于 4.5。中和器正常操作压力为 0.36MPa，由中和冷凝器进气阀来控制，该蒸汽对于后续一段蒸发是非常适宜的，可直接用于将硝铵液浓缩至 95%，但中和压力不能过高，不超过 0.4MPa，否则可能引起中和温度上升，从而危及安全生产。

3. 管式反应器加压工艺

管式反应器加压工艺，是采用纯度≥99.5%的气氨和浓度约 58%的硝酸在管式反应器内加压中和生成硝酸铵溶液，硝酸铵溶液经过真空蒸发至高浓度，加入添加剂至造粒塔造粒，然后再经干燥、筛分、涂层得到多孔硝酸铵产品。

图 4-4 是管式反应器加压工艺流程图。该工艺中和器用的是喷射器原理，浓度为 55%的硝酸高速通过喷嘴，喷出时是高分散状流体，在混合室内与气氨快速进行化学反应，生成硝酸铵和水。保持反应管内温度在 150～200℃，在管内的硝酸铵、未反应的氨和水蒸气呈高湍流泡沫状流动，出混合室后进入反应管继续进行反应，最后以泡沫态推至分离器，在分离器里硝酸铵和水蒸气分离，分离后的水蒸气进洗涤器，回收蒸汽夹带的硝酸铵。从反应管出来的硝酸铵浓度理论上可达 84%，(实际因回收一部分硝铵稀溶液，故出分离器的硝铵浓度稍低一些）然后去硝铵蒸发器进一步浓缩至所需浓度。

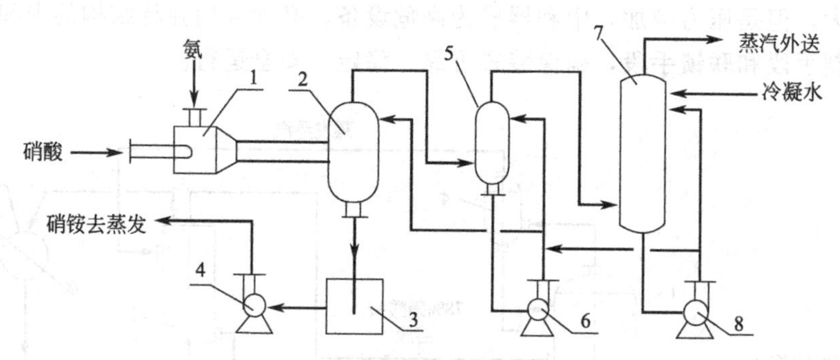

图 4-4　管式反应器加压工艺流程图

1—管式反应器；2—分离器；3—硝铵贮槽；4—硝铵泵；5—洗涤器 1；
6—洗涤循环泵 1；7—洗涤器 2；8—洗涤循环泵 2

思考与练习

1. 写出硝酸和氨中和的反应式：________________。
2. 硝酸和氨中和的影响因素有哪些？
3. 叙述硝铵常压、中压中和工艺流程。

任务三
熟悉硝酸和氨中和设备

中和器和氨蒸发分离器是生产硝酸铵的主要设备。由于硝酸和硝酸铵对碳钢有强烈的腐蚀性，因此中和器和氨蒸发分离器的构件宜使用不锈钢制备。硝酸铵不同的工艺主要区别在于中和器，其他设备比如氨蒸发分离器、氨预热器等都基本相同。

一、硝酸和氨中和设备的结构特点

1. 中和器

硝酸和氨中和的中和器主要有循环式常压中和器和管式反应器两种。

(1) 循环式常压中和器　图 4-5 是循环式常压中和器的结构示意图。

该中和器系由两个不同直径的圆筒组成，材料为不锈钢。内筒直径 800mm，高约 5000mm，上部粗大部分直径 1000mm。内筒称“中和室”，内筒与外筒之间的环状空间称为“蒸发室”。中和器上部粗大部分是蒸发空间，蒸发蒸汽从顶部分离后放出，此蒸汽可以作为热源加以利用。硝酸和气氨进入中和器内筒后，在液相中进行中和反应，生成硝酸铵溶液，放出大量的热量。溶液上行经内筒上部旋流溢出，进入蒸发室。利用中和热，进行部分蒸发之后，溶液温度略有下降，密度增大，产生对流，使大部分溶液又从内筒底部再进入内筒。从而使中和室和蒸发室之间溶液进行强烈循环，延长了气氨和硝酸的接触时间，有效地改善了气氨和硝酸的中和反应过程。同时降低了反应区的温度，减少了因硝酸分解而造成的固定氮损失。硝酸与硝酸铵溶液的混合物和氨水与硝酸铵溶液的混合物的中和过程大大优于纯硝酸与气氨的中和过程，可以看到其固定氮损失小，设备生产能力大。中和器顶部有一漏斗形的气氨分离器装置，其作用是利用蒸发蒸汽的流速改变，分离其中夹带的硝酸铵液滴。中和器三套管液封的作用是：使内筒旋流出的溶液，不会全部流出中和器，使中和器内保持一定高度的液面，便于原料在液相中进行反应，还可以防止蒸发蒸汽从溶液导出管带出。

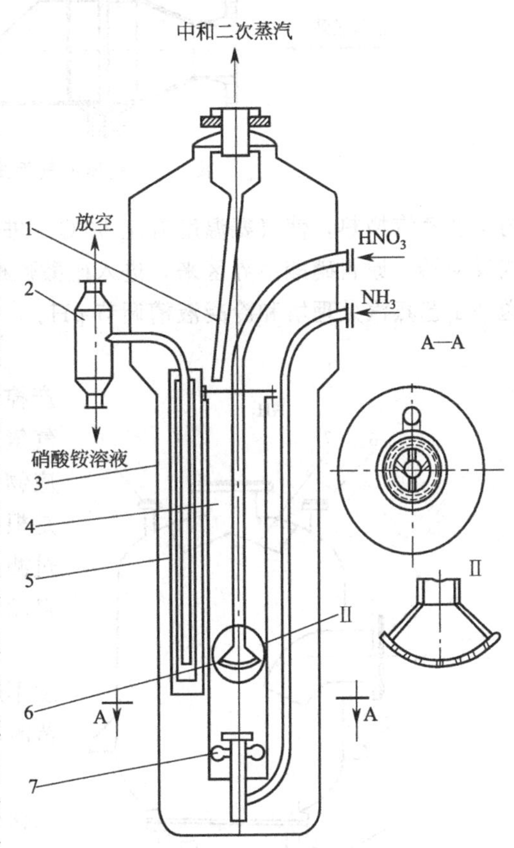

图 4-5　循环式常压中和器结构示意图

1—淋液回流管；2—分离器；3—外筒；4—内筒；5—三套管；6—酸喷头装置；7—氨喷头装置

(2) 管式反应器　管式反应器是高压液气管式快速混合反应器的简称。图 4-6 是高压液气管式快速混合反应器示意图。它主要由两部分构成，一部分是加压管道反应器，能保证气氨和硝酸充分接触；另一部分则是分离器，能将中和反应所产生的蒸汽从溶液中分离出来。该反应器原理是使液体硝酸在较高的压力下，经过喷头雾化后变成约 150μm 的液滴，并具备一定的动能，与进入混合室的气氨混合并进行反应生成硝铵，快速生成的硝铵溶液出混合反应器后进入分离器，分离器及其他设备不变。

工作过程为：由氨贮槽来的气氨，经过顶部的液滴分离器分离掉液滴，进入氨过热器，

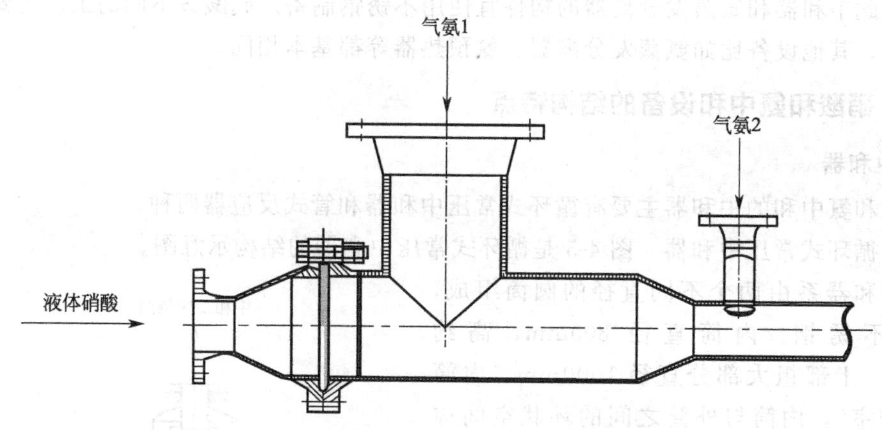

图 4-6　高压液气管式快速混合反应器示意图

与工艺蒸汽换热，使气氨温度升至 90℃，进一步除掉氨液滴，然后分为主路与旁路进入管式反应器。原料硝酸由界区来，进入硝酸贮槽，由硝酸泵送入管式反应器，另有少量硝酸被送往工艺蒸汽处理塔和冷凝液槽调节 pH。

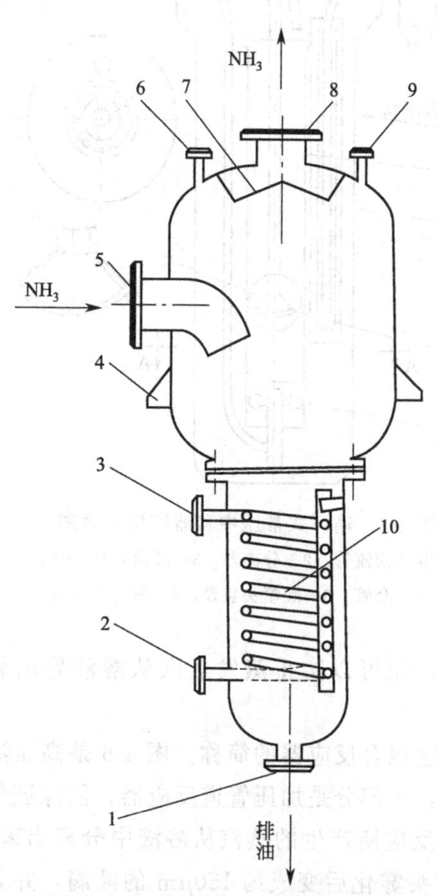

图 4-7　氨蒸发分离器结构示意图

1—排油管；2—回水出口；3—加热蒸汽入口；4—固定支座；5—氨气入口；6,9—放空出口；7—分离挡板；8—氨气出口；10—蛇形加热盘管

控制气氨与硝酸加入管式反应器的配料比是生产控制中的关键环节，管式反应器的硝酸加入量和气氨量由流量计测量，自动控制系统会根据两种反应物质量流量的摩尔比控制在最佳配比，硝酸流量是根据气氨的流量来确定的。气氨流量的调节可通过测量中和器闪蒸槽出口工艺蒸汽冷凝液的 pH，来自动控制旁路气氨加入量，以满足最佳操作条件。

为防止硝酸铵分解，管式反应器内最大操作温度不应高于 200℃，由于反应物在管式反应器内停留时间很短，从而减少了分解的可能性。

该工艺把中和反应放在一段管道中进行，可一次获得高浓度的硝酸铵溶液，而且浓度调整方便灵活。反应器结构简单，可降低维修费用。反应器容积小，操作安全，开停车操作方便。工艺冷凝液中硝酸铵和氨含量低。

2. 氨蒸发分离器

图 4-7 是氨蒸发分离器结构示意图。

氨蒸发分离器由蒸发室（上部）和加热室（下部）两部分组成，蒸发室是空圆筒体，上部有分离挡板，加热室也是圆筒体，内有蛇形加热盘管，用蒸汽加热，下部设有排油管，操作时氨气由入口 5 进入加热室，然后绕过分离挡板 7 由上口排出。氨气中夹带的液氨雾滴在加热室被蒸发为气氨，氨气中的微量油类等机械杂质，被黏结在蒸发室和加热室内壁上。然后流入加热室底部，聚集的油类等杂质定期由排油管1向外排放，蛇管的加热蒸汽由蒸汽入口进入，蒸汽冷凝液由出口排出，然后经排水阻气阀进入冷凝液槽。

二、硝酸和氨中和设备的维护要点

管式反应器没有搅拌器一类的转动部件，故密封可靠、振动小、管理和维护简便。日常维护主要是经常性的巡回检查，如果运行中出现故障时，必须及时处理，绝不能马虎了事。其维护要点如下。

(1) 反应器的振动通常有两个来源：一是超高压压缩机的往复运动造成的压力脉动的传递；二是反应器末端压力调节阀频繁动作而引起的压力脉动。振幅较大时要检查反应器入口、出口配管接头箱紧固螺栓及本体抱箍是否有松动，若有松动，应及时紧固。但接头箱紧固螺栓的紧固只能在停车后才能进行。

(2) 要经常检查钢结构地脚螺栓是否有松动，焊缝部分是否有裂纹等。

开停车时要检查管子伸缩是否受到约束，位移是否正常。除直管支架处碟形弹簧垫圈不应卡死外，弯管支座的固定螺栓也不应该压紧，以防止反应器伸缩时的正常位移受到阻碍。

思考与练习

1. 熟悉中和器和氨蒸发分离器的结构特点。
2. 了解管式反应器的维护要点。

任务四 懂得硝酸和氨中和器操作

一、硝酸和氨中和器的操作要点

1. 开、停车

(1) 开车前的准备与检查

① 设备安装已完成、电气、仪表已正确连接并试验动作正确。

② 现场无关设备及杂物已清理干净。

③ 水、电、气等公用工程已备用，硝酸贮槽内硝酸有一定库存或硝酸装置已投入运行。

④ 已完成设备单体试车，系统吹除联动试车。

⑤ 相关操作人员已完全熟悉工艺流程及相关设备操作规程，并经过系统联动试车培训。

⑥ 系统联锁经检验正确灵敏。

(2) 正常开车

① 首先做好开车前的准备工作。

② 洗涤、冷凝系统建立循环。

③ 干料系统开车。

④ 氨蒸发系统开车。

⑤ 中和系统管式反应器开车。

(3) 正常停车

① 根据调度安排，通知各岗位做好停车准备。

② 缓慢降低负荷，降低气氨流量，以逐渐降低中和流量，硝酸流量也跟随自动调节，从而减少管式反应器的氨、酸供给量，并逐渐关闭。

③ 管式反应器的洗涤系统自动启动。

④ 其他设备停车。

⑤ 一旦中和反应停止，氨蒸发系统的压力即增加，要及时关闭现场通往氨槽的液氨入口阀门，并注意气氨压力变化，及时通知中控。

2. 正常操作

(1) 监控液氨、硝酸压力，如发现波动、异常，联系调度调整并做好记录。

(2) 根据数据分析，调节控制中和反应，维持中和反应的正常稳定。

(3) 严格控制洗涤塔循环液 pH，保证洗涤工艺蒸汽中氨、硝铵含量合格，外送水指标达到要求。

(4) 蒸发温度、真空度维持正常。

(5) 正常情况下的负荷加减原则为先加氨，后加酸；先减酸，后减氨，防止酸过量。

二、硝酸和氨中和器操作的异常现象及处理

硝酸和氨中和器操作中的主要异常现象、产生原因及处理方法见表 4-2。

表 4-2　硝酸和氨中和器操作中的主要异常现象、产生原因及处理方法

异常现象	产生原因	处理方法
中和器震动	①气氨严重带液，液氨进入中和器后汽化，产生大量气氨，中和剧烈反应，致使中和器内压力突然增高，引起中和器剧烈震动 ②气氨压力波动频繁或气氨纯度过低，中和反应不稳 ③中和器内件损坏，酸、氨喷头松动脱落，管件坚固不好 ④酸、氨成分变化，含有 N_2O_4 等特殊物质	①酌情减量和停车 ②联系合成，稳定气氨压力或提高气氨纯度 ③设备故障应停车修复 ④检查氨、酸成分，采取针对措施
气氨流量波动(氨气计量表指示波动和中和操作酸碱度不稳定)	①氨气总管道压力波动频繁 ②自动控制仪表失灵、漏气 ③氨气流量孔板处进液 ④蒸发蒸汽压力波动较大 ⑤气氨中夹带液氨量过多 ⑥中和器内部损坏	①与调度联系，稳定前部来的气氨流量 ②副线操作，联系仪表工检修仪表 ③切换设备，清洗氨气流量孔板 ④联系一段蒸发岗位稳定操作 ⑤联系调度减少带液氨，提高氨预热器出口温度 ⑥停车检修，切换备用设备
工艺蒸汽 pH 不正常	①原料控制系统的设定不对 ②手动操作时波动太大 ③仪表故障 ④设备故障(氨喷头或管式中和器)	①调整设定 ②手动操作时应尽可能减小波动，加氨和加酸不要太猛 ③联系仪表和检修工检修 ④联系检修设备

思考与练习

1. 叙述硝酸和氨中和器开车操作要点。

2. 叙述硝酸和氨中和器停车操作要点。

3. 了解中和器操作中有哪些异常现象，如何处理？

任务五 掌握硝酸铵溶液蒸发工艺知识和熟悉主要设备

出中和器的硝铵溶液进入蒸发造粒流程。硝铵熔融液的蒸发大多用的是膜式蒸发器，蒸发时生成蒸汽和浓溶液的混合物，进入分离器分离后，得到高浓度的溶液。根据热源利用情况，蒸发流程分为单效蒸发和多效蒸发。根据蒸发过程压力不同，又分为常压蒸发和真空蒸发两种流程。真空蒸发时，排出的空气又分为直接冷凝和间接冷凝两种。

一、硝酸铵溶液蒸发的基本原理

蒸发是指将溶液加热至沸腾，使部分溶剂汽化，以提高溶液中不挥发性溶质浓度的操作。蒸发操作过程中只有溶剂汽化，而溶质不变。

工业上蒸发的物料大部分是水溶液，汽化出来的蒸汽也是水蒸气，还有蒸发操作大部分采用饱和水蒸气来作为热源。为了区别这两种水蒸气，通常将作为热源用的蒸汽称为加热蒸汽或生蒸汽；将从溶液中汽化出来的蒸汽称为二次蒸汽。

蒸发操作根据二次蒸汽利用情况分为单效蒸发和多效蒸发。单效蒸发是指产生的二次蒸汽不再利用，经冷凝后直接排出或供给外系统利用的蒸发操作。多效蒸发是指把二次蒸汽引到另一个压力和沸点较原蒸发器低的蒸发器内作为加热蒸汽，并将多个这样的蒸发器串联起来，这种操作称为多效蒸发。蒸发的效数由二次蒸汽的利用次数划分为二效、三效、四效等。

根据蒸发操作压力不同，可分为常压蒸发、加压蒸发和减压蒸发三种类型。常压蒸发的操作压力接近外界大气压，设备简单，可以采用敞口设备。但二次蒸汽直接排到大气中，不利于环境保护。

加压蒸发和真空蒸发用的是密闭设备。加压蒸发操作压强高于大气压。提高了二次蒸汽的温度和压力，利用二次蒸汽的热量，提高热能的利用率。真空蒸发，密闭的设备内压力低于外界大气压。其真空度的形成靠蒸发蒸汽的冷凝和真空泵的抽吸而产生。具有以下优点：

① 降低了溶液的沸点，在热负荷不变的情况下，可减小蒸发器的传热面积。

② 可利用低压蒸汽或废热蒸汽作为加热热源。

③ 适用于一些热敏性物料的蒸发。

④ 由于操作温度低，所以蒸发过程中损失于外界的热量少。

但减压蒸发也存在一些缺点，如：由于温度降低，使料液的黏度增加；采用减压蒸发还要增加真空泵、缓冲罐、气液分离器等辅助设备，从而使流程复杂，投资增大。

在硝酸铵生产中，将硝酸铵溶液蒸发的目的是使溶液中的水分汽化，硝酸铵浓度提高。

二、硝酸铵溶液蒸发的工艺流程和主要设备

1. 流程选择

在常压中和造粒法生产硝铵的流程中，硝铵溶液蒸发流程选择主要取决于中和器出口溶液浓度、最终蒸发后的溶液浓度、蒸发设备和蒸发段数。

(1) 当中和器出口溶液硝铵含量在60%左右，最终蒸发含量要求90%时，可以采用一段真空蒸发将溶液一次浓缩至90%，或者采用两段蒸发，第一段真空蒸发至82%，第二段真空或常压蒸发提高到90%。

(2) 当中和器出口溶液硝铵含量在60%左右，最终蒸发含量要求在98%以上时，可在上述基础上增加一段真空蒸发，使溶液含量增加至98%。

(3) 当中和器出口溶液硝铵含量在75%以上，最终蒸发含量要求为98%时，采用一段真空蒸发，用0.9MPa（表压）新鲜蒸汽加热。

当蒸发前后溶液的浓度差在20%以内，能达到浓度要求时，应尽量采用一段蒸发，因为设备少便于操作和管理。

2. 蒸发工艺主要设备

为了强化传热，硝铵蒸发通常采用膜式蒸发器和真空蒸发流程。在蒸发器中，溶剂被蒸发的同时，硝铵溶液得到浓缩。蒸发器的形式有多种，可以逆流操作，也可以顺流操作；可以是卧式的，也可以是立式的。

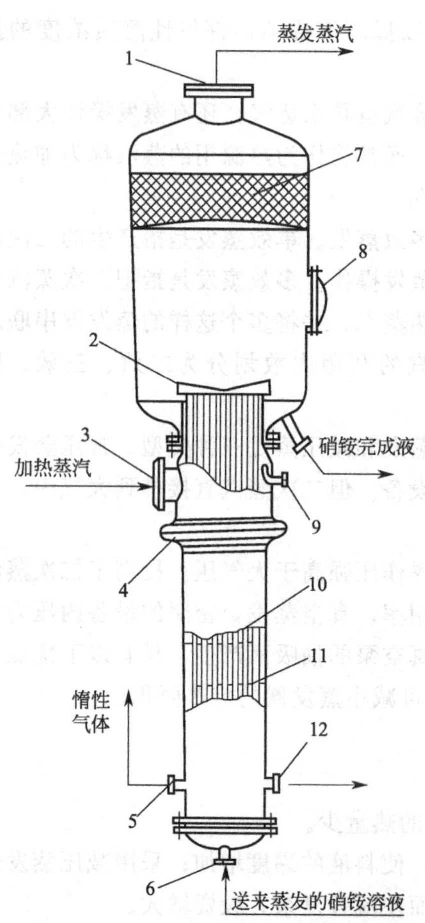

图 4-8 立式膜式蒸发器结构示意图

1—蒸发蒸汽出口；2—桨式分离器；3—加热蒸汽入口；4—膨胀节；5,9—惰性气体放空口；6—溶液入口；7—除泡器；8—人孔；10—列管；11—折流挡板；12—酸性冷凝液出口

(1) 立式膜式蒸发器　图4-8是立式膜式蒸发器结构示意图。它主要由加热室与分离室组成。中和工段送来的硝铵溶液由蒸发器底部溶液入口进入，在列管中上升时和中部加热蒸汽入口的热蒸汽接触，被加热而沸腾，形成气液混合物，气体经过桨式分离器、分离空间、除泡器由蒸发蒸汽出口引出，溶液由硝铵完成液出口引出。

(2) 降膜蒸发器　降膜蒸发器立体结构示意图见图4-9。闪蒸后的硝酸铵溶液由加热室的顶部降膜分布器均匀地进入加热管，在重力作用下沿管内壁呈膜状下降，用工艺蒸汽进行加热蒸发增浓，气液混合物由加热管底部进入分离器，二次蒸汽从分离器顶部逸出，完成液由分离器底部排出。要防止二次蒸汽从加热管上端窜出，并且原料在加热管内均匀分布、有效地成膜，则要在每根加热管的顶部安装降膜分布器。降膜分布器的好坏对传热效果影响很大，如果溶液分布不均匀，则有的管子会出现干壁现象。

(3) 冷凝器　图4-10是冷凝器的结构示意图。冷凝器按气液接触方式分为表面式冷凝器（间壁换热）和混合式冷凝器（直接混合换热）。图4-10是一带捕集器的逆流高位冷凝器，其上部是圆柱体，下部是锥形体，冷却水由筒体上部进入，内部淋水板交错排列，蒸发蒸汽由下部进口弯管进入，顶部由弯管和捕集器相连。实际生产中，进入冷凝器的蒸发蒸汽往往是酸性的，为了延长使用期限，腐蚀最严重的下半部分常用不锈钢板制成。

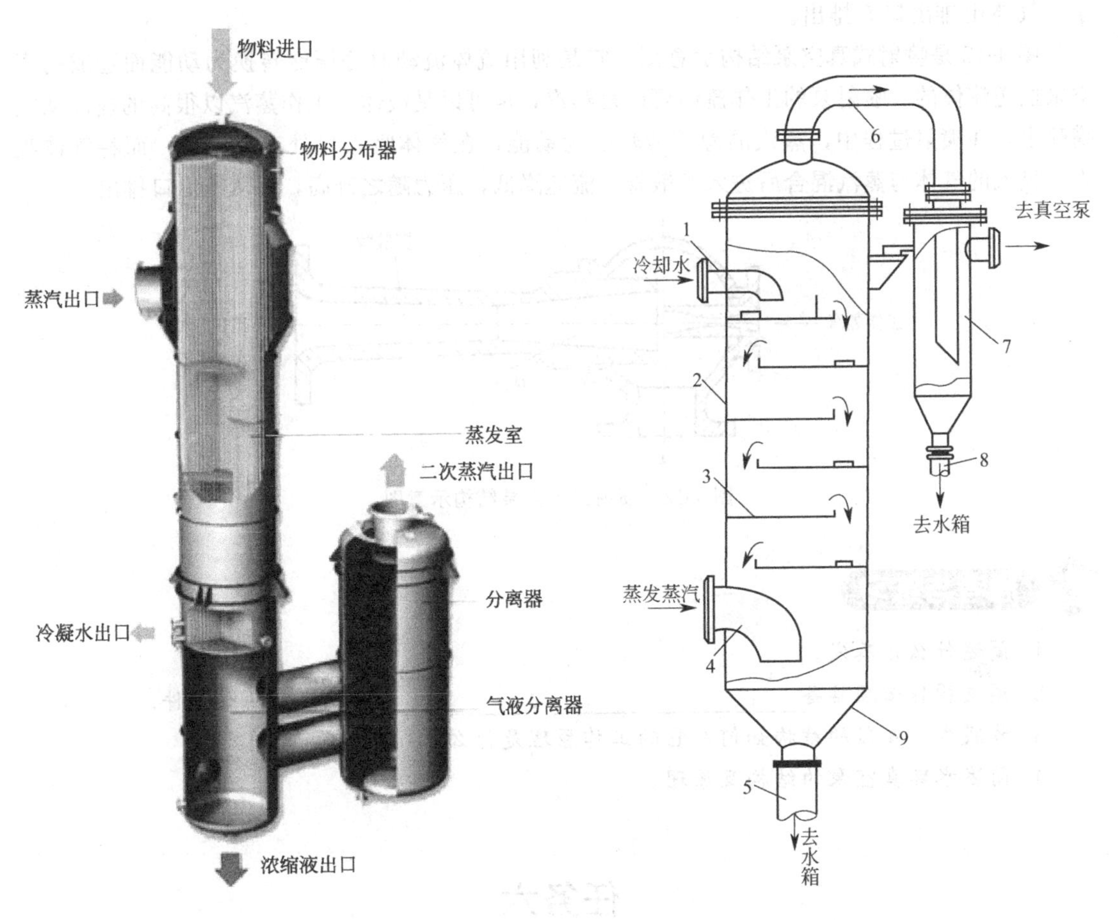

图 4-9　降膜蒸发器立体结构示意图

图 4-10　冷凝器的结构示意图

1—进水口；2—圆筒体；3—淋水板；4—蒸发蒸汽进口弯管；5,8—气压管；6—弯管；7—捕集器；9—锥形体

(4) 真空泵　图 4-11 是水环式真空泵的结构示意图。从设备或系统中抽出气体，使其中的绝对压强低于大气压强，所用的抽气机械称为真空泵。从结构上分，真空泵有水环式、往复式和喷射式等形式。硝酸铵生产中常用真空泵有水环式和喷射式两种。

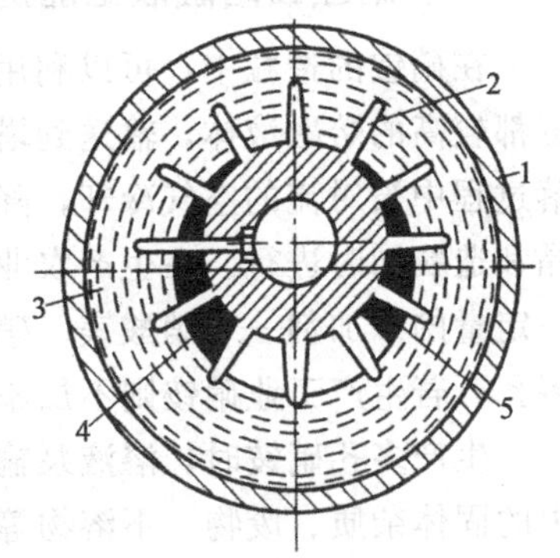

图 4-11　水环式真空泵的结构示意图

1—外壳；2—叶片；3—水环；4—吸入口；5—排出口

水环泵是一种湿式真空泵，最高真空度可达 86kPa。水环真空泵运转时需要不断地补充水，以维持水的活塞作用。若被抽吸的气体不宜与水接触，泵内也可充其他的液体，故又称为液环式真空泵。

其圆形外壳 1 内偏心地安装一个叶轮，叶轮上有许多径向叶片，泵壳内约充有一半容积的水。当叶轮旋转时，形成水环 3，水环的内圆正好与叶轮在叶片根部相切，使机内形成一个月牙形空间。水环具有密封作用，使叶片将空隙形成大小不等的密封小室。若叶轮逆时针旋转，因为水的活塞作用，左边的小室扩大，气体从吸入口 4 吸入；右边的小室变小，气体由排出口5排出。

图4-12是喷射式真空泵结构示意图。它是利用流体流动时静压能转换为动能而造成的真空来抽送流体的。喷射泵的工作流体可以是蒸汽，也可以是液体。工作蒸汽以很高的速度从喷嘴喷出，在喷射过程中，蒸汽的静压能转变为动能，在气体吸入口处产生低压，而将气体吸入。吸入的气体与蒸汽混合后进入扩散管，流速降低，压力随之升高，并从压出口排出。

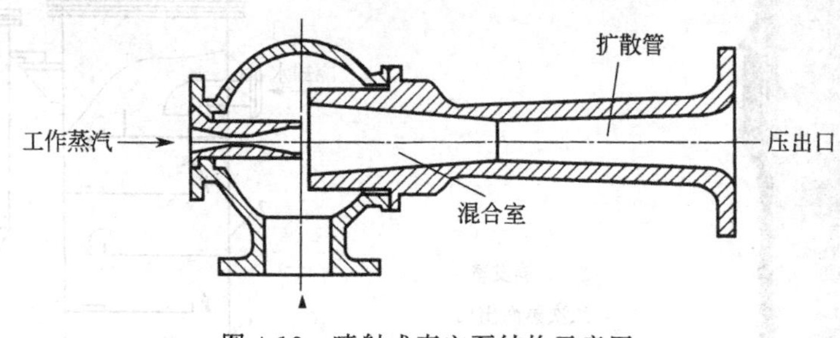

图4-12　喷射式真空泵结构示意图

思考与练习

1. 简述什么是蒸发。
2. 蒸发操作必须具备＿＿＿＿＿＿＿＿、＿＿＿＿＿＿＿＿两个条件。
3. 降膜式蒸发器的结构如何？它的工作原理是什么？
4. 简述水环真空泵的结构及原理。

任务六
熟悉硝酸铵熔融液结晶造粒工艺

在蒸发工艺操作中浓度提高达到造粒要求的熔融液进入造粒工序。

一、硝酸铵熔融液结晶造粒的工艺流程

在硝铵的造粒中，可以利用较高的造粒塔进行熔融物的结晶造粒。其原理是将温度和浓度都较高的熔融液体，输送到塔上部的造粒器内，均匀喷洒在造粒塔的横截面上，液滴在下落过程中被对流的空气冷却，降温结晶出细小颗粒，落入皮带机送入干燥筒干燥，此过程结晶和造粒同时进行。在生产农业颗粒硝铵时，为了减少结块，往往在造粒前向熔融液中添加一定量的添加剂——硝酸镁、硝酸钙等溶液。生产多孔硝铵也要添加添加剂，以使颗粒形成多孔，若生产工业硝铵则不加添加剂（关闭好添加剂阀门）。

生产多孔硝铵时，溶液泵输送来蒸发的96%的硝酸铵溶液先经过一台过滤器，除去其中的固体杂质、废物、不溶物等一切可能阻塞和扰乱造粒喷头的杂质。经过滤的96%硝酸铵溶液在重力的作用下流入高位槽，添加剂溶液和部分氨气增大粒子的pH。高位槽内配置匀速搅拌器，便于混合。为了控制造粒过程，每个造粒喷头的压头都有严格要求。因此，槽的液位应维持恒定，该槽设有液位报警。

造粒喷头形成的硝酸铵液滴沿造粒塔降落，造粒塔为矩形的截面，位于造粒洗涤器出口

处的造粒塔抽气机产生的空气流与硝酸铵液滴逆流接触。

在硝酸铵液滴降落过程中，经空气冷却，结晶形成小的固体粒子，这些粒子被塔底的料斗收集，之后由造粒塔输送带运走，送往干燥滚筒。它分为预干燥滚筒和干燥滚筒两部分，物料先在预干燥滚筒内与经预干燥空气加热器加热的空气顺流接触，进行预干燥，然后进入干燥滚筒，与经干燥预热器预热的空气逆向接触，进行干燥，硝酸铵颗粒中残留的水分被蒸发，形成多孔粒状结构，干燥后的硝酸铵颗粒用皮带送往斗提机。硝酸铵颗粒用斗提机送往振动筛筛分，不合格的大小粒送往再熔槽进行溶解，合格品进入流化床冷却器冷却，流化床冷却器空气由空气调节系统提供，冷却后空气用引风机抽出供干燥转鼓使用，物料经冷却后进入涂层转鼓。

涂层剂经加温，制备好后存放在贮槽中，用计量泵根据测量的成品硝酸铵量加入，物料用皮带送往涂层转鼓喷涂涂层剂，然后送往包装工序包装送仓库。添加剂在制备槽制备好25%稀释液后，放入贮槽备用，使用时用计量泵根据硝酸铵溶液量加入。

图 4-13 是硝酸铵熔融液结晶造粒工艺流程图。末段蒸发后的硝铵熔融液进入缓冲槽 2 内，用熔融液泵打入位于造粒塔上的熔融液高位槽 4 中，再进入旋转的结晶造粒器 5 的喷头内，均匀喷洒到整个塔的截面上，熔融状态的液滴在塔上向下流动时，与经风窗和锥形下料漏斗各层间的空隙进入并相反方向流动的空气逆流接触，液滴被空气冷却，结成粒状晶体，经塔下部的锥形下料漏斗 7，落到皮带运输机上 8，送去包装，空气由造粒塔上部四周的风窗排出。

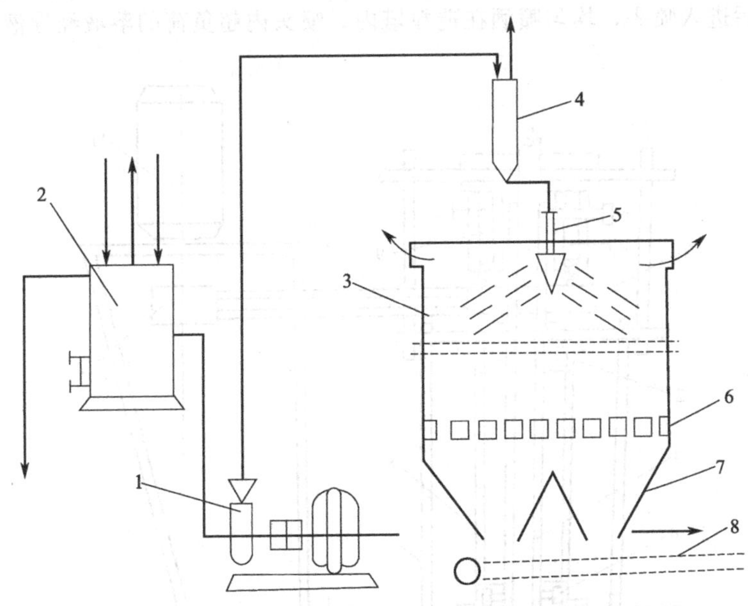

图 4-13 硝酸铵熔融液结晶造粒工艺流程图

1—熔融液泵；2—缓冲槽；3—造粒塔；4—熔融液高位槽；
5—结晶造粒器；6—风窗；7—锥形下料漏斗；8—皮带运输机

为了调节槽内的熔融液的酸碱度，在缓冲槽上部加入氨气。为了保证熔融液在缓冲槽 2 和熔融液高位槽 4 内维持较高的温度，分别设有蒸汽夹套。

二、硝酸铵熔融液结晶造粒的主要设备

硝酸铵熔融液结晶造粒的主要设备包括硝酸铵造粒塔和硝酸铵结晶造粒器。硝酸铵造粒塔和硝酸铵结晶造粒器也简称为造粒塔和造粒器，它们的结构如下。

1. 造粒塔

图 4-14 是一造粒塔实景图。造粒塔是进行熔融液颗粒冷凝固化的设备。造粒塔分为自然通风和强制通风两种类型。其结构是一个空的圆筒体，由混凝土浇铸而成，上部为平顶，平顶最下层是不锈钢板，上面是钢筋混凝土板和防腐层，然后覆盖一层瓷砖板。中心部位是造粒器，由电动机带动，塔顶周边有排风筒、排风机，将塔内热空气排入大气。塔的下部是锥形漏斗，用较厚的钢板制成。造粒塔的内径尺寸由负荷量大小决定，内径为 12m 的造粒塔，生产能力为 360t/d，内径为 16m 的造粒塔，生产能力为 600t/d。一般造粒塔高度在 30～50m。

图 4-14 造粒塔实景图

2. 造粒器

图 4-15 是硝酸铵生产中常用的密闭式造粒器结构示意图。其转动部件主要有转动筒和电机，喷头和转动筒相连，并随之一起旋转。溢流装置由加热夹套和被动轮组成。溶液经入口进入导液管后进入喷头，均匀喷洒在造粒塔内。喷头内超负荷的溶液经导液管和转动筒之

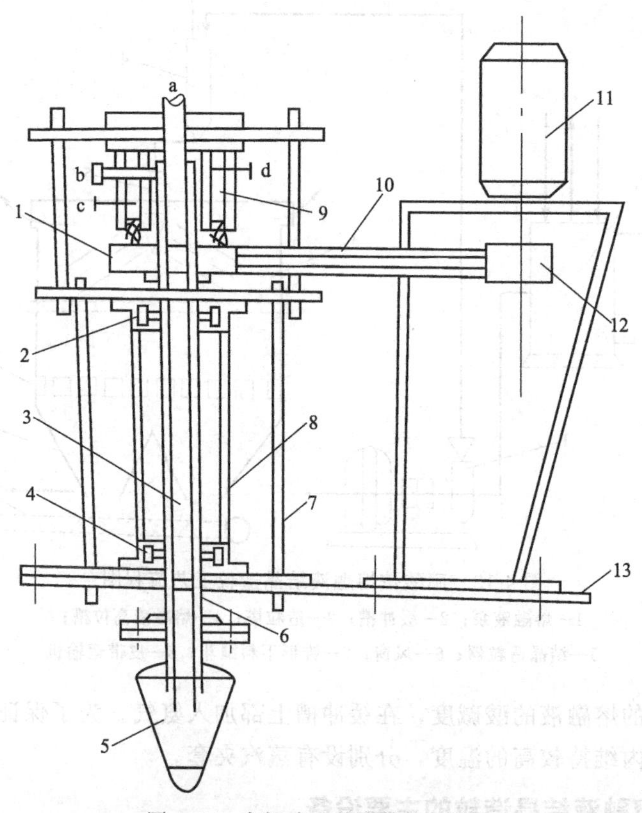

图 4-15 密闭式造粒器结构示意图

1—被动轮；2,4—轴承；3—导液管；5—喷头；6—转动筒；7—支架；8—支撑体；9—加热夹套；10—三角皮带；11—电机；12—主动轮；13—平板

间的环形空间进入加热夹套与转动筒之间的溢流室。溢流室充满后由出口 b 溢出，为防止溶液在此降温结晶，需不断从入口 d 向加热夹套引入蒸汽，冷凝液从出口 c 排出。

思考与练习

1. 什么是结晶？结晶方法有哪些？硝酸铵如何结晶？
2. 简述硝酸铵结晶造粒工艺流程。
3. 熟悉密闭式造粒器结构。

任务七 懂得硝酸铵溶液加工主要设备操作

硝酸铵溶液加工主要设备包括硝酸铵溶液蒸发器和硝酸铵结晶造粒器。

一、硝酸铵溶液蒸发器和硝酸铵结晶造粒器的操作要点

1. 硝酸铵溶液蒸发器和硝酸铵结晶造粒器的开车操作

(1) 硝酸铵溶液蒸发器

① 开车前的检查准备工作　检查设备阀门管道的完好状况和有关仪表是否灵敏好用；做好系统吹除、试漏、预热等工作，即安装和检修后，开车前必须用水清洗管道内污物，洗净后彻底排净污物。不宜用水清洗的管道，应用氮气吹净；做好气密试验工作，即在最高操作压力下用氮气或空气进行气密试验，先使试验系统内气压维持在操作压力的一半，找出泄漏处，放压消除，然后再继续升压至最高操作压力。检查时可用肥皂水涂抹检查部位，若有气泡证明有泄漏，消除泄漏点后，调至规定试验压力，保压 24h，压力基本稳定视为合格；对机械转动设备和电气设备均应进行空载和加压试车。

② 检查从蒸发器至缓冲加氨槽的硝酸铵溶液管线已经预热好，关蒸汽喷射阀。

③ 手动慢慢开阀，控制缓冲加氨槽液位。

④ 投自动，设定压力。

⑤ 开工艺蒸汽截止阀，将温度打自动。

⑥ 打开蒸汽喷射器的蒸汽阀门及入口阀，打开放空阀，等生产正常后，将阀门全开，放空阀微开。

⑦ 注意蒸发器的惰性气体排放。

⑧ 当缓冲加氨槽液位上升时，开与抽料槽下部连通阀。

⑨ 将液位投自动。

(2) 硝酸铵结晶造粒器

① 开车前的准备工作　联系酸泵岗位将溶液管线和添加剂管线吹除预热、确保通畅，检查过滤网、喷头是否有备用；将高位槽预热，喷头吹除预热，检查过滤网是否干净；所有溶液系统管线的吹除预热工作，在溶液到来前才应关闭；检查各截止阀、自调阀、疏水阀的阀位是否具备开车条件。

② 中和、蒸发开车后，关闭蒸汽预热管线阀门，并开始接收来自溶液泵的硝酸铵溶液，

并观察液位、温度等指标。

③ 联系开添加剂泵，确认是否顺利添加。

④ 开搅拌器。

⑤ 打开各喷头阀门开始造粒。

⑥ 检查各项指标是否在合格范围内。

⑦ 观察造粒情况并根据化验数据确定气氨管线阀门开度。

⑧ 以上动作应在中控指挥下完成，接通知可打入自动状态。

2. 硝酸铵溶液蒸发器和硝酸铵结晶造粒器的停车操作

① 首先配合酸泵待溶液泵、添加剂泵停车后，彻底吹除溶液管线、添加剂管线并确保通畅。

② 切断气氨管线入口阀门并确认将控制由自动转入手动。

③ 关闭高位槽外部加热管线阀门，将管线喷头吹除干净，并关闭各喷头截止阀。有必要时用水冲洗。

④ 检查喷头滤网的情况，有问题及时处理，确保处于最佳状态。

3. 硝酸铵溶液蒸发器和硝酸铵结晶造粒器的正常操作

① 经常检查工艺条件执行情况，配合中控及时调整，发现问题及时联系处理。

② 根据生产负荷的大小，控制好添加剂用量并及时调节加氨量，确保成品质量。

③ 观察造粒塔衬里上部是否有产品黏结，并及时联系洗涤回收岗位，调整造粒塔引风机及洗涤系统，保证生产顺利运行。

④ 注意喷头的清洁，及时更换喷头及过滤网，确保颗粒合格和生产平稳。

⑤ 按时巡检，检查工艺状况及设备运转状况，做好岗位记录。

二、硝酸铵溶液蒸发器和硝酸铵结晶造粒器操作的异常现象及处理

硝酸铵溶液蒸发器和硝酸铵结晶造粒器操作中的常见异常现象、产生原因及处理方法见表 4-3。

表 4-3　硝酸铵溶液蒸发器和硝酸铵结晶造粒器操作中的常见异常现象、产生原因及处理方法

异常现象	产生原因	处理方法
蒸发器真空度低	①进蒸汽喷射器中压蒸汽压力太低 ②仪表调节失灵 ③系统泄漏 ④冷却水流量减小或温度太高或结垢严重	①加大进蒸汽喷射器蒸汽量 ②联系中控后切现场手动操作后联系处理 ③停车处理 ④联系调度提高冷却水压力，降低温度，结垢严重时停车处理
蒸发温度下降	①蒸发器蒸汽压力太低 ②列管间不凝气体聚积太多 ③疏水器损坏 ④中和液温度低或流量大或其浓度低	①联系中控提高蒸汽压力 ②排放惰性气体 ③停车处理 ④联系中控岗位提高中和液温度、流量或浓度
产品质量差，96%硝酸铵溶液温度太高或太低	①再熔槽和高位槽蒸汽用量不当 ②中压蒸汽总管温度和压力波动 ③夹套蒸汽用量不当	检查并联系有关岗位调节各蒸汽用量，蒸汽压力在正常范围内
造粒喷头堵塞	①溶液温度低 ②溶液脏	①检查塔顶受槽加热和夹套蒸汽系统，中控确认蒸汽压力和温度 ②更换塔顶受槽内过滤液，确认塔顶受槽顶盖是否盖好，清洗造粒喷头或更换喷头

三、硝酸铵溶液蒸发器和硝酸铵结晶造粒器的安全操作事项

(1) 管道要采用防火保温层。

(2) 应除去有机杂质如碎木片、纸片、布片等。

(3) 应清除各处积存的油及油脂。

(4) 禁止硝酸铵废品在任何地方堆积。

(5) 禁用火柴、打火机，禁止吸烟。

(6) 必须除掉各个润滑点多余的油和油脂：硝酸铵泵填料箱要使用不带油和石墨的填料。

(7) 任何需要焊接和动火的工作必须办理动火许可证，并在采取必要预防措施后进行。

思考与练习

1. 熟悉蒸发器正常开车要点。
2. 熟悉造粒系统开车前的准备工作。
3. 熟悉蒸发造粒操作的安全注意事项。

任务八 了解硝酸铵生产中的“三废”处理和设备防腐

一、硝酸铵生产中的“三废”处理

硝酸铵生产过程产生大量的工艺废水，其主要含 NO_x，该废水会污染环境，造成水体富营养化，促使水生植物和藻类迅速生长，造成水体缺氧，以致鱼等水中生物缺氧死亡；NO_3^- 进入身体后还原为 NO_2^-，有致癌作用，进入儿童体内会形成高铁血红蛋白，有生命危险。处理硝酸铵废水可利用电渗析技术，电渗析是在直流电场作用下，以电位差为推动力，利用离子交换膜的选择透过性，把电解质从溶液中分离出来，从而实现溶液的淡化、浓缩、精化等目的。利用电渗析脱盐这一特性，从某些化工、医药、食品等产品中去除无机电解质，达到分离、净化、提纯和精制的目的，以提高产品的品质。并且逐渐扩大到海水淡化和制取工业纯水的给水处理中，在重金属废水、放射性废水等工业废水处理中都已得到了应用。

造粒排风粉尘在排放前要进行除尘。

二、硝酸铵生产设备的防腐

硝酸铵易溶于水，其水溶液显酸性，具有很强的腐蚀性，对设备、管道、厂房等都会造成腐蚀。硝酸铵生产过程中易产生粉尘，会对皮带、包装机等进行腐蚀，所以设备、管道等多采取不锈钢材质，以抗腐蚀，但硝酸铵生产厂房大多是钢筋混凝土结构，不耐腐蚀，硝酸铵厂房的防腐问题需要重视。5%的硝酸铵水溶液对混凝土腐蚀严重，特别是季节性和昼夜温差较大时更为严重，防腐可以采取以下措施。

(1) 铺设耐腐蚀瓷砖，对溅落的硝酸铵颗粒不允许用水冲刷，避免硝酸铵溶于水后浸入到缝隙中腐蚀水泥。

(2) 设备管道采用不锈钢材质，防止腐蚀。碳钢材质要外挂保温砖或外涂环氧树脂防腐。

(3) 硝酸铵粉尘飞扬严重的地方要设置粉尘回收装置，并在硝酸铵熔融状态转变为固态过程中，调节喷头转速及孔径，使其生成颗粒，避免生成粉末，防止粉尘飞扬。

(4) 厂房内严禁堆放未包装的硝酸铵。墙体上挂积的硝酸铵粉末要及时清理，防止腐蚀墙体。

思考与练习

1. 硝酸铵废水含________、________、________。
2. 硝酸铵生产中的防腐措施有哪些？

项目五

纯碱的生产

任务一 了解纯碱产品

一、纯碱的性质

纯碱俗称苏打或碱灰，学名是碳酸钠，化学式为 Na_2CO_3。味涩，外观为白色粉末或细粒结晶，相对密度（25℃）2.532，熔点 845～852℃。纯碱易溶于水，在 35.4℃其溶解度最大，每 100g 水中可溶解 49.7g 碳酸钠（0℃时为 7.0g，100℃为 45.5g）。微溶于无水乙醇，不溶于丙醇。碳酸钠从水溶液析出能形成水合物晶体，$Na_2CO_3 \cdot H_2O$、$Na_2CO_3 \cdot 7H_2O$ 和 $Na_2CO_3 \cdot 10H_2O$，这些水合物在空气中或高温时，很容易失去结晶水，并渐渐碎裂成粉末，转变成无水碳酸钠，即纯碱。

碳酸钠水溶液水解呈碱性（以此而得名纯碱），有一定的腐蚀性，能与比碳酸强的酸发生复分解反应，生成相应的盐并放出二氧化碳。高温下，碳酸钠分解，生成氧化钠和二氧化碳。碳酸钠长期暴露在空气中，吸收空气中的水分及二氧化碳生成碳酸氢钠，并结成硬块。

二、纯碱产品的规格和用途

纯碱分为工业级纯碱和食品级纯碱，工业碳酸钠分为Ⅰ类和Ⅱ类两类。Ⅰ类为特种工业用重质碳酸钠，适用于制造显像管玻壳、浮法玻璃、光学玻璃等；Ⅱ类为一般工业用碳酸钠，包括轻质碳酸钠和重质碳酸钠。轻质纯碱和重质纯碱的本质区别是粒度不同，通俗地讲轻质纯碱是粉末，而重质纯碱是小颗粒，使用时不会到处飞扬。

纯碱产品的国家标准（GB 210.1—2004）见表 5-1。

表 5-1 纯碱产品的国家标准（GB 210.1—2004）

指标专案			Ⅰ类	Ⅱ类		
			优等品	优等品	一等品	合格品
总碱量(以干基的 Na_2CO_3 质量分数计)/%		≥	99.4	99.2	98.8	98.0
总碱量(以湿基的 Na_2CO_3 质量分数计)/%		≥	98.1	97.9	97.5	97.6
氯化钠(以干基的 NaCl 的质量分数计)/%		≤	0.3	0.7	0.9	1.2
铁(Fe)的质量分数(以干基计)/%		≤	0.003	0.0035	0.006	0.010
硫酸盐(以干基的 SO_4^{2-} 质量分数计)/%		≤	0.03	0.03		
水不溶物(质量分数)/%		≤	0.02	0.03	0.10	0.15
堆积密度/(g/mL)		≥	0.85	0.90	0.90	0.90
粒度,筛余物/%	18μm	≥	75	70	65	60
	1.18mm	≤		2.0		

碳酸钠是重要的化工原料之一（图 5-1），广泛应用于轻工日化、建材、化学工业、食

品工业、冶金、纺织、石油、国防、医药等领域，用作制造其他化学品的原料、清洗剂、洗涤剂，也用于照相和分析领域。玻璃工业是纯碱的最大消费部门，每吨玻璃消耗纯碱 0.2t。在工业用纯碱中，主要是轻工、建材、化学工业，约占 2/3；其次是冶金、纺织、石油、国防、医药及其他工业。

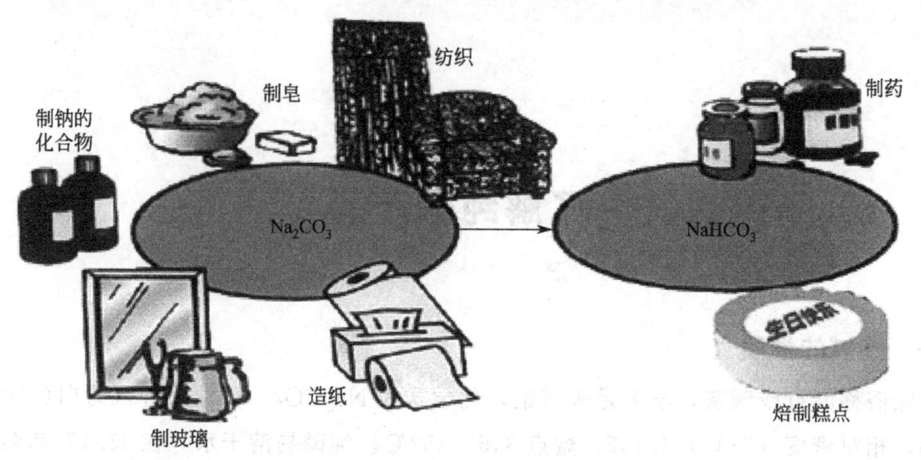

图 5-1 纯碱的用途

三、纯碱的健康危害及防护

1. 人体健康危害

纯碱具有弱刺激性和弱腐蚀性，直接接触可引起皮肤和眼灼伤。生产中吸入其粉尘和烟雾可引起呼吸道刺激和结膜炎，还可引起鼻黏膜溃疡、萎缩及鼻中隔穿孔。长时间接触该品溶液可引起湿疹、皮炎、鸡眼状溃疡和皮肤松弛。接触该品的作业工人呼吸器官疾病发病率升高。误服可造成消化道灼伤、黏膜糜烂、出血和休克。皮肤接触后应立即脱去污染的衣着，用大量流动清水冲洗至少 15min，并就医。

2. 防护措施

使用纯碱时，密闭操作，加强通风；操作人员必须经过专门培训，严格遵守操作规程；建议操作人员佩戴自吸过滤式防尘口罩，戴化学安全防护眼镜，穿防毒物渗透工作服，戴橡胶手套；避免产生粉尘，避免与酸类接触；搬运时要轻装轻卸，防止包装及容器损坏；配备泄漏应急处理设备，倒空的容器可能残留有害物；稀释或制备溶液时，应把碱加入水中，避免沸腾和飞溅。

若眼睛接触纯碱，应立即提起眼睑，用大量流动清水或生理盐水彻底冲洗至少 15min，并就医；若吸入纯碱，应脱离现场至空气新鲜处，若呼吸困难，给输氧，并就医；若食入纯碱，应用水漱口，饮牛奶或蛋清，并就医。

四、纯碱的生产原料及生产方法

人类最早使用的碱是天然碱和草木灰。大规模的工业生产开始于 18 世纪末，随着生产技术的发展，法国人路布兰、比利时人索尔维、中国人侯德榜等都作出了突出贡献。

路布兰于 1787 年首先提出以盐($NaCl$)、硫酸(H_2SO_4)、石灰石($CaCO_3$)、煤(C) 为原料生产纯碱的方法，称为路布兰制碱法。路布兰法需要高温，设备腐蚀严重，生产工序复杂，且产量不高，产品碳酸钠的纯度也差。1861 年，索尔维发现用食盐水吸收氨和二氧化碳可以得到碳酸氢钠，之后提出用海盐（主要成分为 $NaCl$）和石灰石为原料，以氨为媒介制取纯碱的方法，称为氨碱法。该法原理是：石灰石经煅烧得二氧化碳和生石灰，然后生石灰经消化制得石灰乳用于盐水精制，而二氧化碳用于盐水的碳酸化。粗盐（NaCl）溶解得粗盐水，经除去所含钙、镁等杂质后得到精制盐水，经吸收氨制成氨盐水，然后碳酸化得到溶解度较小的碳酸氢钠结晶（重碱结晶），过滤后，重碱经煅烧得到纯碱，母液与石灰乳反应，蒸馏回收氨，蒸馏液经处理后排放。氨碱法制纯碱的工艺流程简图如图 5-2 所示。

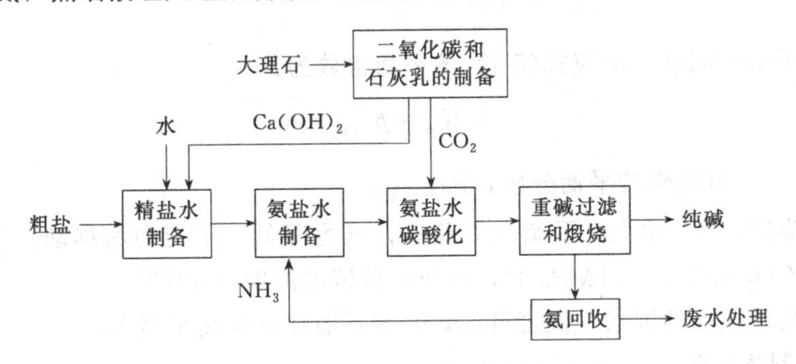

图 5-2 氨碱法制纯碱的工艺流程简图

由于氨碱法原料易得，过程中的物料以气相和液相为主，适于连续化生产，成本低，且产品纯度高，是目前生产纯碱的一个主要方法。但该法要利用石灰乳与副产物发生复分解反应，得到氨循环利用，同时生成副产物氯化钙（$CaCl_2$），大量堆积毁占耕地；盐的利用率低，废液排放量大，且污染大。由我国化学家侯德榜提出的联合制碱法，将纯碱厂与合成氨厂联合在一起，既能生产纯碱，又能同时生产氯化铵肥料。联合制碱法和氨碱法的原理主要区别在于过滤重碱后母液的处理方法不同，对于前者，通过向母液中加入盐，使 NH_4Cl 成晶体析出，得到 NH_4Cl 肥料，滤液则循环使用。联合制碱法是目前生产纯碱的另一个主要方法。

思考与练习

1. 纯碱的基本性质有哪些？纯碱有哪些基本用途？
2. 若某人眼睛接触纯碱，应怎样安全处理？
3. 纯碱生产的两个主要方法是什么？主要区别是什么？

任务二 掌握石灰石煅烧及石灰乳制备工艺知识

在氨碱法生产中，盐水精制及氨回收过程都需要大量的石灰乳，而碳酸化过程需要大量的二氧化碳。煅烧石灰石（$CaCO_3$）可得二氧化碳及生石灰（CaO），而生石灰再经消化可得到石灰乳。

一、石灰石煅烧及石灰乳制备的化学反应

1. 石灰石煅烧反应

石灰石的主要成分为 $CaCO_3$，含量一般大于 94%（质量分数），其次还含有 $MgCO_3$、

SiO_2、Fe_2O_3、Al_2O_3 等，石灰石煅烧的主要反应为：

$$CaCO_3(s) \rightleftharpoons CaO(s) + CO_2(g)$$

$$\Delta_r H_m^{\ominus}(298K) = 179.6kJ/mol \tag{5-1}$$

该反应为一可逆吸热的气固相反应。反应所需热量由与石灰石混合的燃料焦炭或无烟煤燃烧提供。

（1）影响平衡的因素　反应式(5-1)的平衡常数为：

$$K_p = p_{CO_2}^* \tag{5-2}$$

式中　$p_{CO_2}^*$——二氧化碳的平衡分压，Pa。

当温度升高时，K_p 增大，平衡向右移动；压力降低，平衡向右移动。通过计算可知，理论上当实际 CO_2 分压达 0.1MPa 时，石灰石分解的温度为 907℃。

（2）影响反应速率的因素　温度升高，石灰石煅烧反应速率增大。

2. 石灰乳制备反应

石灰乳[$Ca(OH)_2$ 的悬浮液]可用于盐水除杂精制及回收氨。生石灰 CaO 加适量的水反应得熟石灰 $Ca(OH)_2$，反应如下。

$$CaO(s) + H_2O(l) = Ca(OH)_2(s) \tag{5-3}$$

$$\Delta_r H_m^{\ominus}(298K) = -64.9kJ/mol$$

该反应是强放热的液固相反应。此反应也称生石灰的消化反应，简称消化反应，产物熟石灰也称消石灰。熟石灰在水中的溶解度很小，且溶解度随温度升高而减小。

在生产中，由于粉末状的熟石灰使用不方便，一般将熟石灰加入水中，搅拌制成石灰乳（即悬浮液）使用。

二、石灰石煅烧和石灰乳制备工艺条件的选择

1. 石灰石煅烧工艺条件的选择

石灰石煅烧反应器也称石灰窑，分为卧式与立式两种，一般以立式石灰窑使用最广泛。表示石灰窑工况好坏的主要指标是石灰窑的生产能力和生产强度。石灰窑的生产能力以每天能煅烧的石灰石的质量表示，单位 t/d；而石灰窑的生产强度以单位窑横截面积每天能生产的生石灰的质量表示，单位 $t/(m^2 \cdot d)$。影响石灰窑工况的因素包括石灰石粒度、燃料燃烧速率、煅烧温度和混合料分布等。

（1）石灰石粒度　石灰石颗粒形体尺寸的大小用粒度表示，单位为 mm。石灰石粒度越小，则石灰石预热和煅烧的时间越短，石灰窑的生产能力越强。但石灰石颗粒越小，则颗粒之间的间隙越小，气体流动的阻力越大，造成能耗越大。一般地，对于以焦炭或无烟煤为燃料的立式窑，石灰石颗粒度取为 50～150mm。

（2）燃料燃烧速率　在其他条件不变时，燃料燃烧速率取决于燃料颗粒的大小。颗粒越小，燃料燃烧速率越大，放热速率越大，则窑的生产能力越大。但燃料颗粒过小，燃料燃烧速率过大，可能造成石灰石煅烧不完全，即产生石灰“生烧”现象，另外燃料颗粒越小，气体流动的阻力越大。对立式窑而言，要保证正常运行，燃料颗粒的最大粒度应为石灰石颗粒最大粒度的 0.5 倍或 0.3 倍，而燃料颗粒的最小粒度应为石灰石颗粒最大粒度的 0.1 倍，因此，一般地，对于以焦炭或无烟煤为燃料的立式窑，取焦炭或无烟煤颗粒的粒度为 25～50mm。

（3）煅烧温度　温度升高，煅烧反应的平衡向右移动，煅烧反应速率增大。但温度过高，

石灰石可能出现熔融或半熔融状态，发生挂壁或结瘤，使煅烧得到坚实而不易消化的“过烧石灰”，该现象称为石灰过烧。石灰石煅烧所需要的热量由焦炭或无烟煤燃烧提供，每 100kg 的石灰石所配的燃料的质量数（以 kg 为单位）称为配焦率。配焦率的大小由热量衡算得到，并视实际情况微调。在配焦比一定时，为了提高煅烧温度需要使用质量优良且粒度均匀的石灰石和燃料。一般地，煅烧石灰石温度取 940～1200℃，最佳温度是维持石灰略微生烧状态。

（4）石灰石和燃料混合料的分布　石灰石和燃料混合料在窑横截面上分布均匀，有利于窑操作稳定并有利于提高窑的生产能力；反之，若石灰石和燃料混合料在窑横截面上分布不均匀，则气体偏流，会引起石灰石生烧和过烧。混合料的分布结果取决于石灰窑的加料装置，尤其是窑顶撒料器的设计。

（5）石灰窑上料和出料速度　上料速度指单位时间加进石灰窑的石灰石和燃料混合料的质量；出料速度指单位时间从石灰窑取出物料的质量。适宜的上料和出料速度可以在一定程度上提高石灰窑的生产能力。

2. 石灰消化工艺条件的选择

纯碱生产中，要求石灰乳中氢氧化钙的含量尽可能高，以节约蒸氨时的蒸汽消耗，提高石灰的利用率；砂子等杂质含量尽可能少，以减少输送泵的磨损；尽可能提高石灰乳的温度，以降低黏度，便于输送；石灰乳中悬浮的颗粒尽可能细小，使之不易下沉。但石灰乳中氢氧化钙的含量过大，则黏度增大，容易沉淀造成设备堵塞。一般要求石灰乳中含活性 CaO 约 230～300kg/m^3，密度约 1.17～1.22kg/m^3。石灰乳制备的工艺条件包括生石灰及水温度、生石灰活性、生石灰块度、搅拌强度等。

（1）生石灰及水温度　生石灰及水温越高，则消化速率越大，但温度过高，反应激烈，发热速率增大，水汽化加剧。

（2）生石灰活性　生石灰进行消化反应的难易程度称为生石灰的活性。生石灰的活性与煅烧石灰石的温度有关，一般在石灰石煅烧温度范围内，温度低则得到的生石灰活性高；反之，活性低。生石灰的活性越高，则消化反应速率越大。

（3）生石灰块度　生石灰块的形体尺寸大小称为生石灰的块度。生石灰块度越小，消化反应进行得越完全，但生石灰块度由石灰石的粒度决定，生石灰块度小，则要求石灰石的粒度小。

（4）搅拌强度　搅拌可及时除去覆盖在生石灰表面的熟石灰，使生石灰表面及时更新，加快消化反应进行。搅拌强度越大，消化反应速率越大，但搅拌能耗也增大。

三、石灰石煅烧和石灰乳制备的工艺流程

图 5-3 是石灰石煅烧和石灰乳制备的工艺流程图。石灰石和焦炭或无烟煤燃料经破碎，粒度达到要求后，用皮带输送，过筛，除去小颗粒，堆于石焦仓。取石灰石和燃料，用称量车计量后，用卷扬机提升到立式石灰窑顶部，通过加料机均匀加入窑内，进行煅烧。

燃料燃烧需要的空气经过高压鼓风机通过管道输送至窑内底部风帽，从窑内底部向上运动至窑内高温段，支持氧化燃烧，放出热量供石灰石煅烧用。该过程产生的高温气体混合物称为窑气或烟气，从窑顶送出，经回收热量、除尘脱硫后得净化炉气，去压缩机。产物生石灰从窑底部两面的出灰口经出灰车卸出，经吊灰车提升到灰仓。生石灰通过加灰机加入化灰机。

化灰机（消化机）为一卧式回转圆筒，稍向出口一端倾斜（约 0.5°），杂水（洗涤石灰乳中弃石后的水）和生石灰一起从进口端加入，互相混合，进行消化反应。圆筒内装有许多

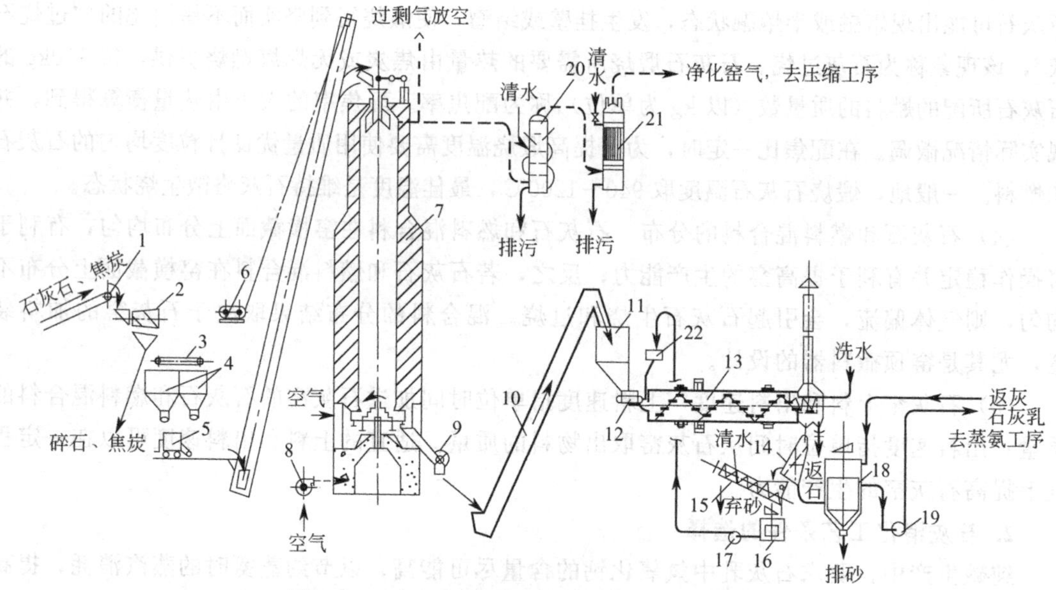

图 5-3　石灰石煅烧和石灰乳制备的工艺流程图

1—运焦炭和石灰石皮带；2—石灰石及焦炭筛子；3—分配皮带；4—石焦仓；5—称量车；6—卷扬机；7—石灰窑；8—鼓风机；9—出灰机；10—吊灰机；11—灰仓；12—加灰机；13—化灰机；14—灰乳振动筛；15—洗砂机；16—杂水桶；17—杂水泵；18—灰乳桶；19—灰乳泵；20—泡沫洗涤塔；21—电除尘器；22—杂水流量堰

螺旋形式排列的角铁，在转动时将水和石灰向前推动。尾部有孔径不同的两层筛子，分出的大块石灰石生料作为返石返回煅烧炉，石灰乳从筛孔流出，经振动筛筛除弃石后进入带搅拌的灰乳桶，经灰乳泵送出。弃石包括过烧和生烧石灰，经洗砂机用清水洗掉石灰乳后排弃，洗涤水也称为杂水，作为消化用水。

思考与练习

1. 写出石灰石煅烧和生石灰消化的反应方程式。两反应各有什么特点？
2. 怎样提供石灰石煅烧所需的热量？什么叫配焦率？
3. 什么叫石灰生烧和过烧现象？
4. 石灰石煅烧和生石灰消化的工艺条件有哪些？
5. 简述石灰石煅烧和生石灰消化的工艺流程。

任务三　熟悉立式石灰窑和石灰化灰机

一、立式石灰窑

1. 立式石灰窑的结构特点

石灰窑是制造二氧化碳和石灰的关键设备。石灰窑的形式很多，按结构可分为回转窑和立式窑两类，其中回转窑是一个转动的卧式圆筒，石灰石和燃料分别在两端加入，随着转筒转动而混合均匀，同时不断发生着燃料燃烧和石灰石煅烧反应，而立式窑是一个静止的立式圆筒，石灰石和燃料一同从顶部加入，在窑内，燃料燃烧放出热量，供石灰石分解，目前立式窑被广泛采用。对于立式石灰窑，其优点是生产能力大，上料下灰完全机械化，窑气浓度高，热利用率高，石灰质量好。图 5-4 为一立式石灰窑的结构示意图。

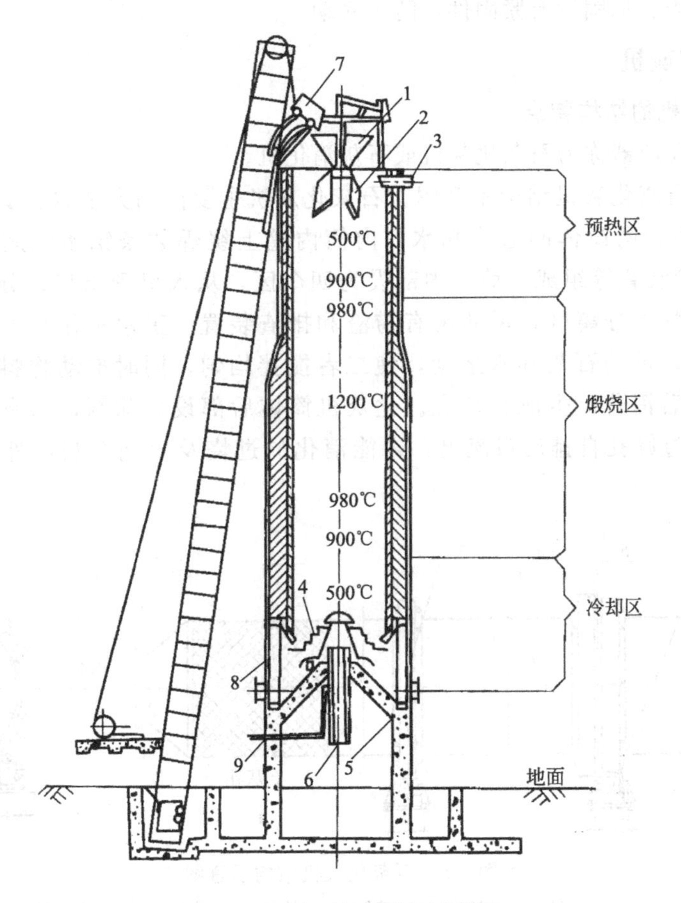

图 5-4 立式石灰窑结构示意图

1—漏斗；2—分石器；3—空气出口；4—出灰转盘；5—四周风道；6—中央风道；7—吊石罐；8—出灰口；9—风压表接管

窑身用普通砖或钢板制成，内砌耐火砖，两层之间装填绝热材料（如石棉矿渣、泡沫硅藻土等），以减少热损失。空气用鼓风机由下面送入窑内，石灰石块和焦炭混合好后从上面装入窑内，并自上而下运动，分别经过预热区、煅烧区和冷却区三个区域。预热区的作用是利用煅烧区上来的热空气，将石灰石预热并干燥，温度超过 700℃炉料开始燃烧，热窑气将自身一半热量传给炉料后温度降至 50～100℃，从窑顶放出。煅烧区约占窑高的 1/2，经预热后的混料在此区域进行煅烧，完成石灰石的分解过程。为避免过烧结瘤，该区域温度不应超过 1200℃。冷却区的主要作用是预热进窑的空气，使石灰冷却至 30～60℃。这样，既回收了热量又可起到保护窑箅的作用。

2. 石灰窑的维护要点

为了使石灰窑保持良好的工况，需对石灰窑进行日常维护，要点如下。

(1) 经常观察原料及燃料的质量，保证原料及燃料的质量稳定。

(2) 经常查看主控机显示器上各参数的变化，以对生产及时作出相应调整。

(3) 经常观察产品的质量，以便做到发现问题及时解决。

(4) 定期给所有机械传动部位添加相应标号的润滑油脂。

(5) 定期检查所有机械动力，确保正常运行。

(6) 定期检查、加固所有紧固件，防止松动。

二、石灰化灰机

1. 石灰化灰机的结构特点

生石灰消化反应器称为石灰化灰机或石灰消化机。

图 5-5 是一石灰化灰机结构示意图。石灰化灰机主要由动力装置、滤网、滚圈、筒体(外筒体和内筒体，两筒体间通冷却水。内筒内壁上绕焊数条钢条螺旋线，起到推料作用)、齿圈、托轮装置等组成，筒体内部设为四个区，从入口到出口，分别为缓冲区、消化区、均质区、乳渣分离区，尾部设有捞渣和排渣装置。正常工作时，动力装置通过齿圈驱动筒体回转，带动石灰和水运动，使二者搅拌均匀，同时推动物料向前运动，生石灰块在筒内吸水后消化，生成石灰乳。化灰机筒体后部设有筛网，用来分离生石灰和石灰乳，石灰乳穿过筛孔自排出口流出，未能消化的过烧及生烧石灰由外筒体尾部的捞渣装置排出筒外。

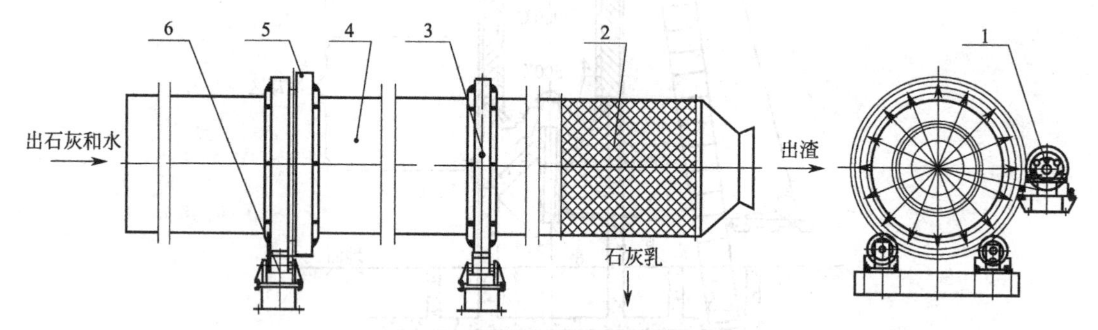

图 5-5　石灰化灰机结构示意图

1—动力装置；2—滤网；3—滚圈；4—筒体；5—齿圈；6—托轮装置

2. 石灰化灰机的维护要点

为了使石灰化灰机保持良好的工况，需对石灰化灰机进行日常维护。

(1) 润滑保养　润滑保养要求见表 5-2。

表 5-2　石灰化灰机的润滑保养要求

润滑部位	润滑油(脂)	润滑周期	润滑部位	润滑油(脂)	润滑周期
轴承座	3# 锂基脂	3 个月更换一次	电机轴承	3# 锂基脂	6 个月更换一次
托轮轴承	二硫化钼 3# 锂基脂	6 个月更换一次	减速机	150# 中负荷齿轮油	3 个月更换一次

(2) 运转中的检查

① 检查螺旋刮板及内衬情况。

② 检查减速机、电机轴承温升。

③ 检查减速机轴承润滑情况。

思考与练习

1. 按结构，石灰窑分为哪两种类型？二者主要的区别是什么？
2. 在立式石灰窑内，物料层分为哪三个区域？各自的作用分别是什么？
3. 了解石灰窑的维护要点。
4. 石灰化灰机由哪些部分组成？筒内物料怎样运动？
5. 了解石灰化灰机的维护要点。

任务四
懂得立式石灰窑和石灰化灰机操作

一、立式石灰窑的操作要点

1. 开车前的准备与检查

(1) 原料准备

① 外购石灰石经供应部门、检验部门验收合格后，送至指定堆料场。

② 外购炭块经供应部门、检验部门验收合格后，送至指定堆料场。

③ 根据生产技术员的要求，对外购大炭块进行加工，加工成规定的粒度；然后过筛，等待使用。过筛后的面煤，另作他用。

(2) 点窑前的准备　对新开窑、换过内衬的老窑点窑前一般要进行烤窑。烤窑前要对下列设备进行检查，包括上料机械系统、鼓风机械系统、石灰窑主体、窑顶压力指示系统、窑体温度指示系统和窑气化学分析检测系统。

(3) 空载通风试车

① 确保窑体各部位、各机械设备、信号、仪表安装齐全，运转良好。

② 打开窑顶料盅、窑底出灰口灰门，开启鼓风系统，窑内通风 2h 以上。

③ 关闭窑底出灰口灰门，打开窑顶料盅，调整供风系统各阀门开度，检查顶压检测系统压力变化是否正常；检查气体采样系统是否正常；检查温度指示系统是否正常。

(4) 打开人孔准备木柴

① 准备点窑需使用的木柴若干。

② 准备点窑需使用的废机油等燃料若干。

③ 打开装窑人孔。

2. 开车

(1) 装窑

① 铺底石料。

② 机装石料。

③ 劈柴装窑。

④ 块煤装窑。

⑤ 混料装窑。

（2）点火

① 点火　将燃烧的火把从点火人孔投入，从点火人孔处观察，火势增大时，开启底部高压鼓风机（注意：出灰口铁门处于关闭状态）；窑内火势逐渐增大。

② 封闭第二个点火人孔　将石灰窑中部第二个点火人孔用耐火、保温材料封闭，砌好。

③ 调整进风量　点火鼓风约2～3h后，停窑底高压鼓风机，打开窑底出灰口铁门，窑内处于自然通风状态。

④ 加料　一般5h后，窑内木柴燃尽，再从窑顶加入比例合适的混料，将木柴塌陷腾空的空间填满，使窑顶空高仍维持工艺要求距离高度。

⑤ 观察温度适当动窑　5～6h后，打开出灰口，每面出料1～2车，原则能感觉到窑内物料在整体运动，即证明无结窑现象，同时开始记录窑温变化。

⑥ 正常动窑上料　动窑要求：每4h出灰口出料一次，上料一次。一般3d左右，窑温指示显示出窑内实际的感应温度，当中温达到400℃以上，出灰口开始有生石灰出现时，确认石灰窑点火成功。

（3）生产送气。

（4）调节工艺参数，包括调压、调温、调灰生熟、调窑气主含量。

（5）出灰

① 正常生产出灰时，现将出灰车推至石灰窑出灰口下方。

② 打开灰口铁门，人工用铁棒撩动穿管箅式灰阀。

③ 当灰车放满时，停止铁棒撩动。

④ 将灰口铁门关闭，将灰倒至灰库，出灰工作完成。

（6）上料

① 装料　正常上料时，现将一车石料倒入上料斗，然后将计量1/3左右块煤散开加到石料上面；然后重复上述操作将料斗加满；一般每斗石料300kg左右。

② 加料　启动上料卷扬机，当料斗运行到即将翻斗时，手摇料盅绞盘开启窑顶料盅；在料斗倒料的瞬间，关闭上料卷扬机。倒完混料后，开启料斗下行开关，当听到混料进入窑内时，应迅速反方向手摇料盅绞盘迅速放下窑顶料盅，使窑顶闭气；当料斗下行到上料位置时，迅速关闭料斗下行开关，完成窑顶一斗加料。正常生产一次加料4～5斗，重复上述步骤。

3. 停车

（1）通知　接到停窑的通知，方可进行停窑操作。

（2）停止供气

① 通知　当接到停止送气的通知后，进行停气操作。

② 停气　按下高压鼓风机停止按钮，鼓风机停止工作后，可根据实际情况进行下述操作。当窑温控制正常时，开启窑顶料盅，打开窑底两面出灰口的铁门；当窑顶温较高时，鼓风机停止工作后，不进行其他操作；当窑底温较高时，先打开窑底两面出灰口的铁门，重新开启高压鼓风机，继续鼓风冷却。注意窑顶料盅处于关闭状态。

（3）上料出灰　停止窑顶上料工作；正常时间下灰，根据技术部门的要求，下回到规定位置或直至窑内存灰出尽。

二、立式石灰窑操作的异常现象及处理

立式石灰窑操作中的主要异常现象、产生原因及处理方法见表5-3。

表 5-3 立式石灰窑操作中的主要异常现象、产生原因及处理方法

异常现象	产生原因	处理方法
窑气中 CO_2 浓度低	①配焦率太高 ②配焦率太低 ③送风量太大 ④结瘤 ⑤原料燃料混合不匀 ⑥石灰石分解不完全 ⑦窑顶负压 ⑧窑顶和灰温度高、热损失大 ⑨窑漏气	①更正配焦率 ②更正配焦率 ③适量送风 ④消除结瘤原因 ⑤调节布料器 ⑥平稳操作 ⑦窑顶保持微正压 ⑧调整操作参数,确保窑顶和灰温度指标 ⑨检查堵漏
石灰生烧	①配焦率小 ②石灰石粒度大 ③送风量小 ④石灰石和燃料分布不均 ⑤窑顶和灰温度高 ⑥石灰石粒度不均 ⑦煅烧区停留时间短 ⑧结焦偏烧 ⑨石灰石和燃料规格变化	①调整配焦率 ②更换合格粒度的石灰石 ③调整送风量 ④调整布料器 ⑤严格控制窑顶和灰温度 ⑥更换合格粒度的石灰石 ⑦保证煅烧区停留时间 ⑧消除结焦原因 ⑨按规格变化,及时调整配焦率
石灰过烧	①配焦率大 ②石灰石粒度小 ③送风量大 ④石灰石和燃料分布不均 ⑤窑顶和灰温度低 ⑥石灰石粒度不均 ⑦煅烧区停留时间长 ⑧结焦偏烧 ⑨石灰石和燃料规格变化	①调整配焦率 ②更换合格粒度的石灰石 ③适当送风 ④调整布料器 ⑤严格控制窑顶和灰温度 ⑥更换合格粒度的石灰石 ⑦保证煅烧区停留时间 ⑧消除结焦原因 ⑨按规格变化,及时调整配焦率

三、立式石灰窑的安全操作事项

(1) 所有上岗人员在上岗前，应有一般的用电常识、安全防火常识，特别是在公司、车间、班组三级安全教育时应增加这两类常识的应知应会。

(2) 生产人员上下班必须更换服装，上班时必须佩戴劳动保护用品，遵守岗位纪律。

(3) 防止高空坠物、坠落事故安全防护。

(4) 石灰窑出灰时，撩灰、下灰应逐渐进行，防止大量石灰从灰口突然失控下落砸伤正在下灰的操作人员。

(5) 石灰窑上料时，当料斗运行时，工作人员应远离料车运行的正对方向；防止因钢丝绳断裂或卷扬机失灵及突然停电而造成飞车伤人事故。

(6) 进入窑下密闭仓内处理操作，必须设有专人监护。

(7) 登上窑顶，无论机械加油还是操作处理，必须两人结伴，专人监护。

(8) 窑气管线不得泄漏，防止正压时外溢有毒气体，负压时吸入空气，影响职工健康和工艺条件。

(9) 按要求巡视检查。

四、石灰化灰机的操作要点

1. 开车前的准备与检查

接班时详细了解班前情况。

① 检查消化机转动、传动部位是否有障碍物。

② 检查减速机油量、轴承润滑脂是否充足。

③ 检查各紧固螺栓是否有松动或断裂，有则拧紧或更换。

④ 开机前巡视周围是否有人工作，若有必须通知其后才可启动。

2. 开车

① 准备工作完成后，启动螺旋输送机电动机。

② 启动石灰消化机电动机，观察运行情况。

③ 调整各工况参数到正常。

3. 停车

先停止供料工序，待石灰消化机内物料（石灰渣）运完后打开冲洗水将槽内积渣冲洗干净后才可停机并关闭冲洗水。

五、石灰化灰机操作的异常现象及处理

石灰化灰机操作中的主要异常现象、产生原因及处理方法见表5-4。

表5-4 石灰化灰机操作中的主要异常现象、产生原因及处理方法

异常现象	产生原因	处理方法
轴承发热	①润滑不良 ②缺润滑油 ③轴承损坏 ④轴承安装不当	①改善润滑 ②加油 ③更换轴承 ④调整间隙
筒体振动	①筒体下滑或上窜 ②大、小齿轮间隙过大 ③地脚螺栓松动	①调整筒体轴承 ②调整间隙 ③紧固地脚螺栓

思考与练习

1. 立式石灰窑开车前的准备工作包括哪些方面？
2. 立式石灰窑开车分为哪几步？
3. 了解石灰窑安全操作注意事项。
4. 石灰化灰机开车前的准备工作包括哪些方面？
5. 石灰化灰机开车分为哪几步？

任务五 掌握精盐水制备工艺知识

氨碱法生产纯碱需要饱和精盐水。盐（NaCl）的水溶液称为盐水，按所含杂质的数量，盐水分为粗盐水和精盐水。纯碱生产对精盐水的要求为：泥沙和固体悬浮物不大于30mg/L，Mg^{2+}不大于6mg/L，Ca^{2+}不大于50mg/L。若精盐水中，NaCl溶解达到饱和，则称为饱和精盐水，简称精盐水。精盐水的制备过程包括溶盐和粗盐水的精制两个过程。

一、溶盐

按来源不同，原盐分为海盐、湖盐、井盐、岩盐和天然卤水等，我国的海盐资源丰富，

一般多采用海盐为原料制备盐水。溶盐也称化盐，是将原盐直接溶于水中达到饱和得饱和盐水的过程。搅拌、加热可加速盐的溶解。在工业生产中，利用化盐桶（大铁桶）设备制备饱和粗盐水，固体原盐（海盐、湖盐、井盐、岩盐等）由桶的上部加入，水由桶底部进入桶中，向上流过盐层，同时溶解盐，水中盐浓度增大，保持盐层厚度足够，由桶上端溢流出的溶液即为饱和粗盐水，其中含 NaCl 约为 305～310g/L。

二、盐水精制的原理和工艺流程

将粗盐水中杂质除去得到精盐水的过程称为粗盐水的精制，简称盐水的精制。粗盐水中的可溶杂质主要是钙盐和镁盐。杂质钙盐和镁盐在后续盐水氨化和碳酸化过程中，能与 NH_3 及 CO_2 作用形成沉淀或复盐，而引起设备管道结垢甚至堵塞，同时又增加原盐和氨的损失，而且钙盐和镁盐生成的沉淀可能残留在纯碱成品中而降低成品纯度。粗盐水中的泥沙和固体悬浮物堵塞管道和设备，也可残留在纯碱成品中而降低成品纯度，所以必须对粗盐水进行精制，以除去其中的泥沙、固体悬浮物及 Mg^{2+} 和 Ca^{2+}。

盐水精制的方法有多种，目前生产中常用的有石灰-氨-二氧化碳法和石灰-纯碱法两种。

(1) 石灰-氨-二氧化碳法 该法也称石灰-碳酸铵法，分两步除 Mg^{2+} 和 Ca^{2+}。

第一步，除 Mg^{2+}。先在盐水中加入石灰乳，使 Mg^{2+} 转化成氢氧化镁沉淀除去，清液称为一次盐水。一般溶液 pH 控制在 10～11，离子反应式为：

$$Mg^{2+}+Ca(OH)_2 \longrightarrow Mg(OH)_2\downarrow+Ca^{2+} \tag{5-4}$$

有时还需加入少量苛性淀粉，将沉淀黏结，以加速沉降。由于得到与 Mg^{2+} 等量的 Ca^{2+}，所以一次盐水中 Ca^{2+} 浓度升高。

第二步，除 Ca^{2+}。向一次盐水中通入 NH_3 和 CO_2，使 Ca^{2+} 转化成碳酸钙沉淀除去，得到二次盐水。实际生产中，除 Ca^{2+} 在除钙塔中进行，一次盐水从塔上部加入，而塔底通入来自后续氨盐水碳酸化工序含 NH_3 和 CO_2 的尾气，进行反应。

$$Ca^{2+}+2NH_3+CO_2+H_2O \longrightarrow CaCO_3\downarrow+2NH_4^+ \tag{5-5}$$

反应后使 Ca^{2+} 转化成碳酸钙沉淀除去，清液称为二次盐水，即精盐水。

石灰-氨-二氧化碳盐水精制法适用于含 Mg^{2+} 多的海盐，因为利用了碳酸化塔尾气，故成本低廉。但此法具有增加溶液中氯化铵含量的缺点，使碳酸化过程中氯化钠转化率降低，氨损失增大，流程及操作复杂，但我国大多数纯碱厂均采用此法。石灰-氨-二氧化碳法精制盐水的工艺流程如图 5-6 所示。

饱和粗盐水自化盐桶 1 溢流出来进入反应罐 2，在此加入石灰乳（由石灰乳桶 10 送来）及来自加泥罐 11 的悬浮液，在搅拌作用下进行食盐水除镁反应。反应后悬浮液流入一次澄清桶 3 进行液固分离，固体沉淀（称一次泥）由澄清桶底部排出，送往一次泥罐 7，清液（称一次盐水）自澄清桶上部溢流出来，用泵送入脱钙塔顶部，塔下部通入碳酸化塔尾气，气液逆流进行除钙反应。悬浮液自脱钙塔底部流出进入二次澄清桶 5 除去碳酸钙沉淀。沉淀下来的二次泥从澄清桶底部进入二次泥罐 8，再用泵打入加泥罐 11，清液（称二次盐水或精制盐水）自澄清桶 5 上部溢出。一、二次泥很稀，其中含有一定量的盐，这部分盐必须回收。将一、二次泥汇合后经一次泥罐 7（由脱钙塔 4 顶部加入水送入泥罐 7）自动洗涤一、二次泥，泥水用泵打入洗泥桶 6，清液送入化盐桶 1 用于化盐，废泥经泥罐 9 和泵弃去。

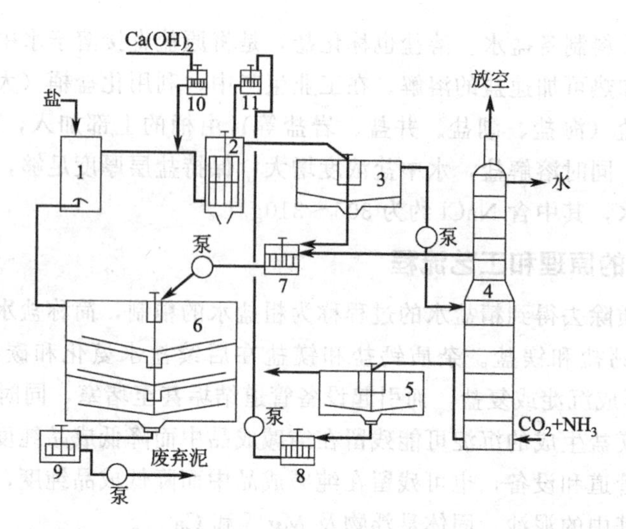

图 5-6　石灰-氨-二氧化碳法精制盐水的工艺流程图

1—化盐桶；2—反应罐；3—一次澄清桶；4—脱钙塔；5—二次澄清桶；6—洗泥桶；7—一次泥罐；8—二次泥罐；9—废泥罐；10—石灰乳桶；11—加泥罐

(2) 石灰-纯碱法　此法也是用石灰乳先除去镁盐，原理见反应式(5-4)，然后采用纯碱除去钙盐，离子反应式为：

$$Ca^{2+} + Na_2CO_3 \longrightarrow CaCO_3 \downarrow + 2Na^+ \tag{5-6}$$

从上式可看出，除钙时，若不生成铵盐而生成钠盐，就不会影响盐水碳酸化过程中氯化钠的转化率。

在实际生产中，这种方法中除钙和镁是一次反应进行的。所用的石灰量应相当于镁含量，而纯碱加入量应相当于钙、镁含量之和，由于 $CaCO_3$ 在饱和盐水中的溶解度比在纯水中大，故一般纯碱应过量 0.8g/L，石灰过量 0.5g/L，控制盐水的 pH 为 9.0。本法的缺点是要消耗纯碱，但操作较简单，劳动条件好，且精制度高。故在盐质较好的情况下可广泛采用。石灰-纯碱法精制盐水的工艺流程如图 5-7 所示。

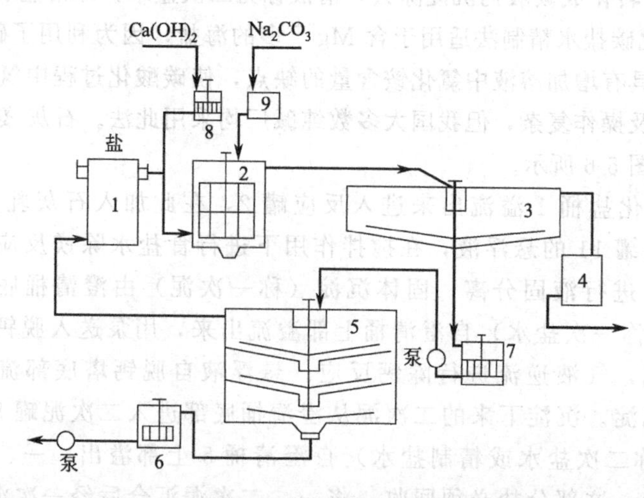

图 5-7　石灰-纯碱法精制盐水的工艺流程

1—化盐桶；2—反应罐；3—澄清桶；4—精盐水贮桶；5—洗泥桶；6—废泥罐；7—澄清泥罐；8—灰乳贮槽；9—纯碱贮槽

思考与练习

1. 纯碱生产对精盐水的要求有哪些？精盐水的制备分为哪几步？
2. 盐水精制的方法有哪几种？它们有哪些区别？
3. 简述石灰-氨-二氧化碳法精制盐水的工艺流程。
4. 简述石灰-纯碱法精制盐水的工艺流程。

任务六 熟悉精盐水制备主要设备

精盐水制备过程用到的主要设备包括化盐桶、盐水澄清桶、洗泥桶和除钙塔。

一、化盐桶

1. 化盐桶的结构特点

化盐桶的作用是将固体原盐和水按比例混合、溶解制成饱和粗盐水。

化盐桶一般是用钢板焊接而成的立式内衬橡胶的圆桶，其结构示意图见图 5-8。原盐经计量从化盐桶的正上方，经覆盖于化盐桶上口的箅子板挡掉绳、草、竹片等固体后加入桶内。加热过的溶盐用水（溶盐水）由桶底部通过设有均匀分布菌帽形结构的分布管进入化盐桶内，逆流向上流经盐层，逐渐溶解原盐，达到桶的顶部成饱和粗盐水，经铁栅进溢流槽，从粗盐水出口去粗盐水精制工序。菌帽形分布管一般有五个，在化盐桶底部截面上均匀分布。为避免化盐桶局部截面流速过大或溶盐水沿壁走短路造成上部原盐产生搭桥现象，在化盐桶内壁中间部位设置有与桶体成 45°的角。积存在化盐桶底部的泥沙等不溶固体，定期从位于化盐桶底部的出泥孔排出。有时为了加速溶盐，在化盐桶中部设置加热蒸汽分配管，蒸汽从分配管小孔喷出进入盐水，小孔开设方向向下，可避免盐水飞溅或分配管堵塞。

2. 化盐桶的维护要点

为了使化盐桶保持良好的工况，需对化盐桶进行日常维护，要点如下。

(1) 定期清理箅子板上的绳、草、竹片等杂物。

(2) 定期清理排放泥沙。

(3) 定期检查、清理菌帽形分布管，保持衬胶完好。

(4) 定期巡检，发现问题记录并报告。

二、盐水澄清桶

1. 盐水澄清桶的结构特点

盐水澄清桶的作用是将除镁和钙精制反应后产生沉淀的盐水，加入助沉剂，使沉淀长大，并进行固液分离除去沉淀。盐水澄清桶有道尔型澄清桶、斜板澄清桶和浮上澄清桶等三种，而以道尔型澄清桶较常用。道尔型澄清桶的结构示意图如图 5-9 所示。

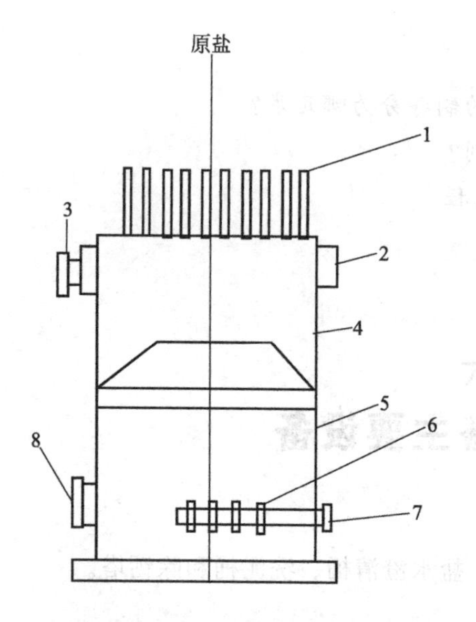

图 5-8　化盐桶的结构示意图

1—铁栅；2—溢流槽；3—粗盐水出口；4—桶体；5—折流圈；6—折流帽；7—溶盐水进口；8—人孔

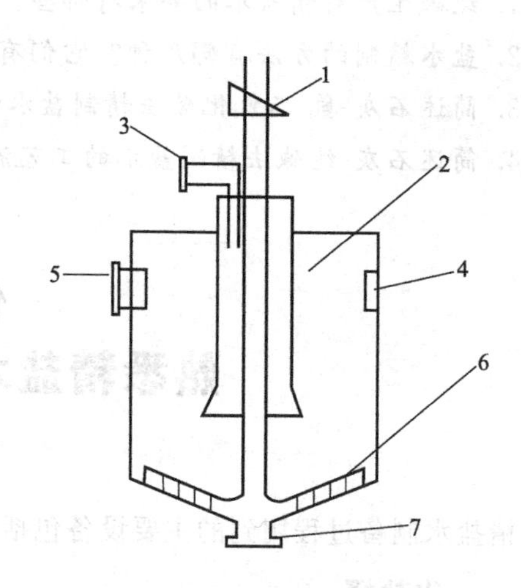

图 5-9　道尔型澄清桶的结构示意图

1—传动装置；2—中心套筒；3—粗盐水入口；4—溢流槽；5—澄清盐水出口；6—转动耙；7—沉淀排泥口

道尔型澄清桶是由钢板焊接而成或用钢筋混凝土浇制而成的立式大圆桶，桶内设置机械搅拌装置。桶底呈8°~9°的倾角，便于桶底部的泥状沉淀（沉淀泥或盐泥）集中和排放。桶的中央有一个中心套筒，筒内有一长轴连接的泥耙，以母圈约 6min 的速度旋转集泥。中心套筒呈喇叭状，喇叭口下端装有整流栅板，起整流作用。中心套筒实际上是一个旋流式凝集反应器，加有助沉剂的粗盐水从中心套筒上部加入，向下做旋转运动，斜向进入桶内。盐水中钙、镁等不溶物悬浮颗粒在助沉剂作用下，凝聚而颗粒增大、下沉到桶底，被转动耙推向中心，集中定期排出。澄清后的清盐水从桶底部缓缓向上，经桶顶部环形溢流槽汇集后连续不断流出。

2. 澄清桶的维护要点

为了使澄清桶保持良好的工况，需对澄清桶进行日常维护，要点如下。

（1）定期检查电机，防止发热。

（2）定期润滑转动部分。

（3）定期清理排泥。

（4）定期巡检，发现问题记录并报告。

三、洗泥桶

洗泥桶的作用是将澄清桶排出的沉淀泥，用水进行多次逆流洗涤，以回收沉淀泥中所含的氯化钠。

1. 洗泥桶的结构特点

洗泥桶以三层洗泥桶最为常见，其结构示意图如图 5-10 所示。

三层洗泥桶是由钢板焊制成的立式圆桶，桶内有两个水平隔板将桶容积隔开分为上、中、下三层，每层均有桶盖顶部的减速机构带动的转动泥耙，将盐泥依次推向下层。在桶外

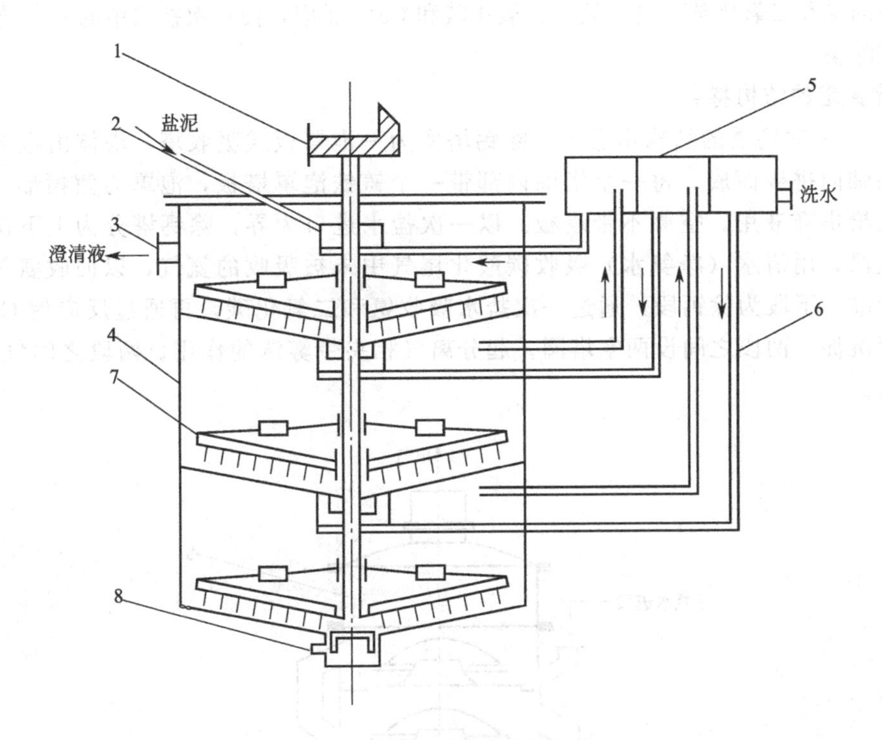

图 5-10 三层洗泥桶的结构示意图

1—传动装置；2—加料口；3—澄清液出口；4—壳体；5—洗水小槽；
6—循环水管；7—转动耙；8—排泥口

上方，设有三个洗水小槽，从左到右分别盛放二次洗水、一次洗水和清水。清水从洗水小槽利用液位差流入洗泥桶的下层，与中层耙下的泥浆接触，将盐泥中的盐溶解，得到的洗水（一次洗水）因受中、下层之间中套管泥封的阻挡不能进入中层，而从该层上部边缘的导管流入一次洗水小槽。一次洗水小槽的洗水进入洗泥桶的中层，与上层耙下来的泥浆相接触，将盐泥中的盐溶解，得到的洗水（二次洗水）同样由于中央套管泥封的阻挡，不能进入中层而从中层上部边缘的导管返入二次洗水小槽。二次洗水小槽的洗水进入洗泥桶的上层，与上部加入的盐泥逆向接触，溶解盐泥中的盐，三次洗水由洗泥桶上部边缘的集水槽溢流出，去洗泥水贮槽可供化盐用。盐泥经过三次逆流洗涤后，从洗泥桶底部连续定时排入废泥池。

2. 洗泥桶的维护要点

为了使澄清桶保持良好的工况，需对澄清桶进行日常维护，要点如下。

（1）定期检查电机，防止发热。

（2）定期润滑转动部分。

（3）定期清理排泥。

（4）保持洗水小槽水位足够。

（5）定期巡检，发现问题记录并报告。

四、除钙塔

采用石灰-氨-二氧化碳法精制盐水时，设除钙塔。除钙塔的作用是用一次盐水回收碳酸化尾气中的氨和二氧化碳；进行氨、二氧化碳和Ca^{2+}反应，使一次盐水中的Ca^{2+}转化成碳酸钙沉淀除去。

1. 除钙塔的结构特点

图 5-11 是除钙塔的结构示意图。除钙塔实为一泡罩板式吸收塔，塔体由数个铸铁塔圈和空圈轴向拼接而成。每一个塔圈内部带一个铸铁泡罩塔板，泡罩为菌帽形，塔圈之间设溢流槽供降液用。空圈不带塔板。以一次盐水进口为界，除钙塔分为上下两段，上段为净氨段，用清水（净氨水）吸收碳酸化尾气中未被吸收的氨气，以回收氨气，并达到排放标准；下段为除钙段，通过一次盐水吸收氨和二氧化碳，再通过反应使Ca^{2+}转化成碳酸钙沉淀。两段之间设两空塔圈，起分离气相夹带雾沫的作用。两段之间气相相通，液相不通。

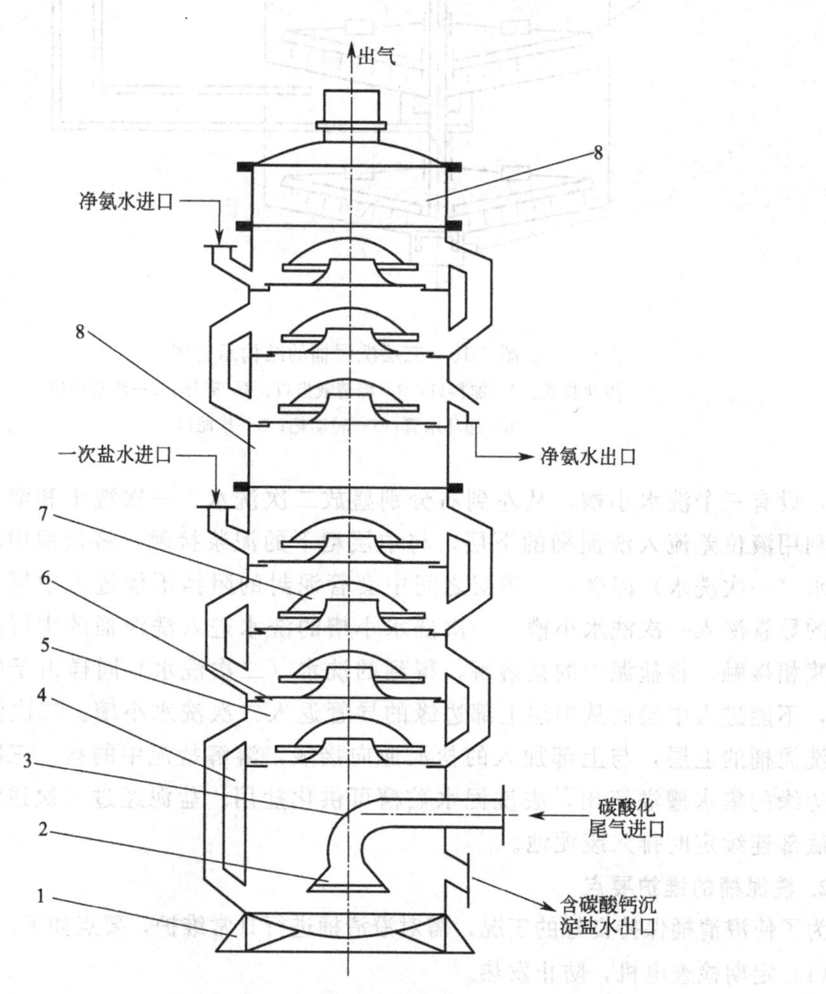

图 5-11 除钙塔的结构示意图

1—底座；2—进气帽；3—弯头；4—溢流槽；5—塔圈；
6—隔板；7—菌帽泡罩；8—空圈

2. 除钙塔的维护要点

为了使除钙塔保持良好的工况，需对除钙塔进行日常维护，要点如下。

(1) 避免重物敲击塔体。

(2) 定期清理菌帽形泡罩，防止堵塞。

(3) 保持塔盘和塔底液位。

(4) 定期巡检，发现问题记录，并报告。

思考与练习

1. 化盐桶的作用是什么？简述其结构特点。
2. 盐水澄清桶的作用是什么？简述其结构特点。
3. 洗泥桶的作用是什么？简述其结构特点。
4. 除钙塔的作用是什么？简述其结构特点。

任务七 懂得精盐水制备系统操作

精盐水制备系统包括溶盐系统和粗盐水的精制系统。

一、精盐水制备系统的操作要点

1. 开车前的准备与检查

(1) 认真检查确保系统各设备无泄漏、各计量仪表经校验正常、各进出口阀门按工艺要求开闭，并填表后进行确认。

(2) 电动机和泵先开空车，检查运转情况是否正常、转动方向及泵的流向是否正确无误、电动机电流是否在额定范围。对轴承、转动部位等应事先加足润滑油脂。

(3) 检查确保辅助设施如供水系统、压缩空气系统和蒸汽加热系统等应首先投入正常运行。

(4) 检查岗位必须准备常用检修工具，车间要有足够的照明，设备周围严禁堆放闲散杂物。

2. 开车

(1) 开皮带输送机上原盐，待化盐桶上满原盐。

(2) 开淡盐水和蒸发回收盐水泵进水化盐。

(3) 打开进化盐桶的蒸汽阀门。蒸汽量要控制适宜，避免蒸汽流量过大，溶液局部过热暴沸溅出，烫伤操作人员。

(4) 待饱和粗盐水溢入反应罐后，开启精制系统，同时开压缩空气进行搅拌。分析化验合格后的盐水送澄清桶澄清。

(5) 澄清桶开车时，进口盐水流量不可超过要求值。加入工艺所要求配比量的助沉剂。开车后2～3h内，进水流量不能变动太大。待澄清盐水到溢流口后取样分析其中钙和镁离子含量，合格后送氨化。

3. 停车

(1) 先关闭进化盐桶的淡盐水泵和蒸发回收盐水泵，并关闭进出口阀门，关闭盐水精制剂加入阀、蒸汽阀、压缩空气阀。

(2) 关闭上盐皮带输送机，把反应桶水打完，待清理或大修。

(3) 澄清桶停止进盐水，关闭助沉剂加料阀。

(4) 待清盐水低位槽注满后，关闭澄清桶的出口阀。

(5) 若澄清桶需大修，可在停车前先停止进水。将桶内残余盐水打到淡盐水桶，回收其中的氯化钠，桶底的盐泥排入泥脚桶。停搅拌机，打开人孔待清理或修理。

(6) 如因跳电等原因紧急停车时，澄清桶搅拌机应马上切换到备用电源，不使搅拌机停转，防止桶底盐泥结块变硬板死，同时减少进口盐水量或不进盐水。

二、精盐水制备系统操作的异常现象及处理

精盐水制备系统操作中的主要异常现象、产生原因及处理方法见表5-5。

表5-5 精盐水制备系统操作中的主要异常现象、产生原因及处理方法

异常现象	产生原因	处理方法
盐水中NaCl含量低	①化盐桶盐层厚度小 ②水流量大 ③水温低 ④原盐杂质含量大	①补加原盐,保证盐层厚度 ②降低水量 ③提高水温 ④更换原盐
盐水中Mg^{2+}含量高	①石灰乳加量不足 ②粗盐水中镁盐杂质含量高 ③石灰乳含$Ca(OH)_2$低 ④反应搅拌效果差	①增加石灰乳量 ②更换原盐 ③更换合格的石灰乳 ④增强搅拌效果
盐水中Ca^{2+}含量高	①纯碱或氨、二氧化碳量不足 ②粗盐水中钙盐杂质含量高 ③除钙塔效果差 ④反应搅拌效果差	①增加纯碱或氨、二氧化碳量 ②更换原盐 ③检查除钙塔,消除不利因素 ④增强搅拌效果
盐水中悬浮物含量高	①澄清桶转动耙转速高 ②助沉剂量不足 ③整流栅板整流效果差	①调节澄清桶转动耙转速到正常 ②增加助沉剂量 ③校正整流栅板

三、精盐水制备系统的安全操作事项

(1) 严格控制入槽盐水含铵量。

(2) 原盐堆场要做好安全防范工作。

(3) 防跌落入地下设备造成人身事故。

(4) 防止碱液飞溅产生化学灼伤。

(5) 防止加热蒸汽烫伤。

思考与练习

1. 精盐水制备系统开车前的准备工作包括哪些方面?
2. 简述精盐水制备系统操作要点。
3. 了解精盐水制备系统异常现象、产生原因及处理方法。
4. 简述石灰窑安全操作注意事项。

任务八 掌握精盐水氨化工艺知识

精盐水吸收氨的过程称为精盐水的氨化或精盐水吸氨，简称盐水氨化或盐水吸氨。实际生产中，精盐水吸收来自于氨回收工序蒸氨塔蒸出的含有微量硫化氢和少量二氧化碳的氨气，氨化产物称为氨盐水，所用的设备称为盐水吸氨塔。精盐水氨化的目的是制备符合碳酸化要求浓度的氨盐水。由于氨在盐水中的溶解度很大，盐水吸收氨的速率很快，而二氧化碳在盐水中溶解度很小，盐水吸收二氧化碳的速率很慢，但是，二氧化碳易溶于氨盐水，随着盐水中氨浓度的增加，二氧化碳的吸收速率增大。因此精盐水先吸氨，然后再进行碳酸化。盐水氨化还同时起到再次除去盐水中的钙、镁等杂质的作用。

一、精盐水氨化的基本原理

1. 盐水吸氨的化学反应

（1）吸收氨气和二氧化碳

$$NH_3(g)+H_2O(l) \rightleftharpoons NH_3 \cdot H_2O(aq) \tag{5-7}$$

$$\Delta_r H_m^{\ominus}(298K)=-34.8kJ/mol$$

$$CO_2(g)+H_2O(l) \rightleftharpoons H_2CO_3(aq) \tag{5-8}$$

$$\Delta_r H_m^{\ominus}(298K)=-21.2kJ/mol$$

$$2NH_3 \cdot H_2O(aq)+H_2CO_3(aq) \rightleftharpoons (NH_4)_2CO_3(aq)+2H_2O(l) \tag{5-9}$$

$$\Delta_r H_m^{\ominus}(298K)=-73.8kJ/mol$$

上述反应均为可逆反应，存在着气液平衡，包括溶解平衡和化学反应平衡。

（2）吸收硫化氢

$$H_2S+2NH_3 \cdot H_2O = (NH_4)_2S+2H_2O \tag{5-10}$$

（3）盐水精制中未除去的 Ca^{2+} 和 Mg^{2+} 发生的反应

$$Ca^{2+}+(NH_4)_2CO_3 = CaCO_3\downarrow+2NH_4^+ \tag{5-11}$$

$$Mg^{2+}+(NH_4)_2CO_3+3H_2O = MgCO_3 \cdot 3H_2O\downarrow+2NH_4^+ \tag{5-12}$$

$$Mg^{2+}+2NH_3 \cdot H_2O = Mg(OH)_2\downarrow+2NH_4^+ \tag{5-13}$$

（4）氨盐水中的 S^{2-} 和 Fe^{2+} 反应生成黑色的硫化亚铁沉淀

$$Fe^{2+}+S^{2-} = FeS\downarrow \tag{5-14}$$

式(5-11)～式(5-14) 反应生成的沉淀往往会黏结在设备内部和管道进出口上，形成灰色或黑色的硬疤，影响设备的生产能力，须定期除去。

2. 精制盐水氨化过程的气液平衡

盐水氨化是气液相化学反应过程，首先气相中的氨和二氧化碳溶解进入液相，然后在液相内发生化学反应，达到平衡时，液面氨气和二氧化碳的平衡分压 $p_{NH_3}^*$ 和 $p_{CO_2}^*$ 取决于温度和氨盐水的组分浓度。

在吸氨过程中，随着精盐水中溶解的氨和二氧化碳量的不断增加，$p_{NH_3}^*$ 和 $p_{CO_2}^*$ 也不断变化。由于盐水中发生反应生成了碳酸铵，使 $p^*_{NH_3}$ 较同一浓度氨水液面上氨的平衡分压低，且盐水中溶解的二氧化碳越多，则 $p^*_{NH_3}$ 越低，吸氨速率越大。

在65℃以下，温度对 $p^*_{CO_2}$ 影响不大，特别当盐水中的氨浓度较高时，温度对 $p^*_{CO_2}$ 的影响更小。但是温度对 $p^*_{NH_3}$ 的影响却很大，当温度升高时，$p^*_{NH_3}$ 明显上升。当温度较高时，盐水中二氧化碳含量增加，则 $p^*_{NH_3}$ 降低，吸氨速率减小。

3. 精盐水的氨化效应

与水吸收氨相比，精盐水吸收氨会使系统产生一些不同的变化，这些变化称为氨化效应。

(1) 原盐和氨溶解度的相互影响　按照溶解的一般规律，两种不起化学反应的溶质，溶解在同一溶剂中，则两溶质在溶液内的溶解度比单独一种溶质溶解时的溶解度小。盐水吸氨后，由于离子间的相互作用，使 NaCl 的溶解度降低，且吸收的氨越多，降低得就越多，甚至造成盐水中溶解的 NaCl 结晶析出；氨在水中溶解度很大，但由于 NaCl 的存在，氨在盐水中溶解度减小。在盐水吸氨过程中，由于 CO_2 溶于液相，与溶解态的氨反应生成碳酸铵，则提高了氨在盐水中的溶解度。

盐和氨溶解度相互影响、相互制约，因此饱和粗盐水的吸氨量应控制适宜，既要考虑对碳酸化过程有利，还要考虑氯化钠溶解度下降的不利影响。盐水适宜的吸氨量有利于提高制碱过程中钠的利用率和纯碱产率。

(2) 吸氨过程的热效应　盐水吸氨过程放出大量热，包括氨和二氧化碳的溶解热、氨和二氧化碳的中和反应热及蒸氨塔来氨气中所含水蒸气的冷凝热。在正常条件下，每生产 1t 纯碱，约放出热量 2.16×10^6kJ。这些热量如不引出系统，将足以使溶液温度上升约 72℃，结果会使吸氨速率变慢，或者使吸氨过程终止，甚至使吸收的氨解吸，因此吸氨过程应及时冷却移热，冷却越好，吸氨越完全。但实际生产过程中，还要考虑到温度太低，不利于盐水中钙、镁等杂质的沉淀，所以应适当控制盐水温升。

(3) 吸氨过程的体积变化　盐水的密度大于水的密度，而盐水吸氨后，由于溶解态氨的存在，盐水的相对密度减小，体积增大，又因为蒸氨塔来的氨气中带有水蒸气，其在吸氨过程中冷凝而加剧了盐水体积的增大。正常生产条件下，盐水吸氨后体积约增加 13.5%。

二、精盐水氨化工艺条件的选择

精盐水氨化的工艺条件主要有温度、压力和氨盐比。

1. 温度

盐水氨化是放热过程，低温有利于吸氨平衡和提高速率，但温度低于 60℃，吸氨过程可能产生结晶堵塞设备管道，所以吸氨温度的选择应兼顾两个方面。实际生产中，为了移除吸收反应热，设置多个冷却器，以保证吸氨的顺利进行。盐水进入吸氨塔前温度维持在 25～30℃，来自蒸氨塔的氨气温度一般维持在 55～60℃，出塔氨盐水温度维持约为 35～45℃。

2. 压力

由于氨盐水吸收的氨气来自蒸氨塔。实际生产中，为提高蒸氨塔内 CO_2 及 NH_3 的蒸出速率、提高蒸氨塔的生产能力、节约蒸汽用量，蒸氨塔在略大于常压下操作。吸氨的操作压力选择主要考虑蒸氨塔的操作压力，同时考虑减少吸氨系统因设备密封性差而漏气，一般维持吸氨塔进气压力≤13.3kPa（表压）。

3. 氨盐比

氨盐水中的氨以两种形态存在，一种形态是 $NH_3 \cdot H_2O$、$(NH_4)_2CO_3$、NH_4HCO_3 和 $(NH_4)_2S$ 等受热能分解的铵化物，称为游离氨［$F(NH_3)$］；另一种形态是 NH_4Cl 和 $(NH_4)_2SO_4$ 等受热不能分解的铵化物，称为结合氨或固定氨［$C(NH_3)$］。

氨盐比即吸氨后的氨盐水中游离氨与氯化钠的摩尔比 $n(NH_3)/n(NaCl)$。为了使吸氨后获得高浓度的氨盐水，同时使原料利用率和设备利用率高，生产中需选择适宜的氨盐比。由于氨盐水碳酸化反应时，消耗反应物氯化钠与氨物质的量之比是 1∶1，若盐水吸氨不足，则氯化钠碳酸化不完全，利用率降低；反之，若吸氨过量，则影响盐水中氯化钠的溶解度，而且在碳酸化反应时，多余的氨与二氧化碳反应生成副产物 NH_4HCO_3 而结晶析出，使氨的利用率降低。考虑到碳酸化时氨的损失，一般维持氨盐水中氨盐比 $n(NH_3)/n(NaCl)$ 为 1.08～1.12。

三、精盐水氨化的工艺流程

图 5-12 是常见的精盐水氨化工艺流程图。

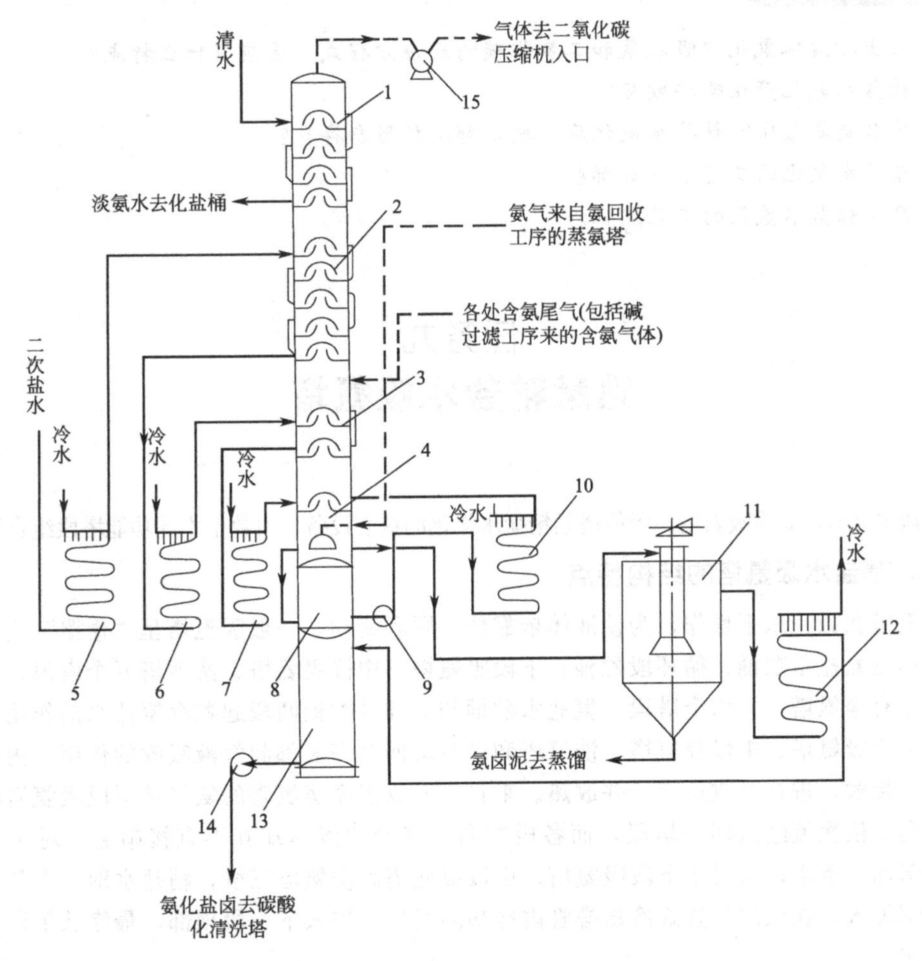

图 5-12　精盐水氨化工艺流程图

1—净氨塔；2—洗氨塔；3—中段吸氨塔；4—下段吸氨塔；5～7,10,12—冷却排管；8—循环段桶；9—循环泵；11—澄清桶；13—氨盐水贮桶；14—氨盐水泵；15—真空泵

精盐水（即二次盐水）经冷却排管 5 冷至 25～30℃后，进入洗氨塔 2 的顶部，向下流动，

与中段吸氨塔3顶部上升的未被吸收的含二氧化碳的氨气和生产系统回收的各种含氨气体逆向接触，洗涤吸收掉气相中的氨气，同时温度上升，经冷却排管6降温冷却后，返回中段吸氨塔3顶部，向下流动，与下段吸氨塔4顶部上升的未被吸收的含二氧化碳的氨气逆向接触，吸收氨气，同时温度上升，经冷却排管7降温冷却后，返回下段吸氨塔4顶部，向下流动，与下段吸氨塔4底部加入的来自氨回收工序的蒸氨塔的氨气逆向接触，吸收氨气，同时温度上升，在底部一部分氨盐水进入循环段贮桶，经循环泵输送，经冷却排管10降温冷却后，返回下段吸氨塔4顶部，循环吸收氨；下段吸氨塔底部的另一部分氨盐水采出，进入澄清桶11澄清，清液经冷却排管12降温冷却后，经氨盐水贮槽，用氨盐水泵送去氨盐水碳酸化工序。澄清桶沉淀下来的氨卤泥去蒸馏回收氨。洗氨塔2顶部上升的未被吸收的含微量氨气的二氧化碳进入净氨塔1底部，与净氨塔1顶部加入的清水逆向接触，几乎被彻底洗去氨气，剩余的二氧化碳尾气被真空泵15抽出，去二氧化碳压缩机。净氨塔底得到的淡氨水去化盐桶化盐。

思考与练习

1. 写出精盐水氨化中吸收氨和二氧化碳的反应方程式，反应有什么特点？
2. 精盐水氨化产生哪些效应？
3. 什么是氨盐比？精盐水氨化后，氨以哪两种形态存在？
4. 精盐水氨化的工艺条件有哪些？
5. 简述精盐水氨化的工艺流程。

任务九
熟悉精盐水吸氨塔

精盐水吸氨塔简称吸氨塔。吸氨塔是精盐水氨化的核心设备，由数个不同功能塔段组合而成。

一、精盐水吸氨塔的结构特点

吸氨塔在微正压下操作，为使液体依靠位差顺利流动，一般吸氨塔呈“叠摞”式，从下到上分别是氨盐水贮桶、循环段贮桶、下段吸氨塔、中段吸氨塔、洗氨塔五个塔段，有时在最上部还有净氨塔，共六个塔段。氨盐水贮桶和循环段贮桶两段起贮存氨盐水的作用，其他塔段，下段吸氨塔、中段吸氨塔、洗氨塔和净氨塔四个塔段都起气液吸收的作用，内部气液都呈逆向接触，进行吸收反应，并放热。来自氨回收工序蒸氨塔的氨气从下段吸氨塔的底部进入，向上依次流经这四个塔段，而各段的向下流动的液体却互不直接串通，对于净氨塔段，顶部加入清水；而对于下段吸氨塔、中段吸氨塔和洗氨塔三段，精盐水即二次盐水从洗氨塔顶部加入，在段间外置式冷却排管内冷却降温后，进入下一段顶部，最终从下段吸氨塔底部取出。

图5-13是一五塔段吸氨塔的结构示意图。整个塔由24个铸铁塔圈和空圈轴向拼接而成，其中每个塔圈内带一铸铁泡罩塔板，泡罩为菌帽形，塔圈之间设U形溢流槽供降液用。空圈不带塔板。塔圈和空圈编号1～7区域为氨盐水贮桶，8～10区域为循环段贮桶，11塔圈为下段吸氨塔，14区域和15区域为中段吸氨塔，17～22区域为洗氨塔。23区域和24区域为捕沫区。

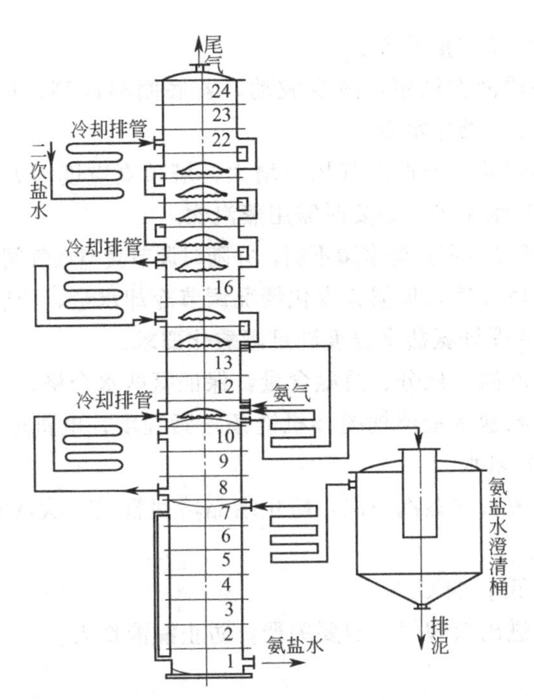

图 5-13　五塔段吸氨塔结构示意图

二、精盐水吸氨塔的维护要点

为了使吸氨塔保持良好的工况，需对吸氨塔进行日常维护，要点如下。

(1) 避免重物敲击塔体。

(2) 定期清理菌帽形泡罩，防止堵塞。

(3) 保持各段盐水进口温度满足要求。

(4) 定期巡检，发现问题记录并报告。

思考与练习

1. 吸氨塔一般包括哪些塔段？它们各有什么作用？
2. 吸氨塔为什么呈“叠摞”式？塔圈的结构是什么？
3. 为什么吸氨塔设置冷却排管？
4. 吸氨塔的维护要点有哪些？

任务十 懂得精盐水氨化操作

一、精盐水氨化的操作要点

1. 正常操作要点

① 保持氨盐水的游离氨浓度在 5～5.2mol/L，一般用精盐水流量来调节。若氨盐水的

浓度过高，可采用增加精盐水量的方法。

② 保持吸氨塔内各段液面稳定，减少波动，若底圈温度高，或中段吸收出卤温度高，会使液面过满，可开大冷却器用水量。

③ 防止塔内有结晶现象，而使进气压力增大，塔顶真空度增大，液面不满等，可采用提高塔内温度、减小冷却水用量，必要时需用蒸汽吹。

④ 要保证真空泵内不断水和过滤水罐不满，并随时调节真空放气阀门，保证各段真空正常。

⑤ 随时检查吸氨各段温度，根据其变化情况调节冷却水量，使底圈卤温度不大于67℃，保持良好的吸收状态，并保证氨盐水温度满足碳酸化要求。

⑥ 按时分析吸氨塔底氨、硫分、总氨含量，保证氨盐水合格。

⑦ 按规定巡回检查氨盐水澄清桶搅拌机链条松紧程度，电机电流大小。按时放泥，并检查排管是否滴漏及补充氨水。

⑧ 对真空管线，每夜班吹蒸汽一次，防止结晶堵塞管道。吹汽时间不超过2h，待温度普遍上升时应停止吹汽。

⑨ 氨盐水温度不得低于34℃。

⑩ 停泵加盘根时，进出口阀门一定要关严，防止漏液伤人。

2. 安全操作要点

① 吸氨过程中气、液相氨含量高，要谨慎开关阀门，避免用铁锤敲打，防止阀门碎裂、气液伤人。

② 系统抽加盲板要有详细记录和明显标志，防止盲板串孔、真空泄漏，从而造成氨气逸散、生产混乱。

③ 澄清桶要控制进出液量平衡，防止冒槽事故。

④ 氨盐水澄清桶顶有氨散发，检查桶顶传动部件或加油时，要有人陪同操作。

二、精盐水氨化操作的异常现象及处理

精盐水氨化操作中的主要异常现象、产生原因及处理方法见表5-6。

表5-6 精盐水氨化操作中的主要异常现象、产生原因及处理方法

异常现象	产生原因	处理方法
氨盐水氨浓度低	①进气温度高 ②冷却水少，冷却器出卤温度高，尤其中下段温度高 ③精盐水进量过多	①降低蒸氨塔出气温度 ②检查出卤温度，调节冷却用水，必要时加水 ③减少精盐水进量
进气压力大	①吸氨塔本身温度高 ②吸氨塔有的圈液面满 ③塔顶出气真空管有结晶现象（总真空不低） ④蒸氨塔出现问题	①检查冷却器出卤温度并开大冷却水量 ②开启出卤副管，液面降到正常后再关闭 ③用蒸汽吹塔顶真空管 ④联系蒸氨岗位配合解决
塔顶出气温度高	①精盐水进量少（氨盐水含氨浓度大） ②中、下段出卤温度高	①检查精盐水量 ②检查冷却器出卤温度，调节用水量
进气压力大、塔顶真空度大而各液面又低	塔内有结晶现象（一般是中段吸收温度高引起）	减少冷却用水量，提高塔内温度，必要时吹蒸汽

思考与练习

1. 精盐水吸氨系统的正常操作要点有哪些？

2. 精盐水吸氨系统的安全操作要点有哪些？

3. 了解精盐水吸氨系统的主要异常现象、产生原因及处理方法。

任务十一
掌握氨盐水碳酸化工艺知识

氨盐水碳酸化（简称碳化）就是使氨盐水吸收二氧化碳，制取碳酸氢钠结晶，它是氨碱法生产纯碱的中心环节和关键步骤。对于碳酸化过程，要求吸收速率快、碳酸氢钠的产率高且结晶颗粒大。

一、氨盐水碳酸化的基本原理

氨盐水碳酸化的总反应式如下。

$$NaCl + NH_3 + CO_2 + H_2O \longrightarrow NaHCO_3 \downarrow + NH_4Cl \qquad (5\text{-}15)$$

$$\Delta_r H_m^{\ominus}(298K) = -153.3kJ/mol$$

该反应是一个放热的气液相反应。在实际生产中，氨盐水碳酸化在碳酸化塔（简称碳化塔）中进行，碳化过程的氨盐水称为碳化液。为了维持碳化过程温度，需要不断移出反应热，所以该过程是一个综合过程，包含气液反应、结晶和传热等分过程，且这些分过程之间相互联系、相互制约。为防止结晶堵塞设备，实际设置两个碳化塔，一个是清洗塔也称为预碳化塔，进行氨盐水部分碳化，不产生 $NaHCO_3$ 结晶；另一个是制碱塔，进行氨盐水深度碳化，得到 $NaHCO_3$ 晶浆，塔壁及附件上黏附着 $NaHCO_3$ 结晶，即“挂疤”，并且随着使用时间的延长，“挂疤”越来越厚，可能堵塞设备，影响碳化塔的使用，为此两塔要定期倒换，即“倒塔”。倒塔后的清洗塔，即之前的制碱塔，“挂疤”被逐渐溶解完全；倒塔后的制碱塔，即之前的清洗塔，开始使用时不存在挂疤，随着使用时间的延长又逐渐产生“挂疤”。

二、氨盐水碳酸化工艺条件的选择

影响氨盐水碳酸化的因素有碳化度、氨盐水组成、进碳化塔的二氧化碳浓度和温度、碳化塔中部温度、碳化塔液面高度、碳化塔进气量与出碱速率等。

1. 碳化度

氨盐水中的氨包括固定氨和游离氨两部分，这两部分氨的物质的量之和称为总氨，用 $T(NH_3)$ 表示。氨盐水碳化时，吸收的二氧化碳存在形式包括 $NaHCO_3$ 结晶形式和留在溶液中的 NH_2COO^- 和 HCO_3^- 等，这两部分二氧化碳的物质的量之和称为总二氧化碳，用 $T(CO_2)$ 表示。

碳化度指氨盐水碳化过程中，总二氧化碳占总氨的百分数，用符号 R 表示，即 $R=\dfrac{T(CO_2)}{T(NH_3)}\times 100\%$。碳化度的大小表示氨盐水中总氨转变成碳酸氢铵的程度。R 越大，则总氨转变成 NH_4HCO_3 越多，则 NaCl 的利用率越高。一般地，R 维持在 180%～190%。

2. 氨盐水组成

氨盐水中的 NH_3 和 NaCl 的浓度越高，则钠的利用率越高。在氨盐水中，由于 NH_3 的存在，NaCl 的溶解度比在水中低，且 NH_3 浓度越大，则 NaCl 的溶解度降低越多，从而使氨盐水中的 NaCl 实际能达到的浓度降低；反之，在氨盐水中，由于 NaCl 的存在，NH_3 的溶解度比在水中低，且 NaCl 浓度越大，则 NH_3 的溶解度降低越多，从而使氨盐水中的 NH_3 实际能达到的浓度降低。所以在氨盐水中，NH_3 和 NaCl 两者浓度相互影响，一个高，则另外一个低，为了提高钠的利用率，应选择适宜的 NH_3 和 NaCl 浓度。

3. 进碳化塔的二氧化碳浓度和温度

进碳化塔的二氧化碳浓度越高，则碳化速率越大，且反应越完全，有利于提高碳化塔的生产能力、提高 NaCl 的利用率，但 $NaHCO_3$ 过饱和度增大，不利于 $NaHCO_3$ 结晶颗粒变大；另一方面，进碳化塔的二氧化碳浓度越高，可减少进塔气量，减小对溶液的搅动，有利于 $NaHCO_3$ 结晶颗粒变大。在实际生产中，二氧化碳气体来源有两种：一种是石灰窑的窑气，含二氧化碳约 42%；另一种来自重碱煅烧的锅气（也称炉气），含二氧化碳约 90%，分别进入碳化塔的中段与下段。

碳化温度高，则钠的利用率高。但若碳化塔下段二氧化碳进气温度高，则采出重碱温度高，降低了 NaCl 的转化率，增加了盐的损失；若碳化塔中段二氧化碳进气温度高，则带入塔内热量多，氨挥发损失增加。一般地，碳化塔下段二氧化碳进气温度维持在 28～36℃，中段二氧化碳进气温度维持在 40～55℃。

4. 碳化塔中部温度

碳化塔中部温度指碳化塔中部溶液的温度，是碳化结果的一个重要指标。若中部温度较高，则碳化反应速率较大，得到的 $NaHCO_3$ 结晶颗粒大而均匀，若温度过高，则使塔顶尾气氨含量增大，氨损失增大。若中部温度过低，则反应区下移，使得 $NaHCO_3$ 结晶未长大就被冷却，大量细晶沉淀在水管和设备部件上，易造成堵塞，而且中部温度过低，则 NaCl 的转化率低，碳化塔生产能力降低。一般碳化塔中部温度维持在 60～70℃。

5. 碳化塔液面高度

碳化塔液面高度过高，尾气带液现象严重，还可能造成初期总管堵塞，但液面过低，则碳化程度降低，出气含氨和二氧化碳量大，降低塔的生产能力。一般碳化塔液面高度维持在 0.8～1.5m。

6. 碳化塔进气量与出碱速率

单位时间内加进碳化塔的锅炉烟气与石灰窑气的标准体积称为碳化塔进气量，而单位时间内从碳化塔底部取出的氨盐水碳化后的 $NaHCO_3$ 晶浆的质量称为碳化塔的出碱速率。若出碱速率过快而进气量不足，则反应区下移，造成结晶颗粒细小，且产量不足；反之，会造成反应区上移，且塔顶氨和二氧化碳损失大。

三、氨盐水碳酸化的工艺流程

图 5-14 是氨盐水碳酸化的工艺流程图。

氨盐水用泵 1 从塔近顶部注入清洗塔 6a，与塔底通入的经清洗气压缩机 2 加压后和分离器 5 分离掉油污等后的大部分窑气（含 CO_2 40%～42%）逆向流动并进行预碳化反应，反应热通过设置在塔内的水冷却箱移出，同时原来塔内产生的挂疤被逐步溶解。达到一定碳化度的氨盐水从清洗塔 6a 底部流出，经气升输卤器 9，用经清洗气压缩机 2 加压后和分离器 5 分离掉油污等后的小部分窑气送入制碱塔 6b 近顶部，与中段通入的经中段气压缩机 3 加压和中段气冷却塔 7 冷却后的窑气和底部通入的经下段气压缩机加压和下段气冷却塔 8 冷却的烟气逆向流动并进行深度碳酸化反应，不断产生 $NaHCO_3$ 结晶，越往塔底，$NaHCO_3$ 结晶越多，在塔底形成晶浆。部分结晶黏附在制碱塔塔壁及附件上，逐渐形成“挂疤”，且随着生产的进行，“挂疤”越来越厚。

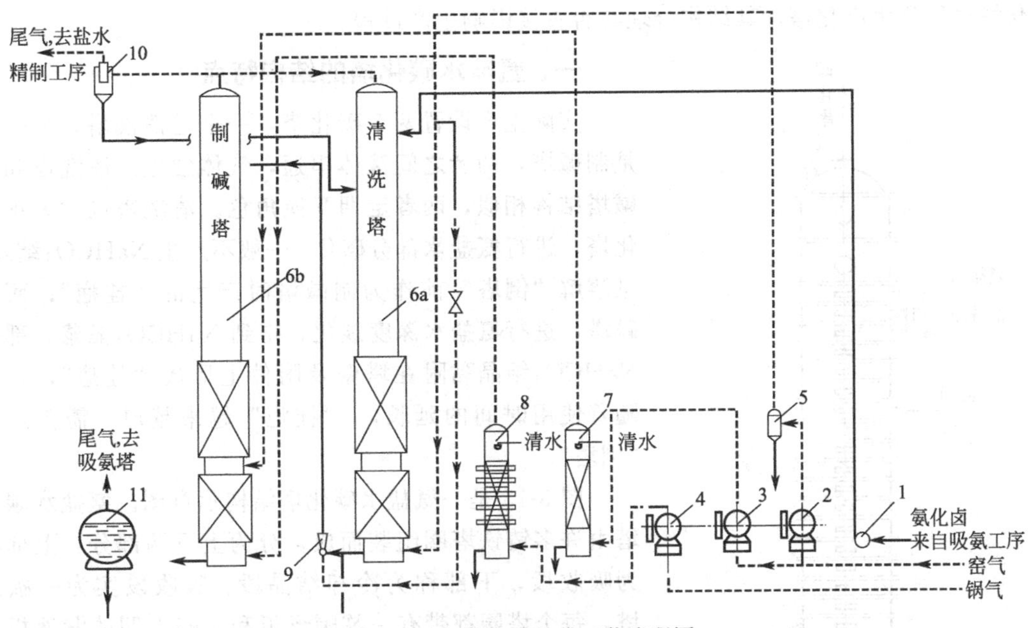

图 5-14 氨盐水碳酸化工艺流程图

1—氨盐水泵；2—清洗气压缩机；3—中段气压缩机；4—下段气压缩机；5—分离器；6a—清洗塔；6b—制碱塔；7—中段气冷却塔；8—下段气冷却塔；9—气升输卤器；10—气液分离器；11—倒塔桶

晶浆含悬浮的固体 $NaHCO_3$ 结晶，从塔底取出，依靠位压，去重碱过滤。碳化反应热通过设置在塔内的水冷却箱移出，同时原来塔内产生的挂疤被逐步溶解。送入制碱塔中部。重碱煅烧所得锅气（又称炉气，含 CO_2 90%左右）经下段气压缩机 4 和下段气冷却塔 8 送入制碱塔底部。

碳化后的晶浆靠液位自压进入重碱过滤和煅烧工序。清洗塔和制碱塔两塔的塔顶尾气混合，经气液分离器分离掉夹带液沫后去盐水精制工序，液体返回清洗塔上部。中段气冷却塔 7 和下段气冷却塔 8 的冷却极为清水。制碱塔生产一段时间后，“挂疤”厚度达到一定程度后，使传热变差，不利于结晶，因此每隔一定时间，应借助于倒塔桶 11，通过管线阀门切换物料，而进行“倒塔”操作，即清洗塔和制碱塔互换角色，使生产恢复正常。

思考与练习

1. 写出氨盐水碳酸化的总反应方程式。该反应有什么特点？
2. 在实际生产中，氨盐水碳酸化过程具有什么特点？
3. 氨盐水碳酸化的主要工艺条件有哪些？
4. 为什么氨盐水碳酸化过程要定期“倒塔”？
5. 简述氨盐水碳酸化的工艺流程。

任务十二 熟悉氨盐水碳化塔

氨盐水碳化塔是氨盐水碳酸化过程的核心设备，主要用于氨盐水的碳酸化反应。氨盐水碳化塔也简称为碳化塔，其结构合理与否直接影响生产过程。

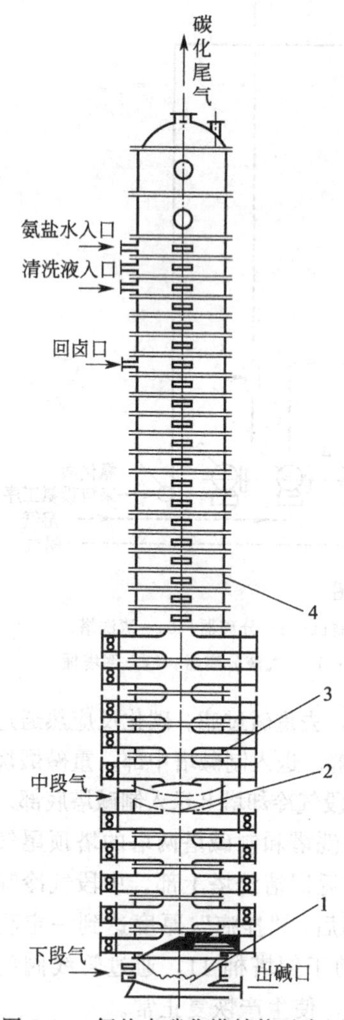

图 5-15 氨盐水碳化塔结构示意图

1—底圈；2—冷却箱；3—笠帽；4—气圈

一、氨盐水碳化塔的结构特点

实际生产设置两个碳化塔，一个是清洗塔，另一个是制碱塔，两者之间液体串通，气体独立。清洗塔和制碱塔结构相似，两者定期互换角色。清洗塔也称为预碳化塔，进行氨盐水部分碳化，一般不产生$NaHCO_3$结晶，且溶解“倒塔”前作为制碱塔时产生的“挂疤”；而制碱塔，进行氨盐水深度碳化，得到$NaHCO_3$晶浆，部分$NaHCO_3$结晶黏附在塔壁及附件上形成“挂疤”，并且随着使用时间的延长，“挂疤”越来越厚，需要定期“倒塔”。

图 5-15 是一氨盐水碳化塔结构示意图。氨盐水碳化塔由许多铸铁塔圈组装而成，分为上下两部分，上部称为吸收段，下部称为冷却结晶段。吸收段实为一板式塔，每个塔圈都带有一笠帽形板和一略上凹的漏液板组成的塔板。笠帽形板的板面开有垂直小孔作为气体出孔，而漏液板中心开有圆孔作为升气孔，在中心孔周围均布有 8 个瓜子形孔作为漏液孔，这两种板的边缘都为锯齿形，作破碎气泡用。当上部来的液体接触到笠帽时，沿锥面成膜从中心向四周流动，与小孔流出的气体接触、传质，带着气泡的液体经两种板的齿边破碎气泡后，向下流进漏液板，经收集沿降液孔流到下一塔板。冷却结晶段实为一鼓泡塔，每个塔圈都浇铸有冷却水箱，在水箱内，若干个铁冷却管被固定在两端管板上，管子的排列有“田字形”和“工字形”两种，以利于传热，在水箱中心装有笠帽。塔圈从下到上，水箱中的管数逐渐减少，以满足结晶需要。在碳化塔上部设有氨盐水加入口，其上塔段起气液分离作用，在碳化塔中部和下部设有二氧化碳气体入口，在底部设有碱液出口，顶部设有尾气出口。

二、氨盐水碳化塔的维护要点

为了使碳化塔保持良好的工况，需对碳化塔进行日常维护，要点如下。

（1）避免重物敲击塔体。

（2）检查冷却水箱，防止泄漏。

（3）定期清理笠帽和漏液板，以防堵塞。

（4）维持冷却结晶段液位满足要求。

（5）定期巡检，发现问题记录，并报告。

思考与练习

1. 两个碳化塔之间有什么联系？两个碳化塔内进行的过程有什么不同？

2. 碳化塔分为哪两部分？每部分结构有什么特点？

3. 碳化塔的冷却水箱有什么作用？对于冷却结晶段，冷却水箱的管数怎样变化？

4. 了解氨盐水碳化塔的维护要点。

任务十三 懂得氨盐水碳化塔操作

一、氨盐水碳化塔的操作要点

1. 开车前的准备与检查

新塔使用之前，向塔内加入50kg左右Na_2S，以温水溶解，保持塔压在176.5kPa左右，通少量清洗气搅拌，至溶液中铁的质量分数不再变化为止，将塔内溶液放掉；检查并关好所有气液阀门，保证灵活好用；安装好压力表、温度计等仪表；开启出碱口阀门，检查管道是否畅通。

2. 开车操作要点

(1) 新开制碱塔的开车操作要点　新开制碱塔即倒塔后的制碱塔，倒塔前是清洗塔。

① 憋塔　开启塔顶尾气阀门；联系吸收岗位，提高氨盐水温度至40℃；开启氨盐水进口阀门，向塔内加入氨盐水，提高塔压至196.1kPa以上；同时向塔内加入下段气和中段气，约30～40min，中部温度上升即可取出。沉淀量不得低于15%，出碱温度不得低于40℃；中部温度上升至50℃以上，逐渐开始用冷却水，1.5h后恢复正常。

② 压塔　一般新开制碱塔不采用憋塔，而是将原制碱塔（新开清洗塔）的溶液压一部分给新塔，压塔方法见设备轮换步骤。

(2) 新开清洗塔的开车操作要点　新开清洗塔即倒塔后的清洗塔，倒塔前是制碱塔。

开启塔尾阀门；联系吸收岗位，提高氨盐水温度至40℃以上；向塔内加入氨盐水，提高塔压至215.7kPa，同时加入清洗气与中段气，进行清洗作业。

3. 停车操作要点

将下段气改为清洗气，关闭中段气；关闭预碳化塔，改用氨盐水，开大出碱阀门，加速取出；关闭冷却水；待出碱液沉淀量在5%以下，停止取出；进行清洗作业30min，将塔内液体用泵抽空后，关闭所有气液阀门；放尽冷却箱内的存水；检查所有气液阀门，无问题后堵盲板。

4. “倒塔”操作要点

(1) “倒塔”前的准备工作　检查塔下连接是否畅通，若堵塞用蒸汽吹开，确保通畅；将清洗液（清洗塔内液体）改向为直接入塔，另一组清洗液走水槽，保证槽内有水；联系蒸吸、过滤、煅烧、压缩岗位准备换管。

(2) 拉塔　关闭清洗塔氨盐水阀门，适当减少冷却水，提高清洗液温度至40℃；关闭清洗取碱管的阀门和返水，将返水引入新清洗塔；待清洗塔压力降至156.9～176.5kPa时，停止拉塔。

(3) 压塔　倒气，新制碱塔改用下段气，新清洗塔改用清洗气且中段进气；开启新清洗塔氨盐水阀门加入氨盐水；开启供水阀，关闭总联络管阀，制碱塔改用清洗液槽的水；开启新清洗塔管阀使之与旧清洗塔相通；待新制碱塔压力升至255～275kPa，新清洗塔中部温度降至50℃以下停止压塔；关闭新制碱塔联络管阀，开启总联络管阀，新清洗塔清洗液入泵或入清洗液槽；新清洗塔根据清洗液CO_2含量调节进气量，根据清洗液温度调节冷却水；压完塔后5～10min左右，等新碱塔中部温度升至50℃时开始取出，出碱温度在38℃以上同时开启清洗液，根据中温、取碱、结晶质量逐渐开大冷却水，严防降温过急造成结晶过细；换完塔后各项指标60min内恢复正常。

二、氨盐水碳化塔操作的异常现象及处理

氨盐水碳化塔操作中主要的异常现象、产生原因及处理方法见表5-7。

表5-7 氨盐水碳化塔操作中主要的异常现象、产生原因及处理方法

异常现象	产生原因	处理方法
堵塔	①氨盐水量不足，进气量未及时减少 ②中部温度过高，出碱速率慢，塔内存碱多，碱液内游离氨低，反应区上移 ③氨盐水含游离氨高，而Cl^-低，塔下部大量生成NH_4HCO_3结晶	①减少中段进气量 ②减少中段进气量，加快出碱，提高出碱液游离氨浓度 ③联系吸氨，降低氨盐水游离氨，提高出碱游离氨及出碱温度
出碱口喷气	①中段进气量不足，中温低，反应区下移 ②压缩机打气量不足，出碱速率快，中部温度低 ③氨盐水中游离氨高，Cl^-低，氨盐比过大 ④中段进气多、下段进气不足	①提高中段进气量，使中温高于58℃ ②减慢出碱速率，停上层冷却水，严重时只开下层水 ③联系吸氨调氨盐比，关小进气 ④减少中段进气量，增加下段进气量
出碱温度高和中部温度高，且出碱中游离氨均高	①冷却水不足 ②未开中上层水 ③氨盐水及碳化液温度高	①增加冷却水进量 ②开中上层出水 ③降低碳化液、氨盐水温度
出红碱	①氨盐水含硫太低 ②清洗过度 ③进气含氧量太高	①提高并稳定氨盐水含硫量 ②调整清洗时间 ③清除设备及管道破漏处
出黑碱	①氨盐水含硫太高 ②进气含硫量太高 ③进气含氧量太高	①降低氨盐水含硫量 ②加大下段冷却水量或适当减少合成气 ③查找并堵塞破漏处

三、氨盐水碳化塔的安全操作事项

(1) 发现碳酸化塔有堵塞现象或换塔联络管不畅时，可用蒸汽吹开；但开蒸汽时，应先将冷凝水放尽，并逐步升温，不宜过急。

(2) 室内气体压力表应设专用导压管，不得在室内排放导淋。

(3) 碳化塔尾气含有CO、NH_3、CO_2等，因此，必须按易燃易爆、有毒规定条件进行处理。

思考与练习

1. 氨盐水碳化塔开车前的准备与检查工作包括哪些方面？
2. 简述氨盐水碳化塔开停车的操作要点。
3. 了解氨盐水碳化塔操作的异常现象、产生原因及处理方法。
4. 了解氨盐水碳化塔操作的安全注意事项。

任务十四 熟悉重碱过滤机和重碱过滤工艺流程

碳酸氢钠俗称重碱。从制碱塔塔底取出的晶浆中，含有悬浮固体碳酸氢钠体积分数约45%～50%，其余为含有 $NaCl$、NH_4Cl、NH_4HCO_3、$(NH_4)_2CO_3$ 和 $NaHCO_3$ 等的母液，需经过固液分离，才可得到固体重碱，即固体碳酸氢钠，再经煅烧可最终制得纯碱。在纯碱工业生产中，一般采用过滤的方法分离晶浆，得到重碱和母液，重碱再经洗涤和脱水以洗去晶间携带的母液、脱水以降低含水量。

按照过程推动力不同，过滤分为真空过滤、离心过滤和压滤等，使用的过滤设备对应称为真空过滤机、离心过滤机和压滤机。纯碱工业广泛采用真空过滤机分离晶浆，真空过滤的基本原理是借助真空机，将过滤机滤鼓内抽成负压，形成过滤介质层（滤布）的两面压力差，随着过滤机的转动，晶浆悬浮液中母液通过滤布而被抽走，重碱则被吸附在滤布表面上，最后被刮刀刮下。其优点是可以一机完成晶浆过滤、晶体洗涤和脱水等多个过程，且生产能力大、自动化程度高和适合于大规模连续化生产，但缺点是得到的晶体含水分较高。

一、转鼓式真空过滤机

按照过滤部件结构不同，真空过滤机分为转鼓式真空过滤机和带式真空过滤机等，在纯碱工业中，一般以转鼓式真空过滤机较常用。

1. 转鼓式真空过滤机的结构特点

图 5-16 是一转鼓式真空过滤机结构示意图，它由滤鼓（或称为转鼓）、错气盘（分配头）、碱液槽、压辊、刮刀、洗水槽和传动装置等构成。滤鼓是真空过滤机的主体部件，呈圆筒状，侧面由多块铸铁滤箅拼接而成，滤箅上铺以竹网，筒状滤布覆盖在竹网上。滤鼓两端装有空心轴，通过轴承横向置于两端轴架上，一端轴上装有大齿轮，由电动机经变速箱带动旋转。滤鼓内部被分隔为若干个彼此不相通的扇形柱区，这样滤鼓侧面也对应被分为相等数量的条形区域，每个扇形柱区自成密闭空间，两端接出空心管，管的另一端穿入各端滤鼓空心轴，并与错气盘的转动盘垂直连接，一根空心管对应一个转动盘上的楔形错气孔。

错气盘的结构示意图如图 5-17 所示。错气盘由固定盘和可随滤鼓旋转的转动盘构成。转动盘固定在滤鼓空心轴外端，其上开着与滤鼓扇形柱区数量相等的楔形错气孔，每个孔对应一个处于滤鼓空心轴内空心管的管孔；固定盘固定在支架上，其上开有四个孔，其中两个大的扇形、条形孔，分别连接着高真空泵和低真空泵；两个小的楔形孔，分别连接着吸气管和吹气管。工作时，固定盘和转动盘两盘盘面相对并被压紧，相互滑动接触，进行错气。

滤鼓旋转一周过程中的作用如图 5-18 所示。滤鼓水平安放，轴线方向与碱液槽长边方向一致，滤鼓下的半部约 2/5 浸在碱液槽中。洗水槽安装在滤鼓水平轴线上方 45°～60°扇区内，向处于该位置的部分滤鼓面均匀洒水，洗涤滤饼。在与滤鼓转向相对的碱液槽边缘上安装着刮刀，用于刮卸脱水后的滤饼。三道压辊设置在洗水槽和刮刀之间，通过弹簧压紧滤鼓，用于擀压滤饼，脱去水分。

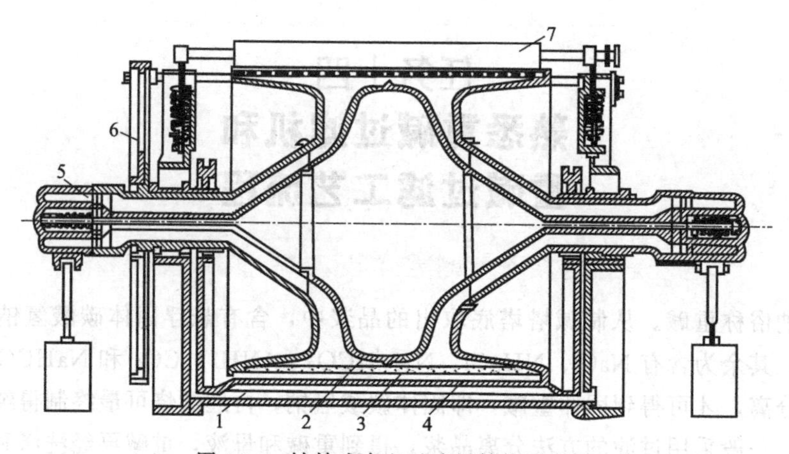

图 5-16　转鼓式真空过滤机结构示意图

1—碱液槽；2—转鼓；3—滤箅；4—搅拌机；5—错气盘；6—传动大齿轮；7—压辊

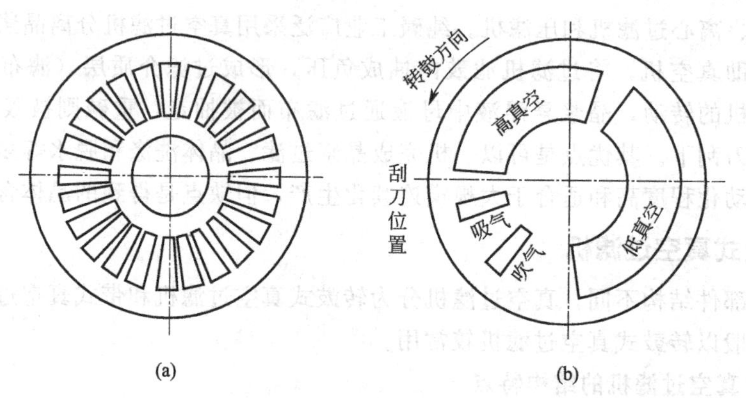

图 5-17　错气盘的结构示意图

(a) 转动错气盘；(b) 固定错气盘

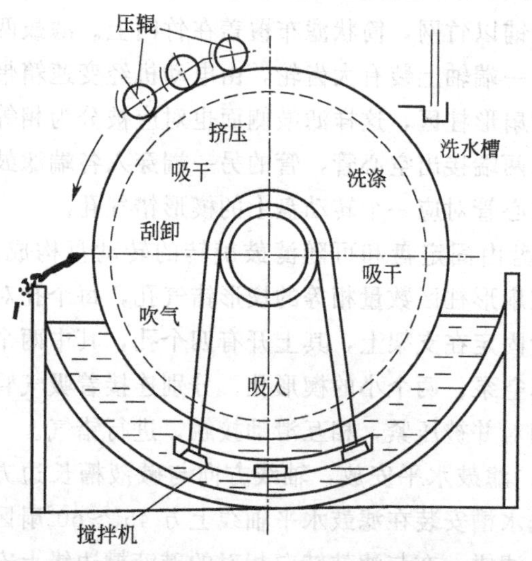

图 5-18　滤鼓旋转一周过程中的作用示意图

当滤鼓旋转时，全部滤面轮流与碱槽内的碱液相接触，滤液被吸入滤鼓内，重碱结晶附着于滤布上。在错气盘的周期性错气作用下，在滤鼓旋转一周过程中，转到相应位置，依次完成“吸入”“吸干”“洗涤”“挤压”“二次吸干”“刮卸”和“吹气”等过程。所谓“吸入”即在与碱槽内碱液相接触的鼓面部分，滤液被吸入滤鼓的扇形柱内，重碱结晶附着于滤布上；“吸干”即随着滤鼓的转动，附着重碱结晶的鼓面部分离开碱液区，结晶颗粒间的母液被真空吸掉；“洗涤”即随着滤鼓转动，滤饼运动到洗水槽洒水覆盖区域，吸掉结晶颗粒间残留的母液及晶粒表面槽黏附的阴阳离子，并且洗液被真空吸掉；“挤压”即随着滤鼓转动，洗涤后的滤饼与压辊接触而被擀压，压出结晶颗粒间黏附的难以被吸去的洗水；“二次吸干”即随着滤鼓转动，挤压后的滤饼进入相应区域，被压出的洗水被真空再次吸掉；“刮卸”即随着滤鼓转动，经二次吸干后的滤饼被刮刀刮下，收集后去煅烧；“吹气”即随着转动，刮掉滤饼漏出滤布部分的滤鼓表面经吹扫，清理滤布孔，为下次“吸入”做准备。滤鼓连续转动，不断重复上述过程，完成重碱过滤的操作。

2. 转鼓式真空过滤机的维护要点

为了使真空过滤机保持良好的工况，需对真空过滤机进行日常维护。

(1) 要保持各转动部位有良好的润滑状态，不可缺油。

(2) 随时检查紧固的工作情况，发现松动及时拧紧，发现震动及时查明原因。

(3) 滤槽内不允许有物料沉淀和杂物。

(4) 备用过滤机应固定期转动一次。

二、重碱真空过滤的工艺流程

图 5-19 是重碱真空过滤的工艺流程图。

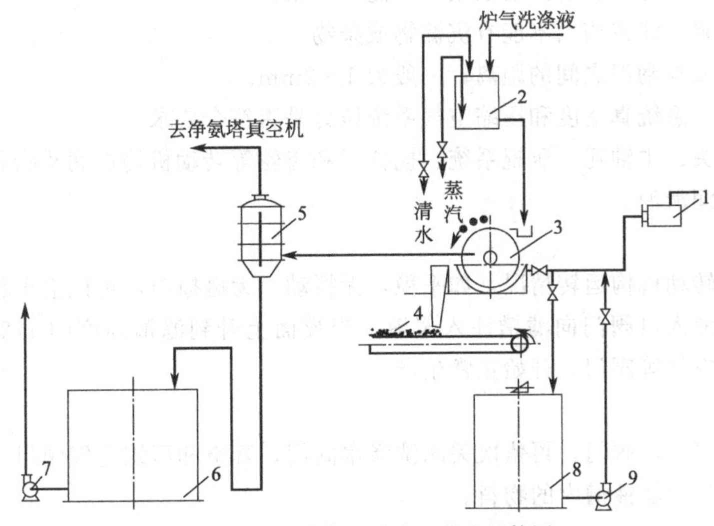

图 5-19 重碱真空过滤工艺流程简图

1—出碱液槽；2—洗水高位槽；3—转鼓式真空过滤机；4—皮带运输机；
5—分离器；6—母液桶；7—母液泵；8—碱液桶；9—碱液泵

由碳化塔底部流出的碱液晶浆经出碱液槽 1 流入转鼓式真空过滤机的碱液槽内，母液通过滤布的毛细孔被真空吸入滤鼓内，经空心管、错气盘和同时被吸入的空气一同进入分离器 5，气体与液体分开，滤液（在这里也称母液，下同）由分离器的底部流出，进入母液桶 6，用泵 7 送至蒸氨工序。分离器分出的气体进入精盐水氨化工序的净氨塔。滤布上的重碱滤饼用高位槽 2 出来的洗水进行洗涤，之后经挤压和二次吸干，经刮刀刮下落于重碱皮带运输机 4 上，送煅烧工序煅烧分解成纯碱。重碱滤饼的洗涤中，高位槽的洗水由煅烧炉气洗水和回收塔净 NH_3 洗水组成，为了调节洗水的温度和流量还设有自来水管和蒸汽管。过滤后的重碱一般组成如下（质量分数）：69.28% $NaHCO_3$、7.76% Na_2CO_3、3.45% NH_4HCO_3、0.26% NaCl 和 19.15%H_2O。

思考与练习

1. 转鼓式真空过滤器由哪些部分构成？简述转鼓结构。

2. 转鼓转动一周，转鼓式真空过滤器依次完成哪些过程？

3. 了解氨盐水碳化塔的维护要点。

4. 简述重碱真空过滤的工艺流程。

任务十五 懂得重碱转鼓式真空过滤机操作

一、重碱转鼓式真空过滤机的操作要点

1. 开机前的准备与检查

(1) 检查滤布。滤布应清洁无缺损，不能有干浆。

(2) 检查滤浆。滤浆槽内不能有沉淀物或杂物。

(3) 检查转鼓与刮刀之间的距离，一般为1～2mm。

(4) 检查真空系统真空度和压缩空气系统压力是否符合要求。

(5) 给分配头、主轴瓦、压辊系统、搅拌器和齿轮等转动机构加润滑脂和润滑油，检查和补充减速机的润滑油。

2. 开车

(1) 观察各转动机构运转情况，如平稳，无振动，无碰撞声，可试空车和洗车15min。

(2) 开启浆液入口阀门向滤槽注入浆液，当夜面上升到滤槽高度的1/2时，再打开真空、洗涤、压缩空气等阀门，开始正常生产。

3. 停车操作

(1) 关闭晶浆入口阀门，再依次关闭洗涤水阀门，真空和压缩空气阀门。

(2) 除去转鼓和滤液槽内的物料。

4. 正常操作

(1) 经常检查滤槽内的液面高度，保持液面高度，高度不够会影响滤饼的厚度。

(2) 经常检查各管道、阀门是否有漏液，如有漏液应停车修理。

(3) 定期检查真空度、压缩空气是否达到规定值，洗涤水分布是否均匀。

(4) 定时分析过滤效果，如滤饼的厚度，洗涤水是否符合要求。

二、重碱转鼓式真空过滤机操作的异常现象及处理

重碱转鼓式真空过滤机操作中的主要异常现象、产生原因及处理方法见表5-8。

表5-8 重碱转鼓式真空过滤机操作中的主要异常现象、产生原因及处理方法

异常现象	产生原因	处理方法
滤饼的厚度达不到要求，滤饼不干	①真空度达不到要求 ②滤槽内滤浆液面低 ③滤布清洗不干净	①检查确保真空管路无漏气 ②增加进料量 ③清洗滤布
真空度过低	①分配头磨损漏气 ②真空泵效率低或管道漏气 ③滤布有破损 ④错气窜风	①更换分配头 ②检查真空泵和管路 ③更换滤布 ④调整操作区域

续表

异常现象	产生原因	处理方法
重碱盐分高	①洗水不足 ②重碱结晶细 ③洗水分布不均匀、洗水槽不平或结疤 ④滤布使用时间长 ⑤挂碱不均匀	①开大洗水 ②联系氨盐水碳酸化工序处理并开大洗水量 ③开大洗水或停车清理结疤或纠正洗水槽 ④倒车洗滤布 ⑤调节吹气量和液面
重碱水分大	①重碱结晶细 ②真空度低 ③吹气不足 ④压辊压得不紧 ⑤洗水过多 ⑥滤布使用时间长 ⑦挂碱不均匀	①联系氨盐水碳酸化工序处理 ②按真空度处理方法处理 ③开大吹气或加开冷风机 ④调节弹簧，压紧压辊 ⑤关小洗水 ⑥倒车洗滤布 ⑦调整液面，多打循环液

三、重碱转鼓式真空过滤机的安全操作事项

(1) 更换滤布或金属丝网时，要配合协调，防止铁丝或不锈钢丝折断伤人。

(2) 润滑加机油最好停车时进行，凡必须在运转时加油的，宜选用长嘴注油器。

(3) 防止滤碱机吹风压力过大将碱液喷溅出碱槽伤人。

(4) 水环式真空泵正常运转要保持好水封。

思考与练习

1. 转鼓式真空过滤机开车前的准备与检查工作有哪些？
2. 转鼓式真空过滤机正常操作要点有哪些？
3. 了解转鼓式真空过滤机操作的主要异常现象、产生原因及处理方法。
4. 了解转鼓式真空过滤机操作的安全注意事项。

任务十六 掌握重碱煅烧工艺知识

重碱滤饼中含69.28% $NaHCO_3$、3.45% NH_4HCO_3、0.26% NaCl、7.76% Na_2CO_3、19.15% H_2O。重碱煅烧的任务是将过滤机滤出的重碱滤饼加热，使其分解制取纯碱（无水碳酸钠），同时回收二氧化碳，以供氨盐水碳酸化使用。重碱煅烧所用的设备称为重碱煅烧炉，简称煅烧炉。重碱煅烧过程中，除纯碱外，同时得到含 CO_2、NH_3、H_2O(气态）的炉气，也称锅气。一般炉气中含 CO_2可达90%左右，和石灰窑气一起作为氨盐水碳酸化气体来源。在重碱煅烧时，为了降低重碱滤饼黏度，避免因含水而在炉内结疤，一般将煅烧后所得纯碱产品的一部分返回与重碱滤饼混合，以降低重碱滤饼水分含量。生产上对煅烧的要求是：所得成品中含盐分少，不含未分解的重碱，产生的气体产物中二氧化碳浓度高且损失少，耗用燃料少。

一、重碱煅烧的基本原理

重碱（$NaHCO_3$）为不稳定的化合物，常温下就能分解，升高温度时则加速分解。重碱煅烧的主化学反应为：

$$2NaHCO_3(s) = Na_2CO_3(s) + CO_2(g) + H_2O(g) \tag{5-16}$$

$$\Delta_r H_m^{\ominus}(298K) = 128.5kJ/mol$$

该反应为气固相的吸热反应。反应平衡常数表达式为：

$$K_p = p_{CO_2}^* p_{H_2O}^* = y_{CO_2}^* y_{H_2O}^* p^2 \tag{5-17}$$

式中 K_p——重碱煅烧反应的平衡常数；

$p_{CO_2}^*$——平衡状态下二氧化碳的分压，Pa；

$y_{CO_2}^*$——平衡状态下二氧化碳的摩尔分数；

$p_{H_2O}^*$——平衡状态下水蒸气的分压，Pa；

$y_{H_2O}^*$——平衡状态下水蒸气的摩尔分数；

p——反应系统压力，Pa。

重碱煅烧反应的平衡常数 K_p 只随反应温度的升高而增大。当温度升高、压力降低，平衡右移，则有利于得到更多的煅烧产物。当温度一定时，重碱分解反应能进行的最高压力一定，将此压力称为纯碱的分解压力。当煅烧反应压力小于分解压力时，平衡右移，则有利于煅烧。

煅烧过程中，滤饼中水分受热汽化，除煅烧主反应外，滤饼中其他物质能发生副反应。副反应的发生不仅消耗了热量，而且使系统循环氨量增大，从而增加了氨耗。同时在产品中留下了 NaCl，影响了产品质量。由此可见，在过滤中重碱洗涤是十分重要的。单位质量的滤饼煅烧后得到的纯碱产品的质量分数称为重碱烧成率。重碱烧成率是衡量煅烧过程产品收率的量，一般重碱煅烧率约为 51%。

二、重碱煅烧工艺条件的选择

影响重碱煅烧的工艺因素包括温度、压力、返碱量/重碱量、炉内存料充填系数等。

1. 温度

在压力低于 0.1MPa、温度低于 130℃时，重碱煅烧速率很慢，而当温度高于 140℃时，分解反应速率随温度的升高明显增大；在 190℃下，重碱能在半个小时内分解完全。

当采用内热式蒸汽煅烧炉时，采用蒸汽作热源，随着重碱从加料口向出料口移动，逐渐被加热、干燥和分解。为了降低滤饼黏度，防止碱料结团和挂疤，使一部分纯碱产品从出口返回加料口作为返料，与滤饼拌匀。按工业生产对重碱煅烧的要求，一般维持出碱温度在 165～190℃，返碱温度在 150～180℃，炉气出气温度在 110～120℃，加热蒸汽温度在 250～280℃，过热 40～50℃。

2. 压力

重碱的分解压力随温度的升高而增大，当温度为 100℃时，分解压力约为 0.1MPa。为了减少碱分飞扬而污染环境，一般取炉头出气压力－250～－100Pa（表压）。

3. 返碱量/重碱量

若返碱量过大，则煅烧炉生产能力降低，但返碱量过小，煅烧炉内固体物料结块和挂疤，影响煅烧效果。按工业生产对重碱煅烧的要求，一般维持返碱量与重碱量之比约为 2.5，使煅烧炉重碱滤饼的加料水分在 6%～8%。

4. 炉内存料充填系数

炉内存料充填系数是炉内存有的固体物料体积占炉容积的百分数。若煅烧炉内存料太多，则物料受热不均匀，影响煅烧效果，但若煅烧炉内存料太少，则煅烧炉生产能力降低。综合考虑，并按工业生产对重碱煅烧的要求，一般炉内存料充填系数维持在30%～40%。

三、重碱煅烧的工艺流程

图5-20是重碱煅烧工艺流程示意图，采用内热式蒸汽煅烧炉。

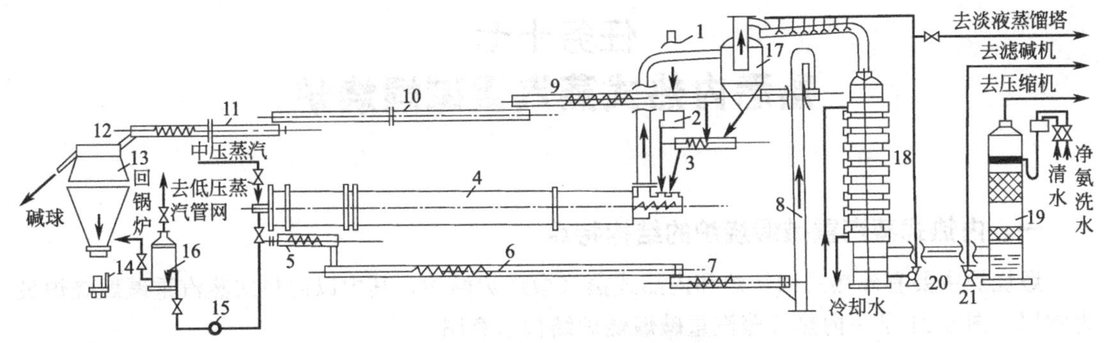

图5-20 重碱煅烧工艺流程图

1—皮带输送机；2—圆盘加料器；3—进碱螺旋输送机；4—内热式蒸汽煅烧炉；5—出碱螺旋输送机；6—地下螺旋输送机；7—喂碱螺旋输送机；8—斗式提升机；9—分配螺旋输送机；10—成品螺旋输送机；11—筛上螺旋输送机；12—圆筒筛；13—碱仓；14—磅秤；15—贮水槽；16—扩容器；17—分离器；18—冷凝塔；19—洗涤塔；20—冷凝泵；21—洗水泵

重碱由皮带输送机1送入圆盘加料器2（亦称下碱台）控制加碱量，再经进碱螺旋输送机3与返碱和炉气分离器出来的碱混合进入内热式蒸汽煅烧炉4。重碱在炉内被逆向流动的中压蒸汽间接加热分解，停留时间20～40min，即由出碱螺旋输送机5自炉内取出，再经地下螺旋输送机6、喂碱螺旋输送机7、斗式提升机8、分配螺旋输送机9，一部分做返碱进入圆盘加料机，另一部分作为成品纯碱则经成品螺旋输送机10、筛上螺旋输送机11和圆筒筛12入碱仓包装。

重碱在炉中受热分解，产生炉气（含有CO_2、NH_3、水蒸气及碱尘）借压缩机之抽力，由炉气出气筒引出，经炉气分离器17（俗称集灰槽）将其中大部分碱尘回收，进入圆盘加料机返到炉内，少部分碱尘随炉气进入总管，以循环冷凝液喷淋，碱尘被洗掉进入循环冷凝液成为洗液，之后与洗液一起自塔顶进入炉气冷凝塔18，在塔内与由下而上的冷水间接错流接触，被冷却，炉气中的水蒸气大部分冷凝成水进入液相，并吸收了气相中大部分NH_3，液相即所谓冷凝液。冷凝液自塔底用泵抽出，一部分用冷凝泵20循环送往炉气总管喷淋洗涤炉气，另一部分送往淡液蒸馏塔。经炉气冷凝塔冷却后的炉气由冷凝塔18下部引出，进入洗涤塔19的下部，与塔上喷淋的自来水及吸氨工序来的净氨水逆流接触，洗涤炉气中残余的碱尘和氨，并进一步冷却炉气。自洗涤塔19塔顶引的炉气送CO_2压缩机，经压缩后供氨盐水碳酸化用。洗涤液用洗水泵21送到过滤机作为洗水。

煅烧重碱用的中压蒸汽由炉尾经进气排水装置进入炉内加热管，间接加热重碱。冷凝水由炉尾进气排水装置进入贮水槽15，并自压入扩容器16，在扩容器内闪蒸出二次蒸汽进入低压蒸汽管内，余水则自压回锅炉。

思考与练习

1. 写出重碱煅烧的主、副反应方程式。主反应有什么特点？
2. 重碱煅烧的主要工艺条件有哪些？重碱煅烧过程为什么要返料？
3. 简述重碱煅烧的工艺流程。

任务十七 熟悉内热式蒸汽重碱煅烧炉

一、内热式蒸汽重碱煅烧炉的结构特点

煅烧炉主要有外热式回转炉和内热式蒸汽煅烧炉两种，其中以内热式蒸汽重碱煅烧炉最为常用。图 5-21 是一内热式蒸汽重碱煅烧炉结构示意图。

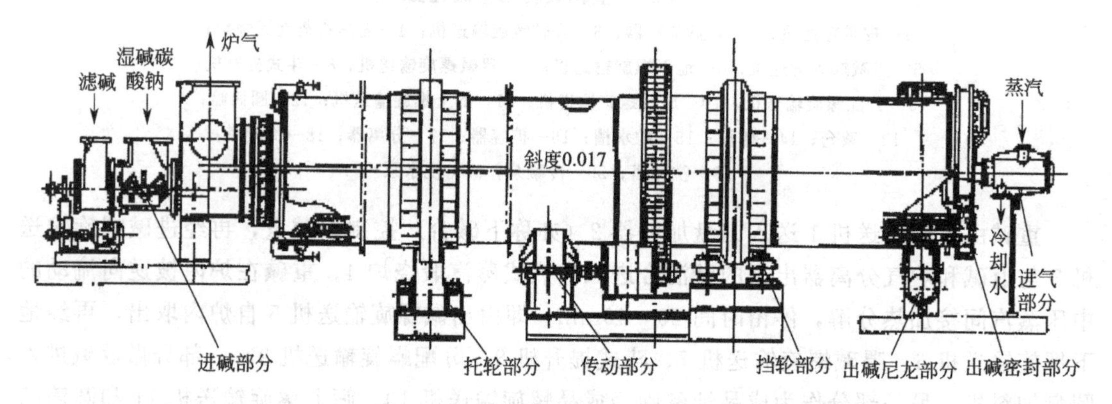

图 5-21　内热式蒸汽重碱煅烧炉结构示意图

内热式蒸汽重碱煅烧炉炉体为圆筒形，直径 2.5m，长度 27m，由 14mm 或 16mm 厚的钢板焊接而成。炉体上两个滚圈，距离为 16m，炉体与物料的质量通过滚轮轴承支撑。后端支座装有防止炉体轴向窜动的挡轮，靠近托轮与挡轮的炉体上装有齿轮圈，由此带动筒体回转。炉体进、出碱口处均用端面填料密封，炉头进碱及炉尾出碱的设备皆用螺旋输送机(俗称绞龙)。炉体内有三排加热管，每排 36 根，外排加热管 ϕ114mm×6mm，中排加热管 ϕ83mm×5.5mm，内排加热管 ϕ75mm×5mm，各长 27m，以管架支撑于炉体上，管架能稳定管位，但不影响其前后伸缩移动。管外面焊有螺旋导热片以增加传热面积，翅片采用钢片连续焊接在管上而成。为了避免入炉的重碱在管上结疤，近炉头的一端长约 3m 管子没有翅片。

加热管后端用焊接法或胀管法固定在蒸汽室管板上，而前端三排加热管系以弯头连接，最外排加热管前端则架在炉头盖板的管孔上，每管有填料函以防漏气、漏碱，但管子可以伸缩移动。管的前端密封，其炉外顶端有排不凝气小管接到总管上，总管上有排出不凝气阀，汽室在炉尾，接有空心其轴随炉转动，外有固定套，套上有填料函，蒸汽进口及冷凝水出

口。蒸汽进入汽轴内层后，分由三管进入蒸汽室再平行输送至各管内。冷凝水仍由原管流回汽室，注入外围的冷凝水室。室分三格，各由一格流回蒸汽轴外层的一格中，再经冷凝水管及疏水器输出。3.2MPa 过热蒸汽来自发电厂中压锅炉，经减温减压装置进入蒸汽室。炉尾靠近出料口处，在炉体内有一圈挡灰板，其高度为 520mm。

炉体稍有倾斜，一般在 1.5%～1.7%。增加炉体转速，则单位时间内冷凝水的排出次数增加，因而使凝水排出迅速，同时使碱在炉中停留时间缩短，但若炉体转速过大，则传动设备振动严重。实践证明，蒸汽煅烧炉转速为 7～9r/min 较为适宜。

这种内热式蒸汽煅烧炉利用设置在炉体外且独立的螺旋输送机实现返碱，除此之外，还有一种内热式蒸汽煅烧炉，其利用紧贴在炉体壁上的螺旋管，随着炉体转动而实现自行返碱，两者结构相似，主要区别在于返碱方式不同，前者称为外返碱型，后者称为自身返碱型。

二、内热式蒸汽重碱煅烧炉的维护要点

为了内热式蒸汽煅烧炉保持良好的工况，需对内热式蒸汽煅烧炉进行日常维护，要点如下。

(1) 严格执行设备轮换及清理计划，保持设备完好，备用设备处于完好状态。

(2) 严格遵守润滑油的三级过滤和五定制度。

(3) 做好电机和电气设备的防雨、防潮工作和管线、阀门的防腐、防冻工作。

(4) 运转设备保持足够的润滑油或润滑脂。

(5) 确保设备整洁无油污，无滴漏，零件完整无缺，辅助设备齐全，并做好设备检修后的验收工作。

(6) 严格遵守巡回检查制度

① 各岗位操作人员按规定按时检查专管设备的运转及机械磨损情况。

② 检查设备润滑情况，各加油点、油箱、油盅是否缺油，保证设备润滑良好。

③ 检查设备、管线、阀门等是否有泄漏情况。

④ 随时检查各种物料的流动情况。

⑤ 在巡回检查中发现问题要及时处理，处理不了的要及时向值班长报告。

⑥ 冬季巡回检查中注意检查防冻措施。

思考与练习

1. 重碱煅烧炉的加热方式有哪两种？内热式蒸汽重碱煅烧炉的返碱方式有哪两种？
2. 了解内热式蒸汽重碱煅烧炉的结构特点。
3. 内热式蒸汽重碱煅烧炉的维护要点有哪些方面？

任务十八 懂得内热式蒸汽重碱煅烧炉操作

一、内热式蒸汽重碱煅烧炉的操作要点

1. 开车前的准备与检查

(1) 确保设备内部结构完整，支架、基础牢固，设备防护罩、护栏等安全设施齐全、完

好、安装到位，现场保持清洁并符合规定，确认具备开车条件。

(2) 确保电气设备具备开车条件，电气设备绝缘良好，接地线齐全牢固，熔断器容量合适，通信联系正常。

(3) 确保仪表设施、各检测点齐全可靠。

(4) 确保各安全设施齐全有效，工具分类存放排列整齐。

(5) 确保管线畅通无漏，阀门灵活好用、安全阀校验合格，各阀门状态合格。

(6) 检查固体粉料运输系统、疏水系统、炉气系统是否正常。

(7) 检查油泵供油是否正常、润滑部位油量是否充足。

(8) 开启微机，设定给定值并且换到手动位置。

(9) 准备待开炉垫底碱。

2. 开车

(1) 暖管　原始开车时，须先暖管。全开蒸汽管线导淋阀，联系调度、热电送汽。

(2) 暖炉　打开旋风分离器顶盖放气；将离合器打至辅机位置，启动辅机运行，通汽暖炉。

(3) 升压　根据炉内压力情况，缓慢升压，当炉内压力升至 0.5MPa 时，暖管、暖炉结束。

(4) 串碱、投料。

3. 停车

(1) 正常停车

① 接到生产调度或车间指令后，联系其他工序准备停炉。

② 停重碱喂料皮带输送机、停重碱星形给料器。

③ 逐渐关闭中压蒸汽入炉阀门。

④ 停止下碱 10min 后，打开分离器顶盖。

⑤ 调返碱星形给料器转速至最高转速循环，待炉内重碱反应完全后停返碱。

⑥ 将煅烧炉快车改为慢车，停止碱星形给料器，依次停相关设备。

⑦ 检查清理设备、溜管，确保备用。

(2) 临时停车

① 按临时停重碱时间长短进行相应操作。

② 因电气、设备或操作故障，30min 以上不能投料时，煅烧炉应紧急停车，同时通知有关工序减量。根据故障处理要求确定煅烧炉泄压或热备。

③ 煅烧炉多台或全部停下重碱时，及时联系降低蒸汽压力，必要时放空，联系碳化收量。

④ 煅烧炉 1h 以上不能运转时，应泄压晾炉，打辅机盘车。

4. 正常操作要点

(1) 据炉况及时调整重碱投入量；随重碱投入量调返碱量；由蒸汽压力和温度调出碱温度。

(2) 控制炉头负压，确保出气畅通。控制煅烧炉出气温度，保持设备、管道应有的密封。

(3) 密切注意设备运行电流变化，密切注意闪发罐、贮水槽内压力变化。

(4) 控制适宜的贮水槽液位，避免出现窜气现象。

(5) 经常检查各显示数据情况，发现问题及时处理。

(6) 加强联系，掌握各设备运行情况，了解产品质量。

(7) 严格煅烧炉的倒换和运碱设备的倒换操作。

(8) 严禁在下班前从炉内拉碱，破坏煅烧炉的正常工作状态。

(9) 按时准确填写报表，不得填写假数据。

二、内热式蒸汽重碱煅烧炉操作的异常现象及处理

内热式蒸汽重碱煅烧炉操作中的主要异常现象、产生原因及处理方法见表5-9。

表5-9 内热式蒸汽重碱煅烧炉操作中的主要异常现象、产生原因及处理方法

异常现象	产生原因	处理方法
进碱不畅	①进碱绞龙黏结 ②加热管漏	①清扫绞龙 ②严重时换备用炉
断返碱	①返碱管堵 ②出碱口黏死 ③运碱系统故障	①疏通返碱管 ②疏通出碱口 ③临时停炉处理
黏炉	①断返碱或炉内存碱量少 ②加热管漏	①提高出碱温度作串炉处理或换备用炉 ②停炉检修
出碱温度低、成品质量不合格	①蒸汽压力波动或调节不及时 ②冷凝水排放不畅 ③炉内压力大 ④加热管结疤或断返碱 ⑤炉内存灰量少，投入量大	①稳定蒸汽压力及调节 ②按冷凝水排放不畅处理 ③联系氨回收严格操作条件 ④按断返碱和黏炉处理 ⑤减投入量，等存灰量增加后逐步加量

三、内热式蒸汽重碱煅烧炉的安全操作事项

(1) 煅烧运输机械众多，操作人员要维护好防护设施，以防机械伤人。

(2) 投料要均匀，不空喂料机，避免炉内有压气体夹带碱粉喷出。

(3) 筛分过程应备有排气湿法洗涤器，防止冒气。

(4) 外热式煅烧炉要控制好燃料燃烧完全，防止冒黑烟污染环境。

思考与练习

1. 内热式蒸汽煅烧炉开车前的准备和检查工作有哪些？
2. 内热式蒸汽煅烧炉的正常操作要点有哪些？
3. 了解内热式蒸汽煅烧炉操作的主要异常现象、产生原因及处理方法。
4. 内热式蒸汽煅烧炉操作的安全注意事项有哪些？

任务十九 掌握氨回收工艺知识

氨碱法生产中，氨是循环利用的。为了降低生产成本和保护环境，氨碱法需要回收各种待排放液体和尾气中的氨。氨碱法一般采用蒸氨的方法回收氨。

一、蒸氨的化学反应

氨碱法生产纯碱中，氨作为中间介质而循环使用。氨分别从精盐水的制备、氨盐水的制备和氨盐水的碳化过程中加入生产系统，少部分进入淡液，大部分进入盐水，以固定铵和游离氨的形式存在，在重碱过滤时，大部分留在滤液（也称母液或过滤母液）中以 NH_4^+ 的形式存在，少部分随滤饼进入煅烧工序，以 NH_3 的形式进入炉气，由于氨碱法不需氨产品，所以需回收滤液中的氨加以循环利用。由于逸散、滴漏等原因，造成生产系统每生产 1t 纯碱约损耗氨 0.4～0.5t，为保持系统氨平衡，需从外界不断补充氨，如何减少氨的损失和尽力做好氨的回收是纯碱生产中的一个十分重要的问题。

氨的回收主要指生产系统中含氨料液即母液和淡液中氨的回收。母液中“游离氨”可直接加热分解蒸出，而固定氨需要加石灰乳（或其他碱类物质）使之反应再蒸出。由于料液中还含有二氧化碳，为了避免石灰的不必要损失，故采用两步进行，先将母液加热以逐出其中的游离氨和二氧化碳，然后再加石灰乳与结合氨作用，使其变为游离氨而蒸出。

淡液是生产中的炉气洗涤液、冷凝液及其他含氨杂水的统称，其中只含有游离氨，这些淡液中的氨回收比较简单，通常采用直接通入水蒸气“加热”蒸出氨和二氧化碳，返回系统循环使用。

总之，回收母液和淡液中的氨，一般都采用蒸馏的方法，该过程称为蒸氨，所用设备称为蒸氨塔。母液和淡液含有多种化合物，蒸氨过程中可发生的化学反应如下。

1. 母液和淡液中游离氨的主要反应

$$NH_3 \cdot H_2O = NH_3\uparrow + H_2O \tag{5-18}$$

$$NH_4HCO_3 = NH_3\uparrow + CO_2\uparrow + H_2O \tag{5-19}$$

$$(NH_4)_2CO_3 = 2NH_3\uparrow + CO_2\uparrow + H_2O \tag{5-20}$$

2. 母液中的 $NaHCO_3$ 和 Na_2CO_3 的反应

$$NaHCO_3 + NH_4Cl = NaCl + NH_3\uparrow + CO_2\uparrow + H_2O \tag{5-21}$$

$$Na_2CO_3 + 2NH_4Cl = 2NaCl + 2NH_3\uparrow + CO_2\uparrow + H_2O \tag{5-22}$$

3. 石灰乳与过滤母液的反应

$$Ca(OH)_2 + 2NH_4Cl = CaCl_2 + 2NH_3\uparrow + 2H_2O \tag{5-23}$$

$$Ca(OH)_2 + CO_2 = CaCO_3\downarrow + H_2O \tag{5-24}$$

这些反应都属于气液相反应，有些为分解反应，需要吸热，反应限度涉及气液平衡和反应平衡两方面，升高温度、降低压力都有利于平衡右移，且有利于气体解吸。

二、蒸氨工艺条件的选择

影响母液和淡液蒸氨的工艺因素主要有温度、压力和石灰乳浓度。

1. 温度

由蒸氨过程的化学反应知，蒸氨需要热量。其热量由直接通入料液的压力为 0.16～0.17MPa 的蒸汽供给（因料液含氨不多，掺入蒸汽无大影响且省去换热设备）。蒸汽通入料液前应先除去冷凝液，以免造成料液稀释增加氨的损失。一般蒸氨塔底温度维持在 110～117℃，塔顶温度维持在 80～85℃。

蒸氨塔冷凝器出气温度过高，则大量蒸汽将随氨气进入吸氨塔，使氨盐水中 NH_3 浓度降低且冷却水消耗增加，但若低于 60℃，则冷凝器及出气管内生成碳酸铵等结晶，堵塞设备管道，一般蒸氨冷凝器出气温度维持在 60～65℃。

2. 压力

减压操作对蒸氨有利，还可减少氨的逸出损失。通常蒸氨塔下部压力与直接蒸汽压力相同，塔顶稍呈负压，真空度约为 0.8kPa。

3. 石灰乳浓度

石灰乳中活性 CaO 浓度的大小对蒸氨过程有影响。石灰乳浓度低，稀释了母液，增加蒸汽消耗，若石灰乳浓度高，增加用量。生产中一般要求石灰乳活性 CaO 浓度在 4～4.5mol/L。

三、蒸氨的工艺流程

1. 母液蒸氨的工艺流程

母液蒸氨的工艺流程如图 5-22 所示。

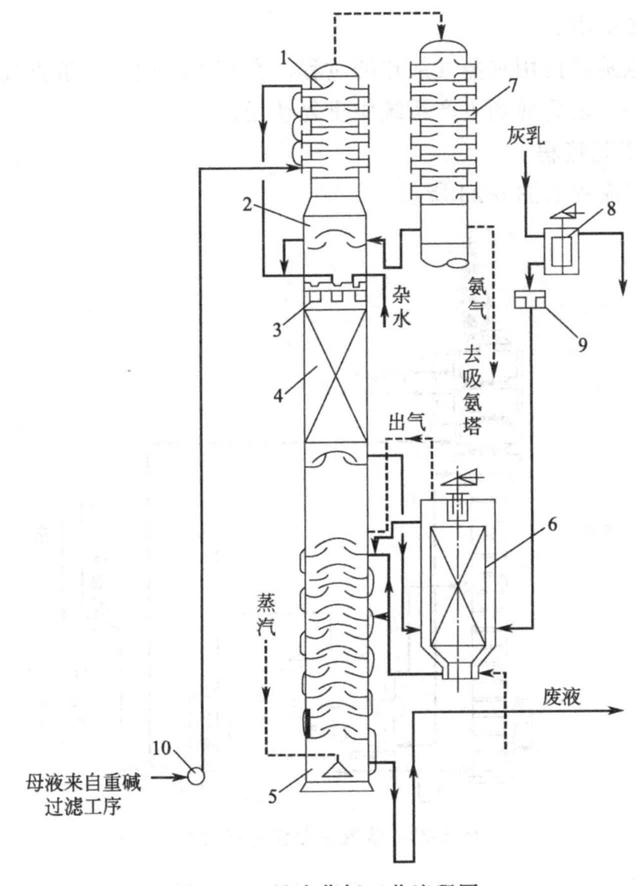

图 5-22 母液蒸氨工艺流程图

1—母液预热段；2—蒸馏段；3—分液槽；4—加热段；5—石灰乳蒸馏段；6—预灰桶；7—冷凝器；8—加石灰乳罐；9—石灰乳流堰；10—母液泵

来自过滤工序温度为 25～32℃的母液经母液泵 10 打入蒸氨塔母液预热段 1 最下一层的卧式水箱内，被管外热气预热，温度升到 70℃左右，从预热段最上一层水箱流出，进入蒸氨塔中部加热段 4。该段系采用填料或设置“托液槽”，以扩大气液接触表面。母液由填料上部经分液槽 3 加入，与下部上升的热气体直接接触而被加热，蒸出母液所含的游离氨及二氧化碳，之后送入预灰桶 6，在搅拌器作用下与石灰乳均匀结合，使结合氨转变为游离氨，然后从上部进入蒸氨塔下部石灰乳蒸馏段5，在单菌帽形泡罩板上与塔底加入的直接水蒸气逆向接触被加热，蒸出所含约99%的氨后，成为含氨0.0014mol/L以下废液，由塔底排出。加热段蒸出的游离氨及二氧化碳离开加热段，上升进入蒸馏段。段内设有十多个单菌帽形泡罩板。

来自石灰乳制备工序的石灰乳进入加石灰乳罐，搅拌均匀，越过石灰乳溢流堰的清液进入预灰桶。稠乳返灰回到石灰乳制备工序。

蒸氨塔各段气体贯通，从塔底加入的直接水蒸气，经石灰乳蒸馏段部分冷凝，之后带着蒸出的氨和二氧化碳上升进入加热段，再部分冷凝后，同时所带氨和二氧化碳量增加，上升进入蒸馏段，又冷凝一部分，而同时所带氨和二氧化碳量增加，然后继续上升进入母液预热段，被冷却，又有部分蒸汽冷凝，最终从塔顶出塔，进入冷凝器，水汽全部冷凝，形成溶解少量氨和二氧化碳的冷凝液和未凝气体氨及二氧化碳，冷凝液作为回流进蒸馏段，未凝气去精盐水氨化工序的吸氨塔。

淡液蒸馏过程也是直接用水蒸气加热的过程。在蒸氨塔内，淡液直接被蒸汽加热，蒸出所含的氨和二氧化碳，之后回到生产系统中重复使用。

2. 淡液蒸氨的工艺流程

淡液蒸氨的工艺流程如图5-23所示。

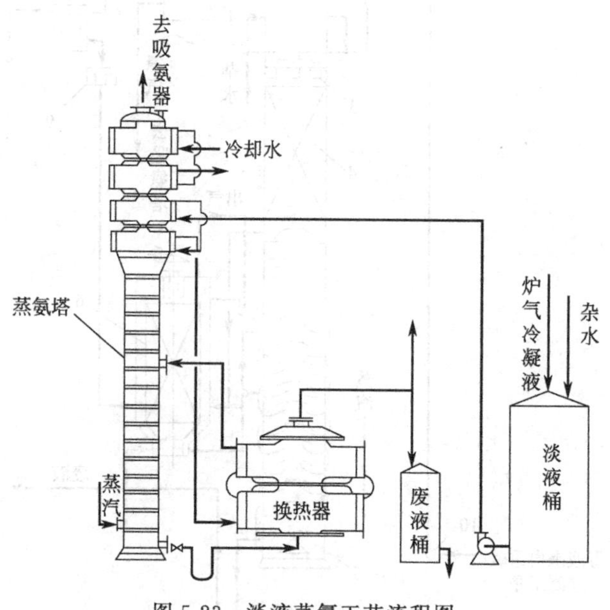

图5-23　淡液蒸氨工艺流程图

重碱煅烧过程中，产生的含少量氨和二氧化碳的炉气冷凝液（称为淡液）和其他含氨杂水送入淡液桶，用泵送入蒸氨塔（该塔从上到下分别为冷却段、精馏段和提馏段）的冷却段，被管间从下上升的蒸馏氨气预热。被预热的淡液被换热器管间的废淡液加热，淡液温度升至50～70℃，自压入蒸氨塔提馏段，与塔下通入的低压直接蒸汽逆流接触，被加热，蒸出所含的氨和二氧化碳，成为废淡液从塔底经U形管压入淡液换热器，回收热量后，进废液桶以备综合利用或放掉。蒸氨塔的冷却段与精馏段和提馏段的气体贯通，塔底加入的直接蒸汽上升在提馏段与被加热后的淡液逆向接触，部分水蒸气冷凝进入淡液，然后与蒸出的氨和二氧化碳一起上升进入精馏段，与塔上部下降的冷凝液逆向接触，水蒸气再次

被部分冷凝，之后上升进入塔上部的冷却段，被来自淡液桶的淡液和冷却水间接冷却，水蒸气继续被冷凝，到塔顶时水蒸气含量很少，剩下主要是氨和二氧化碳，离开塔顶后去精盐水氨化工序的吸氨塔。冷却段的冷凝液自流入精馏段，作为精馏段的回流液。

思考与练习

1. 在氨碱法中，氨从哪些工序进出系统？怎样回收母液中的氨？
2. 写出蒸氨过程的化学反应式，这些反应式具有什么特点？
3. 蒸氨过程的主要工艺条件有哪些？
4. 简述母液和淡液蒸氨的工艺流程。

任务二十 熟悉蒸氨塔

一、蒸氨塔的结构特点

蒸氨过程的主要设备是蒸氨塔。

1. 母液蒸氨塔

图 5-24 是母液蒸氨塔的结构示意图。

母液蒸氨塔是一个复合设备，由从下到上的石灰乳蒸馏段、加热段、分配液槽、蒸馏段和母液预热段五部分组成，塔体由铸铁塔圈和空圈连接而成。

母液预热段位于塔的顶部，主要作用是回收出塔气体中的热量并预热欲蒸馏的母液，同时还可以减少氨气中的水分。它由 7～10 个卧式水箱组成，管外走蒸汽，管内走母液。

蒸馏段实为由单菌帽形塔板鼓泡塔圈组成，用来蒸出冷凝器来的回流冷凝液中的微量氨，同时冷凝该段从下上升的氨和二氧化碳气体中的水汽。

加热段用来加热预热段来的母液，并蒸出母液中的游离氨，其上部设有分离装置，由填料和带底盘的分离帽组成。填料采用尺寸为 80mm×80mm 的瓷环。与气体分离的液滴向下流，穿过底盘上的孔和填料。预热段的底圈有气帽，用来均匀分布由石灰乳蒸馏段上升的气体。

石灰乳蒸馏段用直接蒸汽加热蒸出预灰桶来的母液中的氨。一般由 10～11 个内径 3m 或 3m 以上的塔圈组成，塔圈内有单泡罩塔板，这种塔板方便清除塔内结疤。该段下部是底圈，底圈内有通入蒸汽用的菌帽形塔板，上部是分离装置，即圆筒形捕沫器和不带鼓泡塔板的空圈。液体沿内溢流管从上一圈流入下一圈，混合气通过塔板底盘上的颈口自下一圈进入上一圈，每圈均有隔板，将进、出溢流液分开，并调节塔板上液体的流向。

2. 淡液蒸氨塔

图 5-25 是淡液蒸氨塔的结构示意图。该塔系用钢铁制成，由下而上分为提馏段、精馏段、冷却段三部分。提馏段和精馏段一般在塔板上装有泡罩。可以采用内溢流式或外溢流式的溢流管。塔底圈装有进气分布帽。

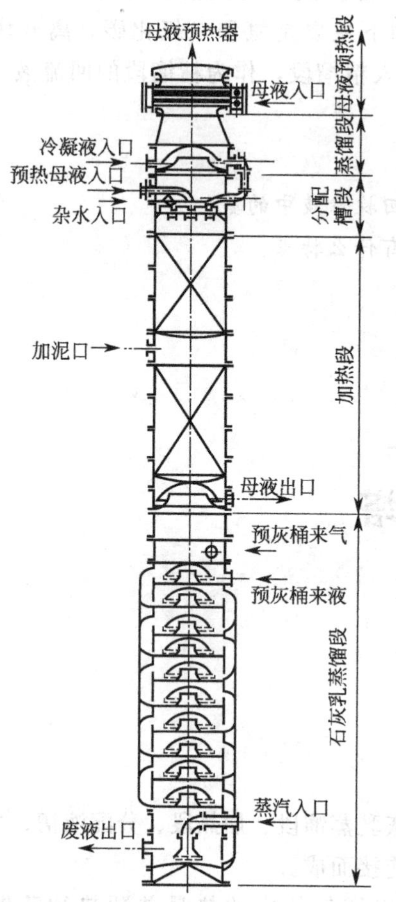

图 5-24　母液蒸氨塔的结构示意图

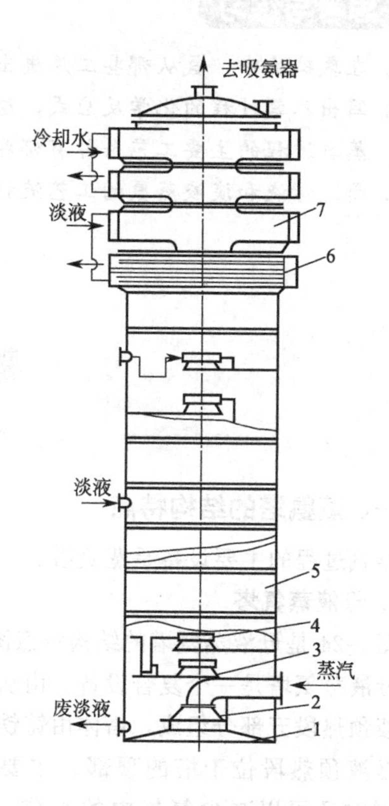

图 5-25　淡液蒸氨塔的结构示意图

1—蒸汽分布帽；2—蒸汽入口扩大管；3—塔板；4—泡罩；5—塔圈；6—捕沫器；7—冷却器

提馏段的主要作用是将淡液中的氨蒸馏出来；精馏段的作用是提高提馏段上升气含氨浓度，并降低出气温度；冷却段的作用是降低出气温度和减少出气中水蒸气含量、预热淡液等。

二、蒸氨塔的维护要点

为维护正常工况，需对蒸氨塔进行日常维护，要点如下。

(1) 严格按照操作规程操作，遵守巡查制度。

(2) 严禁重物撞击设备。

(3) 经常检查电机运行情况。

(4) 经常检查系统是否正常，仪表及设备运行是否完好。

(5) 保持传动设备润滑充分。

(6) 保持底圈、预灰桶液面计通畅，各底圈压力表读数清楚。

(7) 定期清除管道设备内的结晶，防堵塞。

(8) 预热器、冷凝器开水时一定要先开出水后开进水。

(9) 各通道、走梯、平台保持畅通、整洁。

思考与练习

1. 母液蒸氨塔由哪些部分组成？各部分的作用是什么？
2. 淡液蒸氨塔由哪些部分组成？各部分的作用是什么？
3. 了解蒸氨塔的维护要点。

任务二十一 懂得蒸氨塔操作

一、蒸氨塔的操作要点

1. 开车前的准备与检查

(1) 检查所有静止设备是否完好、人孔是否封死。

(2) 检查各转动设备是否完好、是否处于开车状态。

(3) 检查各仪表、阀门开关是否正常。

(4) 蒸汽压力是否满足开塔需要。

(5) 检查各有关盲板是否拆除。

(6) 确保开车所用原料和辅料合格。

(7) 确保操作工具和防护设施合格可用。

2. 母液蒸氨操作要点

(1) 蒸氨塔上、下部压力不同。根据母液、灰乳、冷凝液流量及蒸汽压力的变化，及时调节进塔气量。

(2) 在保证母液预热温度和过剩灰的同时，根据塔使用周期，维持平稳的出气压力，尽量降低废液氨含量。

(3) 严格注意蒸氨塔进气压力不超过 137kPa。

(4) 蒸氨塔中部压力不准超过 39kPa。

(5) 蒸氨塔底部压力不准超过 67kPa。

(6) 保持底圈、预灰桶液面计通畅，各底圈压力表读数清楚。

(7) 每天夜班要向母液桶真空管线吹气，防止结晶，保持母液桶液面计通畅、清楚，便于观察。

(8) 随时注意搅拌机、电动机电流，当电流大时要检查放砂管是否畅通。

(9) 预热器、冷凝器开水时一定要先开出水后开进水。

3. 淡液蒸馏操作要点

(1) 控制出气温度，防止温度过高带水蒸气多或温度过低产生结晶，堵塞出气管道。

(2) 控制出气压力，压力低利于氨的蒸出。

(3) 控制进塔蒸汽压力及底圈液面高度。

(4) 根据吸氨需要和淡液存量变化，调节淡液入塔液量，维持系统正常生产。

二、蒸氨塔操作的异常现象及处理

蒸氨塔（主要指母液蒸氨塔）操作中的主要异常现象、产生原因及处理方法见表5-10。

表5-10 蒸氨塔的主要异常现象、产生原因及处理方法

异常现象	产生原因	处理方法
废液含NH_3高	①灰乳浓度低 ②预热母液温度低 ③开用日期长，指标不稳定 ④出气压力过大或波动 ⑤母液蒸氨量负荷过大	①增加灰乳浓度 ②调汽提高母液预热温度 ③降低出气压力 ④联系吸氨及时处理 ⑤调节母液进量，适当减小负荷
预热母液温度低	①母液量过多 ②蒸汽压力低 ③打氨水多 ④预热器列管有泄漏 ⑤底圈液面满 ⑥下部气顶 ⑦塔使用期长	①加气或减母液量 ②提高蒸汽压力 ③减小氨水量 ④及时处理预热器列管泄漏 ⑤提高预热母液温度，减蒸母液 ⑥处理气顶 ⑦停塔清理
出气温度高	①冷凝器、预热器效率差或有堵塞 ②预热母液温度太高 ③水温高	①清理预热器、冷凝器等设备 ②降低预热母液温度 ③开大冷却水
底圈压力大	①出气压力大 ②底圈液面满 ③蒸汽压力大 ④塔使用期长或用堵塞	①降低蒸汽压力 ②减母液 ③降低蒸汽压力 ④加强操作维持生产待倒塔
中部压力大	①上部有堵塞现象 ②上部气顶 ③蒸氨母液量多 ④塔使用期长 ⑤蒸汽压力大	①加强操作待倒塔 ②处理气顶，降低蒸汽压力 ③减蒸母液量 ④停塔清理 ⑤调节蒸汽压力

三、蒸氨塔的安全操作事项

（1）用聚丙烯玻璃纤维增强塑料鲍尔环作为预热段填料，要注意填料防火。

（2）调节压力时，要符合规定工艺指标，不得盲目超压，以免因压力过大，引起高塔晃动。

（3）高温岗位要处处注意蒸汽、石灰乳、塔液，以防灼伤。

（4）冬季应把停用的冷却器、水管等内部的水放空。

思考与练习

1. 蒸氨塔开车前的准备与检查工作内容有哪些？
2. 了解母液蒸氨塔和淡液蒸氨塔的操作要点。
3. 了解蒸氨塔操作的主要异常现象、产生原因及处理方法。
4. 了解蒸氨塔操作安全注意事项。

任务二十二
了解联合制碱法

一、联合制碱法的特点

以原盐、氨、合成氨工业副产的二氧化碳为原料，同时生产纯碱和氯化铵两种产品的方法称为联合制碱法或联碱法。我国著名化学家侯德榜教授在1938年就首先对联合制碱技术进行了系统的研究，并于1961年在大连建立了第一座联碱车间。

与氨碱法相比，联合制碱法原料利用率高，其中食盐利用率可达90%以上；不需要石灰石及焦炭，节约了原料、能量及运输等消耗，使纯碱和氯化铵的产品成本降低；纯碱部分不需要蒸氨塔、石灰窑、化灰机等笨重设备，缩短了流程，节省了投资；尤其是无大量废液、废渣排出，利于环保。

联合制纯碱得到另一产品氯化铵，亦可作为一种氮肥应用于农业上，并广泛应用于电镀、印刷、医药等行业。

联合制碱法与氨碱法的主要区别在于，二者对重碱过滤所得母液中氯化铵的处理方法不同，前者通过物理方法处理母液，析出氯化铵结晶，之后母液循环利用，而后者通过加入石灰乳，利用化学方法处理母液，使固定氨变为游离氨，然后蒸出游离氨循环使用。联合制碱法的主要特点是母液循环，该法循环过程如图5-26所示。

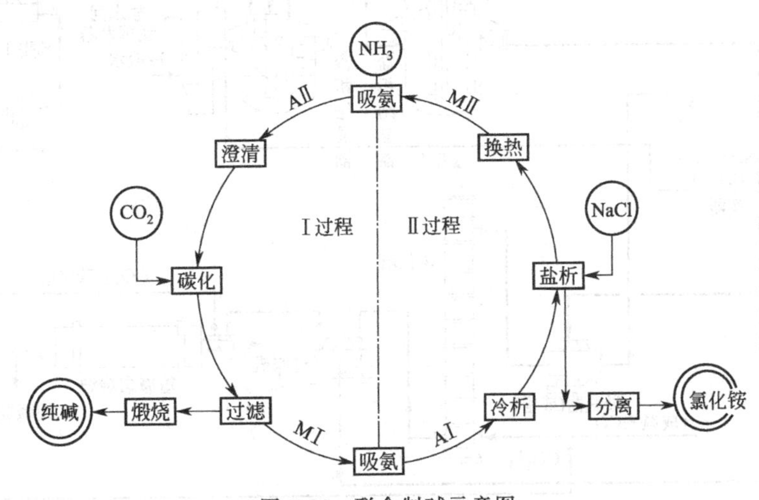

图5-26 联合制碱示意图

由图5-26可知，联合制碱法生产过程可分为两个过程，第一过程为生产纯碱的过程，称为“Ⅰ过程”或制碱过程，与氨碱法生产纯碱相似。先将第二过程产生的母液Ⅱ（原始开车为精盐水，代号为MⅡ）吸氨，制成氨母液Ⅱ（代号AⅡ），再吸收二氧化碳进行碳酸化，析出碳酸氢钠，得到碳化悬浮液（碳酸氢钠晶浆），过滤所得的重碱碳酸氢钠结晶经煅烧即得纯碱产品，滤液称为母液Ⅰ（MⅠ）进入第二过程。其主要化学反应与氨碱法相同。

$$NaCl + NH_3 + CO_2 + H_2O \rightleftharpoons NaHCO_3 \downarrow + NH_4Cl \tag{5-25}$$

$$\Delta_r H_m^{\ominus}(298K) = -153.3kJ/mol$$

$$2NaHCO_3(s) = Na_2CO_3(s) + CO_2(g) + H_2O(g) \tag{5-26}$$

$$\Delta_r H_m^{\ominus}(298K) = 128.5kJ/mol$$

第二过程为生产氯化铵的过程，称为“Ⅱ过程”或制铵过程。该过程先将第一过程产生的母液Ⅰ吸氨，制成氨母液Ⅰ（AⅠ），然后将其降温并加入洗盐，使氯化铵单独析出。分离出氯化铵作为产品，所得母液即为母液Ⅱ（MⅡ），进入第一过程。这样两个过程构成一个循环，向循环系统中连续加原料（氨、盐、水和二氧化碳）就能不断地生产出纯碱和氯化铵。

二、联合制碱法总工艺流程

联合制碱法有多种生产流程，按原料的加入方式和部位的不同以及制冷方式的不同而异。我国纯碱企业一般采用一次碳化、两次吸氨、一次加盐、冰机制冷的联合制碱工艺流程，如图 5-27 所示。

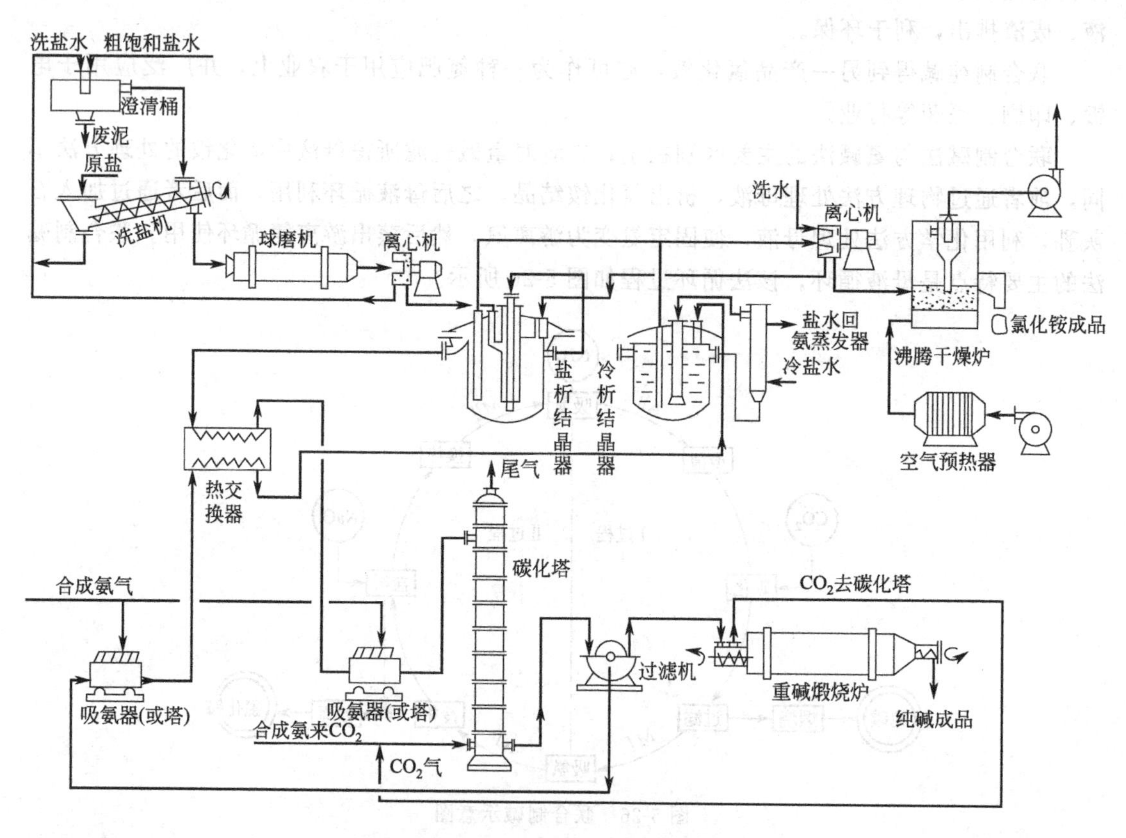

图 5-27 联合制碱生产工艺流程图

原盐在洗盐机中用饱和盐水洗涤，除去其中大部分钙、镁等杂质，再经粉碎机粉碎，立洗桶分级稠厚、滤盐机分离，制成符合规定纯度和粒度的“洗盐”，然后送往盐析结晶器。洗涤液循环使用。母液中杂质含量增高时，则回收处理。

原始开车时，在盐析结晶器中制备饱和盐水，经吸氨器制成氨盐水，此氨盐水（正常循环中用氨母液Ⅱ）在碳化塔内与合成氨系统所提供的二氧化碳气进行反应，所得重碱经滤碱机分离，送煅烧炉加热分解成纯碱。煅烧分解出的炉气，经炉气冷凝器与炉气洗涤器，回收炉气中的氨气及碱粉，并使水蒸气冷凝和降低炉气温度，再使炉气（其中约含90%的二氧化碳）进入二氧化碳压缩机压缩后，重新送回碳化塔供制碱用。以上工艺过程和氨碱法生产纯碱相同。

过滤重碱后的母液称为母液MⅠ，其已经被$NaHCO_3$饱和（NH_4HCO_3和NH_4Cl也接近饱和），如此时立即进行冷却加盐，会使一部分溶解度小的重碳酸盐（NH_4HCO_3和$NaHCO_3$）与NH_4Cl同时析出，影响产品质量。为使NH_4Cl单独析出，母液MⅠ首先送去吸氨，制成氨母液AⅠ，使HCO_3^-变成CO_3^{2-}，然后送往冷析结晶器降温，使部分NH_4Cl析出，称为“冷析”。冷析后的母液称为“半母液Ⅱ”，由冷析结晶器溢流入盐析结晶器，加入洗盐，由于同离子效应，可再析出部分NH_4Cl，并补充了下一过程所需要的Na^+。由冷析结晶器及盐析结晶器的下部取出氯化铵悬浮液，经稠厚器、滤铵机，再干燥制得成品氯化铵。

滤液送回盐析结晶器。盐析结晶器清液（母液Ⅱ）送入母液换热器与氨母液Ⅰ进行换热，经吸氨器制成氨母液Ⅱ，再经澄清桶除去氨母液Ⅱ中的泥后，去碳化塔制碱。生产过程中产生的淡液（各种含氨杂水）进入淡液蒸馏塔以回收氨。

思考与练习

1. 什么是联碱法？联合制碱法和氨碱法有哪些区别？
2. 联合制碱法分为哪两个过程？简述联碱法生产循环。
3. 简述联碱法总工艺流程。

任务二十三 联合制碱法中制碱和制铵工艺条件的选择

影响联合制碱过程中核心步骤的工艺因素主要有压力、温度和母液成分。

一、压力

制碱过程原则上可在常压下进行，但碳化过程需提高压力来强化吸收效果。碳化压力的选择与进入碳化塔的二氧化碳的浓度有关，浓度低的二氧化碳采用较高的碳化压力，例如，由变换气提供二氧化碳时，碳化压力为1.3MPa或0.7MPa，而由水洗气提供二氧化碳时，碳化压力一般为0.45MPa。除碳化外，联合制碱法中的其他过程都可在常压下进行。

二、温度

碳化反应放热，降低温度，则反应平衡向生成碳酸氢钠和氯化铵的方向移动，但温度过低，则反应速率就非常慢，达到平衡所需要的时间很长，影响生产能力。碳化塔中部主要是反应区，应维持较高的温度，而下部主要是结晶区，应维持较低的温度。在选择碳化塔的温度时，应防止塔中部氨和二氧化碳因激烈挥发而被碳化尾气带走，同时还应考虑热量的平衡，还应避免大量碳酸氢铵、氯化铵等盐类与碳酸氢钠共析现象发生。一般维持碳化塔中部温度不超过 60℃，而下部控制出塔温度为 32～38℃。

根据生产经验，制铵过程的冷析温度，一般选取 8℃左右，盐析温度为 15℃左右。

三、母液成分

在联合法的母液循环过程中，主要控制三个比值，β 值、α 值和 γ 值。

1. β 值

β 值是指氨母液 AⅡ中的游离氨浓度 $F(NH_3)$ 与氯化钠浓度 $T(Na^+)$ 之比，即

$$\beta=F(NH_3)/T(Na^+) \tag{5-27}$$

反应式（5-25）是可逆反应，提高反应物 NaCl、NH_3 和 CO_2 的浓度，则有利于生成更多的产物 $NaHCO_3$ 和 NH_4Cl，因此碳化反应时，原料氨母液 AⅡ中氯化钠应尽量达到饱和、游离氨浓度应适当提高，而原料气中 CO_2 浓度应尽量提高。生产中适当提高 β 值，则有利于碳酸氢钠的生产，但若 β 值过高，则碳化时将出现大量碳酸氢铵结晶，还会有部分氨被尾气和重碱带走，造成氨的损失增大，故生产上一般要求氨母液 AⅡ的 β 值控制在 1.04～1.12，即略大于理论上 $\beta=1$ 的数值。

2. α 值

α 值是指氨母液 AⅠ中的游离氨浓度 $F(NH_3)$ 与二氧化碳浓度 $T(HCO_3^-)$ 之比，即

$$\alpha=F(NH_3)/T(HCO_3^-) \tag{5-28}$$

式中，二氧化碳浓度 $T(HCO_3^-)$ 是以 HCO_3^- 形式计，即将氨母液 AⅠ中所有含 C 和 O 的分子或离子折算成 HCO_3^- 形式的浓度。母液Ⅰ吸氨成为氨母液 AⅠ，其目的在于减少溶液中的 HCO_3^-，以避免因降温而产生 $NaHCO_3$ 与 NH_4Cl 共析的现象，因此氨母液 AⅠ中游离氨应达到一定浓度。若 α 值过低，则重碳酸盐将与氯化铵共析，影响产品 NH_4Cl 质量，或者因 CO_2 分压高 CO_2 会逸出；而若 α 值过高，NH_4Cl 的产品虽略可提高，但氨损失增加。一般氨母液 AⅠ的适当 α 值与 NH_4Cl 结晶温度有关，二者关系见表 5-11。

表 5-11　氨母液 AⅠ的适当 α 值与 NH_4Cl 结晶温度的关系

NH_4Cl 结晶温度/℃	20	10	0	−10
α 值	2.35	2.22	2.09	2.02

一般情况下氨母液 AⅠ中 CO_2 的含量因碳化过程工艺条件固定而视为定值，结合表 5-11 可得，NH_4Cl 结晶温度越低，要求氨母液 AⅠ维持的 α 值也越小，即在一定的二氧化碳浓度下要求的吸氨量则越小。

3. γ 值

γ 值是指母液 MⅡ中钠离子与固定氨浓度 $C(NH_3)$ 之比，即

$$\gamma=C(Na^+)/C(NH_3) \tag{5-29}$$

母液 MⅡ是由氨母液 AⅠ转变而来的。γ 值可反映盐析时氨母液 AⅠ加入氯化钠的量大小，若 γ 值越大，则加入 NaCl 越多，结果使单位体积氨母液 AⅠ析出的 NH_4Cl 就越多。但氨母液 AⅠ中能加入的 NaCl 量受不同温度下 NaCl 溶解度的限制，所以对于不同的盐析温度，γ 值有一对应上限，即母液Ⅱ中最大的钠离子浓度（钠离子饱和浓度）与盐析结晶温度有关，二者关系见表 5-12。

表 5-12 钠离子饱和浓度与盐析结晶温度的关系

盐析温度/℃	10	11	12	13	14
Na^+饱和浓度/($kmol/m^3$)	3.865	3.830	3.805	3.775	3.745

在实际生产中，为了在提高氯化铵产率的同时又能够避免过量的氯化钠混杂于产品中，必须注意控制 γ 值在一定范围内。根据生产实践，当盐析结晶器溶液温度为 10～15℃时，γ 值一般控制在 1.5～1.8 左右。

思考与练习

1. 制碱和制铵过程的工艺条件有哪些？
2. 什么是母液的 α 值、β 值和 γ 值？
3. 了解 α 值、β 值和 γ 值过高或过低对生产过程分别产生的影响。

任务二十四 掌握氯化铵结晶工艺知识

氯化铵结晶工序是联碱生产过程中的重要一环，包括加盐、外冷器换热和清洗、晶浆稠厚及分离操作，它不单是生产氯化铵的过程，并且与制碱过程密切相连，相互影响。

在结晶器中，氨母液 AⅠ在冷却和盐析作用下析出氯化铵结晶，同时获得合乎制碱要求的母液 MⅡ。

一、氯化铵结晶的基本原理

1. 过饱和度

过饱和度指溶液中溶质的过饱和程度，一般用某温度下的溶质的过饱和溶液浓度与同温度下该溶质的饱和溶液浓度之差表示，或者用同一溶质的饱和温度与过饱和温度之差表示。溶液不析出某溶质结晶的最大过饱和浓度称为该溶质的过饱和极限。溶液实际浓度超过同温的饱和浓度，且达到过饱和极限，才可能析出溶质结晶，且溶液过饱和极限越低，则析出溶质结晶的粒度越小。

在碳化塔中，氨母液 AⅡ不断吸收 CO_2 而生成 $NaHCO_3$，当 $NaHCO_3$ 浓度超过了该温度下的溶解度，而且形成了过饱和溶液才开始析出结晶。与之不同的是，氯化铵从溶液中结晶析出却不是因为其浓度逐渐增大而超过一定温度下的溶解度，而是因为在既定的浓度下，因溶液温度降低而使其达到过饱和而结晶析出，即冷析，所以生产中碳酸氢钠和氯化铵形成过饱和的原因是不同的。

2. 冷析结晶原理

将氨母液 AⅠ冷却降温，使氯化铵溶解度降低而析出结晶，这一过程称为氯化铵冷析结晶，简称冷析。

母液 MⅠ吸收氨气得到氨母液 AⅠ，其中溶解度小的碳酸氢钠和碳酸氢铵与氨发生中和反应，转化成溶解度大的碳酸钠和碳酸铵。在氨母液 AⅠ冷却时，碳酸氢钠、碳酸氢铵、碳酸钠和碳酸铵则不会与氯化铵共同析出，使氯化铵产品纯度升高。

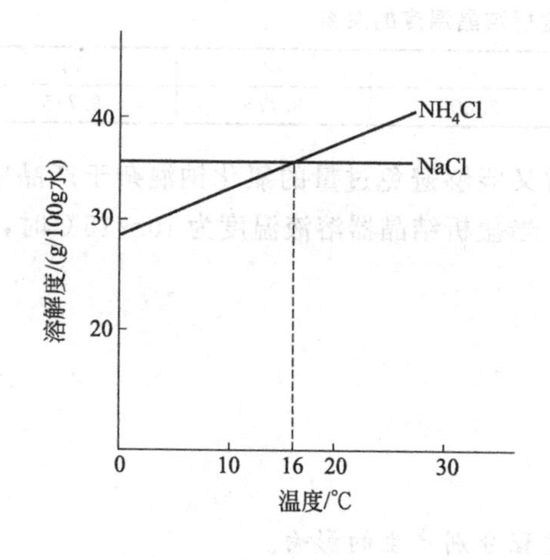

图 5-28　NH_4Cl、NaCl 单独溶解度

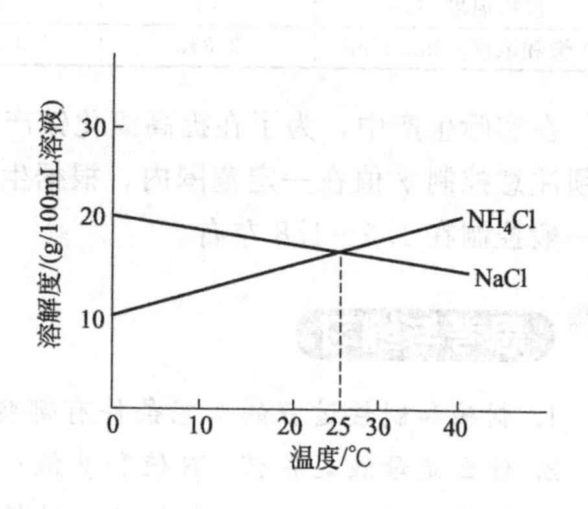

图 5-29　NaCl、NH_4Cl 的共同溶解度

如图 5-28 所示，对于单独溶解情况，氯化钠和氯化铵这两种盐的溶解度随温度的变化趋势不同，氯化铵的溶解度随温度的降低而显著下降，而氯化钠的溶解度随温度的降低变化不大。当温度为 16℃时，氯化铵的溶解度与氯化钠的溶解相等；当温度低于 16℃时，氯化铵的溶解度比氯化钠的溶解度小。

如图 5-29 所示，对于共同溶解情况，在 25℃以下时，与单独溶解情况相比，氯化铵溶解度随温度的降低而减小的程度更快，而氯化钠溶解度随温度的降低反而增大。

所以，氨母液 AⅠ经过冷却降温，氯化铵可以单独结晶析出，纯度可达 99.5%以上(干基)。温度越低，氯化铵析出量越多。

3. 盐析结晶原理

冷析后的母液称为半母液Ⅱ。半母液Ⅱ对氯化铵是饱和的，对氯化钠仍是不饱和的。将食盐加入半母液Ⅱ中，机械搅拌均匀，由于同离子效应降低了氯化铵的溶解度，使氯化铵结晶析出，该过程称为氯化铵盐析结晶，简称盐析。盐析既得到了氯化铵产品又向半母液Ⅱ补充了原料盐。

在盐析过程中，氯化铵的结晶热、轴流泵的机械摩擦热及氯化钠带入热三者的总和，远大于氯化钠的溶解热，所以盐析结晶器母液温度有所回升，一般比冷析结晶温度高 5℃左右。

盐析结晶器中氯化铵析出量的多少取决于温度的高低和加入洗盐的多少。温度越低，析出量越大；在一定温度下，氯化钠加入量越多，氯化铵的产量越大，母液Ⅱ中氯化钠浓度也越高。正常操作时，氯化钠的加入量受其在母液中溶解度的限制。

氯化钠在母液 MⅡ中的溶解度与温度有关。母液 MⅡ温度越低，达到平衡时的母液Ⅱ中氯化铵含量越少，氯化钠的溶解度就越大。实际生产中往往由于氯化钠粒度较大，以及结晶器的停留时间短，而造成氯化钠来不及溶解而混入氯化铵产品中，降低氯化铵产品的质量。为了保证产品质量，实际工业生产中控制母液Ⅱ中的氯化钠含量为饱和状态的 95%左右，即控制氯化钠浓度比饱和状态氯化钠浓度低 0.1～0.15kmol/m^3。

二、氯化铵结晶工艺条件的选择

氯化铵结晶颗粒较大，固液分离容易。结晶析出过程可分为溶液过饱和度的形成、晶核的生成和晶核的成长三个阶段，这三阶段都对结晶颗粒的大小有影响。要析出较大的结晶颗粒，须避免溶液析出大量晶核，并应使析出的晶核不断成长。影响结晶粒度的因素主要是溶液成分、冷却速率、搅拌强度、晶浆固液比和结晶停留时间等。

1. 溶液成分

溶液成分是影响结晶粒度的重要因素。实践证明，对于联碱生产中不同的母液，氯化铵具有不同的过饱和极限，例如，氨母液Ⅰ的氯化铵过饱和极限比母液Ⅱ的大；母液中氯化钠浓度越小，氯化铵过饱和极限越大。由于盐析结晶器中母液的氯化钠浓度比冷析结晶器中的大，则前者母液中的氯化铵容易产生大量晶核，所以盐析结晶器所得到的氯化铵结晶粒度比冷析结晶器所得到的氯化铵结晶粒度小。

2. 冷却速率

在冷析结晶器中，冷却使氯化铵溶液产生过饱和度。一般母液被冷却得越快，则过饱和度增大越明显，超越过饱和极限而析出大量晶核越容易，结果不能得到大颗粒的晶体，但冷却速率慢，则影响生产效率，因而冷却速率应适中。

3. 搅拌强度

适当增加搅拌强度可以降低过饱和度，使其不致超过过饱和极限，从而减少了大量析出晶核的可能。但过分剧烈的搅拌也容易越出极限而生成细晶，同时容易使大粒结晶摩擦、撞击而破碎。所以搅拌强度要适当。

4. 晶浆固液比

要使母液中已有的晶核长大而不再产生或少产生新的晶核，则要减小直至消除母液的过饱和度，而要减小直至消除母液的过饱和度，就需要维持一定的结晶表面积。在一定程度上，氯化铵晶浆的固液比增大，则结晶表面积就增大，母液的过饱和度相应地减小直至消失，这样不仅可使已有的结晶长大，还可防止过饱和度的积累，减少细晶出现，故氯化铵晶浆应保持适当的固液比。

5. 结晶停留时间

结晶停留时间为结晶器内结晶的盘存量与结晶的单位时间产量之比。在结晶器内，结晶停留时间长，则有利于结晶粒子的长大。当结晶器内晶浆固液比一定时，结晶盘存量也一定，则当结晶的单位时间产量小时，结晶停留时间就长，有利于获得大颗粒结晶。

三、氯化铵结晶的工艺流程

按照氯化铵晶浆分别从冷析结晶器和盐析结晶器取出还是只从冷析结晶器取出，氯化铵结晶的工艺流程分为并料流程和逆料流程。

1. 并料流程

氯化铵结晶的并料流程如图 5-30 所示，氨母液 AⅠ先经冷析后经盐析，氯化铵晶浆分别从冷析结晶器和盐析结晶器取出，再稠厚分离出氯化铵并料流程。

从制碱过程中来的母液 MⅠ经吸氨成为氨母液 AⅠ，经换热器与母液Ⅱ换热降温，再经堰式流量计计量后，与低温的循环液混合从中央循环管进入冷析结晶器 3 进行冷析，在结晶器底部析出氯化铵，形成氯化铵结晶的悬浮液即晶浆。冷析结晶器上部清的氨母液即半母液Ⅱ，部分被冷析轴流泵 2 连续送入外冷器 1，被管间低温冷冻卤水降温，之后从中央循环管返回冷析结晶器，构成循环液，同时循环液不断将结晶热移出，以保持结晶器内的一定温度。

除循环液外，其余的半母液Ⅱ溢流，从中央循环管进入盐析结晶器 4。由洗盐工序送来

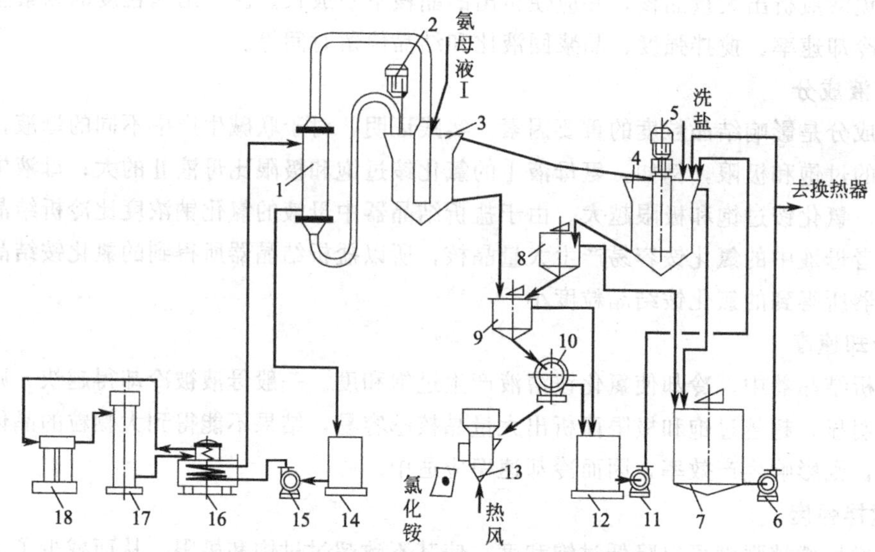

图 5-30　氯化铵结晶的并料流程图

1—外冷器；2—冷析轴流泵；3—冷析结晶器；4—盐析结晶器；5—盐析轴流泵；6—母液Ⅱ泵；7—母液Ⅱ桶；8—盐析稠厚器；9—混合稠厚器；10—滤铵机；11—滤液泵；12—滤液桶；13—干铵炉；14—盐水桶；15—盐水泵；16—氨蒸发器；17—氨冷凝器；18—氨压缩机

的经洗涤和粉碎后的洗盐（或经与母液Ⅱ调成的盐浆），加入盐析结晶器的中央循环管中，在盐析轴流泵5强制液体循环的作用下，与半母液Ⅱ混合、溶解，在盐析结晶器底部，半母液Ⅱ析出氯化铵结晶，形成氯化铵结晶的悬浮液即晶浆，半母液Ⅱ称为母液Ⅱ。盐析轴流泵5的作用是使盐析结晶器中的液体不断进行内循环混合，即将母液不断从中央循环管外压入中央循环管内，使盐析结晶器液体混合均匀。

盐析结晶器上部清液流入母液Ⅱ桶7，用泵6送入换热器与氨母液AⅠ换热被加热，再吸氨制成氨母液AⅡ后去制碱。

利用系统内自身静压，冷析结晶器的晶浆进入混合稠厚器9，而盐析结晶器的晶浆先进入盐析稠厚器8，稠厚得到清液和更稠的晶浆。更稠的晶浆自下部自压流到混合稠厚器9，与冷析晶浆混合，而清液经溢流进入母液Ⅱ桶。因盐析晶浆中含盐成分较高，在混合稠厚器中与冷析晶浆混合，用纯度较高并有溶盐能力的冷析晶浆来洗涤它，并一起稠厚，其结果能提高产品质量。稠厚的晶浆用滤铵机10分离，固体氯化铵用皮带输送去干铵炉13进行干燥。滤液及混合稠厚器溢流液流入滤液桶12，用泵11送回盐析结晶器。

从氨蒸发器16送来的冷冻盐水，从上端进入外冷器管间，放出冷量给冷析结晶器后，由外冷器管间下端流回盐水桶14，并用盐水泵15送回氨蒸发器16降温。在氨蒸发器中，利用液氨蒸发吸收热量，使盐水温度下降。汽化后的氨气进入氨压缩机18压缩，经压缩后进入氨冷凝器17以冷却水间接冷却降温，使氨气液化，再回到氨蒸发器，供降低盐水温度用，如此不断循环。这一系统称为冰机系统。

2. 逆料流程

逆料流程如图5-31所示，借助于晶浆泵或气升设备，盐析结晶器中的晶浆被送到冷析结晶器的晶床（结晶层）中，使结晶颗粒再长大，而晶浆最终从冷析结晶器中取出，除此之外，流程其他部分与并料流程相同。

相对于并料流程，逆料流程具有三个特点。

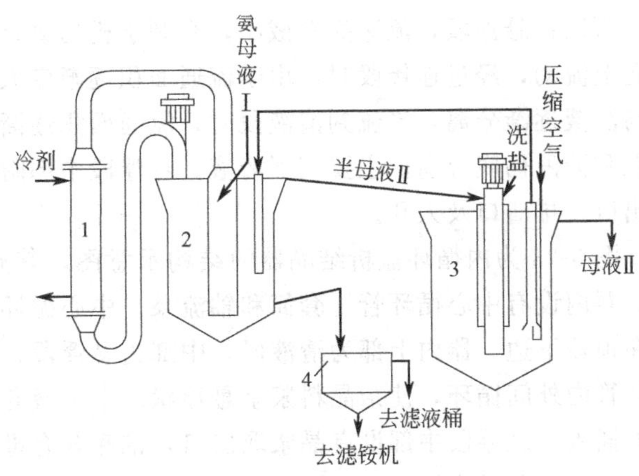

图 5-31 氯化铵结晶的逆料流程简图

1—外冷器；2—冷析结晶器；3—盐析结晶器；4—稠厚器

(1) 由于盐析结晶中的结晶送到冷析结晶器的悬浮层内，因而其中掺杂的固体洗盐在钠离子浓度较低的半母液Ⅱ中可得到充分的溶解，提高了产品纯度。与并料流程相比，逆料流程不能制取“精铵”，而在并料流程中，在冷析结晶器中可得到粒度较大、质量较高的“精铵”。

(2) 逆料流程对原盐的粒度要求不高，不像并料流程那样严格，但仍能得到合格产品。在逆料流程中，盐析结晶器可在接近氯化钠饱和浓度的条件下进行操作，因此较容易控制。

(3) 由于盐析结晶器允许在接近氯化钠饱和浓度的条件下进行操作，因此可提高 γ 值，使母液Ⅱ的结合氨含量降低，从而可提高产品氯化铵的产率，减小母液的体积。

思考与练习

1. 什么是溶液的过饱和度？母液中重碱结晶和氯化铵结晶的原因有什么不同？
2. 什么是冷析和盐析？
3. 结晶析出过程可分为哪三个阶段？影响结晶颗粒大小的工艺条件主要有哪些？
4. 按照氯化铵晶浆取出的位置不同，氯化铵结晶工艺流程分为哪两类？
5. 简述氯化铵结晶的并料和逆料工艺流程。

任务二十五 熟悉氯化铵结晶器

结晶器是氯化铵结晶的主要设备，结晶过程的母液过饱和度消失、晶核的生成及长大等都是在结晶器中进行的。结晶器按析出氯化铵的原理不同分为冷析结晶器和盐析结晶器，而盐析结晶器又按其物料的循环形式不同分为内循环和外循环两种，它们的结构几乎相同。

一、氯化铵结晶器的结构特点

图 5-32 为冷析结晶器的结构示意图。冷析结晶器壳体是由钢板卷焊成的圆筒状带锥形底的容器，器内设有中心循环管和轴流泵，其中轴流泵用于循环母液，使结晶料浆呈悬浮状。按悬浮液的分级情况，结晶器内部空间由上而下分为清液段、连接段、悬浮段（即结晶段）和锥底等四部分。轴流泵是一种低压头、高循环量的特殊泵，工作时，循环母液由轴流泵吸入，压至外冷器下端，然后从外冷器上端流出，与换热器来的氨母液 AⅠ一同流入结晶器中央循环管的底部（锥底）后再向上流动。由于循环母液流出中央循环管后截面积突然增

大，所以在悬浮段，流速突然减小，有利于析出氯化铵晶核，晶核长大成晶体颗粒。母液继续向上流动，经过连接段时，由于流通面积逐渐变大，流速在逐渐变小，其中的结晶颗粒下沉与清液逐渐分离，当流到清液段时，流通面积逐渐达到最大，母液流速达到最小，使结晶颗粒和清液彻底分离，主要剩下清液。悬浮段中部附近开有晶浆取出口，锥底部分开有母液放出口、排渣口及人孔。

图 5-33 为内循环盐析结晶器的结构示意图，其亦是用钢板卷焊而成有锥底的圆筒形容器，器内设有中心循环管、套筒和轴流泵。中心循环管由拉筋固定在结晶器中心位置，套筒设在顶盖下边。器内上部为清液段，中部为悬浮段，下部为锥底。轴流泵用于使母液在中心循环管内外间循环，使结晶料浆呈悬浮状。半母液Ⅱ由中心循环管上口进入，盐浆及滤液由侧方插入。悬浮段中部设有晶浆取出口，锥底开有母液放出口、排渣口及人孔等，清液段上部设有母液Ⅱ溢流槽。

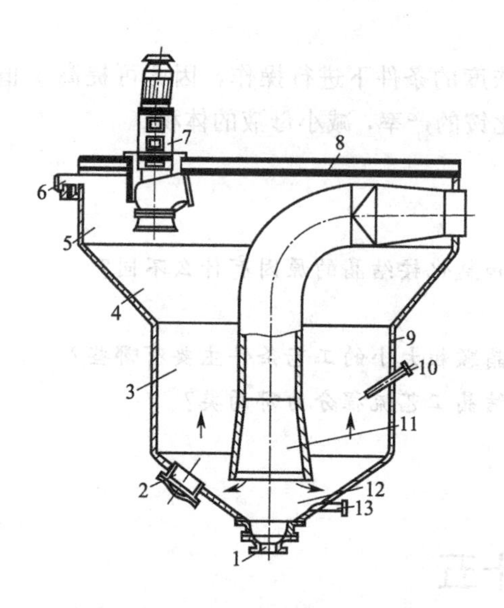

图 5-32　冷析结晶器的结构示意图

1—排渣口；2—人孔；3—悬浮段；4—连接段；5—清液器；6—溢流槽；7—轴流泵；8—结晶器盖；9—结晶器筒体；10—取出品；11—中心循环管；12—锥底；13—放出口

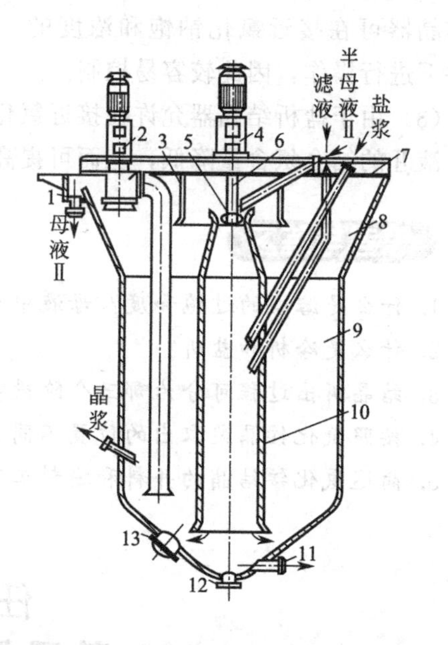

图 5-33　内循环式盐析结晶器结构示意图

1—溢流槽；2—备用轴流泵；3—套筒；4—轴流泵；5—轴流泵叶轮；6—轴流泵轴；7—结晶器盖；8—清液段；9—悬浮段；10—中心循环管；11—放出口；12—排渣口；13—人孔

二、氯化铵结晶器的维护要点

为维护正常工况，需对氯化铵结晶器进行日常维护，要点如下。

(1) 严格按照操作规程操作，遵守巡查制度。

(2) 检查各电机和运转设备的运转情况，并按规定定时加油，做到按规定的油号和油量加油。

(3) 检查各设备的运行情况，做到看、听、摸、闻。

(4) 杜绝各处“跑、冒、滴、漏”现象，改善劳动条件。

(5) 必须做到各溢流口筛网及时清理，防止冒槽跑液。

(6) 定期清理结晶器，防止堵塞。

(7) 冬季按制度做好防冻堵工作。

(8) 各通道、走梯、平台保持畅通、整洁。

思考与练习

1. 简述结晶器的结构。结晶器内分为哪几个区域？

2. 轴流泵的作用是什么？在盐析结晶器循环管外从下往上，母液的流速怎样变化？

3. 了解结晶器的维护要点。

任务二十六 懂得氯化铵结晶器操作

一、氯化铵结晶器的操作要点

1. 开车前的准备与检查

(1) 检查各电机绝缘情况和转向是否正常，各设备检修后的运转情况和润滑油位是否良好。

(2) 检查各容器是否清理干净，所有人孔是否封好。

(3) 检查各管道设备是否畅通，各阀门是否开关正确和灵活好用，各仪器仪表是否准确齐全。

2. 冷析结晶器的操作要点

冷析结晶器操作关键是控制温度，而冷析结晶器温度的控制是通过操作换热器实现的。

(1) 经常检查外冷器母液和卤水温度，稳定操作，维持冷析结晶温度。

(2) 根据氨母液Ⅰ流量、温度等变化和外冷器的换热能力，调节卤水流量和卤水温度。

(3) 注意卤水压力变化情况，加强与水泵岗位联系，保持卤水流量严防卤水中断。

3. 盐析结晶器的操作要点

加盐操作是控制盐析结晶器结合氨和钠离子的重要环节，其操作的好坏直接影响氯化铵质量、产量以及纯碱产量。

(1) 根据氨母液Ⅰ投入量、成分、温度、固液比和盐粒度及成品盐分等，确定加盐量。

(2) 要严密注意盐析温度变化，以此调节加盐量。

(3) 经常测定盐析结晶器溢流液密度（加盐多母液密度大），并按要求控制密度。

(4) 加盐量要依氨母液Ⅰ中 CO_2 含量和钠离子含量的变化而变化，氨母液中 CO_2 含量高加盐多，钠离子含量越高，加盐越少，反之亦然。

(5) 当冷析固液比太低或盐析固液比太高时，加盐量须适当减少。

(6) 注意保持盐的粒度符合工艺要求。

二、氯化铵结晶器操作的异常现象及处理

氯化铵结晶器操作中的主要异常现象、产生原因及处理方法见表5-13。

表 5-13　氯化铵结晶器操作中的主要异常现象、产生原因及处理方法

异常现象	产生原因	处理方法
冷析结晶器液面过低	①氨母液Ⅰ溢流阀未关严 ②外冷器放空阀未关 ③外冷气母液放空时未及时开启排气阀或排气管堵塞引起虹吸 ④取出量超过投入量	①关闭氨母液Ⅰ溢流阀 ②关紧放空阀 ③打开排气阀或把排气管处理通畅 ④联系相关岗位取出减量
氯化铵成品含盐高	①加盐过多 ②盐粒过大 ③冷盐析晶浆配比不当 ④氯化铵水分高(含母液)	①减少加盐的同时,减少或停止取出 ②联系相关岗位调盐处理 ③调整冷盐析取出量 ④加强分离操作
氯化铵成品呈碱性	①氯化铵含水分大 ②α 值低 ③母液Ⅰ桶液面过低	①降低氯化铵水分 ②联系相关岗位提高 α 值 ③联系相关岗位提高母液Ⅰ桶液面
盐析结晶器溢流带结晶多	盐析结晶器固液比太高、结晶太细或滤液带气	降低固液比,设法使结晶长大或避免滤液带气

三、氯化铵结晶器的安全操作事项

(1) 结晶工序设备腐蚀严重，要防止泄漏，防止有毒气体引起中毒、灼伤。

(2) 进行铵分离机转鼓内结晶物处理时要按正常停机切断电源后处理。

(3) 潮湿环境中，一切电器设备要保持良好的绝缘和接地。

(4) 外冷器排放不凝气时，要站好风向方位，并有人监护。

(5) 要防止调盐桶和稠厚器结晶物堵死。

(6) 进入结晶器内检修要按化学工业基本安全生产禁令中的“八个必须”执行。

思考与练习

1. 氯化铵结晶器开车前的准备与检查内容有哪些?
2. 了解冷析结晶器和盐析结晶器的操作要点。
3. 了解氯化铵结晶器操作的主要异常现象、产生原因及处理方法。
4. 了解氯化铵结晶器操作的安全注意事项。

任务二十七
掌握洗涤法精制原盐工艺知识

原盐的主要成分为氯化钠，此外还有泥沙、杂草等机械性杂质和氯化镁、硫酸镁、硫酸钙等化学性杂质，需要进行精制才能用于纯碱生产。原盐精制的目的是除去原盐中的杂质，以满足纯碱生产过程对氯化钠纯度的要求。原盐精制的方法有蒸发法和洗涤法两种，其中蒸发法能耗较高，因此国内外碱厂多采用洗涤法精制原盐。

一、洗涤法精制原盐的基本原理

图 5-34 为氯化钠、氯化镁、硫酸镁和硫酸钙的溶解度曲线，洗涤法主要根据氯化钠与

原盐中可溶性杂质的溶解度随温度变化不同而进行原盐精制。

当用饱和氯化钠溶液作为洗涤液溶解洗涤原盐时，因其只对氯化钠饱和，而对其他成分未饱和，则原盐中的可溶性杂质氯化镁、硫酸镁和硫酸钙等被溶解进入液相，而原盐中的氯化钠还留在固相，再经液固分离，从而使原盐得到精制，得到洗盐。

按照原盐是否被粉碎，洗涤法有粉碎洗涤和不粉碎洗涤法两种。前者可以清洗包含在晶体内部的杂质，且洗涤效率高，但生产流程复杂、设备多，而后者清洗效果不如前者，但流程较短。

在洗涤法中，洗涤液的来源广泛，可因地制宜，或采用盐田饱和卤，或采用盐湖饱和卤，而且可循环利用。

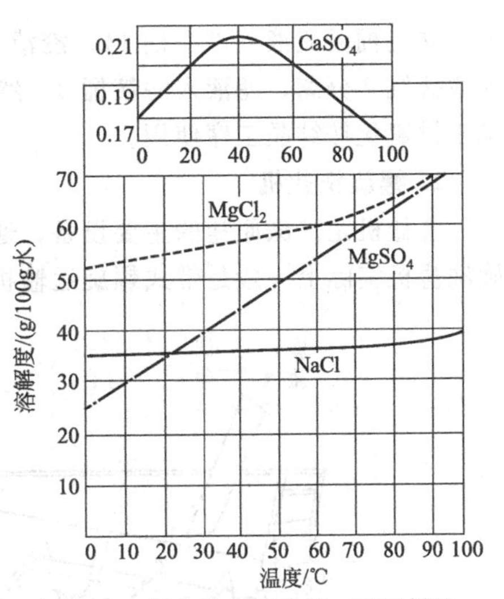

图 5-34 氯化钠、氯化镁、硫酸镁和硫酸钙的溶解度曲线

二、洗涤法精制原盐的工艺流程和螺旋洗盐机

1. 洗涤法精制原盐的工艺流程

洗涤法精制原盐的工艺流程如图 5-35 所示。

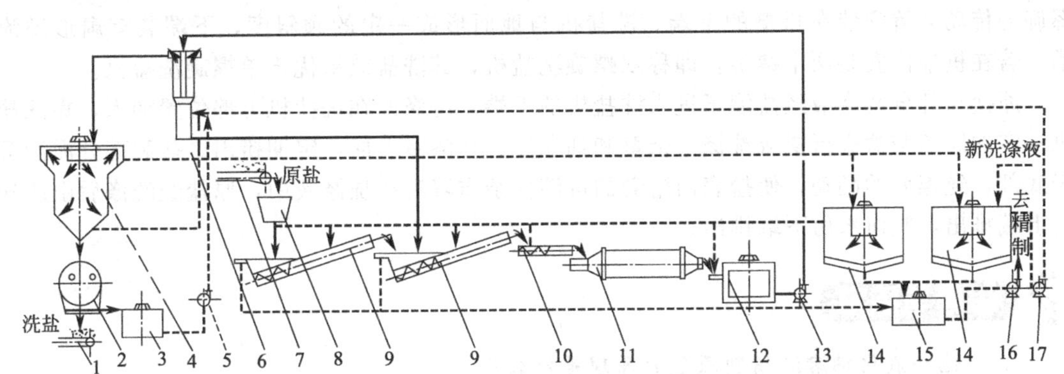

图 5-35 洗涤法精制原盐的工艺流程图

1—洗盐皮带运输机；2—滤盐机；3—滤液桶；4—立洗桶；5—滤液泵；
6—分级器；7—原盐皮带运输机；8—盐溜子；9—洗盐机；10—螺旋运输机；
11—球磨机；12—盐浆桶；13—盐浆泵；14—澄清桶；15—盐卤池；
16—盐卤泵；17—升压泵

原盐经皮带运输机 7 及盐溜子 8 加入洗盐机 9，与立洗桶来的洗涤液（经澄清桶 14 澄清的溢流液）逆流接触洗涤。洗涤后脏卤水流入盐卤池 15，与澄清桶排出的沉渣一起用泵 16 送去精制，除 Ca^{2+}、Mg^{2+} 和 SO_4^{2-}。

洗盐机出来的盐浆经螺旋运输机 10 入球磨机 11 进行粉碎，粉碎后的盐浆流入盐浆桶 12。盐浆被加入的洗涤液稀释后，用盐浆泵 13 送入分级器 6 分级。分级液是来自澄清桶 14 的清液或精制后的卤水，由泵送至分级器下部，并以一定的悬浮速率上升。大粒盐由分级器底部放出，返回洗盐机。分级器内细粒盐随分级液悬浮上升，流入立洗桶 4，进行洗涤稠厚。立洗桶溢流液入澄清桶14，澄清除去泥沙后循环使用。立洗桶稠厚的盐浆经下料管进入滤盐机2分离，滤液入滤液桶3，然后用泵5送入分级器，分离脱水后的洗盐经皮带运输机1供氯化铵结晶工序使用。

2. 螺旋洗盐机

洗盐机是洗涤原盐的主要设备，通常采用螺旋式洗盐机（也有采用刮板洗盐机的）。螺旋洗盐机实际上一般是带式螺旋运输机，其结构示意图如图5-36所示。

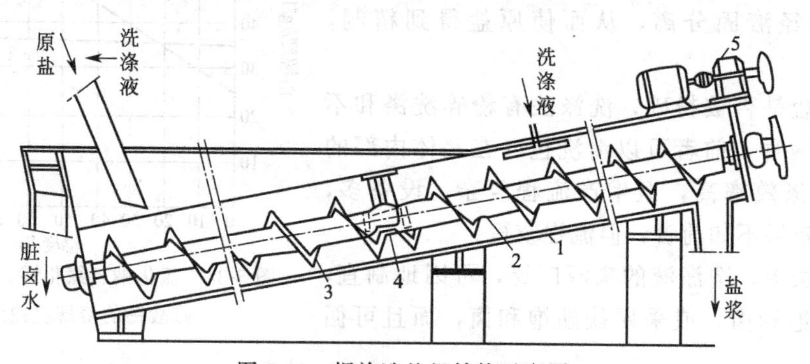

图5-36 螺旋洗盐机结构示意图

1—机槽；2—螺旋轴；3—螺旋叶片；4—联轴节；5—传动装置

螺旋洗盐机是由半圆形的机槽和槽内装的传动螺旋组成。螺旋叶片焊在空心钢管上，每台洗盐机由数节螺旋组成，每节有一定长度，节与节之间用联轴节相连，连接处装有轴承。螺旋的传动装置安装在机槽的上端。洗盐机与地面形成一定的倾斜度，下端装有扇形溢流槽。若在机槽内安装两个螺旋，即称双螺旋洗盐机，其洗盐效果优于单螺旋洗盐机。

原盐与部分洗涤液经盐溜子进入洗盐机的下端，洗涤液在洗盐机上部位置加入，靠洗盐机一定的倾角与盐进行逆流洗涤。杂草和细泥沙浮在溶液上面，定期捞出。盐和部分泥沙沉于底部，经螺旋的翻动，使盐表面附着的可溶性杂质溶解在洗涤液中，原盐经洗涤后由洗盐机上端排出，脏卤水由下端排出。

思考与练习

1. 用饱和氯化钠溶液精制原盐的原理是什么？
2. 简述洗涤法精制原盐的工艺流程。
3. 了解螺旋洗盐机的结构。

任务二十八
熟悉母液吸氨的工艺流程和喷射吸氨器

在联碱法循环中，为了利于碳化和提高氯化铵结晶纯度，分离掉氯化铵结晶后的母液需经两次吸氨制成氨母液。母液吸收氨气制成氨母液的过程称为母液吸氨。

一、母液吸氨的工艺流程

母液吸氨的工艺流程如图5-37所示。

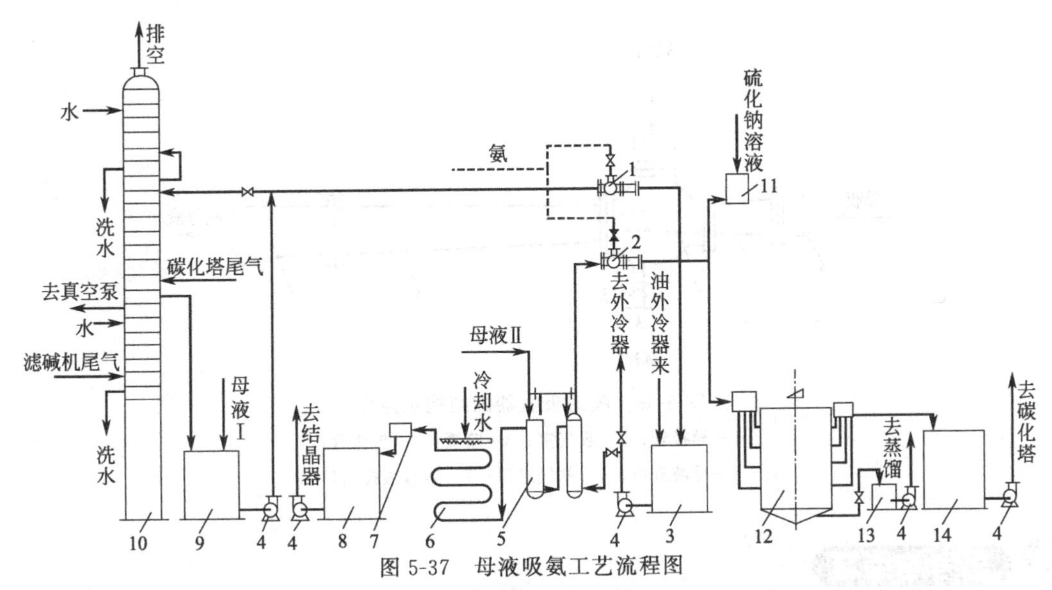

图 5-37 母液吸氨工艺流程图

1—母液Ⅰ喷射吸氨器；2—母液Ⅱ喷射吸氨器；3—热氨母液Ⅰ桶；4—泵；5—母液换热器；6—冷却排管；7—流量槽；8—冷氨母液Ⅰ桶；9—母液Ⅰ桶；10—综合回收塔；11—硫化钠罐；12—澄清桶；13—泥罐；14—氨母液Ⅱ桶

重碱过滤机分离的母液Ⅰ被送至母液Ⅰ桶 9，经泵后分两路：一部分送到综合回收塔 10 以回收碳化塔尾气中的氨，然后返回母液Ⅰ桶；另一部分送入母液Ⅰ喷射吸氨器 1，吸收合成氨系统送来的氨气，制成氨母液Ⅰ，流入热氨母液Ⅰ桶 3，用以循环清洗外冷器管间的结疤，之后用泵送至母液换热器 5 管间，与管内的母液Ⅱ进行热交换。

氨母液Ⅰ降温后流入冷却排管 6（或列管式换热器）用冷却水降温至规定要求，再经计量槽流入冷氨母液Ⅰ桶 8，供结晶工序制取氯化铵。

制碱系统送来的母液Ⅱ，经换热器 5 管内与管间的热氨母液Ⅰ进行热交换，母液Ⅱ温度升高后进入母液Ⅱ喷射吸氨器 2，吸收合成氨系统送来的氨气和淡液蒸馏塔来的氨气，制成氨母液Ⅱ。制备的缓蚀剂硫化钠溶液（一般以母液Ⅱ溶化硫化钠）从硫化钠罐 11 加入氨母液Ⅱ内，一起流入澄清桶 12 澄清，之后氨母液Ⅱ流入氨母液Ⅱ桶 14，供碳化工序制碱。沉淀物（又称氨泥）自澄清桶底部排至泥罐 13，定期送出处理，到滤泥机过滤回收其中的氨母液或到淡液蒸馏塔回收其中的氨。

母液Ⅱ吸氨后的尾气经分离器分离，进入回收塔回收其中的氨（或放空）。经母液Ⅰ洗涤后的碳化尾气在综合回收塔内用清水再洗涤，回收其中的氨，废气从塔顶排空。洗涤水供过滤机洗涤重碱或送淡液蒸馏塔以回收氨。

二、喷射吸氨器的结构特点

母液吸氨的主要设备是喷射吸氨器，简称喷射器，其结构示意图如图 5-38 所示。

喷射器主要由铸铁或玻璃钢（玻璃纤维增强塑料）制成的异径管、喷嘴、吸气室及扩散管等组成，其作用原理是：母液经泵加压后（147～294kPa，表压）由异径管进入喷嘴，静压能变为动能，在喷嘴出口处喷射成流束（射流），此时母液的压力降到最低，而流速达到最大（可达 10～20m/s），而使吸气室内形成负压，将具有较大的压力的氨气从吸入口吸入。在吸气室，母液与氨气混合，并以很高的速率进入扩散管进行充分混合吸收，同时流速降低，动能转化为静压能，氨母液从扩散管排出。

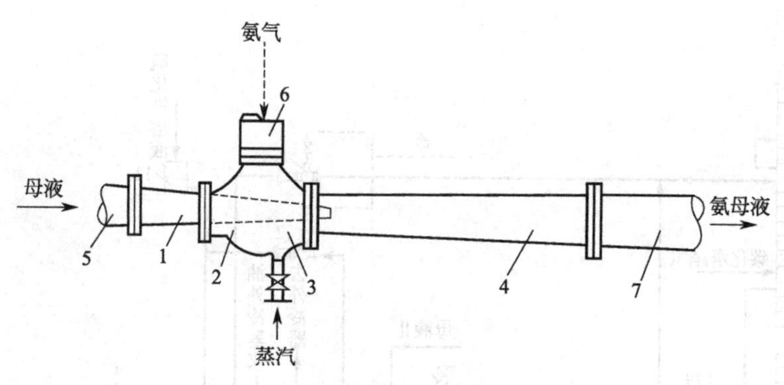

图 5-38　喷射吸氨器的结构示意图

1—异径管；2—吸气室；3—喷嘴；4—扩张管；
5—母液进口；6—氨气进口；7—氨母液排出口

思考与练习

1. 简述母液吸氨的工艺流程。母液Ⅰ和母液Ⅱ吸氨后分别用于什么？
2. 喷射吸氨器由哪些部分构成？
3. 喷射吸氨器的工作原理是什么？

项目六

尿素的生产

任务一 了解尿素产品

一、尿素的性质

尿素，又名脲，化学名称为碳酰二胺，因首先从人类尿液中分离出来而得名。纯尿素为无色、无味、无臭的针状或棱柱状晶体。市场上出售的尿素，因含有少量杂质，而成白色或浅黄色。尿素分子式是 $CO(NH_2)_2$，相对分子质量为 60.06，尿素在 1atm（1atm＝101325Pa）下，熔点为 132.7℃，加热温度超过熔点时即发生分解。在 20～40℃的温度下，尿素密度为1335kg/m^3，熔融尿素密度为 1220kg/m^3（在 132.7℃时）。

尿素能溶于水、液氨、乙醇和苯，因此，尿素易吸湿并结块，包装、贮运要注意防湿。尿素在水和液氨中的溶解度随温度的升高而增加。

尿素呈微碱性，可以与酸反应生成盐，例如，尿素与硝酸反应，反应方程式为：

$$NH_2CONH_2 + HNO_3 \rightleftharpoons NH_2CONH_2 \cdot HNO_3 \tag{6-1}$$

在 60℃以下，尿素不会发生水解作用，当温度大于 60℃时，尿素开始有水解反应发生，首先尿素转化成氨基甲酸铵（简称甲铵），再由甲铵分解成氨和二氧化碳。反应方程式如下。

$$NH_2CONH_2 + H_2O \rightleftharpoons NH_2COONH_4 \rightleftharpoons 2NH_3\uparrow + CO_2\uparrow \tag{6-2}$$

随着温度升高，水解反应速率加快，水解程度增大，这对尿素生产有实际影响。

所谓甲铵离解压力，是指在一定温度条件下，固体或液体甲铵表面上的氨和二氧化碳气相混合物的平衡压力。如图 6-1 所示，甲铵的离解压力随温度的上升而急剧增加。直线将图分成左上和右下两部分，若甲铵所处状态位于直线的右下角，则甲铵将会发生离解，即甲铵

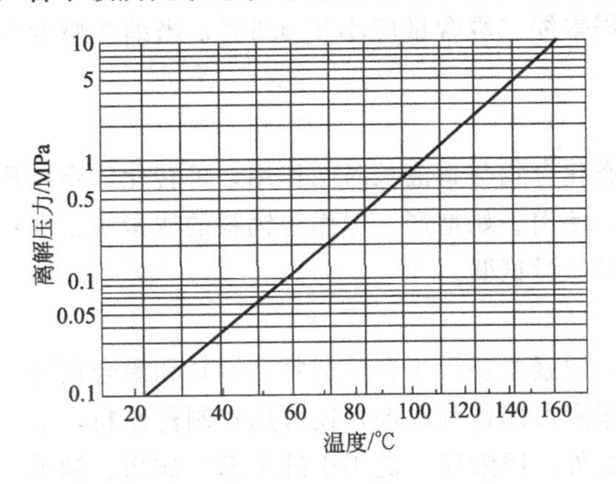

图 6-1　甲铵的离解压力与温度的关系曲线图

将会分解生成氨和二氧化碳，这对生成尿素不利。但若甲铵所处状态位于直线的左上角，则甲铵能稳定存在，对甲铵进一步脱水生成尿素有利。

在高温条件下，尿素能够发生缩合反应，生成缩二脲、缩三脲和三聚氰酸。其反应方程式为：

$$2NH_2CONH_2 \rightleftharpoons NH_2CONHCONH_2 + NH_3\uparrow \tag{6-3}$$

$$NH_2CONHCONH_2 + NH_2CONH_2 \rightleftharpoons NH_2CONHCONHCONH_2 + NH_3\uparrow \tag{6-4}$$

$$NH_2CONHCONHCONH_2 \rightleftharpoons (HCNO)_3 + NH_3\uparrow \tag{6-5}$$

缩二脲会烧伤植物的叶和嫩枝，因此要控制农用尿素中的缩二脲含量，生产中可通过加入过量的氨来抑制缩二脲的生成。

二、尿素产品的规格及用途

根据用途的不同，尿素可分为工业用和农业用两种，每一种又有三种质量标准，详细见表 6-1 所示。

表 6-1 尿素的要求（GB 2440—2001）

项目			工业用			农业用		
			优等品	一等品	合格品	优等品	一等品	合格品
总氮(N)含量(以干基计)/%		≥	46.5	46.3	46.3	46.4	46.2	46.0
缩二脲含量/%		≤	0.5	0.9	1.0	0.9	1.0	1.5
水分(H_2O)含量/%		≤	0.3	0.5	0.7	0.4	0.5	1.0
铁含量(以 Fe 计)/%		≤	0.0005	0.0005	0.0010			
碱度(以 NH_3 计)/%		≤	0.01	0.02	0.03			
硫酸盐含量(以 SO_4^{2-} 计)/%		≤	0.005	0.010	0.020			
水不溶物含量/%		≤	0.005	0.010	0.040			
亚甲基二脲(以 HCHO 计)		≤				0.6	0.6	0.6
粒度/%	d0.85～2.80mm	≥	90	90	90	93	90	90
	d1.18～3.35mm	≥						
	d2.00～4.75mm	≥						
	d4.00～8.00mm	≥						

尿素的用途十分广泛，其主要用于肥料、饲料和工业原料等方面。

1. 肥料

作为固体氮肥中含氮量最高的化肥，尿素是一种生理中性速效肥料，在土壤中不残留有害物质，长期施用没有不良影响，但在造粒时温度过高会产生少量缩二脲，它对作物有抑制作用。我国规定肥料用尿素缩二脲含量应小于 0.5%，当缩二脲含量超过 1%时，不能作种肥、苗肥和叶面肥。

2. 饲料

尿素中的氮素与糖类化合物与胃液长时间作用，可转化为蛋白质形态，故可用于牛、羊等反刍动物的辅助饲料，使肉、奶增产。但作为饲料的尿素规格和用法有特殊要求，不能乱用，而且在饲喂之前必须经过试验。

3. 工业原料

在有机合成工业中，尿素主要用于合成塑料、涂料和黏合剂等，如生产有机玻璃和脲醛树脂。在医药工业，纯尿素可用作利尿剂，还可用作制药原料，如生产氨基甲酸乙酯以及安眠药、镇静药等。除此之外，尿素还广泛用于纤维素、炸药、制革、选矿、颜料、石油、脱蜡等部门。

三、尿素的健康危害与防护

尿素属微毒类物质，对眼睛、皮肤和黏膜有刺激作用，不燃。若尿素与皮肤接触，应立即脱去污染的衣物，用大量流动的清水冲洗；尿素进入眼睛，应立即提起眼睑，用流动清水或生理盐水冲洗，之后就医；若误食尿素，应立即饮用足量温水，催吐后，就医。

氨对人体上呼吸道和各种黏膜有刺激作用，能引起眼睛流泪、呕吐、头昏和头痛等，严重者可出现中毒性肺水肿、脑水肿，甚至会产生窒息而死亡。液氨对人的危害主要体现在，当液氨溅于皮肤上时，因其从皮肤上吸收热量迅速汽化，导致皮肤冻伤，若溅于眼中，则会引起眼角膜和结膜的发炎。当皮肤溅到液氨时，必须用大量水彻底冲洗后，再进行处理。如果需要，可用2%的硼酸溶液治疗和长时间冲洗，至少在24h之内不允许在受伤的皮肤上使用药物软膏或乳剂，在此期间用浸透饱和硫代硫酸盐溶液的绷带来保护创伤部位。

四、尿素的生产原料及生产方法

尿素的主要生产原料有二氧化碳和液氨两种，它们分别是生产合成氨的主副产品。二氧化碳纯度要求大于98.5%（以干基体积计），硫化物含量要求小于15mg/m^3。这是因为若二氧化碳纯度低，会影响二氧化碳转化为尿素的转化率。若二氧化碳中含硫化物增加，则会使物料对设备的腐蚀性增大。另外，还要求送至尿素工段的二氧化碳为该温度下水蒸气所饱和，并具有一定的压力。

尿素生产要求液氨纯度大于99.5%（质量分数），油质量分数小于10×10^{-6}，水和惰性物质小于0.5%（质量分数），并且不含有固体杂质。另外，还要求液氨进入尿素界区时，具有一定静压头和过冷度，一般压力应大于2MPa，温度应小于30℃。

尿素的生产过程一般包括二氧化碳的压缩、液氨的净化与回收、尿素的合成、未反应物料的分离与回收、尿素溶液的蒸发与造粒等几个步骤；其中关键步骤为未反应物料的分离与回收。根据未反应物料的分离与回收方法的不同，常用的尿素生产工艺有水溶液全循环法、汽提法。

图6-2是水溶液全循环法流程示意图。所谓水溶液全循环法是指从尿素合成塔出来的尿素溶液一般经两段减压加热，使物料中未脱水的甲铵分解后，与游离的氨一起析出。二段蒸

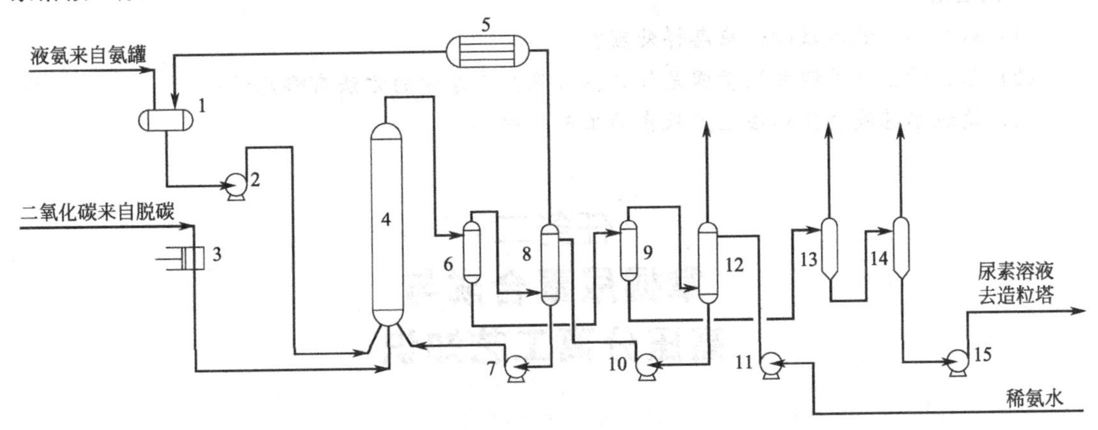

图6-2 水溶液全循环法工艺流程示意图

1—液氨贮槽；2—高压氨泵；3—二氧化碳压缩机；4—合成塔；5—氨冷凝器；6—一段分解分离器；7—高压甲铵泵；8—一段吸收塔；9—二段分解分离器；10—低压甲铵泵；11—氨水泵；12—二段吸收塔；13—一段蒸发器；14—二段蒸发器；15—尿素熔融泵

出的气体用稀氨水吸收，得稀甲铵液，稀甲铵液经加压后，去吸收一段蒸出的气体，得浓甲铵液。浓甲铵液经甲铵泵加压后，送回尿素合成塔底部，循环利用。一段未被吸收的气体，经冷凝后，得液氨，送回液氨缓冲槽，经高压氨泵加压，也送回尿素合成塔。

汽提法有两种，分别是氨汽提和二氧化碳汽提，它们是分别用原料氨或二氧化碳在合成压力下，对尿素溶液进行汽提，使其中的氨基甲酸铵分解，返回合成系统。还有一种生产流程将氨汽提和二氧化碳汽提用于同一流程中，称为双汽提法。

思考与练习

1. 填空题

(1) 尿素的用途十分广泛，其主要用于肥料、饲料和__________等方面。

(2) 尿素的生产过程一般包括二氧化碳的压缩、液氨的净化与回收、尿素的合成、未反应物料的分离与回收、________________等几个步骤。

2. 选择题

(1) 我国规定肥料用尿素缩二脲含量应小于（　　），当缩二脲含量超过1%时，不能作种肥、苗肥和叶面肥。

A. 0.1%　　B. 0.2%　　C. 0.3%　　D. 0.5%

(2) 在有机合成工业中，尿素可用于多种产品的生产，下列不是尿素使用方向的是（　　）。

A. 合成塑料　　B. 涂料　　C. 黏合剂　　D. 加工助剂

(3) 在（　　）以下，尿素不会发生水解作用，当温度大于（　　）时，尿素开始有水解反应发生。

A. 55℃　　B. 60℃　　C. 65℃　　D. 70℃

3. 判断题

(1) 尿素在水和液氨中的溶解度随温度的升高而增加。（　　）

(2) 尿素生产要求液氨纯度大于98.5%（质量分数），油质量分数小于10×10^{-6}，水和惰性物质小于0.5%（质量分数），并且不含有固体杂质。（　　）

4. 简答题

(1) 尿素不慎进入眼睛，应怎样处理？

(2) 尿素的生产过程关键步骤是什么？常见生产尿素的方法有哪几种？

(3) 简述水溶液全循环法生产尿素的工艺流程。

任务二
掌握尿素合成与高压分离工艺知识

工业生产尿素的方法很多，本项目将以氨汽提法为例，介绍尿素的生产工艺流程。

高压分离是汽提法尿素合成工艺中所特有的。实际上高压分离已经属于未反应物的分离过程，但因其所选的工作压力、操作温度均与合成塔相关，操作方面关系密切，尿素生产企业通常将合成与高压分离统称为高压圈，所以将高压分离与尿素合成一同讲述。

一、尿素合成与高压分离的基本原理

1. 尿素合成的化学反应

在工业生产上，由液氨和气体二氧化碳在水溶液中反应生成尿素，其总的反应方程式为：

$$2NH_3(g)+CO_2(g) \rightleftharpoons CO(NH_2)_2(l)+H_2O(l)+Q \tag{6-6}$$

尿素合成反应实际上是分成两步进行，即首先氨与二氧化碳发生反应，生成中间产物氨基甲酸铵（简称甲铵），然后由氨基甲酸铵再发生脱水反应生成尿素。

（1）甲铵的生成反应　氨和二氧化碳反应生成尿素的过程，第一步就是由氨和二氧化碳作用生成液体甲铵。反应式如下：

$$2NH_3(g)+CO_2(g) \rightleftharpoons NH_2COONH_4(l)+Q \tag{6-7}$$

此反应为一个可逆的体积减小的强放热反应。根据化学反应平衡原理，降低温度可促使平衡向正方向移动，因此只要有足够的冷却条件，不断地把反应热移走，该反应就很容易达到化学平衡。另外，因该反应是体积减小的反应，提高压力也能使化学平衡向正方向移动。

常温常压下，甲铵的生成速率非常慢，而且甲铵极容易分解。但当压力大于10MPa，温度超过150℃时，生成甲铵的反应速率极快，几乎可以瞬间完成。因此，反应很快就能达到化学平衡。若温度再升高些，反应速率还可加快，但温度不能太高，因为温度太高可能使甲铵发生分解，这对尿素的合成是不利的。

（2）甲铵的脱水反应　氨和二氧化碳反应生成尿素的第二步，就是甲铵发生脱水反应生成尿素，反应式如下：

$$NH_2COONH_4(l) \rightleftharpoons CO(NH_2)_2(l)+H_2O(l)-Q \tag{6-8}$$

此反应是一个可逆的体积不变的微吸热反应。从化学平衡角度分析，提高温度可促使平衡向正方向移动。因为反应物与生成物都是液体，所以压力对平衡的影响不大。

甲铵脱水生成尿素的反应较为特殊，甲铵只有在液相中才能发生脱水反应生成尿素，即甲铵要处于熔融状态才能反应。可通过提高压力，使甲铵在合成塔内不会发生分解，同时甲铵又为液态，一般认为，压力为11.15MPa纯甲铵的熔点为156℃。实际上，在有NH_3、CO_2、H_2O存在的条件下，甲铵的熔点将有所下降。

尿素合成总反应式的化学平衡常数为：

$$K_p=\frac{[CO(NH_2)_2][H_2O]}{[NH_3]^2[CO_2]} \tag{6-9}$$

上式右边各项分别为各组分在达到反应平衡时的浓度，一般用摩尔分数表示。

甲铵脱水生成尿素的反应，与氨和二氧化碳反应生成甲铵的反应速率相比，还是要慢许多。因此，甲铵脱水是反应的控制步骤，要较长时间才能达到平衡。由于上述反应是可逆的，原料不可能完全转化成尿素，尿素转化率一般最高为70%。因此，未反应生成尿素的氨、二氧化碳和甲铵必须回收，循环利用。

工业生产上，习惯以尿素的转化率表示尿素反应的进行程度，由反应方程式可知，表示尿素转化率可分别用二氧化碳和氨表示，但目前的各种生产方法中，一般均采用二氧化碳与过量的氨进行反应，因此用氨表示不能准确反映尿素的转化率。通常将二氧化碳转化成尿素的程度定义为尿素的转化率，即

$$尿素转化率=\frac{转化成尿素的 CO_2 物质的量}{原料中 CO_2 物质的量}\times 100\% \qquad (6\text{-}10)$$

平衡转化率是指在一定条件下，当反应达到化学平衡时的转化率，也就是在该条件下反应所能达到的极限程度。

尿素的平衡转化率受多种因素影响，不易用一个简单的公式表示，生产上通常用实验数据回归而得的经验图表和公式来计算 CO_2 的平衡转化率。

2. 高压分离的基本原理

高压分离过程主要包括汽提和高压甲铵冷凝两个过程。所谓汽提是在加热的同时，用一种气体通过含有甲铵的溶液，从而降低与溶液平衡气相中的 NH_3 或 CO_2 的分压，促使甲铵分解。因此用于汽提的气体可以是原料气体 NH_3 和 CO_2 中的任何一种，也可以是任何惰性气体（对 NH_3 和 CO_2 气体而言）。汽提气如果是氨，称氨汽提法；用 CO_2 作为汽提气，则称 CO_2 汽提法。本项目仅介绍氨汽提法。

汽提过程是将合成尿素溶液中未生成尿素的甲铵分解成 NH_3 和 CO_2，并将溶液中的 NH_3 和 CO_2 分离出来，此过程是吸热过程。汽提后的溶液去中压分解分离，气体则去高压甲铵冷凝器反应，即 NH_3 和 CO_2 反应生成甲铵，并放出热量；甲铵送回尿素合成塔。

二、尿素合成工艺条件的选择

尿素合成的影响因素可以从反应平衡、反应速率、设备强度、防腐蚀材质等方面进行分析。

1. 反应温度

尿素合成反应分成甲铵的生成与甲铵的脱水两步，其中甲铵的生成是一个强放热的可逆反应，因此提高温度对该反应不利，但提高温度可加快甲铵生成反应的速率，使反应瞬间达到平衡。但提高温度受到离解压力的限制，温度不能高于该压力条件下甲铵的离解温度，否则将使甲铵发生离解。第二步反应甲铵的脱水是一个微吸热反应，提高温度可使平衡向正方向移动，使二氧化碳的平衡转化率增加，同时该反应的反应速率较慢，是反应的控制步骤，要较长时间才能达到反应平衡，提高温度可加快反应速率，缩短甲铵脱水反应达到平衡的时间。

实际生产中，反应物料尤其是甲铵对设备的腐蚀相当严重，所以尿素合成反应温度还受到尿素合成塔衬里材料耐腐蚀能力的限制。当尿素合成温度超过某一温度值时，腐蚀速率将急剧增加。工业生产上使用 AISI316L 不锈钢或钛钢作为衬里。

2. 氨碳比 NH_3/CO_2（摩尔比）

从理论上分析，当 CO_2 进料流量一定时，提高氨碳比将有利于提高平衡转化率及增加尿素产量。但氨碳比过高，对于提高二氧化碳的转化率已经不太明显了，反而会增加未反应物料分离的负荷。

提高氨碳比，即过量氨增多，将导致尿素合成反应平衡压力升高，尿素合成塔压力升高，增加设备制造成本和动力设备的动力消耗。对于一定的容器，提高氨碳比还会使反应物在合成塔内的停留时间缩短，尿素转化率下降。氨作为一种生产原料，是要回收利用的，提高氨碳比会增加回收系统负荷，增大回收设备的尺寸，提高建设投资。

综合各方面因素，生产上氨碳比 NH_3/CO_2 一般控制在 3.5～4.0，其中斯纳姆氨汽提法的氨碳比为 3.5 左右。

3. 水碳比 H_2O/CO_2（摩尔比）

由尿素合成反应中的第二步甲铵的脱水反应可知，水的增加对尿素合成反应是不利的，反而对尿素的水解有利。尿素合成塔内的水是不可能完全除去的，因为在尿素合成塔中，甲铵的脱水反应就会生成水。除此之外，为循环利用未生成尿素的原料氨和二氧化碳，其中一部分 NH_3 和 CO_2 会以甲铵的水溶液形式（浓甲铵液）送回合成塔，从而将水带入。虽然甲铵脱水反应生成的水是不可避免的，但可通过降低循环回收的浓甲铵液中的水量来降低水碳比。甲铵液中的水量主要取决于尿素合成转化率和回收未反应物的完善程度，氨汽提法的水碳比为0.5～0.6。

4. 操作压力

尿素合成总反应是一个体积减小的反应，提高操作压力对合成反应有利，二氧化碳转化率会随压力的增加而增大。要使甲铵顺利脱水生成尿素，就要求甲铵尽量不发生离解，因此要求压力要高于对应温度下甲铵的离解压力。

另外，还应考虑选用压力的技术合理性和经济性。合成压力不能太高，因为尿素转化率随压力的增加并不是直线关系。压力太高，压缩物料的动力消耗将大幅增加，生产成本加大，同时在高压下尿素混合液对设备的腐蚀也会加剧，对设备材质的耐压要求也相应提高。

氨汽提法尿素合成塔的操作压力为15.6MPa左右。

5. 反应时间（停留时间）

尿素合成反应是分两步完成的，其中第一步甲铵的生成反应速率极快，而第二步甲铵的脱水反应速率较慢，因此此处的反应时间是指第二步甲铵脱水的反应时间。为使甲铵的脱水反应进行得较为完全，就要使反应物料在合成塔中停留足够长的时间。一般控制反应物料在合成塔中的停留时间为50～60min。

三、高压分离工艺条件的选择

1. 汽提压力

汽提塔作为高压分离设备，其压力应与尿素合成塔的压力基本相等，只要低一点，其压差以保证合成反应液能从尿素合成塔流入汽提塔中，例如，汽提塔压力比合成塔压力低1.0MPa。

2. 汽提温度

首先，汽提温度必须保证，在对应汽提压力条件下，合成尿素的溶液中未生成尿素的甲铵能被汽提出来。其次，为提高汽提效率，特别是氨汽提效率，必须提高汽提温度。但温度又不能太高，温度太高会导致副反应的发生，例如，尿素缩合生产缩二脲。氨汽提温度一般控制在207℃左右。

3. 汽提时间

汽提时间太长，会使溶液中的尿素发生缩合反应，生成缩二脲、缩三脲；汽提时间太短，又会使溶液中的甲铵分解不完全，增加中、低压分解的负荷，增加运行费用。

四、尿素合成与氨汽提的工艺流程

如图6-3所示，由甲铵喷射泵2送来的甲铵液和液氨与由二氧化碳压缩机送来的二氧化碳气体在合成塔1内反应，温度约188℃，压力约15.6MPa，NH_3/CO_2 约3.6（摩尔比），H_2O/CO_2 约为0.6～0.7（摩尔比）。合成塔1内设有塔板，以防止物料返混，保证物料停留时间均匀，提高转化率和生产强度。

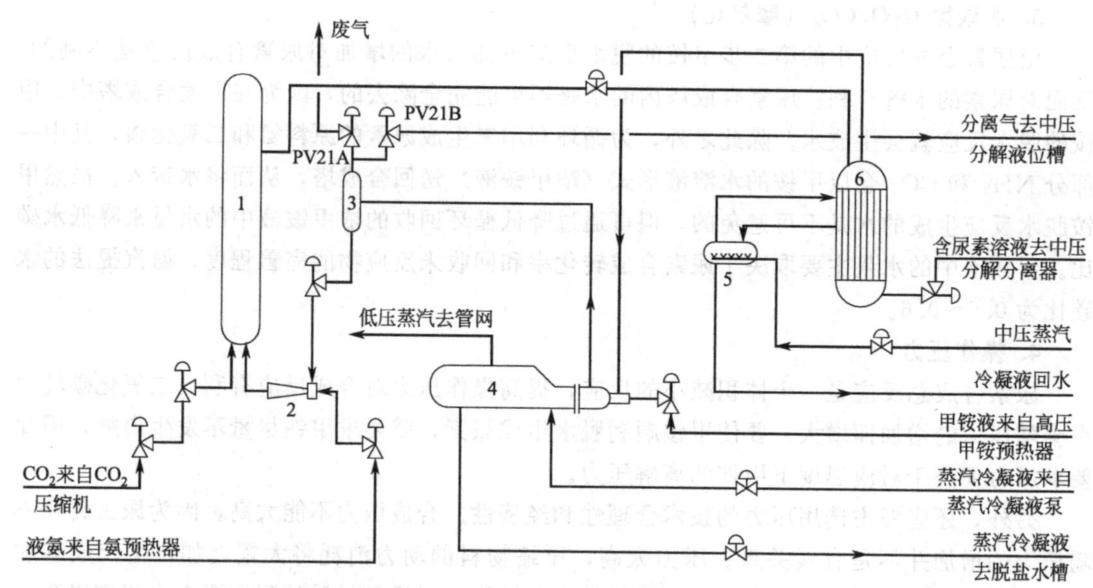

图 6-3　氨汽提法生产尿素与氨汽提工艺流程图

1—合成塔；2—甲铵喷射泵；3—甲铵分离器；4—甲铵冷凝器；

5—汽提塔蒸汽冷凝液分离器；6—汽提塔

含尿素的溶液经合成塔顶部溢流管出来，进入用中压蒸汽加热的降膜式汽提塔 6。汽提塔实际上是一个降膜式换热器，所需热量由 2.2MPa 的饱和蒸汽供给。合成塔的反应产物，在汽提管内呈膜状向下流动时被加热，反应液中过量的氨就从液相逸出，起到汽提作用，使反应液中的二氧化碳也解吸出来。汽提塔顶部的汽提气和来自经高压甲铵泵加压的甲铵液，全部进入甲铵冷凝器 4。在甲铵冷凝器 4 中，除少量惰性气体外，全部混合物均被冷凝，气液混合物从甲铵冷凝器 4 出来，进入甲铵分离器 3 中进行气液分离，其中甲铵液由甲铵喷射泵 2 送往合成塔 1，不凝气体从甲铵分离器 3 顶部出来，其中主要组分是惰性气，同时含有少量未反应的氨和二氧化碳，这些不凝气经减压后，送入中压分解液位槽。在甲铵冷凝器 4 内，利用氨和二氧化碳反应所放出的反应热，可产生 0.45MPa 的蒸汽。

思考与练习

1. 填空题

(1) 尿素合成反应实际上是分成两步进行的，即首先氨与二氧化碳发生反应，生成中间产物________________。

(2) 尿素合成的影响因素可以从反应平衡、反应速率、________________、防腐蚀材质等方面进行分析。

(3) 汽提塔作为高压分离设备，其压力应与__________的压力基本相等，只要低一点，其压差以保证合成反应液能从尿素合成塔流入汽提塔中。

2. 选择题

(1) 甲铵液中的水量主要取决于尿素合成转化率和回收未反应物的完善程度，氨汽提法的水碳比为（　）。

A. 0.5～0.6　　B. 3.5～4.0　　C. 0.4～0.5　　D. 3.0～3.5

(2) 原料不可能完全转化成尿素，尿素转化率一般最高为（　　）。

A. 70% B. 68% C. 66% D. 72%

3. 判断题

(1) 甲铵脱水是反应的控制步骤，要较长时间才能达到平衡。（　　）

(2) 汽提塔实际上是一个升膜式换热器，所需热量由2.2MPa的饱和蒸汽供给。（　　）

4. 简答题

(1) 氨汽提法生产尿素的工艺中，汽提塔的作用是什么？

(2) 尿素合成的主要影响因素有哪些？

(3) 氨汽提是如何进行的？

任务三 熟悉尿素合成主要设备

尿素合成的主要设备包括尿素合成塔、气提塔和高压氨基甲酸铵冷凝器。

一、尿素合成主要设备的结构特点

1. 尿素合成塔

一个反应器应该具有保证原料的良好接触、结构简单、密封良好、便于检修等特点。图6-4是常见Snam尿素合成塔结构示意图。为了防止尿素、氨基甲酸铵熔融液对筒体的腐蚀，在高压筒内部衬有一层耐腐蚀的316L不锈钢板，其厚度根据防腐要求及使用经验均选为7mm。

合成塔的容积很大，物料从塔底部进入，由塔顶部溢流管流出，即尿素的浓度自下而上增加，相应地，物料密度亦自下而上逐渐增高，这就使合成塔上部尿素含量较多的物料易与底部尿素含量较低、氨含量高的物料混合，这种现象叫做“返混”。返混的结果，不仅降低了出口产品溶液中的尿素含量，而且由于顶部的生成物尿素返回底部，使反应速率减慢，直接影响转化率且使合成塔的生产强度下降。

防止返混是提高转化率和生产强度的一个重要因素，大直径反应器（合成塔）中，通常都是采用加筛板间隔的办法来防止返混的。Snam尿素合成塔就是这种形式的反应器。它是在距离顶边1500mm的地方，装有12块316L不锈钢的筛板。板上等间距开有500个ϕ8mm的小孔。筛板与筛板间距为2500mm。考虑到筛板在制造、安装及合成塔内壁检查与修理时的方便，每块筛板都是拼装而成，用螺栓连接起来。这种构造，保证了筛板可以从人孔盖中拆卸。筛板与筒体的连接，采用了可拆螺栓。筛板固定于316L不锈钢制支架上，支架直接焊于反应器内筒衬里上，所形成的筛板与筒壁之间的环隙，是液体物料往上流动的通路。筛板安装时要注意沿圆周方向应均匀，以免液体偏流形成死角，导致缺氧而造成局部腐蚀。

每块筛板下面均有一个裙座，气液混合物料进入筛板下部后，气体从气液混合物中逸出，在筛板的下面形成一层气相层，筛板的裙座要满足此气相层高度的要求，以保证气体能从筛孔中通过上升，而液体则通过筛板与筒壁的环隙上升。正是由于筛板的开孔率很小，才使得在每块筛板下面能形成一气相层。好像把合成塔分隔成为13个串联的小室。由于气体

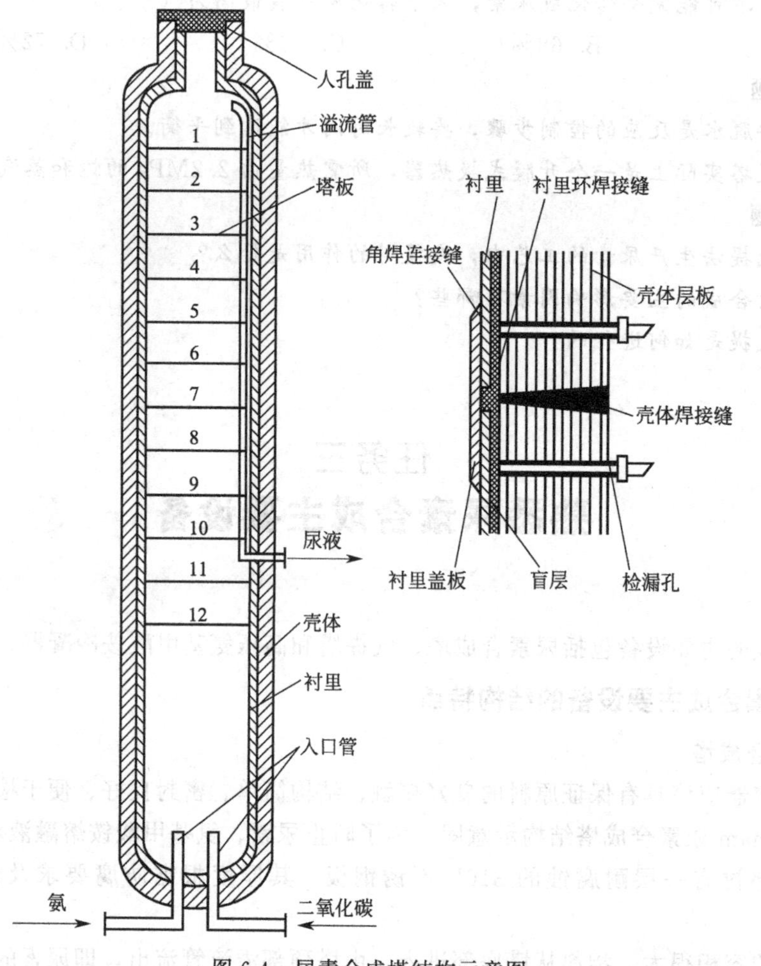

图 6-4 尿素合成塔结构示意图

通过筛板小孔时的速度较大，使得每一个小室中的物料相互混合得很激烈，浓度近似于相同。而上边每一个小室的生成物浓度总比下边的一个小室的生成物浓度高，这样就保证了合成塔操作的技术经济性。

2. 汽提塔

汽提塔又称降膜换热器，其结构示意图如图 6-5 所示。汽提塔是一个直立管壳式换热器。汽提塔高压部分由管箱、球形封头、人孔盖、液体分布器、汽提管、升气管、管板等组成。低压部分由低压壳体、膨胀节、防爆板等组成。在结构上，汽提塔上下对称，这样可根据设备的腐蚀情况，当上部列管厚度达最小值时，汽提塔上下部可以翻转使用，可使设备寿命延长。为了防止反应液中甲铵的腐蚀，选用钛钢作衬里时，具体的做法是：上下管箱均衬 5mm 厚钛板，管侧管板面衬 10mm 厚钛板，管子固定在上下管板上。整个设备由 2574 根 $\phi 2.7 \sim 3.5$mm、有效长度为 5032mm 的钛管制成，换热面积达 814m^2，设备总重 117t。

液体分布系统是汽提塔的重要组成部分，其作用是确保介质均匀进入汽提管中形成连续均匀的液膜，以确保汽提效果。若出现偏流，导致液体分布不均匀，就会降低汽提塔的汽提效率，从而影响生产，并对设备造成腐蚀。为此后来引进的氨汽提尿素装置在汽提管上部又增加了十字分布器、溢流槽及填料层，以提高汽提效果。进入汽提塔的物料首先通过十字分布器进入溢流槽，由溢流槽向外溢流，然后进入填料层（与气体充分接触），到填料层底部通过分布头上的三个均布的切向小孔进入汽提管内。来自于汽提管内的气体经过填料层、溢流槽内的 4 个集气管，进入汽提塔顶部，从塔顶排出。

因汽提塔两侧物料的压差较大，若出现汽提管破裂，高压气体将会进入低压侧，带来危险，为保证安全，在低压侧（中压蒸汽所在的壳程）安装安全阀，其起跳压力为 2.80MPa。

由于生产中需要控制尿素溶液的液位，因此在汽提塔底部装有用钴 60 作为射线源的液位计测量控制装置。同时为了减少热量损失和防止设备或管道内可能发生的局部结晶或局部冷凝而引起的腐蚀，整个设备及进出口管道须用保温棉保温。

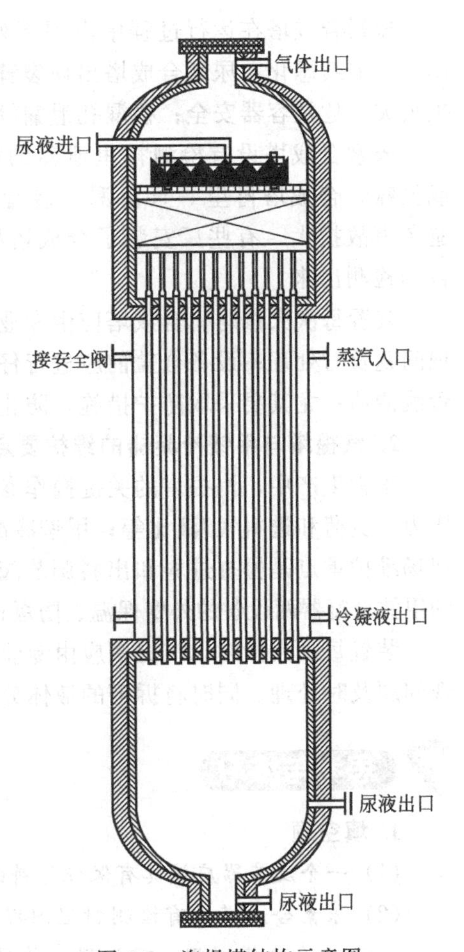

图 6-5 汽提塔结构示意图

3. 高压甲铵冷凝器

图 6-6 是高压氨基甲酸铵冷凝器的结构示意图。它是一卧式带蒸发空间的 U 形管换热器，U 形管长 12m，管径为 ϕ19.05mm，U 形管的材质采用 Cr25Ni22Mo2 不锈钢，耐蚀等级提高。U 形管束可抽出检验，使安装和检修均较方便。管箱内衬 8mm 厚 316L 尿素级不锈钢。由于在水平管内形成的冷凝液膜厚度较薄，因而改善了冷凝时的传热，提高了设备效率。另外，高压甲铵冷凝器不需另设汽包，副产蒸汽可直接供用户使用。

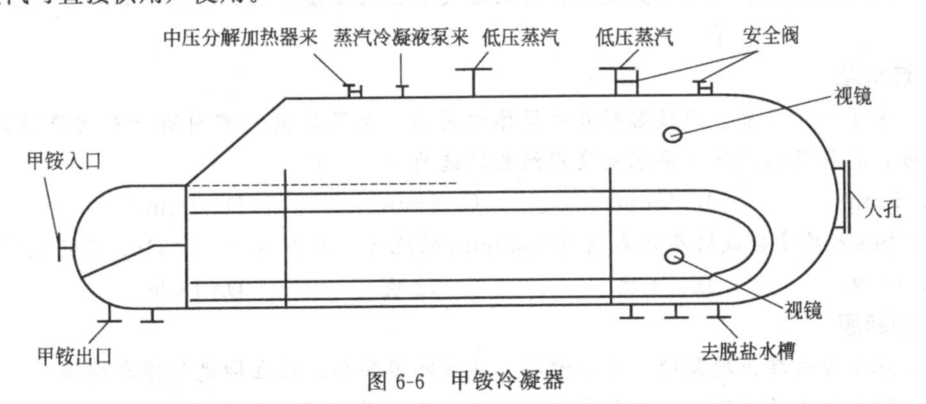

图 6-6 甲铵冷凝器

二、尿素合成主要设备的维护要点

1. 尿素合成塔

尿素合成塔作为一台压力容器，比较容易发生事故，而且事故的破坏性往往又比较严重，它的安全问题就特别值得注意。尿素合成塔在生产中的维护方法主要有：操作应严格执行工艺规程，严禁超温、超压；定时检查各密封部位的泄漏情况，如有异常，及时汇报；定时检查各检漏孔，一旦发现泄漏，应停车处理；定期检查各安全部件，确保灵活可靠。

尿素合成塔在运行过程中出现下列情况之一时，应立即停止运行：超压、超温无法控制，并继续恶化；尿素合成塔出现裂缝、变形泄漏，危及容器安全；安全装置全部失效；发生火灾，危及容器安全；检漏孔泄漏等。

尿素合成塔设有检测衬里泄漏的检漏孔，操作人员应经常检查检漏孔是否有结晶物或氨味，合成塔衬里一旦泄漏，装置应立即停车进行检修。为了能及时发现衬里泄漏，避免事故扩大，有些厂安装了合成塔检漏孔在线检测系统，如果检漏孔漏 NH_3 就能立即自动检测出来。

装置每次大修时，合成塔应由专业人员进行检测，对腐蚀状况进行全面的评估，以便发现问题及时处理；设备合盖前应进行仔细清扫并用水冲洗，清除所有杂物，保持塔内和连接管线清洁；尤其要采取防护措施，防止脏物进入溢流管等。

2. 汽提塔与甲铵冷凝器的维护要点

正常生产中，汽提塔的关键操作参数是汽提塔的进气和出液温度、液位、壳侧加热蒸汽压力、负荷和进料气/液比等；甲铵冷凝器的关键操作参数是甲铵液的进、出温度和压力等。现场维护重点是检查进料和出料调节阀的工作情况、液位测量、系统管线保温情况、汽提塔和甲铵冷凝器两设备的外壁保温、防爆板和设备密封面是否存在泄漏、高压汽包运行情况等。

装置每次大修时，汽提塔应由专业人员进行检测，对腐蚀状况进行全面的评估，以便发现问题及时处理。同时将拆下的液体分布器清洗干净，并逐一进行阻力降测试。

思考与练习

1. 填空题

(1) 一个反应器应该具有保证原料的________、结构简单、密封良好、便于检修等特点。

(2) 尿素合成塔设有检测衬里泄漏的检漏孔，操作人员应经常检查检漏孔是否有________________，合成塔衬里一旦泄漏，装置应立即停车进行检修。

(3) 汽提塔的关键操作参数是汽提塔的进气和出液温度、液位、壳侧加热蒸汽压力、负荷和________________等。

2. 选择题

(1) 为了防止尿素、甲铵熔融液对筒体的腐蚀，在高压筒内部衬有一层耐腐蚀的316L不锈钢板，其厚度根据防腐要求及使用经验均选为（　　）。

A. 6mm　　B. 7mm　　C. 8mm　　D. 9mm

(2) Snam 尿素合成塔在距离顶边1500mm的地方，装有（　　）316L不锈钢的筛板。

A. 10块　　B. 11块　　C. 12块　　D. 13块

3. 判断题

(1) 尿素合成塔出现裂缝、变形泄漏，危及容器安全，应立即进行停车操作。（　　）

(2) 防止返混是提高转化率和生产强度的一个重要因素，大直径反应器（合成塔）中，通常都是采用加筛板间隔的办法来防止返混的。（　　）

(3) 汽提塔为上下对称结构，使用时，当上部列管厚度达最小值时，可将汽提塔上下部分翻转使用，延长使用寿命。（　　）

4. 简答题

(1) 尿素合成塔在生产中的维护方法主要有哪些？

(2) 尿素系统大修时，对合成塔应进行什么操作？

任务四
懂得尿素合成塔、汽提塔与甲铵冷凝器操作

一、尿素合成塔的操作要点

尿素合成塔的操作控制是尿素生产的核心。合成塔操作的好坏，直接影响到全系统的负荷分配和消耗定额。为了在合成塔内获得较高的二氧化碳转化率，生产操作必须对反应温度、反应压力和进料组成等进行很好的控制。

1. 尿素合成反应温度的控制

在生产中，合成塔顶和塔出口都安装有测温点，但是合成塔的温度调节主要是控制合成塔料液出口温度。对于氨汽提法尿素生产流程而言，要求合成塔出口温度控制在188℃左右，并尽量保持稳定。为了维持合成塔在最佳温度下的自热平衡，可采取调节入塔氨碳比或入塔原料液氨温度。当合成反应温度偏高时，可适当降低入塔液氨温度或增大氨碳比，前者用于微小调节，后者用于较大幅度调节。如果在开车初期，合成塔入口温度上升缓慢，则提高 CO_2 流量；反之，如果温度迅速上升，则是 CO_2 流量太高，应当降低。

2. 合成塔进料氨碳比的控制

对于氨汽提法尿素合成塔进料氨碳比控制在3.6左右，为达到较高的二氧化碳转化率，氨碳比值将随反应温度和进料水碳比的变化而稍有变化。当入塔水碳比偏高时，可选用较高的氨碳比，同时相应地提高入塔液氨温度来维持正常的合成反应温度，通常采用适当加大液氨量来调节。

3. 合成塔进料水碳比的控制

对于氨汽提法尿素合成塔进料中水碳比应控制在0.6左右。尿素合成操作不稳定而二氧化碳转化率下降时，将造成循环负荷加大，返回合成塔的循环氨基甲酸铵溶液量增加，从而引起进料中水碳比提高；循环操作控制不好，也会使返回合成塔的循环氨基甲酸铵液浓度变小，从而引起进料水碳比提高。因此，控制进料水碳比关键是控制合成塔和循环回收过程处于最佳条件，防止产生恶性循环。如果进料水碳比过高可以采用排放部分循环氨基甲酸铵液或适当提高氨碳比的办法来调节。

4. 尿素合成压力的控制

对于氨汽提法尿素合成压力为15.6MPa，压力的调节可以通过合成塔出口压力调节阀的开启度来控制，合成压力控制的基本原则是操作压力应大于反应体系的平衡压力，以抑制甲铵分解为氨和二氧化碳并提高二氧化碳转化率。

二、汽提塔与甲铵冷凝器的操作要点

汽提塔主要控制指标有出口尿素溶液温度在205～209℃，压力为2.17MPa。

根据合成塔及汽提塔的压差，调节合成塔至汽提塔的阀门，使两者之间的压差为1.0MPa。手动调节汽提塔加热蒸汽压力调节阀，使蒸汽饱和器的蒸汽压力达2.17MPa，以控制汽提塔出液温度达208℃左右。

甲铵冷凝器主要控制指标有：进口甲铵液温度为180℃左右，出口甲铵液温度为155℃左右，压力为14.6MPa左右；水蒸气压力为0.34MPa，温度为147℃左右。

开车投料前，应先向甲铵冷凝器内充水10min，并预热到100℃。当甲铵冷凝器产汽后，及时调节低压蒸汽管网阀门，以稳定甲铵冷凝器的水蒸气压力。为控制冷凝水中的氯离子浓度，甲铵冷凝器冷凝水排放阀要求始终微开。

三、尿素合成塔、汽提塔与甲铵冷凝器操作的异常现象及处理

1. 尿素合成塔

尿素合成塔操作中的主要异常现象、产生原因及处理方法见表6-2。

表6-2　尿素合成塔操作中的主要异常现象、产生原因及处理方法

异常现象	产生原因	处理方法
高压系统压力过高	①原料 NH_3、CO_2纯度低，系统惰性气体积存 ②高压系统压力调节阀失灵（阀门全关） ③NH_3/CO_2、H_2O/CO_2失调 ④汽提塔液位调节阀失灵，造成汽提塔液位过高	①联系调度，改善入系统的原料纯度 ②联系仪表处理 ③调整入系统的 NH_3/CO_2、H_2O/CO_2 ④控制好汽提塔液位
合成塔底部温度过高或过低	①NH_3/CO_2低，H_2O/CO_2高 ②甲铵分离器出液温度过高或过低	①调整入系统氨碳比、水碳比 ②控制从中压吸收塔返回高压系统的甲铵液量
高压系统NH_3/CO_2失调	①合成塔压力高 ②汽提塔耗汽量增加 ③NH_3/CO_2高时，合成塔底部温度偏低，NH_3/CO_2低时，合成塔底部温度偏高 ④甲铵冷凝器产汽量略为变化 ⑤中、低压系统工况异常	①分析合成塔 NH_3/CO_2，确定 NH_3/CO_2的高低，调整入系统的 NH_3或 CO_2的量 ②参考合成塔底部温度的高低，调整入系统的 NH_3或 CO_2量 ③因 NH_3/CO_2的调整，对系统的作用较缓慢，所以从 NH_3/CO_2调节后要保持一段时间再看效果，不要操之过急 ④待系统 NH_3/CO_2正常后，调整好入高压系统的 NH_3、CO_2和甲铵量 ⑤调节中、低压系统，使之稳定

2. 汽提塔与甲铵冷凝器

汽提塔与甲铵冷凝器操作中的主要异常现象、产生原因及处理方法见表6-3。

表6-3　汽提塔与甲铵冷凝器操作中的主要异常现象、产生原因及处理方法

异常现象	产生原因	处理方法
汽提塔液位指示为零	①汽提塔液位指示失灵 ②汽提塔出料不稳	①及时联系仪表工处理 ②汽提塔液位调节器改为手动，控制好阀位，使汽提塔液位恢复正常
甲铵冷凝器液位低	①给水泵跳闸 ②液位自调失灵	①重新启动给水泵或换泵、补水 ②改手动加水至正常水位，联系仪表工处理

思考与练习

1. 填空题

（1）控制进料水碳比关键是控制合成塔和循环回收过程处于最佳条件，防止产生____________。

(2) 对于氨汽提法尿素合成塔压力的调节可以通过合成塔出口压力调节阀的__________来控制。

(3) 对于甲铵冷凝器，为控制冷凝水中的__________，甲铵冷凝器冷凝水排放阀要求始终微开。

2. 选择题

(1) 当入塔水碳比偏高时，可选用较高的__________，同时相应地提高入塔液氨温度来维持正常的合成反应温度。

A. 氨碳比　　B. 水碳比　　C. 压力　　D. 温度

(2) 下列选项中，不是高压系统开车升温中温度升不上去的原因的是________。

A. 系统中惰性气体积存

B. 开工管线夹套蒸汽量少或压力低

C. 甲铵分离器出液温度过高

D. 甲铵冷凝器液位过高，管内蒸汽在此冷凝过大

(3) 根据合成塔及汽提塔的压差，调节合成塔至汽提塔的阀门，使两者之间的压差为________MPa。

A. 1.0　　B. 1.5　　C. 1.3　　D. 0.8

3. 判断题

(1) 对于氨汽提法尿素合成塔进料中水碳比应控制在0.6左右。 (　)

(2) 如果在开车初期，合成塔入口温度上升缓慢，则提高 CO_2 流量；反之，如果温度迅速上升，则是 CO_2 流量太高，应当降低。 (　)

4. 简答题

(1) 当合成反应温度略微偏高时，采用适当增大氨碳比的方法调节温度，可行吗，为什么？

(2) 合成塔系统压力过高的原因有哪些？如何调节？

任务五 掌握未反应物分离回收工艺知识

一、未反应物分离回收的基本原理

在尿素合成时，由于受化学平衡的限制，送入尿素合成塔的二氧化碳不可能全部转化生成尿素，而氨是过量的，故原料不能全部转化生成尿素。未转化生成尿素的 NH_3 和 CO_2 则以甲铵、游离 NH_3 和少量游离 CO_2 的形式存在于尿素溶液中。各种不同的尿素生产工艺流程，其彼此之间的主要区别就在于分解和回收未反应物的方法不同。工业上采用的未反应物循环使用方法有减压加热法和汽提法，其中汽提法在任务二中已经介绍。

减压加热分离是利用温度越高，氨与二氧化碳在尿素合成反应液中的溶解度越低，压力越低，氨与二氧化碳在反应液中的溶解度也越低的原理。因此可以通过降低压力、升高温度（即减压加热）的方法使溶解在出尿素合成塔反应液中的氨和二氧化碳解吸出来。

二、未反应物分离回收工艺条件的选择

工业生产中，未反应物分离回收根据压力的不同，可分为中压分解吸收与低压分解吸收两级，其中中压分解与中压吸收的压力相当，而低压分解与低压吸收的压力相当，但它们的温度不同。这样可以使中压分解和低压分解之后的气体自动分别流向中压吸收和低压吸收，使生产工艺流程得以简化。

1. 温度的选择

(1) 分解温度的选择　中压分解过程中，甲铵分解率和总氨蒸出率都随温度的升高而增加。中压分解温度不能太高，一般为155～160℃。同时为减缓物料对设备的腐蚀可在中压分解中补加少量空气。

低压分离温度对甲铵分解率和总氨蒸出率的影响，总体上随着温度的升高，甲铵的分解率和总氨蒸出率均增加。工业生产中低压分解温度一般控制在147～150℃。

(2) 吸收温度的选择　从化学平衡及气体溶解性角度分析，降低温度对吸收操作有利。但温度太低，就有可能低于甲铵的结晶温度，使甲铵发生结晶，导致堵塞管道，给生产带来危害。选择的温度应高于甲铵溶液的结晶温度10～20℃。中压吸收的温度较高，一般为90～95℃。而低压吸收得到的是稀甲铵溶液，选择的温度为40℃左右。

2. 压力的选择

甲铵分解率和总氨蒸出率均随压力的降低而急剧增大，因而降低压力对分解反应和解吸过程都是有利的。在确定中压分解的压力时，必须同时考虑中压吸收的条件。中压分解压力一般选用1.7MPa。

低压分解出来的气体送往低压吸收部分，用稀氨水吸收成稀甲铵液。因而低压分解压力主要决定于吸收塔中溶液表面上的平衡压力，即操作压力必须大于此平衡压力。低压分解的压力一般控制在0.3MPa左右。

3. 中压吸收塔吸收液的水碳比

中压吸收塔出来的浓甲铵液将直接送入尿素合成塔，对尿素合成塔的水碳比影响较大，所以控制好中压吸收塔中的水碳比对尿素合成塔的稳定操作十分重要。

综合各方面的因素，生产上送入尿素合成塔的浓甲铵液中水碳比控制在1.8～2.2。

三、未反应物分离回收的工艺流程

图6-7是氨汽提法生产尿素未反应物的中、低压分解回收工艺流程图。由汽提塔底部排出的含二氧化碳量较少的尿素溶液，经减压膨胀到约1.7MPa，进入降膜式中压分解分离设备，该设备分上中下三层，上层是中压分解分离器1，中层为中压分解加热器2，下层为中压分解液位槽3。尿素溶液减压后，首先进入它的顶部中压分解分离器1，闪蒸出来的气体由顶部排出，然后液体流入位于其下的中压分解加热器2，使溶液中残留的甲铵因受热继续分解。中压分解加热器2又可分成两部分，上部壳程是0.47MPa、160℃的蒸汽；下部壳程是来自汽提塔壳侧的2.2MPa蒸汽冷凝液，它们共同为甲铵的分解提供热量，若热量不足，还可加入一定数量的同压蒸汽，以满足加热量的要求。

离开中压分解分离器1的气体富含氨和二氧化碳，被中压甲铵泵送来的碳铵液吸收后，进入真空预浓缩加热器壳程，加热其管程尿素溶液，冷凝后的气液混合物进入中压冷凝器4，再次冷凝，使其出口温度制在80℃左右。气液混合物从中压冷凝器4出来，再与喷淋下来的回流液氨（自液氨贮槽8，经氨增压泵9加压送来）和氨水（自中压氨吸收塔入中压吸

收塔 5。塔的下部是鼓泡段，用碳铵液循环吸收，未被吸收的气体继续上升到中压氨吸收塔 12，经氨水泵 10 加压送来）相遇。气体中的 CO_2 几乎全部被吸收，塔顶得到较纯的气氨，但也含有少量的惰性气体和微量 CO_2，这些气体被送入氨冷凝器 6，用循环水部分冷凝后，液相和气相均送往液氨贮槽 8。液氨用氨增压泵 9 加压后，一部分进入中压吸收塔 5，作为回流，另一部分经高压氨泵送入高压系统。被氨饱和的惰性气体离开液氨贮槽 8 进入上部的氨回收塔 7，与来自氨过滤器的原料液氨逆流接触，进一步回收气体中的氨，含有残余氨的惰性气体，送入中压氨吸收塔 12 冷凝，并与来自冲洗液冷却器的洗涤液逆流接触，吸收气氨，吸收热由中压氨吸收塔 12 的冷却水带走，中压氨吸收塔 12 底部的氨水由氨水泵送往中压吸收塔 5 作吸收顶部 CO_2 用，出中压惰性气体洗涤吸收塔 11 的惰性气体送排气系统排放。

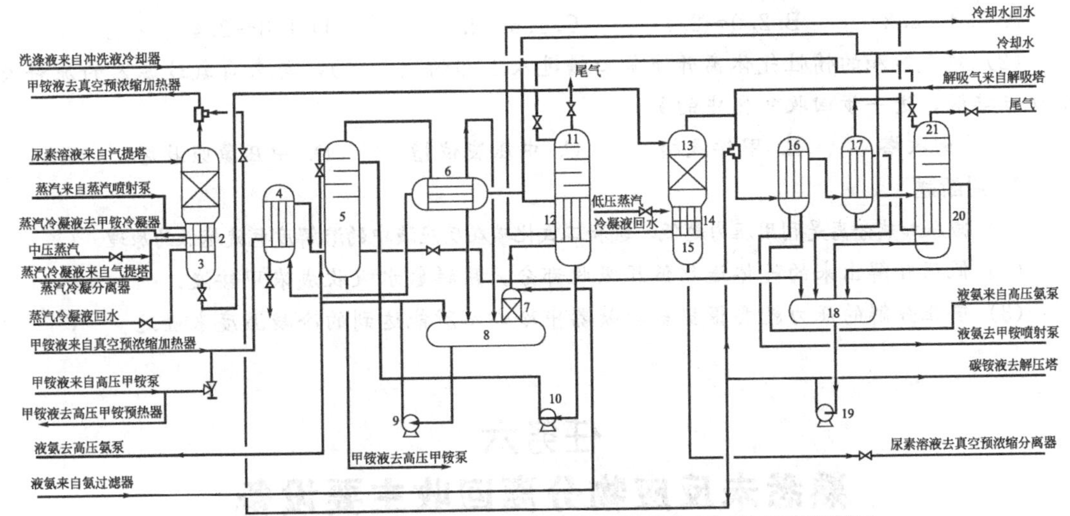

图 6-7 氨汽提法生产尿素未反应物中、低压分解回收工艺流程图

1—中压分解分离器；2—中压分解加热器（上部为 A 加热器，下部为 B 加热器）；3—中压分解液位槽；4—中压冷凝器；5—中压吸收塔；6—氨冷凝器；7—氨回收塔；8—液氨贮槽；9—氨增压泵；10—氨水泵；11—中压惰性气体洗涤塔；12—中压氨吸收塔；13—低压分解分离器；14—低压分解加热器；15—低压分解液位槽；16—氨预热器；17—低压冷凝器；18—甲铵液贮槽；19—中压甲铵液泵；20—低压氨吸收器；21—低压惰性气体洗涤塔

中压吸收塔 5 塔底部溶液用高压甲铵泵加压，送往高压甲铵预热器，被解吸塔底部出来的工艺冷凝液预热后，送入甲铵冷凝器，返回尿素合成塔。

中压分解液位槽 3 的尿素溶液经液位调节阀减压至约 0.34MPa，送往低压系统的低压分离分解设备，该设备结构与中压分离分解器设备类似，分成三层，上层为低压分解分离器 13，中层为低压分解加热器 14，下层为低压分解液位槽 15。尿素溶液首先进入低压分解分离器 13 闪蒸，闪蒸汽与解吸塔出来的工艺气混合，送往氨预热器 16，给进入合成塔的氨进行预热，而该气体被冷却和冷凝后，再送往低压冷凝器 17 进行冷凝，冷凝热被低压冷凝器的冷却水带走。含有残余惰性气体的液体送甲铵液贮槽 18，碳铵液经中压甲铵液泵 19 送去回收，一部分与中压分解分离器气相汇合去真空预浓缩加热器，另一部分作解吸塔顶部回流。甲铵液贮槽 18 中含有 NH_3、CO_2 的惰性气体进入低压氨吸收器 20 与来自低压惰性气体洗涤塔 21 的蒸汽冷凝液接触，吸收残余的 NH_3 和 CO_2，液相返回甲铵液贮槽 18，气相控制放空。

思考与练习

1. 填空题

(1) 减压加热分离是利用________，氨与二氧化碳在尿素合成反应液中的溶解度越低的原理。

(2) 低压分解压力主要决定于吸收塔中________的平衡压力，即操作压力必须大于此平衡压力。

2. 选择题

(1) 生产上送入尿素合成塔的浓甲铵液中水碳比 H_2O/CO_2 控制在（　）。

A. 1.8～2.2　　B. 2.0～2.4　　C. 1.6～2.0　　D. 1.8～2.4

(2) 被氨饱和的惰性气体离开液氨贮槽进入上部的（　），与来自氨过滤器的原料液氨逆流接触，进一步回收气体中的氨。

A. 氨回收塔　　B. 甲铵液槽　　C. 中压液位槽　　D. 中压氨吸收塔

3. 判断题

(1) 减压加热分离是利用压力越低，氨和二氧化碳在反应液中的溶解度也就越低的原理。（　）

(2) 低压分解出来的气体送往低压吸收部分，用稀氨水吸收成浓甲铵液。（　）

(3) 中压分解的压力就要根据氨冷凝器中冷却水所能达到的冷凝温度来确定。（　）

任务六 熟悉未反应物分离回收主要设备

未反应物分离回收的主要设备是中压分解分离器和中压吸收塔。未反应物分离回收生产工艺主要包括中压分解回收和低压分解回收两部分，这两部分在生产工艺及设备结构等方面均有许多相似之处，因此主要介绍中压分解分离器和中压吸收塔。

一、中压分解分离器和中压吸收塔的结构特点

1. 中压分解分离器

中压分解分离器的主要作用是将从汽提塔底部出来的尿素溶液中的大部分甲铵分解，并将其中大部分氨和二氧化碳蒸出。中压分解分离器结构示意图如图 6-8 所示。设备总高 15.3m，共分上中下三层。上层为中压分解分离器，直径 2130mm，内有液体分布器、填料等，是尿素溶液中甲铵分解，氨、二氧化碳分离的主要场所。因为甲铵的分解和反应中过剩的氨和游离二氧化碳的解吸均是吸热过程，所以需要外界提供热量，中间为中压分解加热器就是为分解分离提供热量的，中压分解加热器又分成上下两层，上层使用蒸汽喷射泵来的蒸汽加热，下层使用从汽提塔蒸汽冷凝分离器来的冷凝液，当汽提塔蒸汽冷凝分离器来的冷凝液不足时，还可直接使用中压蒸汽。下层是中压分解液位槽。低压分解分离器与中压分解分离器结构相似，共分上中下三层，不同之处有以下几点：①上层低压分解分离器直径为 1500mm；②中层低压分解加热器仅有一层，使用低压蒸汽加热；③设备总高为 14.0m。

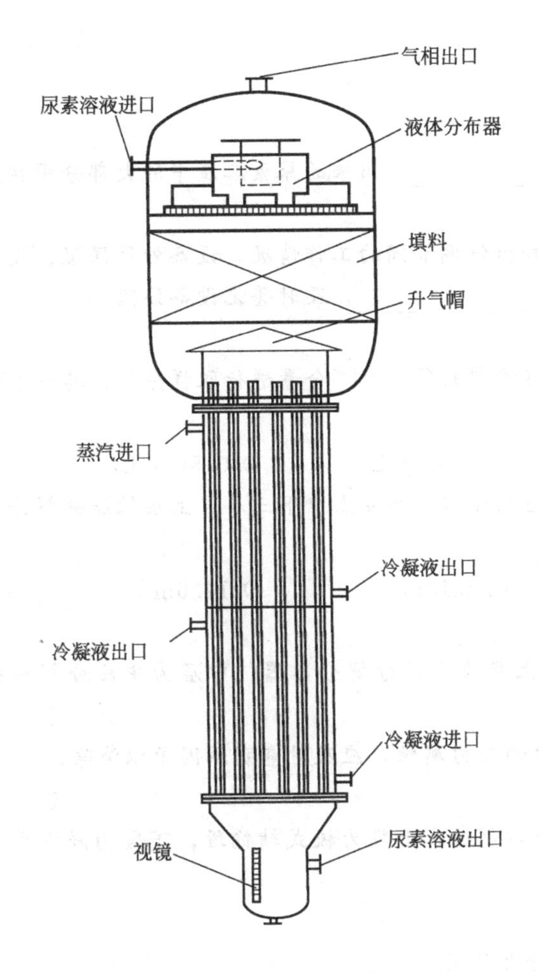

图 6-8 中压分解分离器结构示意图

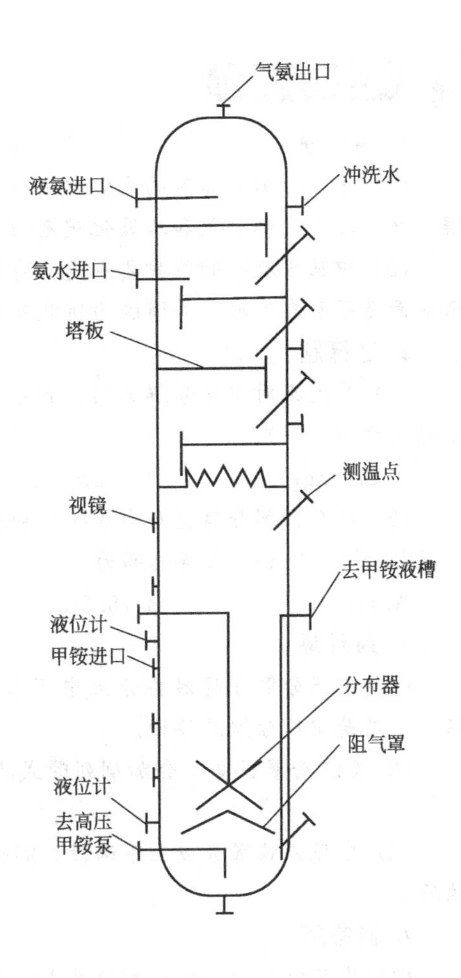

图 6-9 中压吸收塔结构示意图

2. 中压吸收塔

图 6-9 是中压吸收塔的结构示意图。其主要作用是将进入的气体中的二氧化碳尽量完全回收，而使出来的气体为含极少量惰性气体的纯氨气，以备液化循环。全塔分成上下两段，316 不锈钢制造，上段为板式吸收段，下段为浸没式吸收段。

二、中压分解分离器和中压吸收塔的维护要点

中压分解加热器是中压分解分离器的重要组成部分。装置长期运行后，中压分解加热器的换热效率下降，主要原因是离心泵填料密封油带入和原料液氨带油，造成管程有油垢和碳化物结垢，因此要尽可能避免油类进入系统。

在生产中，如果中压分解加热器列管泄漏，工艺介质污染蒸汽冷凝液系统，则电导分析仪的电导率就会升高，此时应立即查找泄漏设备，及时处理，避免事故扩大。另外，应定期对蒸汽冷凝液中的氨和 Cl^- 进行取样分析，其中 Cl^- 不能大于 0.5mg/L。Cl^- 含量升高，会加剧列管式换热器的应力腐蚀，应及时查明原因予以消除。

中压吸收塔的维护要点是检查进料和出料调节阀的工作情况，设备外壁保温、设备密封面是否存在泄漏，并消除力所能及的“跑、冒、滴、漏”现象，及时登记设备缺陷。

思考与练习

1. 填空题

(1) 中压分解分离器的主要作用是将从____________出来的尿素溶液中的大部分甲铵分解，并将其中大部分氨和二氧化碳蒸出。

(2) 中压吸收塔的维护要点是检查进料和出料调节阀的工作情况，设备外壁保温、设备密封面是否存在泄漏，并消除力所能及的________________，及时登记设备缺陷。

2. 选择题

(1) 应定期对中压分解加热器的蒸汽冷凝液中的氨和 Cl^- 含量进行取样分析，其中 Cl^- 不能大于（　　）。

A. 0.1mg/L　　B. 0.2mg/L　　C. 0.3mg/L　　D. 0.5mg/L

(2) 低压分解分离器与中压分解分离器结构相似，共分上中下三层，上层低压分解分离器直径为 1500mm；设备总高为（　　）。

A. 14.0m　　B. 15.3m　　C. 2.13m　　D. 14.6m

3. 判断题

(1) 中压分解分离器共分上中下三层。上层为中压分解分离器，中层为中压分解加热器，下层是中压分解液位槽。（　　）

(2) Cl^- 含量升高，会加剧列管式换热器的应力腐蚀，应及时查明原因予以消除。（　　）

(3) 中压吸收塔分成上下两段，316 不锈钢制造，上段为板式精馏段，下段为浸没式吸收段。（　　）

4. 简答题

(1) 中压吸收塔的结构有何特点？它有什么作用？

(2) 中压分解分离器的维护要点是什么？

(3) 装置长期运行后，中压分解加热器的换热效率下降，主要原因是什么？

任务七 懂得未反应物分离回收主要设备操作

一、未反应物分离回收主要设备的操作要点

1. 中压分解分离器和中压吸收塔的开车操作

(1) 中压分解分离器　中压系统充氮置换过程中，在甲铵分离器顶部的高压系统压力调节阀至排放的阀门处接临时充氮管线，开该阀门，向系统充氮气。待氮气入系统后，稍开液氨贮槽、中压吸收塔、氨过滤器、高压氨泵、中压分解液位槽等处的放空阀，并开中压惰性气体洗涤塔顶部的压力调节阀。当各放空阀处排放气体中 O_2 含量≤0.5%后，关各处放空阀。中压惰性气体洗涤塔顶部压力调节器设为自动，给定值设为 1.0MPa。

工艺系统充液过程中，开中压吸收塔塔板冲洗水阀，向中压吸收塔充液，使其液位达到30%。开甲铵液贮槽冲洗水阀，向其充液，使甲铵液贮槽液位达到30%。分别开启中压分解分离器及低压分解分离器的冲洗水阀，向中压分解液位槽及低分解液位槽充液，使其液位达到50%。开甲铵封闭排放罐液封充水阀。

系统氨化时，启动中压甲铵泵，建立中压循环（甲铵液贮槽→中压甲铵泵→真空预浓缩加热器→中压冷凝器→中压吸收塔→甲铵液贮槽），根据中压吸收塔液位，开中压吸收塔至甲铵液贮槽的排放阀，并保持中压吸收塔液位在50%左右，开中压吸收塔回流 NH_3 量调节阀向中压吸收塔加氨，待甲铵液贮槽水浓度达到35%，关中压吸收塔回流 NH_3 量调节阀。开中压甲铵泵至各低压设备的截断阀，建立低压循环（甲铵液槽→中压甲铵泵→氨预热器→低压冷凝器→甲铵液槽），用氨水置换管线。

合成塔投料时，稳定中压系统压力在1.5MPa左右。根据中压吸收塔出气温度，开进中压吸收塔 NH_3 流量调节阀，同时利用冲洗水向中压惰性气体洗涤塔充液，当中压惰性气体洗涤塔液位达到50%时，停止充液，启动氨水泵循环，与液氨一起控制中压吸收塔的塔顶温度。控制中压吸收塔出气温度在43℃左右，中压冷凝器出液温度在80℃左右。逐步提高中压分解加热器、低压分解加热器的温度。开氨冷凝器、中压氨吸收器和低压冷凝器的循环冷却水阀。

合成塔出料后，当中压分解液位槽有液位后，开大中压分解加热器加热蒸汽流量调节阀，使中压分解液位槽出料温度稳定在158℃，之后将中压分解加热器加热蒸汽流量调节器投为自动，给定值设为158℃，中压分解液位槽液位调节器投为自动，给定值设为30%。逐步提高中压冷凝器温度，使中压冷凝器出口温度达到80℃，之后将中压冷凝器出液温度调节器投为自动，给定值设为80℃。中压吸收塔进料后，用来自氨增压泵的液氨及来自氨水泵的氨水调节中压吸收塔塔顶温度，使其低于43℃，同时注意控制中压吸收塔塔釜液位。当中压吸收塔底部温度达约75℃且稳定后，将其投为自动，以控制中压吸收塔出液组成。

（2）中压吸收塔　中压吸收塔底部的温度由中压吸收塔顶部加入的液氨量控制，只有当中压吸收塔底部温度达到约75℃且稳定后，才能将温度调节器设为自动。当中压吸收塔顶部温度及塔板温度上升时，应检查塔底的液位和温度，如果塔底液位偏低，则应立即增加回流氨量，如果液位偏高，则可开中压吸收塔至甲铵液贮槽的阀门，将中压吸收塔中的溶液排放到甲铵液贮槽来降液位。如果中压吸收塔底部甲铵溶液中的氨浓度过高，高压甲铵泵内将会因发生闪蒸而产生汽蚀；如果中压吸收塔底部甲铵溶液中的 CO_2 含量过高，溶液会在管道中结晶。

2. 中压分解分离器与中压吸收塔减负荷与停车操作

减负荷操作时，调节中、低压分解液位槽出料温度调节器，使中压、低压分解液位槽出料温度分别稳定在158℃、138℃以上。利用回流液氨与回流氨水控制中压吸收塔的顶、底温度分别在43℃、75℃。同时注意稳定中压吸收塔的液位。关小低分解液位槽的液位调节器，稳定蒸发系统的运行。

停车操作时，当中压分解液位槽液位降至零时，手动关闭中压分解液位槽液位调节器及中压分解加热器蒸汽阀。当低压分解液位槽液位降至零时，手动关闭低压分解液位槽液位调节器及低压分解加热器蒸汽阀。

系统排放与置换时，启动中压甲铵泵、氨水泵，中压吸收塔建立液位。开中低、低压分解加热器蒸汽阀。将中压、低压分解回收系统的压力调节器设为自动，给定值分别设为1.6MPa、

0.3MPa。开尿素合成塔排放阀，注意控制合成塔泄压速率，要求≤3.0MPa/h。将中压吸收塔的液位、塔顶和塔底温度以及中压冷凝器的出液温度控制在正常范围内。当液氨贮槽液位较高时，将液氨外送。当低压分解液位槽有液位后，启动85%尿素溶液泵，蒸发系统按正常开车步骤开车。当合成塔液相排尽后，开始排放甲铵分离器和高压甲铵预热器。排尽后，开合成塔顶部放空阀，泄压至1.0MPa左右。中、低压系统泄压排放，并冲洗置换。

二、未反应物分离回收主要设备操作的异常现象及处理

中压分解分离器与中压吸收塔操作中的主要异常现象、产生原因及处理方法见表6-4。

表6-4 中压分解分离器与中压吸收塔操作中的主要异常现象、产生原因及处理方法

异常现象	产生原因	处理方法
中压分解分离器温度异常	①加热蒸汽量过大或不足，增压蒸汽压力高或低 ②中压分解液位槽液位过低或过高	①控制加热蒸汽压力，流量在正常范围内，如疏水器失灵，用副线阀控制好回水量，必要时可适当打开中压蒸汽阀 ②控制好中压分解液位槽液位在正常值
中压吸收塔顶部超温	①中压分解加热器加热蒸汽量过大 ②高压系统转化率低 ③汽提效果差 ④液位低造成气体窜至中压 ⑤中压冷凝器换热效果差，或冷却水流量低，温度高 ⑥中压吸收塔液位过高 ⑦中压吸收塔塔板有结晶物	①控制好中压分解加热器加热蒸汽量 ②调整入系统的NH_3、CO_2、H_2O量，稳定高压系统工况，关小高压系统放空阀 ③调节汽提塔加热蒸汽的压力，提高汽提效率 ④控制好汽提塔液位调节阀，控制出料量 ⑤提高中压冷凝器换热效果，注意控制冷却水量，若冷却水温度高，联系循环水岗位，注意调节 ⑥控制好中压吸收塔液位，控制好回流氨量及中压吸收塔液位 ⑦稳定中压吸收塔操作，如塔板结晶，应及时逐块冲洗塔板

思考与练习

1. 填空题

(1) 中压吸收塔进料后，用来自氨增压泵的________及来自氨水泵的氨水调节中压吸收塔塔顶温度。

(2) 系统氨化时，启动中压甲铵泵，建立中压循环（甲铵液贮槽→中压甲铵泵→真空预浓缩加热器→中压冷凝器→________→甲铵液贮槽）。

2. 选择题

(1) 中压分解液位槽出料温度稳定在（ ），之后将中压分解加热器加热蒸汽流量调节器投为自动。

A. 80℃　B. 149℃　C. 158℃　D. 188℃

(2) 中压吸收塔底部的温度由中压吸收塔顶部加入的液氨量控制，只有当中压吸收塔底部温度达到约（ ）且稳定后，才能将温度调节器设为自动。

A. 75℃　B. 80℃　C. 85℃　D. 83℃

3. 判断题

(1) 中压系统中中压吸收塔底部的温度由加入中压吸收塔顶部的氨水流量调节器控制。（ ）

(2) 中压系统充氮置换过程中，当各放空阀处排放气体中 O_2 含量≤0.6%后，关各处放空阀。 ( )

(3) 当中压分解液位槽液位降至10%时，手动关闭中压分解液位槽液位调节器及中压分解加热器蒸汽阀。 ( )

4. 简答题

(1) 中压分解加热器温度异常，可能是哪些因素造成的？分别如何处理？

(2) 中压吸收塔顶部超温的原因有哪些？分别要如何调节？

(3) 中压分解分离器与中压吸收塔的正常操作要点是什么？

任务八 掌握尿素溶液加工工艺知识

一、尿素溶液加工的方法

尿素溶液经过中、低压分解后，其中尿素的质量分数约为70%～75%，同时还含有约1%的氨与二氧化碳。如要得到固体尿素产品，工业上有两种方法，一种是结晶法，另一种是造粒法。结晶法是先通过蒸发，将尿素溶液先浓缩至约80%，再进行结晶，得到固体尿素。这种方法生产的尿素易吸潮结块，不利贮存，使用不便，但可再熔融造粒。造粒法是将尿素溶液蒸发至99.5%以上，再利用旋转喷头喷出，尿素熔融物与空气接触冷却后成为粒状。因为目前工业生产上多采用造粒法，所以这里只介绍造粒法。

二、尿素溶液加工工艺条件的选择

尿素溶液加工的影响因素主要有两个，即温度和压力，要求在相应的温度、压力条件下，尿素溶液不会结晶、凝固；还有很重要的一点是要尽量减少副反应的发生，以保证尿素的产量和质量。

尿素溶液的沸点与其浓度和蒸发操作压力有关。如尿素溶液的质量分数为85%，蒸发操作压力为0.1MPa时，溶液的沸点130℃。若蒸发操作压力降至0.05MPa时，沸点会降至约112℃。

由此可见，采用减压蒸发操作不仅可以降低尿素溶液的沸点，还可以尽量地减少蒸发过程中副反应的发生。但压力的选择必须考虑尿素溶液不致结晶为宜，否则将堵塞蒸发设备的加热管道，影响操作。

采用一段蒸发的方法是不能完成尿素溶液蒸发浓缩任务的。在工业生产中，一般采用两段蒸发，一段蒸发的目的是在相对较高的压力条件下，既要蒸发大部分水分，又要防止结晶析出。一段蒸发器的操作压力应稍大于0.0263MPa（生产上实际控制为0.0333MPa），温度控制在130℃。尿素溶液中尿素的质量分数从75%升至95%左右，缩二脲一般只增加0.1%～0.15%。二段蒸发的目的是为了使尿素溶液浓度达到造粒要求，即尿素溶液中尿素的质量分数达到99.5%以上，即要求蒸发掉几乎全部水分。此时因已经不再会出现结晶，操作压力是越低越好，一般控制在0.0053MPa以下，此时尿素的熔点为132.7℃，为使尿素熔融物保持良好的流动性，蒸发操作温度一般控制在137～140℃。

三、尿素溶液加工的工艺流程

图6-10是氨汽提法生产尿素的蒸发、造粒和水解解吸工艺流程图。低压分解液位槽的

尿素溶液经液位调节阀减压后，进入 0.034MPa 的真空预浓缩分离器 1，它的结构与中压、低压分离分解设备相似，闪蒸后释放出来的蒸汽被一段真空系统抽出，液体则进入真空预浓缩加热器 2 的管束中，进一步加热分解其中的甲铵，所需热量由中压分解分离器排出的气体与碳铵液的混合物提供。尿素溶液经过真空预浓缩加热器 2 的浓缩后，得到含尿素约为 85%（质量分数）的溶液，收集于下层的真空预浓缩液位槽 3 中。尿素溶液再由 85%尿素溶液泵 4 加压，由控制阀控制送往一段蒸发加热器 5，其操作压力约为 0.035MPa，操作温度约为 128℃。尿素溶液在一段蒸发加热器 5 被蒸发浓缩后，产生的气液混合物进入一段蒸发分离器 6 进行分离，其中气体被一段真空系统蒸汽喷射泵抽出，而含尿素约 95%（质量分数）的溶液流入二段蒸发加热器 13。尿素溶液在二段蒸发加热器 13 中，操作压力为 0.003MPa 的条件下，进一步蒸发浓缩，得到的气液混合物进入二段蒸发分离器 14 进行分离，气体被二段真空系统抽出，二段蒸发加热器 13 蒸发所需热量由 0.34MPa 蒸汽提供，二段蒸发分离器 14 下部排出的尿素溶液即熔融尿素。熔融尿素经熔融尿素溶液泵 12 加压后，经控制阀送入尿素造粒塔旋转喷头 25，旋转喷头的转速控制在 280～320r/min，旋转喷头将熔融尿素沿造粒塔截面喷洒成小液滴下落，和上升的冷空气逆流接触，被冷却固化成颗粒尿素，落在造粒塔底部的尿素经刮料机刮料后，经皮带 26 送包装。来自一、二段真空系统的含有氨、二氧化碳、水、尿素的工艺冷凝液收集到工艺冷凝液罐 8 中。来自整个工艺系统的密闭排放的废液收集至甲铵封闭排放罐 9 中，后经密封排放回收泵 10 送入工艺冷凝液罐 8 中。

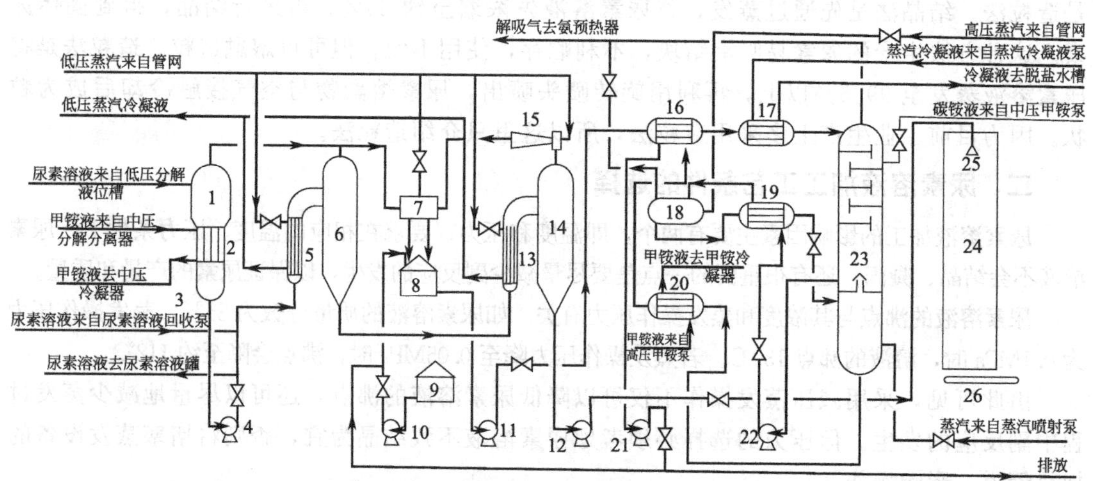

图 6-10　氨汽提法生产尿素的蒸发、造粒和水解解吸工艺流程图

1—真空预浓缩分离器；2—真空预浓缩加热器；3—真空预浓缩液位槽；4—85%尿素溶液泵；5—一段蒸发加热器；6—一段蒸发分离器；7—第一、第二段真空系统；8—工艺冷凝液罐；9—甲铵封闭排放罐；10—密封排放回收泵；11—解吸塔给料泵；12—熔融尿素溶液泵；13—二段蒸发加热器；14—二段蒸发分离器；15—蒸汽喷射泵；16—解吸塔第一预热器；17—解吸塔第二预热器；18—尿素水解器；19—水解器预热器；20—高压甲铵预热器；21—送界区外工艺冷凝液泵；22—水解器给料泵；23—解吸塔；24—造粒塔；25—旋转喷头；26—皮带

工艺冷凝液罐中的工艺冷凝液经解吸塔给料泵 11 依次送往解吸塔第一预热器 16、解吸塔第二预热器 17 预热后，再进入解吸塔 23。解吸塔分为上下两段，工艺冷凝液首先进入解吸塔上段，同时进入解吸塔上段的还有由中压甲铵泵加压送来的碳铵液。两种液体与下段上升的气体接触，进行汽提，解吸出大部分的氨和二氧化碳后，再用水解器给料泵 22 打入水解器预热器 19，再进入尿素水解器 18。为保证水解反应能顺利进行，在水解器底部通入过

热高压蒸汽，由于高温的作用，经过一定时间，工艺冷凝液中的尿素几乎全部水解为氨和二氧化碳。尿素水解器 18、解吸塔 23 出来的气体与中压分解分离器出来的气体混合在一起，经氨预热器、低压冷凝器冷凝后回收进入甲铵液贮槽。由尿素水解器 18 出来的水解液经水解器预热器 19 冷却后（给要进水解塔的液体进行预热），在液位调节阀的控制下进入解吸塔 23 下段进一步汽提，脱除残余 NH_3、CO_2。解吸塔 23 的汽提蒸汽为 0.49MPa 的增压蒸汽。

已净化的工艺冷凝液从解吸塔底出来作为氨预热器、解吸塔第一预热器的热源，再经送界区外冷凝液泵 21 送出界区。

思考与练习

1. 填空题

(1) 工业上由尿素溶液得到固体尿素产品的方法有两种，一种是（　　），另一种是造粒法。

(2) 旋转喷头的转速控制在（　　）r/min，旋转喷头将熔融尿素沿造粒塔截面喷洒成小液滴下落。

2. 选择题

(1) 尿素溶液在二段蒸发加热器中，操作压力为（　　）的条件下，进一步蒸发浓缩，得到的气液混合物进入二段蒸发分离器进行分离。

A. 0.035MPa　　B. 0.0263MPa　　C. 0.003MPa　　D. 0.025MPa

(2) 工艺冷凝液罐中的工艺冷凝液经（　　）依次送往解吸塔第一预热器、解吸塔第二预热器预热后，再进入解吸塔。

A. 解吸塔给料泵　　B. 尿素水解器　　C. 水解器给料泵　　D. 冷凝液泵

3. 判断题

(1) 在工业生产中，一般采用两段蒸发，一段蒸发的目的是在相对较高的压力条件下，既要蒸发大部分水分，又要防止结晶析出。（　　）

(2) 为保证水解反应能顺利进行，在水解器底部通入过热高压蒸汽，由于高温的作用，经过一定时间，工艺冷凝液中的甲铵几乎全部水解为氨和二氧化碳。（　　）

4. 简答题

(1) 尿素溶液加工的主要影响因素有哪几种？要注意什么？

(2) 尿素溶液蒸发中二段蒸发的工艺参数有哪些？分别是多少？

任务九 熟悉尿素溶液加工主要设备

尿素溶液加工的主要设备包括真空分离器、尿素造粒塔和解吸塔。

一、尿素溶液加工主要设备的结构特点

1. 真空分离器

氨汽提法生产尿素工艺流程中真空分离器有一、二两段，两段结构相似，此处仅介绍一段真空分离器。图 6-11 是一段真空分离器结构示意图。

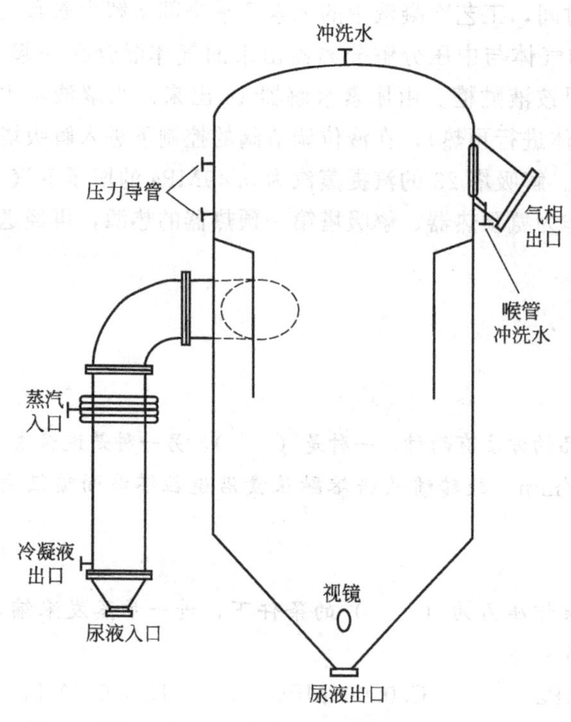

图 6-11 一段真空分离器结构示意图

一段真空分离器可将含尿素约为85%（质量分数）的溶液蒸发浓缩至含尿素约为95%（质量分数）的溶液。一段真空分离器总高12.1m，由两部分组成，左侧为一段蒸发加热器，右侧为一段蒸发分离器。一段蒸发加热器为尿素溶液蒸发浓缩提供热量；加热之后的尿素溶液上升，沿右侧一段蒸发分离器筒体的切线方向进入一段蒸发分离器。为进一步提高分离效果，一段蒸发分离器内部还装有一个圆筒，使蒸发后的气体必须先在分离器内向下旋转，分离掉气体中的液滴后才能从上面出口排出。

2. 尿素造粒塔

图 6-12 是尿素造粒塔结构示意图。熔融尿素经尿素熔融泵送入塔顶的尿素溶液槽，尿素溶液从尿素溶液槽流入造粒喷头，喷头在电机的带动下旋转，一般转速为280～320r/min，将尿素溶液喷成大小基本相等的液滴，液滴在重力和离心力的作用下向下撒落，与从塔底进入的向上流动的冷空气逆流接触，经降温冷凝固化后，落于塔底的锥形承接槽内，经刮料机刮入卸料料斗中，卸料斗下有皮带运输机，将固体尿素颗粒送去分筛包装。空气从造粒塔塔底的下风窗进入，利用塔底与塔顶的温差向上流动，从塔顶的上风窗排出，利用空气上、下风窗的百叶开度调节温度、空气流量，保证出料温度在70℃左右。为防止尿素溶液对设备的腐蚀，塔内壁涂有防腐涂层，塔顶喷头采用不锈钢制成，一般为中空的圆锥体，其上钻有几千个$\phi 1.4 \sim 1.5$mm的小孔。

3. 解吸塔

图 6-13 是解吸塔的结构示意图。解吸塔最初采用的是条形浮阀塔，但其塔板效率在负荷增大到某一点后，因雾沫夹带的影响，板效率就开始急剧下降，后来将其改造成规整填料塔。

解吸塔筒体高27.3m，塔径1400mm，以中间升气管为界，将解吸塔分成上下两部分。升气管的作用是允许下塔气体经升气管进入上塔，上塔的液体则不能流入下塔中。上下两部分各有两层填料，均采用组片式波纹填料。该填料具有优良的化工分离性能，气液横向贯通能力强，有效传质表面积较常规填料高8%左右，还可解决理论板数受原塔板间距低的限制问题。上、下塔段顶部液体初始分布采用带管式预分布器的二级槽式液体分布器，其结构简单、便于安装和检修。重力型自流式液体分布均匀度好，喷淋点距填料层顶部距离可以很近，且不易产生液沫夹带。上、下塔段中两层填料间增设气液分布器，选用槽盘式气液分布器，能同时起到液体收集及气体二次分布的功能，较常规的“液体收集器+槽式液体分布器”的组合形式节省一半的空间高度，且气相流通的自由截面积在30%以上，压降较低。

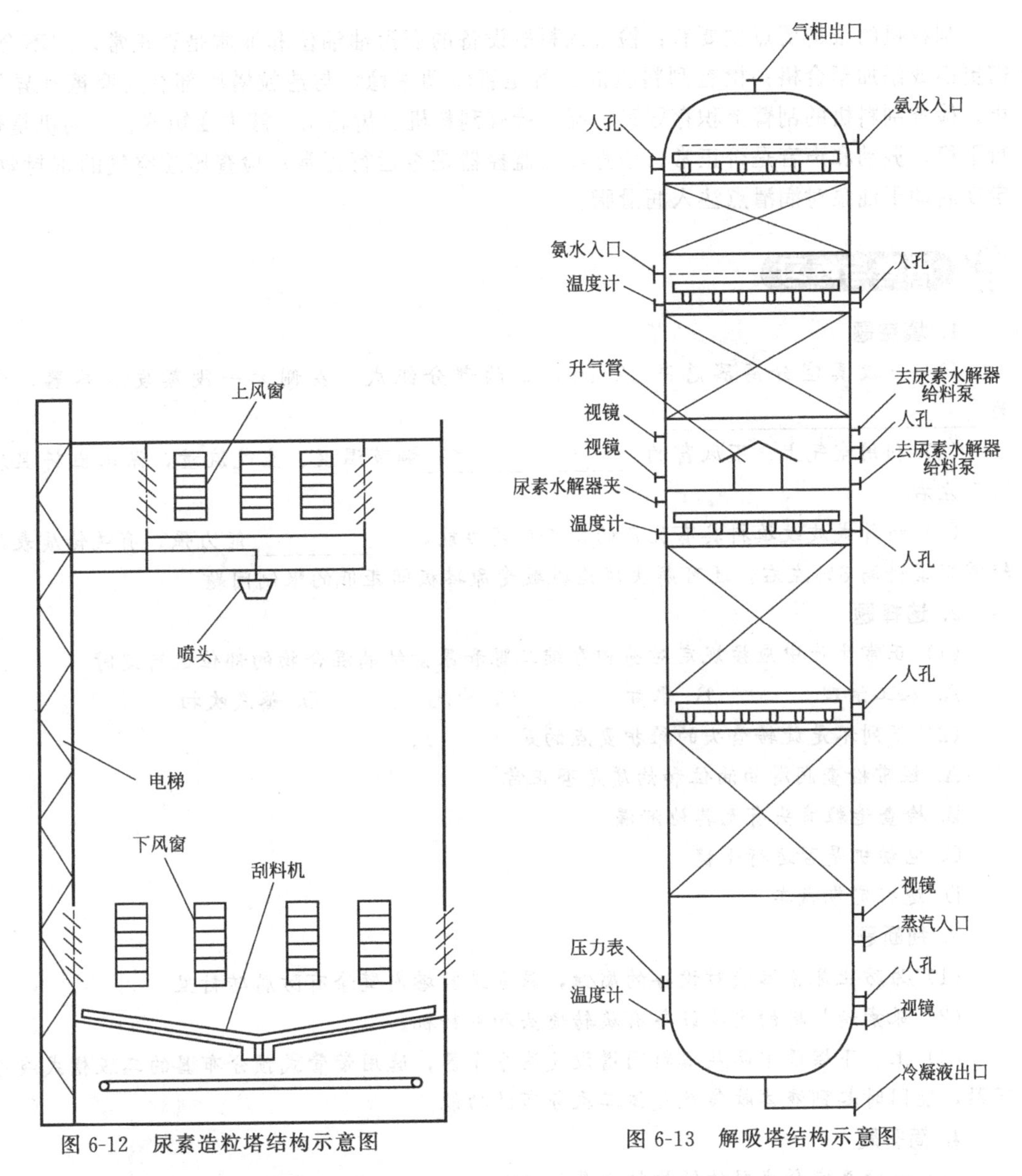

图 6-12 尿素造粒塔结构示意图

图 6-13 解吸塔结构示意图

二、尿素溶液加工主要设备的维护要点

1. 真空分离器

正确使用设备，严格控制各项指标，严禁在超温、超压下运行，及时消除“跑、冒、滴、漏”现象，严格执行巡检制度。分离器叶片流道和出气管道上容易积存缩二脲和尿素结晶混合物，造成二段真空度下降，巡检时，可通过视镜观察缩二脲积存情况。正常生产中应按规定对易积存缩二脲和尿素结晶混合物的部位进行定时冲洗。

2. 尿素造粒塔

尿素造粒塔的主要设备有旋转喷头和刮料机。

旋转喷头的维护要点主要有：经常检查润滑油油位和油质是否正常，油位不够时及时补加，并做到定期更换；检查喷头的振动、声音是否正常；根据尿素粒度的情况，及时调整造粒喷头的转速或更换造粒喷头；检查造粒喷头有无其他泄漏；对备用造粒喷头进行清洗合格，并进行定期盘车；搞好设备环境卫生。

刮料机的维护要点主要有：检查刮料机设备的润滑油油位和油质是否正常，如不合格，需更换或添加至合格；检查刮料机的刮臂是否转动平稳，与造粒塔底部有无摩擦和异常响声；检查刮料机的刮臂上积存尿素情况；检查刮料机、齿轮箱、液力变矩器、电动机是否运行平稳，振动和声音是否正常；检查转速监控器是否运行正常；检查压缩空气的密封效果；定期启动干油泵对润滑点注入润滑脂。

思考与练习

1. 填空题

(1) 一段真空分离器总高12.1m，由两部分组成，左侧为一段蒸发加热器，右侧为________________。

(2) 利用空气上、下风窗的______________调节温度、空气流量，保证出料温度在70℃左右。

(3) 组片式波纹填料具有优良的化工分离性能，__________能力强，有效传质表面积较常规填料高8%左右，还可解决理论板数受原塔板间距低的限制问题。

2. 选择题

(1) 正常生产中应按规定对易积存缩二脲和尿素结晶混合物的部位进行定时（　　）。

A. 人工清理　　B. 水煮　　C. 冲洗　　D. 蒸汽吹扫

(2) 下列不是旋转喷头的维护要点的是（　　）。

A. 经常检查润滑油油位和油质是否正常

B. 检查造粒喷头有无其他泄漏

C. 电动机是否运行平稳

D. 进行定期盘车

3. 判断题

(1) 为防止尿素溶液对设备的腐蚀，尿素造粒塔内壁涂有防腐砖衬里。（　　）

(2) 尿素造粒塔的主要设备有旋转喷头和刮料机。（　　）

(3) 上、下塔段中两层填料间增设气液分布器，选用带管式预分布器的二级槽式液体分布器，能同时起到液体收集及气体二次分布的功能。（　　）

4. 简答题

(1) 一段真空分离器的结构特点是什么？

(2) 刮料机如何维护保养？

任务十
懂得尿素溶液加工主要设备操作

一、尿素溶液加工主要设备的操作要点

1. 真空分离器

开车时，先提温度，后抽真空；停车时，先破真空，后降温度。

开车过程中，工艺系统充液时，开尿素溶液槽的低压冲洗水阀，使其液位达到10%；开尿素溶液槽水封充液阀；开真空预热浓缩液位槽冲洗水阀，使其液位达到30%。化工投料时，预热85%尿素溶液泵及熔融尿素溶液泵；启动尿素溶液回收泵、熔融尿素溶液泵，蒸发系统水循环；开蒸发一、二段真空系统，稍抽真空。合成塔出料后，待真空预浓缩器液位槽液位稳定后，且85%尿素溶液泵运行稳定后，将85%尿素溶液泵出口三通切向一段蒸发加热器，并冲洗85%尿素溶液泵至尿素溶液罐循环管线。当真空预浓缩液位槽达到较高液位时，用85%尿素溶液泵切向一段蒸发器供料，退出循环，开大一段蒸发分离器出液温度调节阀、二段蒸发分离器出液温度调节阀，使其温度分别控制在130℃和140℃左右。当二段蒸发分离器有一定液位后，启动熔融尿素溶液泵，循环且二段蒸发分离器液位调节器设为自动。总控手控缓开一段蒸发加热器温度调节阀、二段蒸发加热器温度调节阀（同时必须注意低压蒸汽管网压力防止大起大落）。待一、二段蒸发加热器温度分别达128℃、138℃时，总控根据情况，逐渐关小一、二段真空分离器压力调节阀并保持一、二段压差为0.03MPa。最终使一、二段真空分离器绝对压力分别达0.034MPa、0.003MPa，注意在抽真空时要使一、二段蒸发温度分别不低于128℃和138℃。蒸发系统稳定后，将一、二段蒸发加热器温度调节器分别投自动，设定值分别为128℃、138℃，一、二段真空分离器压力调节器分别投自动，设定值分别为0.034MPa、0.003MPa。

正常操作时，生产要求一、二段真空分离器的温度分别控制在128℃、138℃。一、二段真空分离器的绝对压力分别控制在0.034MPa、0.003 MPa。

停车操作时，按蒸发停车按钮，蒸发转循环。对一、二段蒸发器破真空。同时注意维持一、二段蒸发器的压差。关小一、二段蒸发加热器蒸汽阀。蒸发水运行。将85%尿素溶液泵出口切至尿素溶液槽。检查熔融尿素溶液泵出口有无结晶，若无结晶，停止走水，开排放阀排放。停熔融尿素泵，开冲洗水阀，冲洗干净，排净。停一、二段真空系统喷射泵蒸汽。

2. 尿素造粒塔

造粒时，熔融尿素溶液温度不低于136℃；正常生产时，熔融尿素溶液温度不低于134℃，防止喷头拉稀。

待二段真空分离器有液位后，通知巡检按操作规程启动熔融尿素溶液泵，且泵出口三通调节为循环位置，待二段真空分离器液位稳定后，将二段真空分离器液位调节器设为自动，设定值为50%。

通知巡检打开造粒塔尿素溶液管线蒸汽吹扫阀前后切断阀，对熔融尿素溶液泵至喷头管线及喷头进行预热。

喷头预热结束后，且一、二段蒸发温度、压力均正常，将熔融尿素溶液泵出口三通切至造粒塔位置，进行尿素溶液造粒。

造粒后，检查尿素颗粒情况，相应调节喷头转速、尿素颗粒温度，调节风窗开度，检查皮带运行情况。

二、尿素溶液加工主要设备操作的异常现象及处理

1. 真空分离器

真空分离器操作中的主要异常现象、产生原因及处理方法见表6-5。

表 6-5 真空分离器操作中的主要异常现象、产生原因及处理方法

异常现象	产生原因	处理方法
蒸发系统温度达不到指标	①蒸汽压力低，蒸汽中带水 ②一、二段蒸发加热器回水疏水器损坏 ③一、二段蒸发加热器温度调节阀损坏 ④蒸发系统加水阀未关闭或加水阀内漏	①调整低压蒸汽管网压力，确保低压蒸汽质量 ②调节一、二段蒸发加热器回水副线阀 ③检查一、二段蒸发加热器温度调节阀阀位，输出信号是否与主控一致，不一致改副线控制，联系仪表工维修 ④检查蒸发系统的冲洗水阀是否关闭
蒸发系统真空度低	①低压蒸汽压力低，或带水 ②升压器喉管堵 ③尾气放空管堵，或尾气管吹扫蒸汽压力过大 ④一、二段蒸发器压力调节阀失灵 ⑤冷却水温度高 ⑥尿素溶液中游离 NH_3 含量高	①控制好低压蒸汽管网压力及蒸汽质量 ②定期冲洗一、二段喉管 ③保证尾气管道畅通，控制好尾气管吹扫蒸汽量 ④联系仪表工进行处理 ⑤联系调度，保证循环水的进口温度和流速 ⑥控制好前工序的操作，保证尿素溶液浓度

2. 尿素造粒塔

尿素造粒塔操作中的主要异常现象、产生原因及处理方法见表 6-6。

表 6-6 尿素造粒塔操作中的主要异常现象、产生原因及处理方法

异常现象	产生原因	处理方法
喷头或上塔管线堵塞	①蒸发温度过低或突然下降 ②上塔管线夹套保温蒸汽压力低或冷凝液积存过多 ③倒料不及时或蒸汽吹扫不及时	①停车处理 ②停车处理 ③停车处理
喷头拉稀	①喷头有局部堵塞 ②喷头负荷过重，料液压力高 ③尿素溶液太稀或有水蒸气漏入 ④喷头或电机停转 ⑤倒料不净或上塔管线内有大量尿素溶液时用蒸汽吹扫	①停车清洗 ②减低负荷 ③检查泄漏并消除，提高尿素溶液浓度 ④检查电机停转原因，停车换皮带 ⑤倒料要彻底
成品空心粒子多	①冷却风量过大 ②尿素溶液温度过高 ③尿素溶液中游离氨含量过高 ④经常断料	①调节风量 ②降低温度以达到指标 ③降低游离氨量 ④稳定负荷

思考与练习

1. 填空题

(1) 氨汽提法的生产要求，一、二段真空分离器的温度分别控制在____℃、138℃。

(2) 待一、二段蒸发加热器温度分别达 128℃、138℃时，总控根据情况，逐渐关小一、二段真空分离器压力调节阀并保持一段，二段压差为______MPa。

2. 选择题

因尿素溶液温度过高，造成成品空心粒子过多，下列处理方法中，正确的是（　　）。

A. 调节风量　　B. 降低温度，达到指标

C. 降低游离氨量　　D. 稳定负荷

3. 判断题

(1) 蒸汽压力低，蒸汽中带水，可导致蒸发系统温度达不到指标。( )

(2) 真空分离器的操作原则：开车时，先提温度，后抽真空；停车时，先破温度，后降真空。( )

(3) 喷头预热结束后，且一、二段蒸发温度、压力均正常，将熔融尿素溶液泵出口三通切至造粒塔位置，进行尿素溶液造粒。( )

4. 简答题

(1) 造成喷头拉稀的原因的哪些？

(2) 尿素造粒塔的操作原则是什么？

(3) 蒸发系统真空度低的原因有哪些？应如何处理？

任务十一 尿素生产装置节能、设备腐蚀与防腐和“三废”处理

尿素生产过程中，不可避免地要考虑节能、防腐与废物处理等问题，下面分别进行介绍。

一、尿素生产装置的节能

节能增产是一个永恒的主题，加强生产装置技术改造，不断挖掘潜力降低能耗，是企业生存与发展的重要手段之一。目前尿素生产装置的节能主要是对现有设备的改造。

对于尿素合成塔的改造，可通过增加塔数或改用高效塔板，来减少物料的返混，达到提高转化率、节能降耗的目的。例如，有企业将原来尿素合成塔中12层筛板，改为高效塔板，再增加15层高效球帽塔板，使二氧化碳转化率提高到68%。

对于汽提塔的改造，可能通过改进液体分布器，如采用精确成膜的液膜器代替液体分布器，使汽提塔换热管的膜状得以改善，效果更好；也可将汽提塔上部800mm高填料层改成GC型塔盘结构，采用高效翅片结构，利用气体的动能达到强化吸收和分离效果。

对于系统放空尾气中含氨量较高的情况，可采用在中压惰性气体洗涤塔后面串联一台换热器，即中压惰性气体洗涤塔排出的尾气再进入串联的换热器进行吸收氨后，再放空；而洗涤液则先进入增加的换热器吸收氨，再利用位差进入中压惰性气体洗涤塔吸收氨，这可以将尾气中的氨含量降低，从而降低吨氨耗氨量。

对于解吸塔的改造，可采用拆除上下两塔段内的塔板，上下塔段内各装两层304不锈钢的高效规整填料，重新设计安装上、下塔段间隔板上的升气帽。通过此方法可提升解吸塔处理能力，降低工艺废水中尿素和氨的含量。

二、尿素生产设备的腐蚀与防腐

1. 尿素生产装置的腐蚀

氨基甲酸铵溶液具有浓度、温度越高，对设备腐蚀性强的特点。在尿素生产装置中，尿

素高压设备处于高温、高压、甲铵浓度相对较高的环境中，所以，尿素高压设备的腐蚀情况一般要比其他系统的设备腐蚀严重。本任务主要讨论尿素生产装置中的几台高压设备的腐蚀及防腐。

尿素设备发生腐蚀的种类有很多，按腐蚀类别不同，可分为均匀腐蚀、应力腐蚀、冲刷腐蚀、针孔腐蚀等多种。均匀腐蚀主要表现为装置运行一段时间后，设备内金属的整体表面逐渐失去原有的金属光泽，由光滑逐渐变得粗糙并减薄。应力腐蚀，必须有应力存在，其表现形态为设备表面出现各种各样的裂纹。冲刷腐蚀主要是由于介质流速较快，使设备表面较难形成一层完整的保护膜，从而加速了设备的减薄和损坏。针孔腐蚀是指在设备表面产生的一种腐蚀面积很小，如针孔大小，但又相对较深的一种腐蚀。

尿素合成塔腐蚀主要表现为内部衬里的均匀腐蚀，同时还有其他类别的腐蚀，如尿素合成塔顶、底封头一环焊带部位，经常出现针孔腐蚀；合成塔塔盘与塔壁的环隙之间，存在一定的冲刷腐蚀等。尿素合成塔均匀腐蚀情况，由于各厂使用材质不同和尿素生产工艺不同，尿素合成塔的腐蚀速率也不同，对于氨汽提法生产工艺，合成塔衬里采用316LMOD材质时，其腐蚀速率一般为0.1～0.2mm/a，对于二氧化碳汽提法，使用相同材质，尿素合成塔的腐蚀速率一般为0.3mm/a。

汽提塔内的主要腐蚀形式为汽提塔上部汽提管的冲刷腐蚀。汽提塔的上管箱、封头和其他内件为均匀腐蚀，汽提塔的进液管、分布器、升气帽、挡液板等均表现为一定的冲刷腐蚀。汽提塔的汽提管在最初的几年中，管壁减薄缓慢，主要是由于设备刚投用时，列管内壁光滑，设备冲刷不明显，腐蚀速率在0.1mm/a以下，当汽提塔列管内壁光滑的表面层被破坏，腐蚀速率将加快，腐蚀速率一般在0.25～0.35mm/a左右。

高压氨基甲酸铵冷凝器的主要腐蚀形式为应力腐蚀。但根据设备的不同部位，其腐蚀形式也各不相同，高压甲铵冷凝器的进口管线主要表现为冲刷腐蚀，封头和管箱部位则主要表现为均匀腐蚀。

2. 尿素生产装置的防腐

尿素生产装置的防腐，应从两方面进行，一方面是设备在设计制造过程中，采用特殊材料和结构。例如，为了防止尿素、甲铵熔融液对筒体的腐蚀，在高压筒内部衬有一层耐腐蚀的316L不锈钢板，其厚度根据防腐要求及使用经验均选为7mm。这部分在前面介绍设备结构时，已经阐述过了。另一方面是设备在生产过程中，操作也应采取相应的控制措施。

（1）正常生产中的防腐控制　严格控制操作温度，防止设备超温。超温会加速设备的腐蚀，超温幅度越大设备腐蚀速率越大；超温时间越长，设备腐蚀越严重。尿素合成塔中部温度不超过188℃，钛材尿素汽提塔的温度不超过207℃。

严格控制系统加氧量，包括加入空气量或双氧水量。系统加氧量是金属表面形成钝化膜的关键。系统加氧量不足时，钝化膜形成不好，会出现缺氧腐蚀；加氧量过多，尾气放空量增加，系统氨损失增多，生产中系统加氧量以控制在正常指标的中等偏上为宜。

系统硫含量及氯离子含量的控制。系统中只要有硫及氯离子存在，设备腐蚀现象就会发生，且含量越高，腐蚀越严重。当CO_2中硫含量超过15mg/kg时，系统的钝化膜将无法形成，设备进入加速活化腐蚀状态。

系统氨碳比、水碳比的控制。系统在高氨碳比、低水碳比的状态下运行时，设备的腐蚀较慢，因此，在生产控制中，系统的氨碳比应尽可能控制在指标的上限，水碳比尽可能控制在指标的下限。

(2) 停车封塔期间的防腐控制 停车封塔期间的设备防腐控制也比较重要，若操作不当，一次停车给设备造成的腐蚀有可能比正常运行时几个月的腐蚀都严重。停车时，为减少设备的腐蚀，可从以下几处进行。

停车期间，控制系统的氨碳比。在系统停车前或停车时，适当增加系统氨加入量，提高系统氨碳比，有利于停车封塔期间设备的防腐。若紧急停车，只要不是高压氨泵跳车引起的系统停车，可以在停车封塔时，适当延长氨泵向系统的送氨时间，以提高系统的氨碳比。

停车期间，控制系统的水碳比。停车期间尽量减少系统的水量，以降低水碳比，可从两方面进行：一方面是停车前，若是计划停车，可适当减少系统的加水量，从而达到降低系统水碳比的目的；另一方面是停车期间设备和管道的冲洗时，减少冲洗时间和冲洗的频率，以减少封塔期间系统的外加水量。

三、尿素生产的“三废”处理

1. 尿素生产过程的主要污染源

尿素生产过程中的主要污染源有：外排水的污染、含氨气体和尿素粉尘的污染、噪声污染。

(1) 外排水的污染 外排水包括解吸废水和工艺框架地漏水，其中的主要污染物是氨和尿素。尿素生产过程中产生的水，如反应生成水、蒸汽冷凝水、冲洗水等，都会送入氨水槽，再经解吸水解装置，使其中的尿素水解，氨和二氧化碳解吸出来。解吸塔排出的废水，在正常生产的条件下，是符合环保排放要求的，但当生产波动时，其中的氨、尿素等指标就有可能超标，排放水达不到排放要求。

外排污染的水主要有以下几类。因装置出现“跑、冒、滴、漏”等情况，工艺介质从管道或设备中漏出，所产生的污水；因设备管道检修，对设备管道进行置换、冲洗所产生的污水；装置开车过程中，高压系统排空后的置换或升温钝化初期的排放水；停车后设备管线的排放、置换、冲洗等所产生的污水。

(2) 含氨气体的污染 在开车过程中，因升温钝化而进行的放空；因气体置换而进行的放空，如投料初期放出的多余二氧化碳；在停车时，高压系统的卸压与置换。在正常生产过程中，含氨气体的污染主要来自尾气的排放，如高压洗涤器的尾气放空与低压系统的尾气排放。当生产出现波动时，设备超压放空，安全阀起跳放空等。

(3) 尿素粉尘的污染 尿素粉尘污染源主要是造粒塔顶部排出的气体，由于气体量较大，且气体中的粉尘含量较高，因此对周边环境会造成十分严重的污染，粉尘的降落还会对农作物产生伤害。

除上述污染外，还有噪声污染和γ射线等污染。噪声污染主要是一些运转设备，气体在管道内流动，气体放空所产生的噪声。γ射线主要是用于测量设备内液位的仪表所产生。

2. 废弃物的处理

前面介绍的不同污染源，需采用不同的方法进行防治，使之对环境的危害降到最低。

(1) 外排水污染的防治 前面已提到，尿素装置外排水主要有两部分，一部分是解吸废水；另一部分是工艺框架地面排水，对于它们应采取不同的处理方法。

① 解吸废水污染的防治 通过前面分析可知，解吸水在正常生产时，是能够达到废水排放标准的，只有在生产波动时才会超标。防治方法是：正常生产时，解吸水达标的情况

下，排放废水；而当生产波动时，将解吸水排放切换到回氨水槽，进行循环，当生产正常且解吸水达标后，再进行排放。严禁不合格的解吸废水外排。

② 工艺框架地面排水污染的防治　加强对工艺、设备的管理，尽量减少“跑、冒、滴、漏”现象的发生，使工艺框架的地面排水降到最低。另外，对尿素工艺框架的地面排水系统进行了改造，将工艺框架地面排水不送地沟外排，而是送至地下污水池，再根据地下污水池的液位，不定期地将污水送至污水处理系统，进行处理后，再排放。

(2) 含氨气体污染的防治　将安全阀、放空阀等排放出的气体都送入放空筒中，在放空筒中安装喷淋装置，用冷凝液对气体进行吸收，以减少氨的排放量。

在不影响开车的前提下，对开车步骤、工艺指标做适当的调整，以达到降低含氨气体排放的目的。例如，高压系统开车，用二氧化碳升压时，只升至约 4.0MPa（原来要求 7.0MPa）就可开车投料，这可减少二氧化碳的加入量，投料时氨碳比能较快达到正常值；投料时则可提前关闭高压放空阀，降低气体排放量，然后通过提高氨的加入比例来提高氨碳比，这样可大幅减少气体的排放量。

停车也可在不影响生产的前提下，对停车步骤进行调整。例如，为防止氨水槽、尿素溶液槽等水封冲破，可在高压系统排放时，速度放慢一些，精馏塔出液温度适度提高；高压系统排液结束后，其余气体可通过汽提塔的液位调节阀，排至低压系统。

(3) 尿素粉尘污染的防治　尿素粉尘的来源主要是两方面，一个是造粒塔；另一个是尿素的运输过程。不同来源的尿素粉尘污染应采用不同的防治方法。

① 造粒过程中的尿素粉尘防治　影响尿素粉尘多少的因素较多，如熔融尿素温度，造粒喷头洁净度与喷孔的粗糙度，造粒塔进风量等。除此之外，还有造粒方法对尿素粉尘的多少也有影响。自然通风型造粒塔的塔身较高，排气量较大，尿素粉尘回收难度较大，对控制尿素粉尘不利。流化床造粒技术能生产大颗粒尿素，生产过程基本上无环境污染，但投资较大。

② 尿素运输过程中的粉尘防治　尿素由造粒设备到包装一般采用溜槽和皮带输送，可对溜槽进行封闭处理，适当加长皮带罩盖的长度，以减少扬尘量。

在噪声方面，管道和阀门可采用隔声包扎法来降低噪声；将 CO_2 压缩机布置在封闭式厂房内，对操作室进行隔声处理；在防治泵噪声方面，可通过选用低噪声电动机或采用消声或隔声等措施来降低噪声。

思考与练习

1. 填空题

(1) 对于尿素合成塔的改造，可通过________来减少物料的返混，达到提高转化率，节能降耗的目的。

(2) 尿素设备发生腐蚀的种类有很多，按腐蚀类别不同，可分为均匀腐蚀、应力腐蚀、________、针孔腐蚀等多种。

(3) 尿素生产过程中的主要污染源有：________、含氨气体和尿素粉尘的污染、噪声污染。

2. 选择题

(1) 对于尿素合成塔的改造，可通过（　　）或改用高效塔板，来减少物料的返混，达到提高转化率，节能降耗的目的。

A. 增加塔数　　B. 改进液体分布器

C. 串联换热器　　D. 采用高效翅片结构

(2) 下列不是尿素生产装置噪声污染主要来源的是（　　）。

A. 一些运转设备　　B. 气体在管道内流动

C. 液体在管道内的流动　　D. 气体放空进行定期盘车

3. 判断题

(1) 在系统停车前或停车时，适当增加系统氨加入量，提高系统氨碳比，有利于停车封塔期间设备的防腐。（　　）

(2) 将安全阀、放空阀等排放出的气体都送入放空筒中，在放空筒中安装喷淋装置，用冷凝液对气体进行吸收，以减少氨的排放量。（　　）

(3) 对于解吸塔的改造，可采用拆除上下两塔段内的塔板，上下塔段内各装两层316不锈钢的高效规整填料，重新设计安装上、下塔段间隔板上的升气帽。（　　）

4. 简答题

(1) 尿素生产装置中，气提塔的改造应当如何进行？

(2) 尿素生产装置停车期间，如何控制系统的水碳比，以达到降低腐蚀的目的？

(3) 尿素生产装置中，如何防治含氨气体对环境的污染？

项目七

钾肥的生产

任务一 了解钾肥产品

钾是植物生长必需的三大营养元素之一，它在植物体内的含量较高，一般占干物质量的1%～5%，占植物灰分质量的50%，是高等植物体内分布最多的一种营养元素。钾在植物体内可以促进酶的活化，促进蛋白质的合成，缺钾则蛋白质的合成受阻，导致植物体内低相对分子质量的氨基酸积累；钾促进光合作用和光合产物的运输，提高光合效率和产品的品质，例如，施用钾肥可以明显提高西瓜的含糖量及柑橘的糖酸比；施用钾肥可增强植物的抗逆性，增强植物抗旱及抗病虫害能力、增强作物的抗寒性和抗倒伏性。

一、常用钾肥的性质

常用的钾肥有氯化钾、硫酸钾、窑灰钾肥和草木灰等。

1. 氯化钾

氯化钾（KCl），含 K_2O 50%～60%，白色、淡黄色或紫红色结晶，易溶于水，呈化学中性，有吸湿性，久存会结块。由于 Cl^- 对提高纤维含量和质量有良好的作用，氯化钾特别适于棉花、麻类等纤维作物，但不宜忌氯作物，如马铃薯、甘薯、甜菜、柑橘、烟草、茶树等。可作基肥、追肥施用，不宜作种肥，在酸性和中性土壤作基肥时，应与磷矿粉、有机肥、石灰等配合施用，一方面防止酸化；另一方面促进磷矿粉中磷的有效化。

2. 硫酸钾

硫酸钾（K_2SO_4），含 K_2O 50%～54%，白色或淡黄色结晶；溶于水，呈酸性；吸湿性小。适合各种作物和土壤，可作基肥、追肥、种肥及根外追肥。在酸性土壤上应与有机肥、石灰等配合施用；在通气不良的土壤中尽量少用。

3. 窑灰钾肥

窑灰钾肥即水泥工业的副产品，灰黄色或灰褐色粉末，呈强碱性，吸水后会发热，很容易烧坏种子。窑灰钾肥所含总钾的90%是能被作物直接吸收利用的水溶性钾，主要是硫酸钾、碳酸钾等，1%～5%是可溶于2%柠檬酸的钾，主要是铝酸钾和硅铝酸钾，其余是难分解的钾，主要是长石、黑云母等含钾矿物。

窑灰钾肥是强碱性肥料，因此不可与铵态氮肥混合施用，以免引起氮素的挥发损失，不可与过磷酸钙混合，否则会降低磷肥的肥效。可作基肥或追肥，但不可作种肥、不适合用来沾秧根。作追肥时必须防止肥料沾在叶片上，早晨有露水时不能施用。施用前先加少量湿土拌和，以减少飞扬损失，若将少量窑灰钾肥拌入有机肥料堆中以促进有机肥料的分解。

4. 草木灰

草木灰是植物熏烧后的残灰，含有灰分元素，如K、Ca、Mg、P、Fe和其他微量元素等，其中Ca、K较多，P次之。深灰色粉末，呈化学碱性；其中钾的形态主要为碳酸钾，其次是硫酸钾和氯化钾，三者均为水溶性钾，可被植物直接吸收利用。在酸性土壤上使用不仅能供钾，而且可以降低酸度，并可补充Ca、Mg等元素。

二、钾肥的产品规格和施用

1. 钾肥的产品规格

钾肥硫酸钾的技术规格及要求见表7-1、表7-2。以水为介质的硫酸钾生产工艺方法为水盐体系法，包括硫酸盐盐湖卤水法、芒硝法、硫铵法等。以无介质或以有机溶剂等非水介质生产硫酸钾的生产工艺方法称为非水盐体系法，包括曼海姆法等。

表7-1 盐体系工艺农业用硫酸钾的技术要求

项目	粉末状结晶			颗粒状		
	优等品	一等品	合格品	优等品	一等品	合格品
氧化钾(K_2O)的质量分数/% ≥	51.0	50.0	45.0	51.0	50.0	40.0
氯离子(Cl^-)的质量分数/% ≤	1.5	1.5	2.0	1.5	1.5	2.0
水分(H_2O)的质量分数/% ≤	2.0	2.0	3.0	2.0	2.0	3.0
游离酸(H_2SO_4)的质量分数/% ≤	0.5	0.5	0.5	0.5	0.5	0.5
粒度(粒径1.0～4.75mm或者3.35～5.60mm)/% ≥	—	—	—	90	90	90

表7-2 非盐体系工艺农业用硫酸钾的技术要求

项目	粉末状结晶			颗粒状		
	优等品	一等品	合格品	优等品	一等品	合格品
氧化钾(K_2O)的质量分数/% ≥	50.0	50.0	45.0	50.0	50.0	40.0
氯离子(Cl^-)的质量分数/% ≤	1.0	1.5	2.0	1.0	1.5	2.0
水分(H_2O)的质量分数/% ≤	0.5	1.5	3.0	0.5	1.5	3.0
游离酸(H_2SO_4)的质量分数/% ≤	1.0	1.5	2.0	1.0	1.5	2.0
粒度(粒径1.0～4.75mm或者3.35～5.60mm)/% ≥	—	—	—	90	90	90

钾肥氯化钾的技术规格及要求见表7-3，适用于由光卤石和钾石盐加工制取的农用氯化钾。

表7-3 氯化钾的技术要求

项目	优等品	一等品	二等品
氯化钾质量分数/% ≥	60.0	57.0	54.0
水分质量分数/% ≤	6	6	6

2. 钾肥施用

(1) 钾肥合理施用原则　根据土壤特性、土壤含钾量以及植物的需钾特点合理施用钾肥，提高植物产量、培肥土壤、保护生态环境。

(2) 钾肥合理施用技术　在有机肥料施用的基础上，钾肥应与氮、磷肥配合施用。钾肥一般用作底肥，也可作追肥和种肥。当用氯化钾作种肥时应避免与种子直接接触，对氯敏感的植物应控制用量。

(3) 施用时期　绝大多数植物对钾素营养的最大需求出现在旺长期，施肥上以底肥和早追肥为宜，生育期长的植物也在中后期追施钾肥。大部分植物钾肥的施用时期为底肥和追肥各1/2。

(4) 施用方法　钾肥一般用作土施，除氯化钾外的其他钾肥也可作根外追肥。土施时既可单独、也可与其他肥料配合施用。含氯和含硫钾肥都适合大多数植物施用。对氯敏感的植物如烟草等应以非含氯钾肥为主，添加少量氯化钾以满足其生长对氯的需求。

三、钾肥的健康危害与防护

硫酸钾可以引起尘肺，根据个人的情况不同，影响不同。注意定期进行身体检查，吸入硫酸钾粉尘对呼吸道有刺激，高浓度吸入可引起肺水肿。大量接触硫酸钾可引起高铁血红蛋白血症，影响血液携氧能力，轻者则出现头痛、头晕、恶心、呕吐，重者则引起呼吸紊乱、虚脱，甚至死亡。如果吸入了硫酸钾，应该迅速脱离现场至空气新鲜处，保持呼吸道通畅；如呼吸困难，给输氧；如呼吸停止，立即进行人工呼吸，并就医。

四、钾肥的生产原料及生产方法

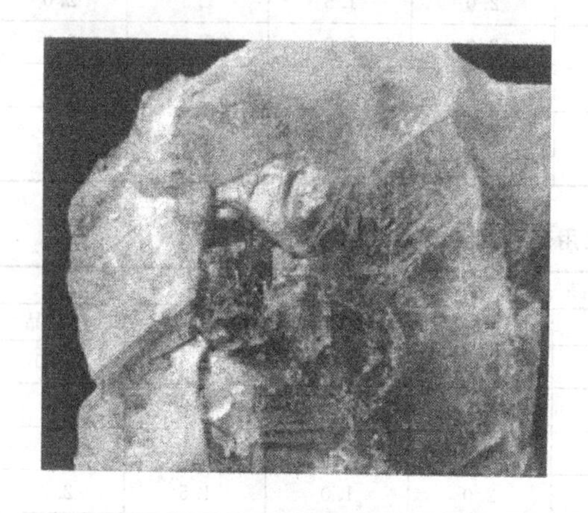

图 7-1　光卤石

图 7-2　含钾盐湖卤水

氯化钾是世界上产量最高、施用最多的一种钾肥，其生产原料和方法一类是从固体钾盐矿如光卤石（$KCl \cdot MgCl_2 \cdot 6H_2O$）[图 7-1]、钾石盐（KCl 的矿物）等中加工提取；另一类是从含钾卤水中加工提取。后者又分为两种，一种是以氯化钾型含钾盐湖卤水（图 7-2）为原料；另一种是以制盐卤水为原料。

硫酸钾（K_2SO_4）的生产方法有两种：一种是用氯化钾脱氧生产硫酸钾，主要工艺有曼海姆法、缔置法、复分解法；另一种是用明矾石与氯化物混合，在高温炉中煅烧，通入水蒸气分解而成。

思考与练习

1. 钾肥有哪些类型？
2. 钾肥的规格有哪些？
3. 钾肥如何施用？
4. 钾肥的生产方法有哪几种？

任务二
掌握氯化钾生产工艺知识

一、氯化钾的生产原理

目前国内生产氯化钾主要以盐湖含钾固体矿和含钾卤水为原料，生产方法主要有以下三大类：浮选法、兑卤盐析法及热溶冷结晶法。

1. 浮选法

在矿物颗粒中，不同成分晶体的表面与水分子的作用力不同，当吸引力强时，则晶体表面能被水润湿，该性质称为亲水性，相反当斥力强时，则晶体表面不能被水润湿，该性质称为疏水性。表面活性剂可改变晶体表面与水分子的作用力，有的可增强晶体表面的疏水性，有的可增强晶体表面的亲水性。当矿物颗粒的水浆中通入气体产生气泡时，表面疏水性的晶体亲气体，可在气泡表面富集，被气流带走，从而可与表面亲水性的晶体分离。

浮选法生产氯化钾时，通过向含钾固体矿浆中加入浮选药剂（表面活性剂）以增大氯化钾与氯化钠晶体表面的疏水性差异，即被水润湿性质的差异，当鼓入空气后产生小气泡时，疏水性强的晶体则附着在小气泡上形成泡沫，并上升到矿浆表面，而另一种晶体则还留在矿浆内，称为尾矿。将泡沫与矿浆分离，继续上述过程，将泡沫中或留在矿浆中的氯化钾产物继续上述过程，氯化钾纯度逐渐提高，最终可得符合要求的氯化钾产品。在浮选法生产氯化钾过程中，随泡沫上浮的晶体称为浮选目标，当氯化钾为浮选目标时，该过程称为正浮选法生产氯化钾，简称正浮选法，相反，当氯化钾不是浮选目标时，则称为反浮选法。浮选剂是捕收剂、调节剂和起泡剂的混合物，其中捕收剂，一般是含有16～18个碳原子的脂肪胺，调节剂调节捕收剂和起泡剂的作用，改善浮选条件，而起泡剂一般为松油、二噁烷和吡喃系的单原子及双原子醇类。

2. 兑卤盐析法

以氯化物型盐湖卤水及氯化镁饱和溶液为原料，在一定温度范围内，将两种液相相兑，通过盐析结晶，析出低钠光卤石，再将低钠光卤石冷分解，结晶析出氯化钾产品。

3. 热溶冷结晶法

以钾石盐为原料，依据氯化钠与氯化钾在高低温状态下溶解度的不同，在高温状态下分离氯化钠，低温冷析结晶氯化钾。用加热到100～110℃已结晶分离析出氯化钾的母液（卤液）溶浸钾石盐矿，其中氯化钾转入溶液，氯化钠和其他不溶物残留在不溶性残渣中，离心分离出残渣，将澄清液冷却后得氯化钾结晶。

二、氯化钾生产的工艺流程

国内常见的氯化钾生产工艺主要有冷分解-正浮选法工艺、冷分解-热溶结晶法工艺和反浮选-冷结晶法工艺。

1. 冷分解-正浮选法工艺

该工艺是以色列20世纪50年代开发出来的技术，1953年成立的死海工程有限公司采用本工艺建成年产 200kt 的氯化钾工厂。20 世纪 60 年代我国青海盐湖集团所采用的冷分解-浮选法工艺（中科院青海盐湖研究所研发）与以色列最初研发的工艺基本相似。

该工艺在分解过程中，氯化镁和少量的氯化钠也溶入水中，分解完成的固相主要是氯化钾和氯化钠的混盐，浮选后所得精矿含氯化钾在 70%～80%，经逆流洗涤除去其中的氯化钠和氯化镁，干燥后产品中氯化钾纯度可达 95%。以色列冷分解-浮选法生产氯化钾的主要工艺为海水通过盐田日晒得到光卤石，光卤石加水分解完全后，再加入盐酸十八胺进行浮选，将浮选后的固相加水洗涤，干燥后得到成品氯化钾。我国的冷分解-浮选法生产工艺流程如图 7-3 所示。

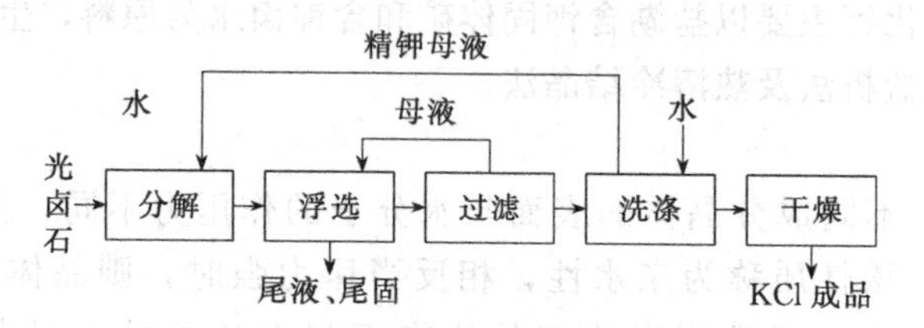

图 7-3　我国冷分解-浮选法工艺流程图

冷分解-浮选法工艺生产氯化钾比较节省能源，建厂投资较少，技术简单易掌握，但是所产产品粒度较细，物理性能不好，钾的收率较低，一般为 50%～60% 。由于产品的物理性能不好，产品中大于 100 目的粒度仅占 10% ～20 %，已不能适应国际市场的要求，所以该法正在逐渐被淘汰，但由于其工艺稳定，流程简单，所以在我国青海察尔汗地区还有很多厂家采用此法。

2. 冷分解-热溶结晶法工艺

该工艺根据光卤石混合液中各组分随着温度的变化溶解度各不相同的原理，将各组分分离得到目标产物氯化钾。其工艺流程主要为光卤石加水分解后过滤，再通过热溶过程，过滤后滤液冷却干燥然后得到产品氯化钾。该方法的工艺流程如图 7-4 所示。

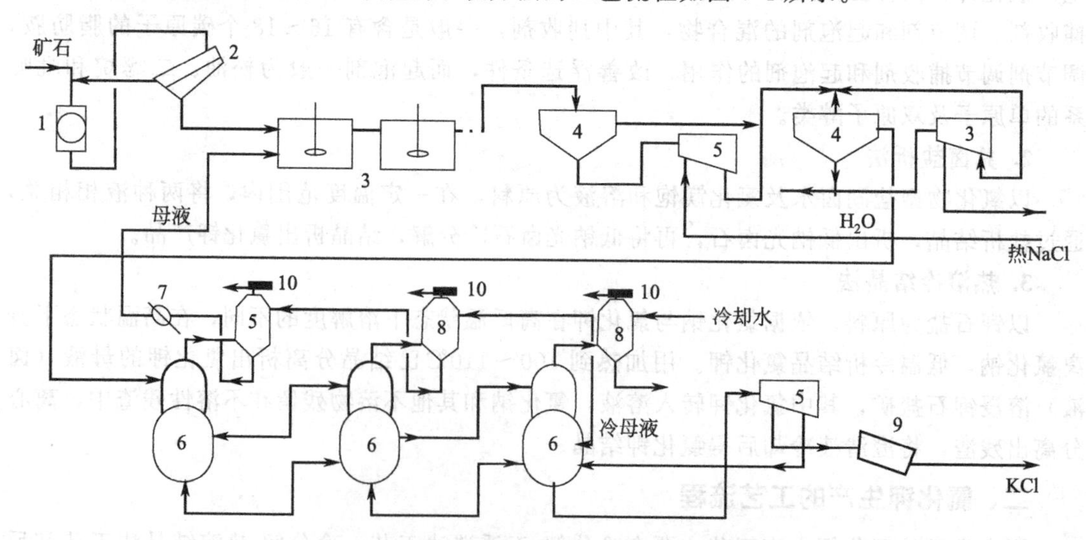

图 7-4　冷分解-热溶结晶法工艺流程图

1—破碎机；2—漏斗；3—溶解槽；4—过滤器；5—离心机
6—真空冷却结晶器；7—加热器；8—空气冷凝器；
9—转筒干燥器；10—蒸汽喷射器

冷分解-热溶结晶法得到的氯化钾产品粒度较大而且均匀，物理性能较好，产品纯度高，该法钾的回收率较高，对处理含高泥沙的钾石盐固体矿特别有效，且设备投资少，但是能耗大，成本高，设备腐蚀严重，工艺操作也比较复杂，一般适合在能源较廉价的地区推广使用。

3. 反浮选-冷结晶法工艺

该工艺由以色列死海工程公司于1979年开发研制。该工艺与冷分解-浮选法和冷分解—热溶结晶法相比，可显著地节省能源。工艺全部过程除干燥程序外均在室温进行，是目前以光卤石为原料加工制取氯化钾的最优工艺。其中约旦和以色列的工艺流程主要为通过死海盐田采收以后进行筛分，粗粒的光卤石直接进行冷结晶，细粒的光卤石进行反浮选浓缩脱水后再进行冷结晶，冷结晶后进行筛分、浓缩脱水、洗涤脱水、干燥，然后再进行筛分得到粗粒和细粒的氯化钾产品。

目前，我国察尔汗盐湖1000kt氯化钾工程所采用的反浮选-冷结晶工艺是在借鉴国外冷结晶技术的基础上，根据青海察尔汗盐湖的盐田光卤石的组成特点，由国内自行开发成功的，其技术处于国际先进水平。其工艺流程如图7-5所示。

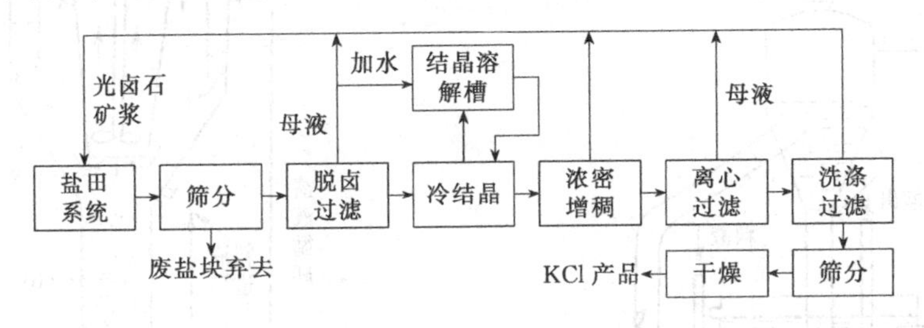

图7-5 反浮选-冷结晶法工艺流程图

反浮选-冷结晶工艺生产的氯化钾质量高，纯度可达95%左右，且产品粒度粗、外观效果好；但是其流程较为复杂、操作不易（尤其是结晶系统），且对原矿的要求较高、依赖性较强。

思考与练习

1. 氯化钾生产的生产方法有哪些类型？并加以比较。
2. 常见氯化钾生产工艺流程有哪些？

任务三 熟悉氯化钾生产主要设备

一、氯化钾生产主要设备的结构特点

1. 真空结晶器

氯化钾结晶大多数都采用真空结晶器。真空结晶器主要有两种类型，一种是清液循环型结晶器（即OSLO结晶器），其结构如图7-6所示；另一种是浆液循环型结晶器（即DTB结

晶器），其结构如图 7-7 所示。

清液循环型结晶器是将清液和料液混合后送入蒸发室进行蒸发以产生一定的过饱和度，然后依靠重力将过饱和溶液返回结晶罐悬浆层底部和晶体相接触，使晶体长大，过量细晶从细晶层移出，并经加热浆后重新返回到循环溶液中去。

由于从蒸发室循环回来的溶液全部通过结晶层，而细晶又位于过饱和度最低区域，从而达到控制结晶粗大的目的。这种设备因受结晶罐流体上升速度限制，生产能力较低，同时过饱和溶液相接触的器壁上生成大量盐垢，特别是在中心管内壁更为严重，操作一定时间后，必须停车清洗。

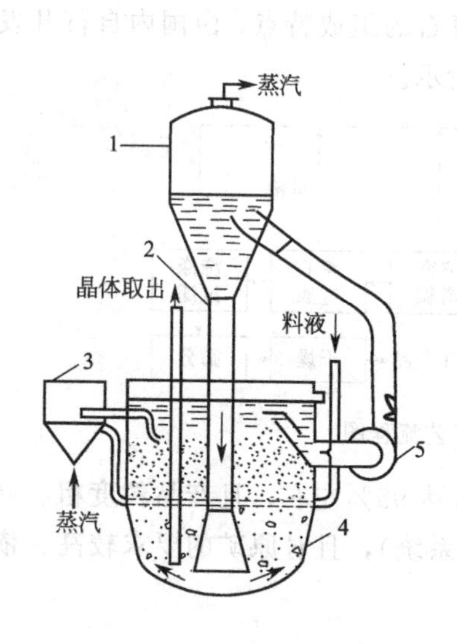

图 7-6　清液循环型结晶器（即 OSLO 结晶器）

1—蒸发室；2—中心管；3—细晶分离器；
4—沉降室；5—循环泵

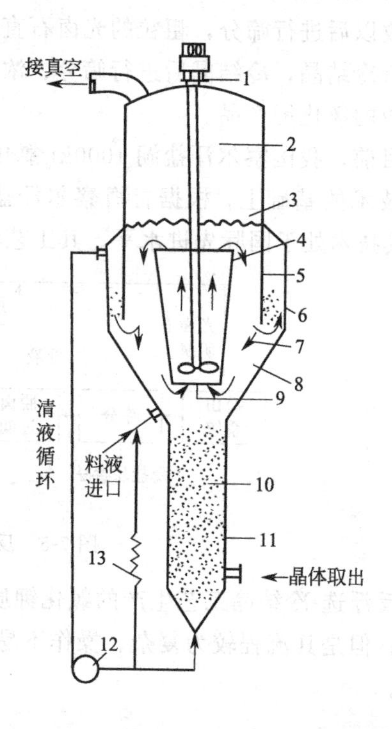

图 7-7　浆液循环型结晶器（即 DTB 结晶器）

1—螺旋桨驱动器；2—蒸发室；3—沸腾表面；
4—导流管；5—折流板；6—沉降区；7—结晶室；
8—悬浆；9—料液；10—部分分级；
11—分级腿；12—循环泵；13—细晶溶解器

浆液循环型结晶器，系由结晶室、蒸发室、沉降区和分级腿组成。在结晶室的中央有导流筒，在结晶室下面则有分级腿，溶液从导流筒底部螺旋桨下送入与悬浮液混合，当悬浮液上升至蒸发表面时，进行绝热蒸发，温度降低产生过饱和度使晶体成长，螺旋桨是低转速而大扬量的，低转速可以防止晶体被打碎和因过剧的机械震动而产生大量细晶，扬量大可将足够量的晶浆送至蒸发表面，使蒸发时的温度仅降低 0.2～0.5℃致形成大量的晶核。已经成长的晶体从结晶罐的锥底流至分级腿中，从沉降区上部取出的母液由循环泵引入分级腿内自下而上地流动，细小晶体被上升液流淘洗重新进入结晶区，而粗粒晶体向下沉降，并在底部取出。

从沉降区取出的母液约含 0.2%细晶，细晶过多时可送入细晶溶解器加热将其溶解后重新加入结晶罐中，以控制晶核的数目。

这种结晶器中有大量的晶体与过饱和溶液相接触，使其过饱和度迅速消失，因而在器壁上的结垢大为减轻，同时晶浆浓度可提高到30%～40%，从而增加了晶体在结晶器的停留时间，可使其生产能力为清液循环型结晶器的4～8倍，最大的结晶器直径大于6m，高度约23m，每台结晶器的生产能力可达日产100～400t氯化钾，是目前使用较多的结晶器。

2. 滚筒干燥机

如图7-8所示，滚筒干燥机由机体、托轮装置、挡托轮装置、密封装置、传动装置等组成。筒体通过前后滚圈支持在托轮装置、挡托轮装置上。挡托轮装置上的一对挡轮防止筒体上下窜动。传动装置通过筒体上的大齿圈带动机体旋转。在筒体两端设有密封装置，防止冷空气进入筒体并阻止燃烧室、筒体、卸料室内的烟气、尘埃溢入操作室。

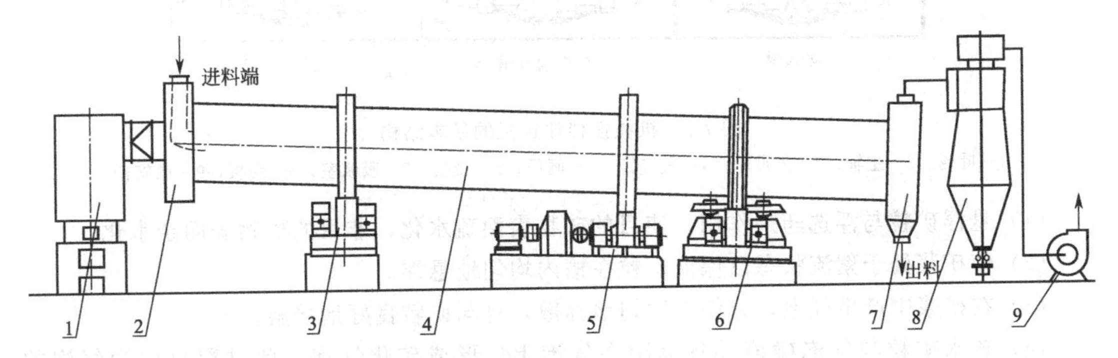

图7-8 滚筒干燥机结构示意图

1—加热装置；2—加料装置；3—托轮装置；4—干燥窑体；5—传动装置；6—挡托轮装置；7—出料装置；8—旋风分离器；9—引风机

湿的氯化钾由螺旋推进器推入滚筒干燥机后，由大倾角导料板将其迅速导向倾斜扬料板，并随滚筒的转动和筒体的倾斜度，被自筒底提至筒顶而落下，形成"斜幕"，高温烟气从中穿过使湿的氯化钾预热并蒸发部分水分，当物料又被提起、洒落重复几次之后，移动到活动箅条式翼板段，预热过的活动箅条式翼板夹带物料提起洒落重复多次，与物料形成传导和对流质热交换，物料在滚筒内的最低处时，就将清扫链条压在最下面，同时将链条在上部空间接受的热量传递给物料，随滚筒的转动，物料又被提起、洒落，再次与烟气进行较为充分的质热交换。同时，圆弧内侧的清扫链条自动滑下，把扬料板内壁黏附的物料清扫下来，当清扫链条随滚筒转过垂线以后，又在圆弧形扬料板背面拖动将黏附在扬料板外壁的物料清扫下来。

随滚筒的不断回转，清扫装置配合圆弧形扬料板重复上述过程，即提升物料、洒落物料、清扫扬料板内壁、清扫扬料板外壁、清扫链条又被埋在物料中重复提升，不断进行质热交换。物料中的水分也就不断被蒸发，从而完成整个干燥过程。

3. 浮选机

浮选机是浮选工艺最重要的设备，其主要作用是：产生气泡，使矿粒和气泡良好地分散并相互接触，形成稳定的泡沫层。浮选的工艺性能由充气量、矿粒悬浮能力和泡沫层的稳定性来衡量。按机械设计的特点，可将浮选机分为机械搅拌式和无机械搅拌式。钾肥工业中一般应用较多的是机械搅拌式浮选机。

如图7-9所示，机械搅拌式浮选机主要部件有：叶轮、定子、槽体、泡沫收集装置，其工作过程可以划分为以下几个阶段。

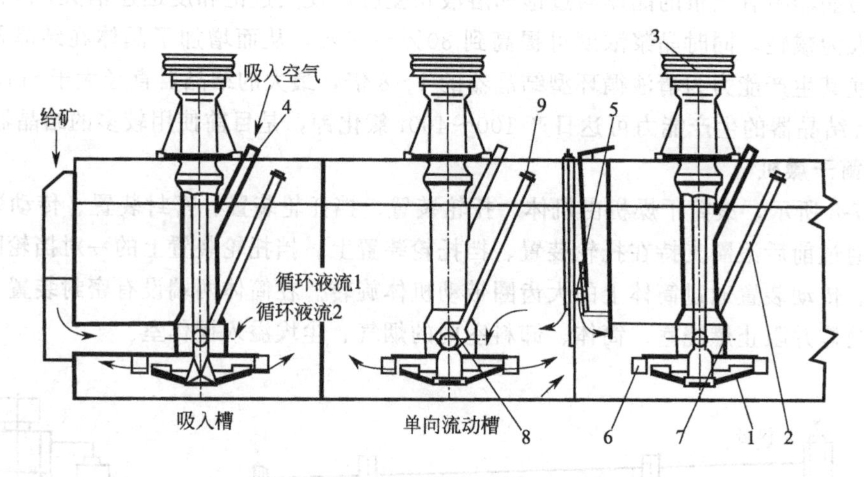

图 7-9 机械搅拌浮选机的基本结构

1—叶轮；2—主轴；3—皮带轮；4—吸气管；5—闸门；6—盖板；7—吸浆室；8—闸板；9—螺旋杆

(1) 悬浮矿粒与浮选药剂作用，使目的矿物表面疏水化，非目的矿物表面亲水化。

(2) 使矿浆处于絮流状态以保证矿粒在槽内均匀地悬浮。

(3) 在矿浆中产生气泡，并使之均匀地弥散，且与矿粒良好地接触。

(4) 疏水矿粒与气泡碰撞并且黏附在气泡上，形成矿化气泡，此过程也称为气泡的矿化。

(5) 矿物气泡连续不断地浮升至液面，形成泡沫层。在泡沫层中气泡不断地破裂脱水，从而脱出一部分夹杂的亲水性矿粒，精矿品位提高，即发生“二次富集作用”。

(6) 刮出泡沫，得到泡沫精矿。

上述六个过程中，第一个过程主要在调和槽中完成，但实际上由于搅拌混合不充分等原因，这六个过程在浮选机内全部存在。机械搅拌浮选机依靠搅拌机造成矿浆悬浮和充气，使空气分散成细小的泡沫。搅拌机构置于浮选槽的下部，沿槽体高度从上往下完成六个过程。

二、氯化钾生产主要设备的维护要点

1. 真空结晶器

(1) 真空设备维修的要点　维修真空设备的要点是判断故障。往往是真空抽不上去，原因可能有几个，一定要搞清楚是什么原因，也许真空机组的抽气能力不够，也可能是漏率偏高，又或者两种可能都有。这时，应该耐心观察和记录，从中找出故障。比如，抽空时间相同，而真空度偏低，这时候关闭主阀，如真空计指针很快下降，多数情况是真空室漏了，这时候应先查出漏点。如真空计指针下降很慢，多数情况是真空机组抽气能力不够，这时可将重点放到查找真空泵及阀门的问题上来，看是哪里出现了泄漏，或是扩散泵油污染了，氧化了；或是前级管路密封不好，泵油不足；或是泵油乳化，轴封漏油等故障。

(2) 维修时要注意的环节　维修应注意几个环节，即拆卸、清洁、检验及装配。真空设备无论大小都属于精密机械设备，这点很重要。拆卸应遵循轻拿轻放的原则，不能蛮干，一定不能用大锤去敲。清洗零件时要干净、彻底，以便于发现问题和查出隐患。真空泵类产品与一般机械产品有较大区别，一般机械产品多倒楞倒角，而真空泵的棱角分明，很易伤手，应多加小心，切记。千万别把楞角倒去。检验是个细致活，每个细节都不要落掉，任何细微的地方都可能是问题所在，所以不能存在侥幸心理。

（3）维护要求

① 必须定期检查其密封性能和循环水系统的冷却情况，防止事故的发生。

② 在结晶器更换之后检查结晶器的安装状况，不得在安装或更换时有任何较大的安装偏差，以避免对铸坯的形成产生影响。

2. 滚筒干燥机

（1）维护要点

① 链条每天加油一次。

② 齿轮箱每月检查一次，视油标情况随时加油。

③ 轴承每周检查加油一次。

（2）维修时要注意的环节

① 因停电造成停机后，应立即打开侧风门和防爆门等降温措施，如停电时间过长，必须及时降温，以防止机内温度过高。

② 应检查轴承是否损坏，叶轮是否有其他黏结物，要及时清理、检修。

③ 当除尘器效率偏低时，可检查除尘器四周是否有积灰等残留物，应进行清理。

④ 当滚筒内温度过高时，可加大进料量，开侧风门或加大引风等降温。

⑤ 运转部位出现故障，非停机不能检修时，必须停炉、停机，待机内降温后，对故障部位进行检修。

⑥ 及时清理炉壁内挂焦。

⑦ 当炉衬出现贯穿性裂纹或局部脱落时，可用矾土水泥、耐火细粉加水调和修补。

⑧ 当发现炉底漏火时，可能是炉条损坏，应及时停机、停炉，更换炉条。

3. 浮选机

浮选机的使用与维护要点如下。

（1）开车前

① 用手转动搅拌机构大三角皮带轮、刮板构轴和可控液面调整机构的手轮，检查各转动部件的灵活性。

② 检查各加油点，根据要求注入各种润滑油脂。

③ 严禁掉入槽内螺栓和棉丝等异形物。开车前应仔细检查，尤其检查槽底部，以防造成重大事故，如打破叶轮和定子等。

（2）开车后

① 检查叶轮旋转方向（从上向下看应为顺时针方向）。刮板转动方向（应刮向槽体外精矿溜槽），检查各转动部件有无异常现象。

② 空转正常后开始给料。调节药剂用量，矿浆由搅拌槽流入第一室，通过闸板依次将各个室注满，调节液面进行浮选。

③ 运转后检查各电动机和搅拌机构的轴承，刮板轴承座的温升不得超标。

④ 每隔三个月给搅拌机和刮板减速电机换一次油。刮板轴承应每天加一次油。

⑤ 停车前应停止给料并关闭加药器。

⑥ 如停车时间较长，则打开放矿阀，将槽中矿浆放完。

思考与练习

1. 真空结晶器的类型、结构及适用场合分别是什么？
2. 简述滚筒干燥机的结构和操作原理。
3. 简述真空结晶器的维护要点。
4. 简述滚筒干燥机的维护要点。
5. 简述浮选机的使用与维护要点。

任务四 懂得氯化钾生产主要设备操作

一、氯化钾生产主要设备的操作要点

1. 真空结晶器

真空式结晶器的主要控制要点如下。

(1) 容积　控速结晶器 $50m^3$，细晶槽 $25m^3$。控速结晶器比细晶槽的容积大一些，对光卤石的分解、结晶制取氯化钾效果更好，但应严格控制控速结晶器及细晶槽的容积比为2∶1。

(2) 循环液浓度　循环液浓度的高低直接影响氯化钾晶粒的成型及产品的收率。经研究认为，循环液的质量浓度控制在 1.2872～1.3012g/mL 较为适宜。

(3) 加水量　为了保证整个工艺的收率，控速结晶系统的加水量是相对稳定的，通常采用理论加水量的 1.1 倍左右，其中一部分水用于光卤石的分解和生成氯化钾粗粒的洗涤，另一部分则消耗在氯化钾细晶的洗涤与溶解上，不仅使氯化钾的晶粒长大，而且提高了其品位，使产品的收率与纯度都得到保证。

(4) 结晶时间　氯化钾晶体的结晶时间通过控速结晶器和细晶槽的容量及泵来控制，一般其结晶时间控制在 4h 以上。

(5) 搅拌速率　要严格控制控速结晶器的搅拌速率。搅拌速率过高，虽然氯化钾产品的结晶粒度较大，但由于其属于强循环，将会使大部分的氯化钾细晶在氯化钾结晶的同时跑至细晶槽，从而造成物料的空循环；反之，搅拌速度过低，又将会使产品中夹带大量的氯化钾细晶，从而影响产品的质量。搅拌速率控制在 90r/min 左右为宜。

2. 滚筒干燥机

(1) 开机前的准备

① 温炉　新的热风炉在使用前三天开始用小火温炉，温炉过程中，一定慢慢升温，循序渐进，切忌升温过快。在整个温炉过程中，炉子出口温度控制在 1500℃以内。目的是排出炉内的水分，避免突然升温造成热风炉损坏。正常使用条件下，点火温炉时间不得少于 1h。

② 空车试运转　烘干机在使用前依次检查各运转部位润滑情况，然后开启各个电机，检查正反转情况，观察各运转部位有无异常。无异常即可进行联动试车。

③ 如果固液分离工序采用板框压滤机，投料前要把滤饼用打渣机打碎。同时开机前将工具准备齐全。

（2）投料开机

① 试运转正常后，按下列顺序开机：闭风器→引风机→出料绞龙→滚筒主机→破碎进料→上料绞龙→破拱绞龙。

② 加煤升温，当滚筒进口温度达到300℃时，即可开始少量投料，使槽渣通过破拱绞龙进入烘干机。注意控制出口温度在60～100℃内，当出料基本达标时，方可正常投料。操作时可按下列方法调试，当出风口温度低时，可调低滚筒转速或破拱绞龙转速，从而减少出料或上料的数量，保证出料水分；当出口温度偏高时，可提高滚筒转速或破拱转速，增加出料量或上料量；在一般情况下，只调节滚筒转速即可，但要控制好破拱进料速率，二者要保持稳定均匀。

③ 正常情况下，热风进口温度控制在800～900℃，切勿为追求产量盲目提高温度。

④ 新生产的钾肥，温度较高，必须摊开放凉，达到正常温度后方可装袋。

（3）停机

① 停机前先降低热风炉温度，停止鼓风加煤，降温过程中，相应减少上料量。当热风入口温度降至300℃以下时，停止入料。破拱、上料、进料、破碎等其他部位继续运转。

② 当出料口没料时，停滚筒、出料、闭风器和引风机，以上顺序不能颠倒。

3. 浮选机

（1）开车前的准备

① 认真检查浮选机各结构部位是否完好、零配件配制是否齐全，紧固螺栓有无松动，电机胶带是否齐全完好，搅拌装置、刮料装置是否正常。

② 关闭浮选机尾矿排放口，检查尾矿阀是否严密。

③ 检查液位控制部分是否完好，各运转部位润滑是否良好。

④ 检查加药管道及其上阀门是否完好；矿浆准备器上加药装置是否完好，阀门是否灵活；油药剂罐内油药存量多少，是否够用。

⑤ 在检查中发现浮选机不具备开车条件时，应及时向调度室汇报，说明原因，同时汇报带班长，积极处理；具备开车条件，及时通知调度室。

⑥ 接到调度室开车信号，及时回复可以开车信号。远离浮选机转动部位。

（2）正常操作

① 接到开车信号后，确认可以开车即可回应可以开车信号。当就地启动时，先启动浮选机搅拌机构，再启动浮选机刮泡器；然后启动矿浆预处理器，打开浮选机入料管上的阀门。

② 有料进入矿浆准备器，即可打开油药阀加药，可从前室至后室陆续加入药剂，人工加药时，可先按正常加药量加药，根据精矿泡沫带料和尾矿颜色带料情况，调整加药方法。

③ 根据两台浮选机的处理量，调整浮选入料量分配，使两浮选机处理能力均达到合理化。根据浮选机各室浮选情况，从一室至五室可以选择适当的加药点和加药量。

④ 巡回检查矿浆给入量情况以及浮选机内液位高低。检查矿浆液位控制装置是否合适。

⑤ 巡回检查浮选药剂添加是否合理，根据入料量、精矿、尾矿及时调整。

⑥ 巡回检查精矿泡沫情况。适当调节进气量，使泡大小适中，达到最佳状态。

⑦ 保持浮选机入料浓度稳定是浮选指标的重要条件，要经常与煤泥水系统各岗位保持密切联系。根据分选情况调节两台浮选机入料管阀门，以分配入料量。

⑧ 检查泡沫带量情况，尾矿的颜色和粒度，酌情调节药剂量、排料量，以保证浮选指标。

⑨ 浮选机在运行中，要注意巡回检查其搅拌机构有无振动、温度升高、异常声响，入料管道、尾矿管道是否畅通，精矿槽注意外溢，发现问题立即汇报，并及时处理。

⑩ 浮选机运行中，要注意及时排放尾矿；根据浮选指标要求和浮选效果，及时调节浮选药剂的用量、浮选机内的液位、用风，保证浮选效果。对入料浓度、药剂制度、充气量等浮选因素定时记录。要根据快灰结果，调整浮选参数，确保精煤、尾煤的灰分合格。

(3) 停车操作

① 由调度室集中控制停车。紧急情况下选择就地停车，但必须立即汇报调度室。

② 手动停车时，矿浆准备器没有进料，即可停止添加油药。矿浆准备器内物料通过浮选机浮选，没有尾矿排出，即停止浮选机上油药添加。集中控制停车，浮选机停车，立即停止用油药。

③ 停车后，要对矿浆准备器、浮选机进行详细检查，浮选油药管上阀门关闭严密，防止浮选药剂的滴漏损失、影响洗水。

二、氯化钾生产主要设备操作的异常现象及处理

氯化钾生产主要设备操作中的主要异常现象、产生原因及处理方法分别见表 7-4～表 7-6。

表 7-4　真空结晶器操作中的主要异常现象、产生原因及处理方法

异常现象	产生原因	处理方法
结晶器液面高或冒槽	①冷析溢流口和管堵或不畅通 ②串人清洗外冷器的热 AⅠ液 ③冷析取出管堵或取出量小 ④投量太大或回滤液太大	①及时清洗除掉杂物 ②检查清洗外冷器溢流阀门，开大，如阀门损坏则更换处理，如流量太大，可调节流量 ③加大取出量 ④调节投量，关闭滤液阀门
结晶器液面低	①取出量大 ②滤液量小或滤液泵不上液或滤液阀门坏或开启小	①调节取出量。 ②调节滤液量，通知泵房检查泵或管道阀门，开大滤液阀门或更换阀门
结晶细溢流带晶多	①操作不稳造成 ②结晶停留时间短，取出量太大 ③排气阀没关或漏气 ④搅拌剧烈 ⑤结晶器固液比太高 ⑥母液溢流量过大 ⑦结晶器作业末期有效容积小	①稳定操作控制好温度波动 ②减小取出量，保证结晶停留时间 ③更换排气阀门或关闭排气阀门 ④减弱搅拌强度 ⑤降低固液比 ⑥减小投入量，取出量尽量与投入量成比例，不要回滤液 ⑦停车，清理结晶器

表 7-5　滚筒干燥机操作中的主要异常现象、产生原因及处理方法

异常现象	产生原因	处理方法
干燥后产品水分高	热量供应不足	应提高炉温，但进口烟气温度应低于 800℃，或减少给料量
干燥后产品水分过低	热量供应过多	应适当加大给料量，但物料填充截面积不大于筒体截面积的 20%
滚筒振动或上下窜动	①托轮装置与底座连接被破坏 ②托轮位置不正确	①板正拧紧 ②调整托轮
挡轮损坏	筒体轴向力过大	调整筒体，在正常运转中，上下挡轮都不应转动，或间断或交替转动

续表

异常现象	产生原因	处理方法
轴承温升过高	①无润滑油 ②有脏物 ③调整过偏有卡住现象	①及时添加润滑油 ②及时清理 ③修正调整
滚圈对筒体有摇动或相对移动	①鞍座侧面没有加固紧 ②滚圈与鞍座间隙过大 ③小齿轮与大齿轮的啮合被破坏	①应加固紧 ②应在鞍座与筒体间加垫调整 ③托轮磨损，应车削或更换；小齿轮磨损，可以反向安装，如两面都磨损则更换；大齿圈与筒体连接被破坏，应板正修理

表 7-6 浮选机操作中的主要异常现象、产生原因及处理方法

异常现象	产生原因	处理方法
浮选机电机发热、浮选机电流增大	①盖板或回浆管脱落 ②电机单相运转 ③槽内积砂过多或浓度过大 ④水轮盖板安装不正，水轮不平衡 ⑤浮选机轴承磨损 ⑥皮带轴与电机安装高低不平	①将盖板或浆管上紧 ②检修电机 ③放砂或调整浓度 ④对水轮进行校正 ⑤更换轴承 ⑥将皮带轴与电机高低调平
浮选机吸气量过小	①水轮与盖板间隙过大 ②矿浆循环量过大 ③吸气管堵塞 ④皮带轮的皮带松动，主轴转速低	①调整水轮与盖板之间的间隙 ②调整操作 ③检修浮选机 ④调整皮带轮
浮选机液面翻花	①盖板安装不平，间隙不均匀 ②盖板损坏 ③短接松脱 ④稳流板残缺	①将盖板调平，将间隙调整均匀 ②更换盖板 ③将短接上紧 ④修复稳流板

思考与练习

1. 了解氯化钾生产中真空结晶器的操作要点。
2. 浮选机的操作要点有哪些？
3. 了解真空结晶器操作中的常见故障及处理办法。
4. 了解浮选机操作中的常见故障及处理办法。
5. 滚筒干燥机使用中常见故障及处理办法有哪些？
6. 简述滚筒干燥机的操作要点。

任务五 熟悉硫酸钾生产工艺

一、硫酸钾的生产方法

目前国内形成规模化的硫酸钾生产方法主要有硫酸盐、氯化钾转化法以及曼海姆法和浮选-转化法。

硫酸盐、氯化钾转化法利用芒硝和硫酸铵等硫酸盐与氯化钾的复分解反应，再对产物进行蒸发浓缩、离心分离、冷却结晶等加工，最终制得产品硫酸钾。该法流程长，能耗高、设备腐蚀严重、原料价格较贵。

曼海姆法是我国生产硫酸钾的主要方法，它是将氯化钾和浓硫酸置于曼海姆炉中反应生成硫酸钾和氯化氢，然后硫酸钾经冷却、粉碎后即为成品，而氯化氢气体经冷却、净化后制成盐酸。该法是目前最成熟的硫酸钾生产工艺，生产的硫酸钾质量好、品位高，钾的收率较高，同时副产盐酸，但曼海姆炉单台生产能力较低、设备腐蚀严重、能耗大。

浮选-转化法以含钾硫酸盐型盐湖卤水和盐田日晒含钾硫酸盐混矿为原料，经浮选和反应转化制得硫酸钾。在国内，使用该法的主要有国投新疆罗布泊钾盐有限责任公司，其是国内乃至亚洲最大的硫酸钾生产企业。

二、曼海姆法硫酸钾生产的基本原理及工艺流程

1. 曼海姆法硫酸钾生产的基本原理

曼海姆法是由19世纪末德国化学家 MannheimVerein 开发研制的。该法反应过程分为两步，第一步是氯化钾和浓硫酸在较低温度下反应生成硫酸氢钾和氯化氢。

$$KCl + H_2SO_4 = KHSO_4 + HCl \tag{7-1}$$

第二步是硫酸氢钾和氯化钾在高温度下反应生成硫酸钾和氯化氢，当温度达到 268 ℃，该反应开始进行，到 600～700 ℃时反应接近完全。

$$KHSO_4 + KCl = K_2SO_4 + HCl \tag{7-2}$$

反应产物硫酸钾固体经冷却器冷却，少量的游离硫酸用石灰中和后，经粉碎、冷却、筛分、包装即为硫酸钾成品。反应过程中生成的氯化氢气体经冷却和水吸收副产高浓度盐酸。

2. 曼海姆法工艺流程

曼海姆法工艺流程如图 7-10 所示。

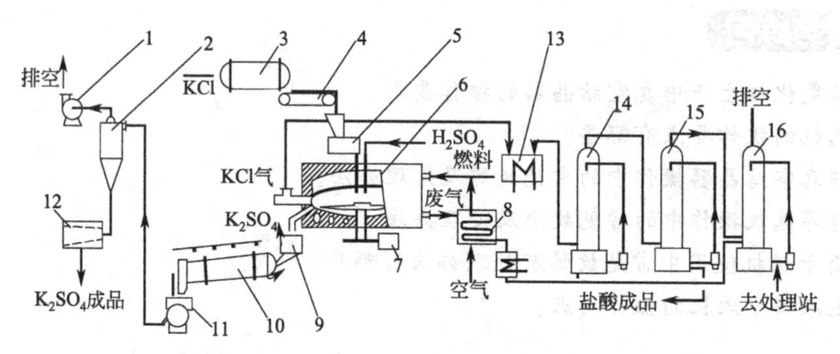

图 7-10 曼海姆法生产硫酸钾工艺流程图

1—风机；2—收尘器；3—球磨机；4—皮带输送机；5—布料器；6—曼海姆炉；7—减速机；8—热交换器；9—热料斗；10—转筒冷却器；11—粉碎机；12—滚筒筛；13—冷却器；14—洗涤塔；15—盐酸塔；16—尾气塔

用球磨机将氯化钾磨细至粒径小于0.4mm，然后与98% 的浓硫酸一道以 $KCl : H_2SO_4 = 75 : 100$ 的配比由曼海姆炉炉中心部位经专用布料器连续均匀地注入炉内进行反应，反应温度控制在505～520℃。该反应为吸热反应，系通过重油或气体燃料（如天然气、煤气等）燃烧的燃烧热（由炉顶部至底部呈环形围绕炉内反应区间接供给）不断补充反应所需热量，以维持反应温度。反应过程中，硫酸与氯化钾须混合均匀并均匀分布在炉床反应区表面上（利

用特定搅拌机构连续不断地将反应物料翻转，并以一定速度将物料由炉中心扩散到周边），确保物料反应完全，使其全部转化为硫酸钾和氯化氢气体。物料从进炉至出炉的整个反应过程，大约在 4h 内完成。

热的硫酸钾颗粒直接流入转筒冷却器进行冷却。通过不停转动（转速 15r/min）的转筒外喷洒冷却水而进行间接冷却，使物料冷却至 80℃以下，然后进入粉碎机粉碎至一定细度，再用气流输送设备输送到滚筒筛筛分，合乎粒度要求者即为成品，可送去包装；筛出的细粉，因硫酸含量偏高，应用水溶解并加钾碱中和后，经浓缩、分离、干燥、筛分，合格者作为成品，少量细粉返回系统。

曼海姆炉排出的含氯化氢炉气温度在 360～400℃，先经石墨冷却器迅速冷却降温至 70℃左右，再入洗涤塔用 90%左右的硫酸（也可直接用水）洗涤，除去炉气中的 SO_3 气体及灰尘等杂质，然后进入盐酸塔用稀盐酸吸收成 75%的高纯盐酸。其尾气通过尾气塔进一步除去残留 HCl 气体后方可排放。

加热曼海姆炉用的重油（或气体燃料）燃烧后的废气温度一般在 400℃ 以上，先与助燃用的空气进行热交换，再经冷却器降温至 100℃以下，然后进入尾气塔处理后方可排放。尾气塔所排废水有一定酸度，应集中送废水站处理。

三、曼海姆炉结构简介

曼海姆炉是曼海姆法硫酸钾生产的核心设备，它的结构和尺寸大小及操作运转状况直接影响着产品质量、物料消耗及产量等。该炉横向呈马蹄形，竖向呈球冠形，是由耐热、耐酸且传热性能良好的碳化硅砖、高铝砖、黏土砖及普通耐火砖构筑而成的具有两个空腔的炉子，中间的是反应室，外围的是燃烧加热室。

反应室呈椭圆形，腔内设有耐热、耐腐的不锈钢和耐热铸铁制成的搅拌器。搅拌器附设冷却保护、开停车自我保护等保护装置，以确保连续稳定开车、频繁的负荷调整及开停车等。搅拌器耙臂呈十字形，在耙臂上配有夹持器、保护板、定位板和刮刀等，它能依照设计轨迹将物料连续翻动并向周边扩散，最后自动排出炉体。它能使物料均匀分布和混合，并促进反应完全，以达到优质高产的目的。

燃烧室使燃料（重油或气体燃料）通过烧嘴由炉顶到炉底呈环状围绕炉内反应区进行燃烧，充分利用热能，供给反应所需热量。

思考与练习

1. 硫酸钾的主要生产方法有哪些？各有什么缺点？
2. 曼海姆法生产硫酸钾的原理是什么？
3. 简述曼海姆法生产硫酸钾的工艺流程。
4. 了解曼海姆炉的结构。

项目八

复混肥的生产

任务一
了解复混肥

肥料是提供一种或一种以上植物必需的营养元素（或称养分），用于改善土壤性质、提高土壤肥力水平的一类物质，包括农家肥料和化学肥料两种。化学肥料简称化肥或肥料，是用化学方法制造或以开采出的矿石经简单加工制成的肥料、其主要为植物提供氮、磷、钾营养元素。在化学肥料中，只能为植物提供氮、磷、钾中某一种营养元素的称为单元肥料，也称为单质肥料或基础肥料，例如，氮肥（包括尿素、碳酸氢铵、硝酸铵等）只能为植物提供氮营养元素、磷肥（包括普通过磷酸钙、重过磷酸钙等）只能为植物提供磷营养元素、钾肥（包括氯化钾、硫酸钾等）只能为植物提供钾营养元素等，而能同时为植物提供氮、磷、钾中的两种或三种营养元素的称为复混肥料，简称复混肥。目前，复混肥是世界化肥产业发展的主流趋势。

一、复混肥的特点

复混肥是氮、磷、钾三种养分中，至少有两种养分标明量的由化学方法和（或）掺混方法制成的肥料。包括复合肥、掺混肥等。复合肥是氮、磷、钾三种养分中，至少有两种养分标明量的仅由化学方法制成的肥料，例如，硝酸磷肥和磷铵是常用的复合肥；掺混肥又称BB肥或干混肥，是氮、磷、钾三种养分中，至少有两种养分标明量的由干混方法制成的颗粒状肥料，一般以粒状单元肥料或复合肥料为原料，通过简单的机械混合制成，在混合过程中无显著化学反应。可见在复混肥、复合肥和掺混肥三者中，复混肥属于上位概念，其余二者属于下位概念，但在实际生产中，复混肥概念常常和复合肥、掺混肥并列，属狭义的复混肥。狭义的复混肥是指至少有两种养分标明量的由两种或两种以上的单元肥料按比例混配，在生产过程中既有化学反应，又有物理掺混而制成的肥料，而相比之下，在复混肥、复合肥和掺混肥三者中，处于上位概念的复合肥属于广义复合肥，在此项目中所提到的复混肥，若未特别说明，一般指广义的复合肥。与单元肥料相比，复混肥具有如下特点。

1. 养分种类多、肥效高

复混肥含有两种或两种以上的主要养分，能比较均衡地、长时间地同时供应作物所需要的多种养分，能充分发挥营养元素之间相互促进的作用，从而提高施肥的增产效果。

2. 物理性状好

复混肥多为颗粒状，一般比较坚实、无尘、均匀、吸湿性小、不易结块、便于贮存和施用，特别有利于机械化施肥。

3. 副成分少

单元肥料一般总是含有大量副成分，例如，硫酸铵只含氮 20%，而其中含有大量副成分硫，除少数缺硫土壤需要外，把硫施入土壤实际上是一种浪费。复混肥所含的养分则几乎全部或大部分是作物所需要的养分，如磷酸铵不含任何副成分。施用复混肥既可免除某些物质资源的浪费，又可避免某些副成分对土壤的不良影响。

4. 生产成本低，节约开支

复混肥的有效养分含量高，副成分少，能节省包装及贮运费用。例如，每贮运 1t 磷酸铵约等于贮运过磷酸钙及硫酸铵共 4t。所以高浓度的复混肥最适于长途运输，减少运费开支，同时可减少施肥次数，节省劳动力，提高生产效率。

二、复混肥养分含量的表示方法

植物养分是植物生长繁殖所必需的营养元素。植物养分依据养分在植物体内的含量多少，可分为大量营养元素、中量营养元素和微量营养元素。大量营养元素指碳、氢、氧、氮、磷、钾六种元素，其中，碳、氢、氧三种元素由空气和水提供；氮、磷、钾由土壤提供，但通常土壤中含量较少，成为限制作物增产，需要施肥补充的主要养分。我国目前用元素氮（N）、五氧化二磷（P_2O_5）和氧化钾（K_2O）来表示作物主要养分的数量和相互间的比例关系。

复混肥养分含量用配合式表示。配合式是按 N-P_2O_5-K_2O（总氮-有效五氧化二磷-氧化钾）顺序，用阿拉伯数字分别表示复混肥中氮、磷、钾所占的质量分数。例如，配合式 15-15-15 表示该复合肥或复混肥含有总氮（N）、有效五氧化二磷（P_2O_5）、氧化钾（K_2O）的质量分数都是15%；又如配合式 15-12-0 该复合肥或复混肥含有总氮（N）、有效五氧化二磷（P_2O_5）、氧化钾（K_2O）的质量分数分别是 15%、12%、0%，以“0”表示肥料中不含该养分。

复混肥中若加入中量元素、微量元素，可标明以元素单质计的中量元素、微量元素的质量分数。中量、微量养分含量的标记在主要养分配合式后列出它们的质量分数，例如，12-12-12-5（S）-1（Cu）表示该复混肥含 N、P_2O_5、K_2O 的质量分数各为 12%，还含有 5%的 S 和 1%的 Cu。

复混肥中的总养分是总氮、有效五氧化二磷和氧化钾含量之和，以质量分数计。总养分的标明量应不低于配合式中单养分标明量之和，也不得把其他营养元素计入总养分。

复混肥中含有硝酸铵组分时，随着温度的升高、无机酸、有机杂质、易氧化物存在时，稳定性变差，使硝酸铵的热分解加快，分解后产生有害的各种氮的氧化物；尤其是被加热、火灾或者其他隐患引爆时会发生灾难性的爆炸。有些硝基物料对蔓延分解敏感，可能被一些偶然事件引发，如灼热的金属，或料堆里的电灯泡。因此，在复混肥中含有硝基氮成分，为了警示，应在包装上标明“含硝基氮”。

复混肥中含有含氯的化合物如氯化钾、氯化铵等，在有效施用时，会在土壤中积累而出现问题，对氯敏感作物，氯是有害的，忌氯作物如烟草、蓖麻、荞麦、马铃薯、茶叶、柑橘、葡萄等。当复混肥中氯含量大于某指标，并在产品标识中标明“含氯”，可不用检验氯离子含量。标识中没注明“含氯”，必须检验氯含量是否符合指标要求，以保证对氯敏感作物使用。

尿素系列复混肥与硝酸铵系列复混肥绝对不能混合，其混合物料极其潮湿，物性变差。复混肥是强导电介质，由于粉尘或者吸水潮解，可能导致电器短路。

复混肥料在运输、贮存中应注意不要雨淋和暴晒。雨淋将使复混肥料溶解结块、流失；暴晒将使复混肥料失去某些功能或热分解引起氮损失。

三、复混肥的生产原料和生产方法

1. 复混肥的生产原料

生产复混肥的原料包括氮素原料、磷素原料、钾素原料和硝酸、磷酸等。

(1) 氮素原料　生产复混肥的氮素原料主要有氨、硝酸、尿素、硝酸铵、碳酸氢铵等。

(2) 磷素原料　生产复混肥的磷素原料主要有普通过磷酸钙、重过磷酸钙和磷酸等。

(3) 钾素原料　生产复混肥的钾素原料主要有氯化钾、硫酸钾等。

(4) 其他　包括碳酸钙、消石灰、硫等。

2. 复混肥的生产方法

不同的复混肥的生产方法不同，但基本都包含化学反应、浓缩、造粒、干燥等过程。涉及的化学反应包括中和反应和复分解反应；造粒方法包括挤压法、团立法和包裹法等。

四、复混肥的发展趋势

随着科学技术的进步和农业集约化程度的提高，世界肥料发展趋势是向高浓度、复合化、液体化、缓效化方向发展，这样既可节省能源，降低运输费用，又可减少副成分，提高肥效。

高效化：平均有效养分浓度约为40%。

液体化：土壤肥——结合滴灌、喷灌技术使用；叶面肥——国内外发展均很快。

多成分和多功能化：集肥料、农药、除草剂或生长素为一体。

缓效化：长效复肥、长效-速效复肥。

专用化：针对性强，根据作物的需肥特性制成蔬菜专用肥、果树专用肥等。

思考与练习

1. 复合肥与复混肥的区别是什么？
2. 复混肥的配合式是什么？20-15-5、20-0-10分别表示什么意思？
3. 复混肥的生产原料有哪些？
4. 复混肥的生产包含哪些过程？

任务二 掌握磷酸铵生产工艺知识

磷酸铵简称磷铵，是含氮和磷两种营养元素的高浓度复合肥料，由氨与磷酸反应制成。磷酸是三元酸，用氨中和时可以生成三种正磷酸铵盐：磷酸一铵($NH_4H_2PO_4$)、磷酸二铵[$(NH_4)_2HPO_4$]和磷酸三铵[$(NH_4)_3PO_4$]。磷酸三铵极不稳定，常温下在空气中就易分解放出氨而转变为磷酸二铵，但温度高于70℃时磷酸二铵也放出部分氨而转变为磷酸一铵，磷酸一铵只有当温度高于130℃才会分解。磷酸三铵极稳定，不适于作肥料，适宜作肥料的正磷酸铵盐是磷酸一铵和磷酸二铵。

磷酸铵生产原料氨来自于合成氨生产系统，磷酸可采用热法或湿法磷酸，考虑生产成本，一般都用湿法磷酸。湿法磷酸与氨中和可以制得不同N/P_2O_5比例的多种产品，但工业生产的磷酸铵肥料主要有两类：一类以磷酸一铵为主仅含少量磷酸二铵称为磷酸一铵(MAP)；另一类是以磷酸二铵为主含少量磷酸一铵称为磷酸二铵(DAP)。

一、磷酸和氨的中和反应

磷酸和氨中和可依次得到磷酸一铵和磷酸二铵。

$$H_3PO_4(l)+NH_3(g) = NH_4H_2PO_4(s) \quad \Delta H^{\ominus}_{298K}=-134.5kJ/mol \quad (8\text{-}1)$$

$$H_3PO_4(l)+2NH_3(g) = (NH_4)_2HPO_4(s) \quad \Delta H^{\ominus}_{298K}=-215.5kJ/mol \quad (8\text{-}2)$$

湿法磷酸中含有大量的杂质，比如 Mg^{2+}、Ca^{2+}、Fe^{3+}、Al^{3+}、SO_4^{2-} 和 F^- 等，在中和过程中均会生成各种化合物，有的是可溶性的，有的是不溶性的。不溶性磷酸化合物会降低水溶性 P_2O_5 含量和有效 P_2O_5 含量。

二、磷酸和氨中和工艺条件的选择

1. 中和度

中和度是指磷酸的氢离子被氨中和的程度，磷酸的第一个 H^+ 被中和时中和度为 1.0，第二个 H^+ 被中和时中和度为 2.0。中和度直接影响到磷铵产品的组成、P_2O_5 的水溶率、生产过程的氨损失、氟逸出率和料浆黏度等，它是中和过程最重要的控制指标。生产磷酸一铵的中和度一般都控制在 1.0～1.2，这时产品中约含 90% 的磷酸一铵和约 10% 的磷酸二铵，这样做可以适当提高产品的含氮量。生产磷酸二铵时中和度常控制在 1.8～1.9 左右，这是为了避免生产和使用过程中过大的氨损失和减少水溶磷的退化。

2. 料浆温度

温度是决定反应速率和料浆性质的主要因素。磷酸的氨化是放热反应，反应热会使料浆温度迅速升高，使料浆水分大量蒸发，料浆的显热带到造粒和干燥工序可以使水分进一步蒸发，起到节约能源的作用。过高的温度易使溶液中氨分压升高，氨损失增大，同时副反应速率加快，使产品中有效磷含量降低。过低的温度不仅影响反应速率，更重要的是影响料浆的性质，使料浆黏度增大，另外，料浆中水分蒸发效果不好，大量水分带入后续工序，会造成物料干燥不充分，结疤严重，产品含水量高等问题。

3. 磷酸浓度

一般磷酸浓度越高，则所得中和料浆含水愈低，系统生产能力愈大，能耗也愈小。浓磷酸浓度为 45%～52%P_2O_5，稀磷酸浓度为 22%～30%P_2O_5。

4. 搅拌与停留时间

磷酸和氨中和的化学反应速率快，而氨从气相转到液相的传质过程则是中和反应的控制步骤。为加快反应速率强化传质过程是十分重要的。因此对中和器来说，必须加强搅拌混合，增大气液两相接触机会。为了避免有些副反应的发生，提高磷铵中可溶磷的含量，料浆停留时间应尽可能短，因生产工艺不同，料浆的停留时间也不同。

三、磷酸铵生产的工艺流程

1. 磷酸一铵生产流程

磷酸一铵生产流程可分为浓酸法和稀酸法，前者采用的磷酸浓度为 45%～52% P_2O_5，而后者采用的磷酸浓度为 22%～30%P_2O_5。粉状磷酸一铵生产示意流程如图 8-1 所示。

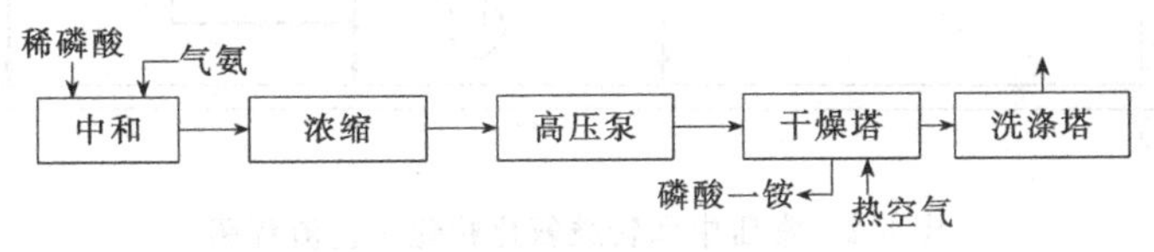

图 8-1 磷酸一铵生产工艺流程图

稀磷酸与气氨在中和槽内反应生成中和度为 0.95～1.08 左右磷酸一铵料浆，稀磷铵料浆在蒸发器循环泵的推动下，经加热器被蒸汽加热，上升进入闪蒸室分离蒸汽，再下降进入料浆循环泵循环，浓缩合格的料浆从循环泵出口进入高压柱塞泵，加压后送入喷雾干燥塔顶部的料浆雾化器，经压力式喷嘴加压的料浆从塔顶喷洒而下，与塔底上升的热空气逆流换热蒸发水分，并在干燥流化床进一步流化干燥出合格产品，尾气经洗涤后排空。

2. 磷酸二铵生产流程

磷酸二铵生产流程分为常压中和转鼓氨化粒化流程、管道氨化转鼓氨化粒化流程、双管道反应器流程三种，其中以常压中和转鼓氨化粒化流程最为常用，图 8-2 是该流程示意图。

含 36%～45% P_2O_5 磷酸加入尾气洗涤系统以回收预中和器、转鼓氨化粒化器、干燥机及冷却器尾气中夹带的少量氨和粉尘。然后进入预中和器与直接进入预中和器的浓磷酸（54%P_2O_5）一道与氨发生中和反应，中和至 NH_3/H_3PO_4 摩尔比为 1.25～1.35，使物料处于 NH_3-H_3PO_4-H_2O 系统的溶解度最大值。中和反应热使磷酸带入的约 50%水分在此蒸发。料浆含水在 18%～20%时具有良好的流动性，用泵送入转鼓氨化器内的分布器，将料浆分布在物料料床上。气氨或液氨从埋于床层内的多孔氨分布管供应。氨与涂布在返料表面的料浆进一步反应，使 NH_3/H_3PO_4 摩尔比提高到 1.8～2.0。氨化反应热使物料中的水分进一步蒸发，颗粒表面上的料浆涂层得以迅速固结、变干，因而粒化操作能在较小的返料比（2.1～2.5，即返料量与成品量之比）条件下运行。旋转的转鼓氨化器使其中的物料相互摩擦、混合而逐渐团聚成粒。

湿颗粒物料从转鼓氨化器落入干燥机进行干燥，干燥后的颗粒进行筛分。粒度合格的产品经过冷却器冷却后送成品仓库包装、贮存。筛上物经过破碎后与筛下物一并作为返料送转鼓氨化器进行造粒，必要时还可将部分合格产品送回转鼓氨化器以保证造粒在最适宜的操作条件下运行。

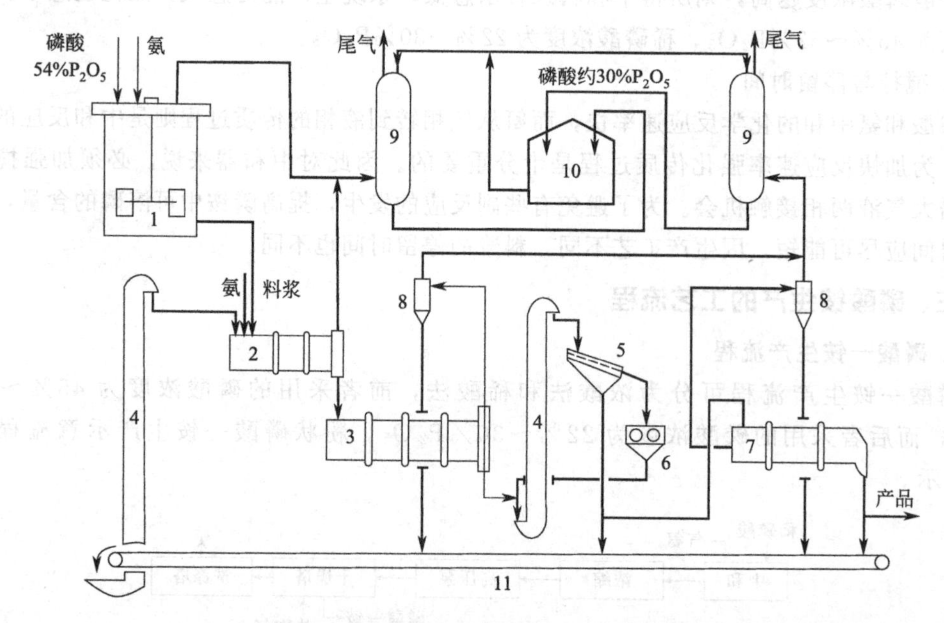

图 8-2 常压中和转鼓氨化粒化工艺流程图

1—预中和反应器；2—转鼓氨化粒化器；3—回转干燥机；4—斗式提升机；5—筛分机；6—破碎机；7—冷却机；8—旋风分离器；9—洗涤槽；10—二次中和反应器；11—传送装置

思考与练习

1. 磷铵复合肥主要是______与__________的混合物。
2. 生产磷铵的主要反应是什么？
3. 什么是中和度；中和度对生产有哪些影响？
4. 试分析温度对磷铵生产的影响。
5. 磷铵生产的主要方法是什么？请画出它们的流程框图。

任务三 熟悉磷酸铵生产主要设备

转鼓氨化粒化器是磷酸铵生产的主要设备。

一、转鼓氨化粒化器的结构特点

转鼓氨化粒化器是预中和-转鼓氨化粒化法制磷铵的心脏设备，对整个磷铵产品的质量、产量、成粒率、消耗定额都有很大影响。在转鼓氨化粒化器内不仅有磷酸与氨的化学反应，而且有造粒作用。转鼓氨化粒化器结构如图 8-3 所示。

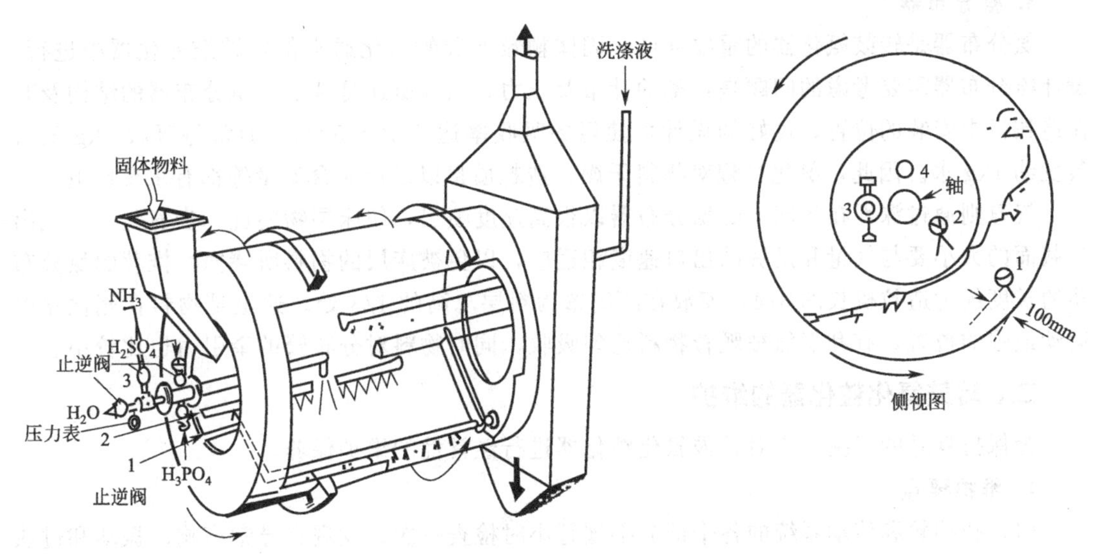

图 8-3 转鼓氨化粒化器结构示意图

1—氨分布管；2—磷酸或预中和料浆分不管；3—管式反应器；4—洗涤液分布管

转鼓氨化粒化器主要由以下几个部分组成。

1. 筒体

筒体为一回转圆筒，由钢板卷制焊接而成，径长比一般为 1∶2，在筒体外的两端装有钢制滚圈，滚圈支承在托轮装置上，筒体中部装有大齿圈，电动机通过传动装置和小齿轮，带动大齿圈和筒体作低速旋转。在筒体长度的 3/4 处设挡料圈，挡料圈的高度约为1/4～2/5

筒体直径，使机内物料填充系数达到总容积的25%～30%，物料在机内的停留时间为2～7min。挡料圈将筒体分为两段，前段称为氨化区，后段称为粒化区。在筒体加料端设有挡料圈防止物料溢出，出料端也装有挡圈，以保证一定的料层厚度。三个挡圈的高度由前到后是递降的。

在靠近筒体轴线的上方设有管梁，以便安装氨分布器和料浆分布器，大量的返料从筒体上部加入，在筒体的转动下形成滚动的物料床。有时在出料挡圈后装有尾筛和卸料箱。筒体向出料端倾斜安装，粉状原料及返料由进料口加入后，旋转的筒体带动物料层向上转动，至一定高度时，由于重力的作用，物料脱离筒体，在重力和惯性力的作用下，沿弧形轨道下落，使物料完成造粒所需要的滚动运动，同时也沿着倾斜方向向出料端移动。

氨化造粒过程物料容易黏附在筒体上形成结疤，为了解决结疤问题，在筒体内衬橡胶或聚丙烯板。衬里分为若干块，其两端用螺钉固定在筒体上，并互相搭接，在筒体上相应位置上开有通气孔，当衬里和筒体一起由下部转到上部时，受重力作用衬里向下松垂，黏附在其上的物料即脱离衬里而下落，自动完成清理工作。

2. 料浆分布器

预中和好的料浆由料浆泵压送，从料浆分布器的喷嘴喷洒在物料床上进行造粒。料浆分布器有两种形式：一种是锯齿形分布器，料浆靠位差沿齿板成线条状下淋至筒内翻滚的料床上。齿形分布器的材质为耐酸不锈钢。另一种是单管扁嘴分布器，料浆用泵输至管内，通过扁嘴喷洒到筒内翻滚的料床上。单管扁嘴分布器也是由耐酸不锈钢制作，扁嘴缝隙为2～3mm，料浆成60°扇形角喷出。

3. 氨分布器

氨分布器是转鼓氨化器的重要部件，固体颗粒上酸的氨化通常都在转鼓氨化器中进行。设计氨分布器需要考虑的问题是：氨的计量及压力；用气氨还是液氨；氨分布器的结构及其在造粒机中安装的位置。良好的设计可使氨的吸收率达75%～80%。通常每吸收1kg氨可蒸发约1kg水。因此，氨化过程对物料干燥、造粒质量以及产品含氮量等都有重要影响。

气氨则通过深埋在料床下的氨分布器以很高速度喷出，使床层物料进一步氨化。气氨出口截面的大小要与气量和足够的出口速度相适应，以免被床层的物料所堵塞。推荐的氨分布器的长度约为造粒机长的3/4，安放在距筒壁为料层总高的1/3处。这里是物料在氨化器中运动最强的位置，有利于氨被颗粒物料均匀吸收，同时物料对分布管的牵引力也比较小。

二、转鼓氨化粒化器的维护

为保持良好的工况，需对转鼓氨化粒化器进行经常性的维护保养。

1. 维护要点

(1) 托挡轮和传动系统的各个部分必须每小时检查一次。发现有异常声响、振动和过热等不正常情况时，应及时处理。

(2) 注意滚圈与托轮间的接触和磨损是否均匀，有无受力过大和出现表面磨损等情况。

(3) 经常向滚圈与挡板的磨损面注入润滑油。

(4) 每班应检查一次传动底座和支承装置的地脚螺栓和紧固螺栓，如有松动应立即拧紧。

(5) 观察基础有无下沉和振动现象。

(6) 观察筒体头部和尾部密封装置是否良好，磨损是否严重。

(7) 转动齿轮在运转时若有冲击声应立即停车检查，并消除。

2. 安全注意事项

(1) 任何修理工作均必须在筒体转动停止后，断电挂牌、办理作业证后才可进行。同时应在电动机启动按钮处挂上禁止启动的标志。

(2) 运转中，严禁用手或其他工具深入轴承、减速器或大齿轮罩内部进行任何处理、检查、清洗等工作，不得拆除任何安全防护罩，如联轴器罩等。

(3) 检修所用的工具及零件不得放在回转机件上。

思考与练习

1. 转鼓氨化粒化器的主要结构是什么？
2. 在转鼓氨化粒化器中，挡料圈将筒体分为__________和__________两段。
3. 转鼓氨化粒化器的维护要点是什么？
4. 转鼓氨化粒化器的安全注意事项是什么？

任务四 懂得磷酸铵生产中转鼓氨化粒化器操作

一、磷酸铵生产中转鼓氨化粒化器的操作要点

1. 开车前的准备与检查

(1) 检查器内杂物是否清除干净、内构件是否安装完好、机头平台上的各阀门开关状态调整到开车需要的状态。

(2) 检查电气、仪表是否处于完好状态。

(3) 盘车检查运转是否灵活，润滑是否良好，密封是否完好。联系电工送电检查正反转。启动空转试车，检查有无异常情况。

(4) 准备好本岗位各项记录表。

2. 开车

(1) 返料经返料运输机运至转鼓氨化粒化器外返料入口。

(2) 干燥机升温过程中要与热风炉岗位搞好联系。机头温度升至160℃后要联系班长、筛分岗位，开启筛分岗位相关设备。待筛分设备开启后启动转鼓氨化粒化器和干燥机盘车电机，对转鼓氨化粒化器和干燥机进行盘车，对系统物料升温。

(3) 联系好中和尾洗岗位，做好开车与中和尾洗岗位的协调准备工作。

(4) 开启转鼓氨化粒化器主电机，查看运行电流。调节好转鼓氨化粒化器二次氨化各阀门的开启度，打开氨管线上的所有手动阀。

(5) 开料浆泵进口阀门，关闭转鼓氨化粒化器的料浆阀门，在电脑上调节料浆泵变频开泵，待料浆压力涨至正常值时缓慢开启氨自调阀开始加氨，然后缓慢开启转鼓氨化粒化器料浆阀门开始喷浆。根据造粒出料情况调节二次氨化加氨量，保证造粒出料散而不黏、不干。

(6) 转鼓氨化粒化器开车后要协调好造粒、中和尾洗、热风炉三个岗位的生产负荷。稳定好造粒出料情况与喷浆量。

3. 正常操作要点

(1) 根据生产负荷调整好造粒机和干燥机风量，联系热风炉岗位控制好干燥机头温度，协调中和岗位控制好中和料浆水分，为造粒提供良好条件。

(2) 控制好中和喷浆负荷，根据机尾肥料水分状况做好相应调节，经常观察和手感造粒机出口物料的粒度和含水量，根据结果，调整其进料与通氨量，保证造粒出料散而不黏、不干。

(3) 每次开停车都要用蒸汽吹扫氨分布器和料浆管线及喷头。

(4) 经常观察机尾粒度结构走势，掌握好破碎机间隙，控制转鼓氨化粒化器出料成球率≥60%。

(5) 根据分析结果，结合出料粒度与干湿度，调节进入中和槽、氨分布器、管式反应器的氨量，保证中和度合格、不出潮料。

(6) 经常查看运行电流，防止过载现象发生，了解生产运行情况。当电流较高时进行造粒机反转清疤；检查传动部分润滑运行情况。

(7) 根据生产负荷及液位调整中和及尾洗槽进酸量和加水量，保证各槽的液位、中和度、密度合格。

(8) 每小时填写一次《岗位操作记录》。

(9) 按时巡检，及时发现并处理生产、设备上的问题，保证生产正常进行。

4. 停车操作

(1) 临时停车

① 接停车指令后联系中和岗位确认中和已停车，才可以停车，不会造成溢槽。

② 联系热风炉岗位停炉降温，同时将料浆泵变频减至零、氨调节阀减至零，停中和料浆泵。用蒸汽先吹尽泵及管道内的料浆，吹完后关闭蒸汽阀门。

③ 停干燥机，并对干燥机盘车，干燥机成为系统返料的接收器；走空干燥机内物料，并保持继续运行，在此期间返料开始在干燥机的进料端积累，但要注意防止堵塞造粒机的下料口。

④ 停成品筛和破碎机，当返料系统内大部分返料到干燥机里后，停转鼓氨化粒化器，在此期间转鼓氨化粒化器要及时盘车。

⑤ 让返料皮带和造粒斗提机内物料走空，停止运转。

⑥ 停产品筛，干燥斗提机。

⑦ 关小各尾气风机进口风门。

⑧ 检查系统，确保停车期间没有大的泄漏和溜管堵塞发生，必要时和在时间许可的条件下清理设备，检测全部温度、压力和液位，必要时进行调节，检测预中和器的温度、密度，并进行调节以防料浆固化，正常加入保温蒸汽。

(2) 长期计划停车　按临时停车步骤停车后，组织人员打疤，具体操作按车间停车方案执行。

(3) 紧急停车的条件

① 造粒尾气风机、干燥尾气风机、造粒机或干燥机突然跳闸。

② 热风炉岗位故障，不能维持生产。

③ 斗提或筛分岗位设备故障，物料不能向前输送。

④ 氨系统故障不能正常供氨。

二、磷酸铵生产中转鼓氨化粒化器操作的异常现象及处理

磷酸铵生产中转鼓氨化粒化器操作中的主要异常现象、产生原因及处理方法见表 8-1。

表 8-1 磷酸铵生产中转鼓氨化粒化器操作中的主要异常现象、产生原因及处理方法

异常现象	产生原因	处理方法
尾部温度过高	①中和喷浆负荷和管反负荷不匹配 ②返料温度过高 ③造粒机通氨量过大	①调整中和负荷 ②适当降低干燥机机尾温度 ③适当减少造粒机通氨量
尾部温度偏低	①返料温度低 ②喷浆量大 ③料浆含水量高	①提高干燥机温度 ②降低喷浆量 ③降低料浆水分
成品水分超标	①干燥机出气温度低 ②料浆水分高，喷浆量过大	①提高出气温度 ②降低料浆水分和喷浆量
肥料外观差	①负荷过大 ②中和料浆水分低 ③造粒机加氨量过大 ④中和料浆喷头结垢致料浆雾化效果差	①调整负荷 ②联系中和提高料浆水分 ③适当减少造粒机通氨量 ④用蒸汽吹扫中和料浆喷头或停车清理喷头
成球率差	①料浆质量或流量不正确 ②返料比过低 ③造粒机内料浆分布不良 ④返料过冷 ⑤返料过度干燥和含尘量太大 ⑥返料太细 ⑦造粒机通氨量大 ⑧氨分布不良	①检查料浆质量并根据需要调整质量和流量 ②加大返料量，减少产品量 ③检查喷嘴是否堵塞或腐蚀损坏 ④提高干燥温度 ⑤减少返料量，检查干燥负荷，暂停一台破碎机 ⑥检查干燥负荷，暂停一台破碎机 ⑦减少造粒机的通氨量 ⑧检查氨分布器是否堵塞或腐蚀损坏

三、磷酸铵生产中转鼓氨化粒化器的安全操作事项

（1）在机头或机尾观察时要与观察孔保持 1m 以上的安全距离，接触料浆管、蒸汽管时要戴好手套，防止烫伤。

（2）处理漏氨及漏料浆时要戴好防护用品，氨、料浆进入皮肤和眼睛时，应及时用水长时间冲洗，严重者送医院治疗。

（3）生产工艺、设备出现问题要及时处理并向班长汇报，必要时可紧急停车，避免故障扩大化。

（4）要注意不得碰撞本岗位工艺管道，开关阀门时力度要适当，防止损坏造成介质泄漏。

（5）保洁或检查运转设备时，身体任何部位都必须远离设备的转动部件，防止造成机械伤害。

（6）巡检时行走、上下楼要防止摔倒。有泄漏物料要及时扫干净，防止人员滑倒摔伤。

（7）上班时的一切行为都要以“安全第一”为宗旨，杜绝“三违”，做到“四不伤害”。

思考与练习

1. 转鼓氨化粒化器正常操作的要点是什么？
2. 了解转鼓氨化粒化器操作中的异常现象及处理方法。
3. 转鼓氨化粒化器的安全注意事项有哪些？

任务五 掌握硝酸磷肥生产工艺知识

硝酸磷肥是用硝酸分解磷矿粉制得磷酸和硝酸钙溶液，然后通入氨气中和磷酸并分离硝酸钙而制成。硝酸磷肥的主要组分是磷酸氢钙（$CaHPO_4$）、磷酸铵［$NH_4H_2PO_4$、$(NH_4)_2HPO_4$］和硝酸铵（NH_4NO_3），有些品种还含有硝酸钾和氯化铵。硝酸磷肥生产的主要特点是：硝酸既用于分解磷矿，本身又成为产品中氮素的来源之一，经济上比较合理，在硫资源短缺的国家或地区，生产这类肥料尤为适宜。代表产品有 20-20-0、28-14-0、26-13-0、16-23-0，该产品中既有速效的硝态氮——NO_3^- 与水溶性 P_2O_5，又具有肥效持久的铵态氮——NH_4^+ 与枸溶性 P_2O_5，其肥效稳定，增产作用好。

一、硝酸分解磷矿粉的化学反应

硝酸与磷矿中的氟磷酸钙反应得到含有磷酸和硝酸钙的酸解液。

$$Ca_5F(PO_4)_3+10HNO_3 \longrightarrow 5Ca(NO_3)_2+3H_3PO_4+HF \quad (8\text{-}3)$$

磷矿中的杂质如碳酸钙、碳酸镁、氧化铁、氧化铝以及氟化钙等也能与硝酸发生如下反应。

$$CaCO_3 \cdot MgCO_3+4HNO_3 \longrightarrow Ca(NO_3)_2+Mg(NO_3)_2+2H_2O+2CO_2\uparrow \quad (8\text{-}4)$$

$$Fe_2O_3+6HNO_3 \longrightarrow 2Fe(NO_3)_3+3H_2O \quad (8\text{-}5)$$

$$Al_2O_3+6HNO_3 \longrightarrow 2Al(NO_3)_3+3H_2O \quad (8\text{-}6)$$

$$CaF_2+2HNO_3 \longrightarrow Ca(NO_3)_2+2HF \quad (8\text{-}7)$$

硝酸铁（或硝酸铝）还能与酸解液中的磷酸反应生成不溶于水的磷酸铁（或磷酸铝），并降低水溶性 P_2O_5 的含量。

$$Fe(NO_3)_3[\text{或 } Al(NO_3)_3]+H_3PO_4 \longrightarrow FePO_4(\text{或 } AlPO_4)+3HNO_3 \quad (8\text{-}8)$$

磷矿中可能含有少量有机物，能还原硝酸，造成氮的损失，同时产生泡沫，给操作造成困难，因此有些磷矿须经煅烧处理，以消除影响。

二、硝酸分解磷矿粉工艺条件的选择

硝酸分解磷矿的反应速率与硝酸浓度及用量、反应温度、磷矿粒度和分解时间等因素有关。

1. 硝酸浓度及用量

硝酸浓度在 30%～55%范围内，对磷矿分解率无显著影响，但为了加速反应及减少以后浓缩时的蒸发水量，一般采用 50%以上的硝酸。对于冷冻法工艺，由于硝酸浓度对 $Ca(NO_3)_2 \cdot 4H_2O$ 结晶析出率的影响较大，一般采用 56%～57%，至少用 52%以上浓度的硝酸。

硝酸分解磷矿的理论用量，通常以磷矿中所含的氧化钙与氧化镁的总量为计算基准，但由于磷矿中还含有铁、铝的氧化物，有机物等需消耗硝酸，因此，实际硝酸用量约为理论量的 102%～105%，对于冷冻法，为了萃取液加工需要，则为理论量的 110%。

2. 反应温度

分解反应温度在50～55℃，而反应温度是靠约30℃的硝酸与磷矿反应时放出的热量来维持。随着温度的增加，溶液黏度的减小，有利于离子扩散，使分解速率加快。如果反应温度小于40℃，则分解速率减慢；若反应温度大于60℃，则加剧设备腐蚀。

3. 磷矿粒度和分解时间

分解反应是液固相间进行，因此反应速率很大程度上取决于两相接触表面积。磷矿越细则与硝酸接触表面积越大，分解速率也越快。但因硝酸分解能力强，生产的硝酸钙溶解度大，不会产生固体膜包裹矿物颗粒，故矿粉细度可以稍粗一些，一般要求100%通过40目筛，对于易分解磷矿粒度可粗些，保持在1～2mm。

粒度对分解时间影响最大，一般来说，磷块岩的分解时间约需1h。磷灰石较磷块岩难分解，时间也长，约需1.5h。

4. 搅拌强度

搅拌强度应以酸、矿能够充分混合，同时不溶物应能与萃取液一起溢流出酸解槽为标准。由于反应产物有气体二氧化碳，故应加强搅拌，使物料对流和生产的气体不能聚集，并能击破泡沫，防止物料溢泛而影响正常生产。

三、硝酸磷肥生产的工艺流程

硝酸分解磷矿石比较容易进行，分解后磷矿中的钙转变为硝酸钙。磷矿中$n(CaO)/n(P_2O_5)$一般在3.33以上，即使在后加工时形成沉淀磷酸氢钙（$CaHPO_4$），其$n(CaO)/n(P_2O_5)$也仅为2，还有1/3以上的CaO以硝酸钙的形式存在。为了得到含有水溶性P_2O_5的产品，必须除去一部分钙，除钙越多，母液中$n(CaO)/n(P_2O_5)$越小，产品中水溶性P_2O_5的含量就越高。根据除钙的方法不同可分为不同的硝酸磷肥生产工艺，其中以冷冻法应用较为普遍。

1928年，挪威Odda Smelt公司最早提出冷冻法，因此，冷冻法硝酸磷肥被肥料界统称为Odda法。冷冻法是用低温（如-5℃）冷冻的方法，将硝酸分解磷矿制得的萃取液中的硝酸钙以四水硝酸钙$Ca(NO_3)_2 \cdot 4H_2O$形式析出，将结晶与母液分离后得到钙磷比（$CaO : P_2O_5$）适宜的滤液，然后用氨中和滤液，形成的料浆经浓缩、造粒，得到含有水溶性和枸溶性P_2O_5的硝酸磷肥。

冷冻法工艺包括酸解、结晶、中和、蒸发等工序，其流程框图如图8-4所示。

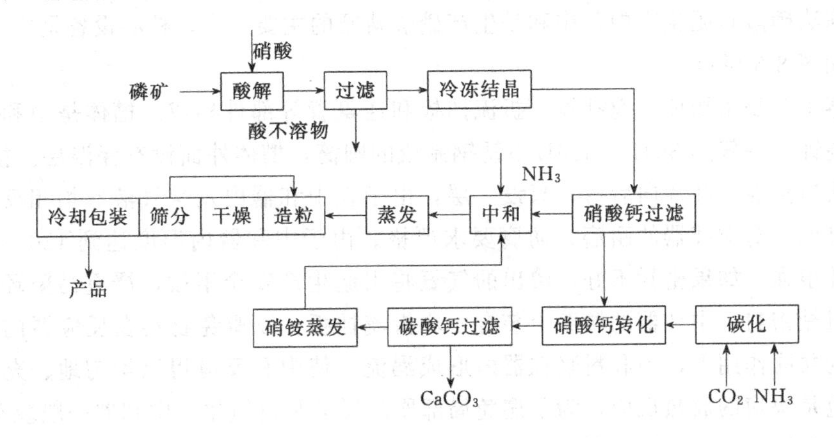

图8-4 冷冻法硝酸磷肥工艺流程框图

首先，原料矿经粉碎后气力输送到高位磷矿贮斗，与硝酸在串联的酸解槽中酸解，然后用液氨作为冷却剂冷却到−8～−5℃，使酸解液中的硝酸钙在此温度下以$Ca(NO_3)_2 \cdot 4H_2O$结晶的形式从溶液中析出，经双转鼓过滤机过滤，把硝酸钙和母液分开，冷却的温度越低，硝酸钙分离得越完全，分解液体中残留的钙离子就越少，最终成品中构溶性磷酸二钙的含量就越少，从而使磷的水溶率提高。用氨中和酸解液中过量的硝酸，调节母液的pH值到5.8～6.0，将其水分蒸发。为了调节产品的$n(N)/n(P)$，改善中和液的流动性，将硝酸钙与碳铵液反应生成硝酸铵，然后将硝酸铵溶液蒸发到硝酸铵的质量分数达92%左右，加入到中和工序，再将混合液送入双轴造粒机造粒，再经干燥、筛分、冷却包装后得成品。

冷冻法是世界上使用得最早、用得最多、生产能力最大的一种方法，其典型代表是挪威的Norsk Hydro工艺、我国的山西化肥厂。该工艺的特点：不消耗硫酸，不会产生磷石膏，氟排放量少，对环境污染小，可在一定范围内调整产品中P_2O_5的水溶率（45%～50%）；但冷冻法的工艺流程长、能耗高、设备要求高，并且对原料磷矿和硝酸浓度要求苛刻，要求原料矿P_2O_5含量在32%左右，且酸不溶物不高于10%，硝酸浓度不低于53%，硝酸用量大，为理论值的110%。

思考与练习

1. 什么是硝酸磷肥？它的主要组分是什么？
2. 硝酸磷肥生产主要化学反应有哪些？
3. 叙述冷冻法硝酸磷肥生产工艺流程。

任务六 熟悉冷冻法硝酸磷肥生产的中和器

一、冷冻法硝酸磷肥生产的中和器结构特点

在冷冻法硝酸磷肥生产中，中和是生产硝酸磷肥的主要工序，核心设备是中和器，其结构示意图如图8-5所示。

中和器主要是由槽体、搅拌器、折流挡板和通氨管等部件构成。槽体是中和器的主体，要求耐酸腐蚀，一般用304L、316L不锈钢制成的圆筒，槽体外面设有保温层。搅拌器一般是透平桨式搅拌器，叶片向后弯，只设一层，由于在中和器内发生气液非均相反应，因此，要求搅拌剧烈，对搅拌器的耐磨、防腐要求严格。由于中和器内温度达到120～130℃，气氨的渗透性很强，如果密封不好，渗出的气氨将引起生产安全事故，严重污染环境，因此，一般采用机械密封。中和器的槽壁上装有4块折流挡板，以避免物料在反应器内形成旋流，与搅拌器的共同作用下，中和料浆在器内形成涡流，使中和反应得以均匀地、充分地进行。氨与酸反应是快速的放热反应，为了避免局部剧烈反应和过氨化，中和器一般装有多根通氨管。为快速分散气氨，通氨管斜插入搅拌桨叶边侧。

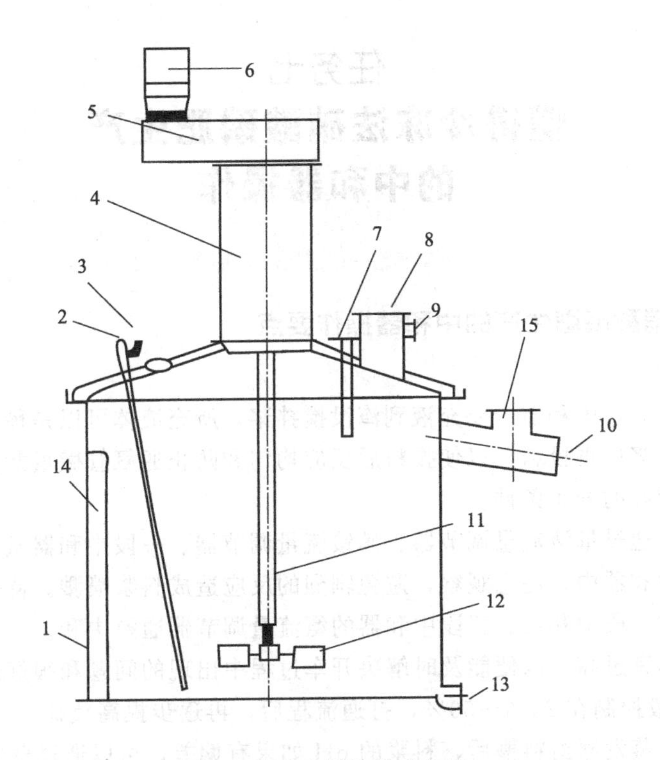

图 8-5 中和器结构示意图

1—壳体；2—通孔；3—氨入口；4—机架；5—减速机；
6—电动机；7—料浆入口；8—手孔；9—排气口；10—料浆溢流口；
11—传动轴；12—搅拌桨；13—料浆放出口；14—挡板；15—清理口

二、冷冻法硝酸磷肥生产的中和器维护要点

中和反应器的关键控制点是各中和器的 pH 和 N/P_2O_5 比的控制。

1. pH 的控制

中和反应很敏感，pH 有少许偏差，液体黏度将大大改变，所以必须严格控制，及时调整。各段中和器的 pH 分别为 1.8～2.0、2.8～3.0、5.6～6.0，以避开中和料浆的黏稠高峰。pH 直接控制因素就是通氨量，三段中和通氨量所占比例分别为 55%、20%、25%。

2. N/P_2O_5 比的控制

中和料浆的 N/P_2O_5 比直接影响到中和料浆的黏度和最终产品的质量。在中和过程中可加入硝铵，它可以调整料浆的黏度并得到所需的 N/P_2O_5。所需硝铵总量的 90%～95%加到一段中和器，其余再加在蒸发器的给料槽中。

3. 通氨管的维护

中和器的通氨管极易堵塞，要随时疏通。

思考与练习

1. 了解中和器的主要结构特点。
2. 了解中和器的维护要点。

任务七
懂得冷冻法硝酸磷肥生产的中和器操作

一、冷冻法硝酸磷肥生产的中和器操作要点

1. 开车

中和原始开车时，中和器内要充液到淹没搅拌桨，所充液体可以是稀硝铵、硝酸，也可以是水。开动搅拌桨后再投料，以使投料后反应均匀和防止通氨管微量漏氨。及时调整物料投入比例，得到较好的开车条件。

正常开车时，通过母液流量调节器、硝铵流量调节器、一段中和器氨流量调节器按一定比例投料于一段中和器内，注意观察，避免剧烈的反应造成料浆喷溅。待一段、二段中和器溢流后，分别通过二段中和器、三段中和器的氨流量调节器通氨中和。

开车时负荷不宜过高，以便能及时解决开车过程中出现的问题和很好地控制各中和器的pH。开车负荷一般控制在25%～50%，打通流程后，再逐步提高负荷。

中和料浆进入蒸发器给料槽后，料浆的pH如果有偏差，可以通过蒸发器给料槽的通氨管加氨进行微调。

2. 停车

停车视情况不同分为临时停车、短期停车和长期停车。

(1) 临时停车　关闭各物料控制阀即可，但现场要检查阀门的关闭情况，如有泄漏要关闭截止阀。

(2) 短期停车　关闭各物料控制阀，现场关闭各截止阀，置换硝铵管线以防止硝铵结晶堵塞管道，监测各中和器和蒸发器给料槽的温度在90～125℃的范围内，以免物料黏稠或发生分解。

(3) 长期停车　除做好 (2) 中的工作外，还要将各中和器的物料中和至pH为5.6～6.0后放到蒸发器给料槽中，并尽可能完全送去蒸发造粒。

二、冷冻法硝酸磷肥生产的中和器操作异常现象及处理

在冷冻法硝酸磷肥生产中，中和器操作中的主要异常现象、产生原因及处理方法见表8-2。

表8-2　中和器操作中的主要异常现象、产生原因及处理方法

异常现象	产生原因	处理方法
中和槽内物料变得太稠厚	①停车时间长，料浆温度过低 ②pH控制不当	①通蒸汽进行加热 ②调整母液与气氨量
氨流量变小	①气氨压力偏低 ②通氨管堵塞	①提高气氨压力 ②停车用蒸汽冲洗或清理
停电、停冷却水、仪表空气和蒸汽	公用工程停车	若停电时间较长，中和器和蒸发器给料槽要加水稀释，以防止料浆黏稠，其他处理等同一般停车处理

思考与练习

1. 了解中和器的操作要点。
2. 了解中和器操作中的异常现象及处理方法。

任务八 掌握复混肥生产工艺知识

此处的复混肥指狭义的复混肥，即至少有两种养分标明量的由两种或以上的单元肥料按比例混配，在生产过程中既有化学反应，又有物理掺混而制成的肥料。

一、复混肥生产的化学反应

在复混肥生产中，原料配合时一般伴随着化学反应的发生。如图 8-6 所示，有些原料配合所发生的化学反应会产生良好的效果，则表明这些原料可以配混或混配；有些原料配合所发生的化学反应会导致营养成分含量降低甚至消失，则表明这些原料不能配混或混配；还有些原料配合所发生的化学反应会导致产物吸湿性增强，则表明这些原料配混或混配后应立即使用。

名称	硫铵	硝铵	氯化铵	石灰胺	尿素	普钙	钙镁磷肥	重钙	氯化钾	硫酸钾	磷酸一铵	磷酸二铵	消石灰	碳酸钙
硫铵		△	○	×	○	○	△	○	○	○	○	○	×	△
硝铵	△		△	×	×	○	×	○	△	○	○	○	×	△
氯化铵	○	△		×	△	○	○	○	○	○	○	○	×	△
石灰胺	×	×	×		△	×	○	○	○	○	○	○	○	○
尿素	○	×	△	△		△	○	△	○	○	○	○	△	○
普钙	○	○	○	×	△		△	○	○	○	○	△	×	×
钙镁磷肥	△	×	○	○	○	△		△	○	○	○	○	○	○
重钙	○	○	○	○	△	○	△		○	○	○	△	×	×
氯化钾	○	△	○	○	○	○	○	○		○	○	○	○	○
硫酸钾	○	○	○	○	○	○	○	○	○		○	○	○	○
磷酸一钾	○	○	○	○	○	○	○	○	○	○		○	○	○
磷酸二钾	○	○	○	○	○	△	○	△	○	○	○		×	○
消石灰	×	×	×	○	△	×	○	×	○	○	○	×		○
碳酸钙	△	△	△	○	○	×	○	×	○	○	○	○	○	

图 8-6 肥料混配图

注：○—能混配；△—混配后立即使用；×—不能混配

1. 硫铵的混配反应

硫酸铵与普钙或重钙以及氯化钾混配会发生下列反应：

$$Ca(H_2PO_4)_2 \cdot H_2O + (NH_4)_2SO_4 + H_2O = CaSO_4 \cdot 2H_2O + 2NH_4H_2PO_4 \quad (8\text{-}9)$$

$$(NH_4)_2SO_4 + CaSO_4 + H_2O = (NH_4)_2SO_4 \cdot CaSO_4 \cdot H_2O \quad (8\text{-}10)$$

$$(NH_4)_2SO_4 + 2KCl = K_2SO_4 + 2NH_4Cl \quad (8\text{-}11)$$

$$K_2SO_4 + CaSO_4 + H_2O = K_2SO_4 \cdot CaSO_4 \cdot H_2O \quad (8\text{-}12)$$

由于生成的二水石膏、铵石膏和钾石膏都含结晶水分，这可以说明，在普钙或重钙中加入硫铵后，湿混料就会变得干燥、疏松，从而得到符合质量要求的颗粒复混肥料。对某些忌氯作物，如烟草、茶叶等，需改用硫酸钾，与掺配氯化钾一样，可得到物理性质良好的颗粒复混肥料产品。

2. 氯化铵的混配反应

氯化铵与普钙或重钙以及氯化钾混配会发生如下反应：

$$2NH_4Cl + Ca(H_2PO_4)_2 \cdot H_2O = CaCl_2 + 2NH_4H_2PO_4 + H_2O \quad (8\text{-}13)$$

反应生成溶解度较大的氯化钙并释放结晶水，但由于反应进行较慢，混合物没有出现黏糊状，可得到合格的复混肥。氯化铵系列复混肥中，可用磷酸铵部分替代氯化铵，可取得与硫铵系列复混肥同样好的颗粒肥料。

3. 尿素的混配反应

氯化钾会与磷酸一铵反应生成磷酸二氢钾和氯化铵，反应式为：

$$KCl + NH_4H_2PO_4 = KH_2PO_4 + NH_4Cl \quad (8\text{-}14)$$

此反应在低温下进行缓慢，KH_2PO_4 生成率较低；升高温度会加速此反应。在有尿素存在时，氯化铵与尿素能生成复盐，反应式为：

$$NH_4Cl + (NH_2)_2CO = (NH_2)_2CO \cdot NH_4Cl \quad (8\text{-}15)$$

此反应会促进磷酸二氢钾的生成反应。

进入复混肥料体系的硫酸铵，可与氯化钾反应生成硫酸钾与氯化铵，反应式为：

$$(NH_4)_2SO_4 + 2KCl = K_2SO_4 + 2NH_4Cl \quad (8\text{-}16)$$

反应生成的氯化铵可与氯化钾形成氯化铵钾固溶体，反应生成的硫酸钾可与硫酸铵形成硫酸铵钾固溶体，反应生成的磷酸二氢钾可与磷酸一铵形成磷酸铵钾固溶体，化学反应式如下：

$$NH_4Cl + KCl = NH_4Cl \cdot KCl \quad (8\text{-}17)$$

$$(NH_4)_2SO_4 + K_2SO_4 = (NH_4)_2SO_4 \cdot K_2SO_4 \quad (8\text{-}18)$$

$$NH_4H_2PO_4 + KH_2PO_4 = NH_4H_2PO_4 \cdot KH_2PO_4 \quad (8\text{-}19)$$

上述的复分解反应及复盐、固溶体的生成，均是在产品中有一定水分的条件下进行。若产品含有一定量水分，在储存过程中仍将进行上述反应，导致产品结块。为了避免结块，在干燥过程中应将复混肥料产品的水分降低到2%以下。

4. 硝酸铵的混配反应

硝酸铵与普钙或重钙混配时会发生以下反应：

$$Ca(H_2PO_4)_2 \cdot H_2O + 2NH_4NO_3 = 2NH_4H_2PO_4 + Ca(NO_3)_2 + H_2O \quad (8\text{-}20)$$

硝酸钙吸湿性强，并且反应生成了水，使复混肥的物性变差。因此，在使用普钙或重钙前，要进行氨化处理。

当混配体系中加入氯化钾时，会发生下述反应：

$$NH_4NO_3 + KCl = KNO_3 + NH_4Cl \quad (8\text{-}21)$$

$$NH_4NO_3 + 2KNO_3 = NH_4NO_3 \cdot 2KNO_3 \quad (8\text{-}22)$$

如果混配体系中有硫酸铵，硫酸铵会与硝酸铵反应生产复盐，反应式为：

$$2NH_4NO_3 + (NH_4)_2SO_4 = 2NH_4NO_3 \cdot (NH_4)_2SO_4 \quad (8\text{-}23)$$

$$3NH_4NO_3 + (NH_4)_2SO_4 = 3NH_4NO_3 \cdot (NH_4)_2SO_4 \quad (8\text{-}24)$$

这两种复盐的吸湿性比硝酸铵低。在钾盐存在条件下，二者中的部分 NH_4^+ 被 K^+ 置换，当温度超过 80℃，则逐步分解为硝酸铵钾和硫酸铵钾，且过程伴随着吸热和放热，使产品颗粒体积发生膨胀或收缩，导致结块或崩裂。

尿素或含有尿素的复混肥与硝酸铵是绝对不能混合的，硝酸铵的临界相对湿度是 59.4%，尿素的临界相对湿度是 72.5%，两者混合物的临界相对湿度仅为 18.1%，其混合料极其潮湿，物性极差。

二、复混肥生产工艺条件的选择

1. 配方

复混肥在加工过程中存在着复杂的化学反应，几乎不能定量确定。有些化学反应有利于生产过程的运行和产品质量的提高，而有的化学反应不利于生产过程和产品质量。因此，配方很大程度上决定了复混肥的品质。一般根据基础肥料在混配过程中是否存在有效养分损失、物理性质变化等情况，把配方分为可配性配方、有限可配性配方和不可配性配方。在生产复混肥时，优先要选择可配性配方进行混合造粒，其次用有限可配性配方，可在一定配比范围内或经适当处理后再使用。不可配性配方一般不能使用。

2. 温度

复混肥料在烘干过程中，物料温度通常控制在 70～80℃。过高的温度，会造成诸如硝酸铵、氯化铵、磷酸铵、尿素的分解所引起的氮损耗，以及普钙、重钙、磷酸铵的水溶性 P_2O_5 和枸溶性 P_2O_5 的“退化”。

如以尿素为基础肥料的复混肥料干燥将放出氨，生成缩二脲。

$$2(NH_2)_2CO = NH_2CONHCONH_2 + NH_3\uparrow \quad (8\text{-}25)$$

复混肥料在生产过程中，干燥得越彻底，结块的可能性就越小。一般说来，含有硝铵、尿素的复混肥料产品含水量应小于 1%。

3. 物性

物性主要是指物料的黏度和物料的液相量。复混肥所用的原料包括黏性物料和非黏性物料（沙性物料），黏性物料又分为本身具备黏性的物料和在有水的情况下易溶解和结晶的物料。要把粉状物料制成颗粒，就必须考虑物料的黏性，只有物料具备了足够的黏性，才能把分散的物料团聚成粒。黏性物料在原料中所占的比例决定了造粒的成粒率，同时沙性物料为颗粒圆整、防止起大球创造条件。黏合、分散要做到聚散有度，防止片面强调一方面而忽略另一方面。

所谓液相量是指水分加上溶解在水中盐类的总和量。复混肥一般都溶解于水，但不同品种溶解度有大小之分。复混肥的溶解度越大，吸湿所产生的不利影响越严重，如生产过程中大颗粒增多，设备严重粘壁，干燥机内出现大球，冷却后颗粒显得很潮湿，筛子糊筛，甚至成品在包装袋内吸湿，潮解粉化，产生严重结块。每一种混合物料体系达到最佳造粒条件时，有一个最佳的液相量百分数。

4. 返料量

采用团聚造粒或料浆涂布造粒生产复混肥时，不论何种工艺都不可能一次造粒得到合格的产品。因此，造粒后得到的颗粒经过筛分，筛分下来的细颗粒作为返料进入造粒机，进行重新造粒。返料量过大，则造粒机及返料输送设备随之加大，投资与能耗增大，适量的返料量可以调节物料的液相，优化造粒条件，有利于维持造粒设备的稳定运转。

三、复混肥生产的工艺流程

团粒法是复混肥生产中的常用造粒方法，根据使用造粒设备的不同，可分为圆盘造粒、转鼓造粒、双桨混合造粒等工艺。图 8-7 是典型的复混肥生产的工艺流程。

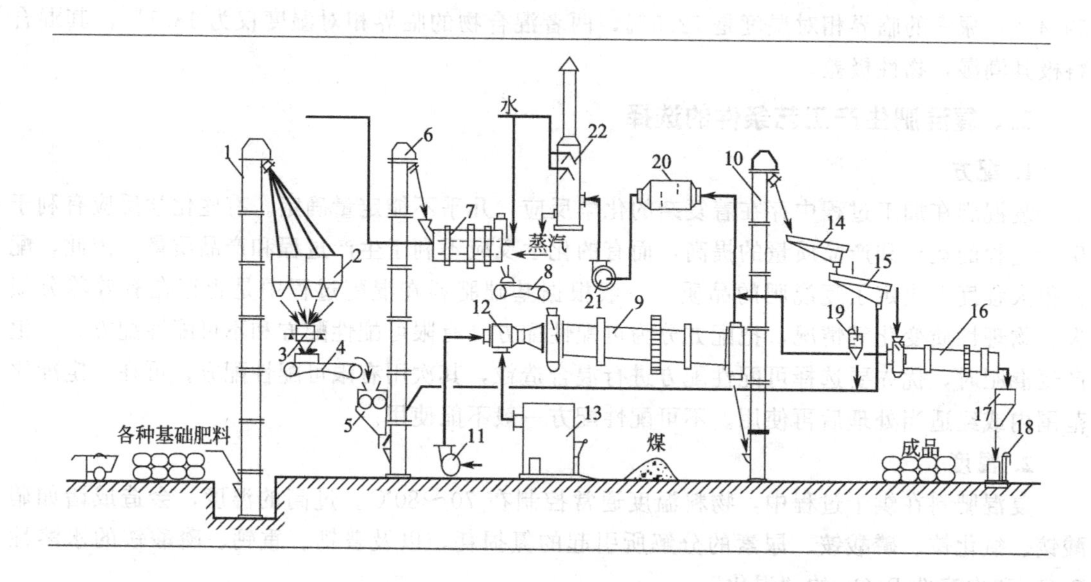

图 8-7 团粒法颗粒复混肥料生产的典型工艺流程图

1，6，10—斗式提升机；2—原料贮斗群；3—斗式电子秤；4，8—皮带输送机；5—破碎机；7—转鼓造粒机（或圆盘造粒机）；9—干燥机；11—鼓风机；12—引风器；13—燃烧炉；14，15—振动筛；16—冷却器；17—成品贮斗；18—秤；19—大粒破碎机；20—除尘器；21—排风机；22—洗气塔

基础肥料先破碎成粒径小于 20mm 的物料，以保证稳定计量。而后由一台或多台斗式提升机将物料分别提送至各自料斗中，然后用一台斗式电子秤对各基础肥料进行计量配料。计量后用调速皮带输送机将物料加入卧式链破碎机进行破碎，破碎一定粒度后，由一台斗式提升机送至转鼓造粒机。

转鼓造粒机有一个旋转的圆筒，其直径 1.2～2.4m，长度 3～8m 的筒体通常按卸料方向倾斜 1°～2.5°，转速约 7～16r/min。物料借助筒体旋转时产生的摩擦作用形成一个滚动的料床，滚动所产生的挤压力使物料在一定的液相条件下黏聚成粒。在料床中埋有蒸汽管，饱和蒸汽能提高热量；料床上方安置洒水喷管，必要时可淋洒少量水或基础肥料液，以满足造粒所需的湿含量。通常转鼓造粒时物料的温度在 50～80℃，水含量在 2.5%～6%。由于转鼓造粒过程能提高物料温度，增大物料中盐类的溶解度，满足成粒所需的液相数量，从而大幅降低干燥过程所要蒸发的水分，提高干燥设备的生产能力。转鼓造粒机卸出的湿物料由一条皮带机送入回转干燥机；同时由燃烧炉燃烧煤、油或天然气等产生的烟道气与湿物料成顺流方式进入干燥机。干燥机旁有一台喷射引风器，射流产生的负压，抽吸烟道气，并与喷射冷风混合后进入干燥机的进料端。一般进料箱处混合气的温度控制在150～200℃。

回转干燥机的直径一般在1.2～2.2m，长度10～18m。进料端设置螺旋抄板可将湿物料尽快地排出，减少物料与高温气流的接触时间，防止熔化和减少黏料现象。回转筒体中端有扬料板，将物料抛起扬撒，与热气流进行充分的热交换。物料在干燥机内停留时间一般在15～30min。筒体末端为光筒，是为了防止粉尘、减少尾气含尘。含湿含尘尾气由出料箱尾气管进入除尘器，再由风机引入洗涤系统，经洗气后排空。出干燥器的物料温度在65～85℃，尾气温度在70～90℃。

干燥后，物料由斗式提升机送筛分系统，筛出大于4mm的颗粒经破碎后与筛出的小于1.7mm的细粒一起返回造粒系统，合格的1～4mm颗粒经一台回转冷却器冷却至小于45℃，送包装工段。

思考与练习

1. 了解硫铵、氯化铵、尿素和硝酸铵的主要混配反应。
2. 了解团粒法复混肥生产的工艺流程。

任务九 熟悉复混肥生产的转鼓造粒机

一、复混肥生产的转鼓造粒机结构特点

转鼓造粒机是一种可将物料制造成特定形状的成型机械。转鼓造粒机是复混肥行业的关键设备之一，适用于冷、热造粒以及高、中低浓度复混肥的大规模生产。转鼓造粒机主要工作方式为团粒湿法造粒，通过一定量的水或蒸汽，使基础肥料在筒体内调湿后充分进行化学反应，在一定的液相条件下，借助筒体的旋转运动，使物料粒子间产生挤压力团聚成球。

典型的转鼓造粒机的结构如图8-8所示。

转鼓造粒机可分为四大部分。

1. 筒体部分

整台造粒机最重要的就是筒体部分，采用优质中碳钢板卷焊而成，筒体向出料端倾斜安装。筒体内部设置环形挡板（挡圈）、挡圈滑轨、蒸汽喷管，环形挡板通过活动螺栓固定在筒体内3根滑轨上，使挡圈可根据生产品种需要前后移动。环形挡板将筒体分为造粒区和抛光区两部分。物料在造粒区成粒，然后越过挡板进入抛光区，在抛光区进行陈化、抛光，细粒长大后，从筒体出口出料。环形挡板的作用是延长物料在造粒区的停留时间，以增加物料黏聚碰撞机会，提高成球率。生产低浓度复混肥时，因物料黏性好，成粒速率快，但粒形毛刺多，因此需要造粒时间短，抛光时间长；生产高浓度复混肥时，物料黏性差，成粒速率

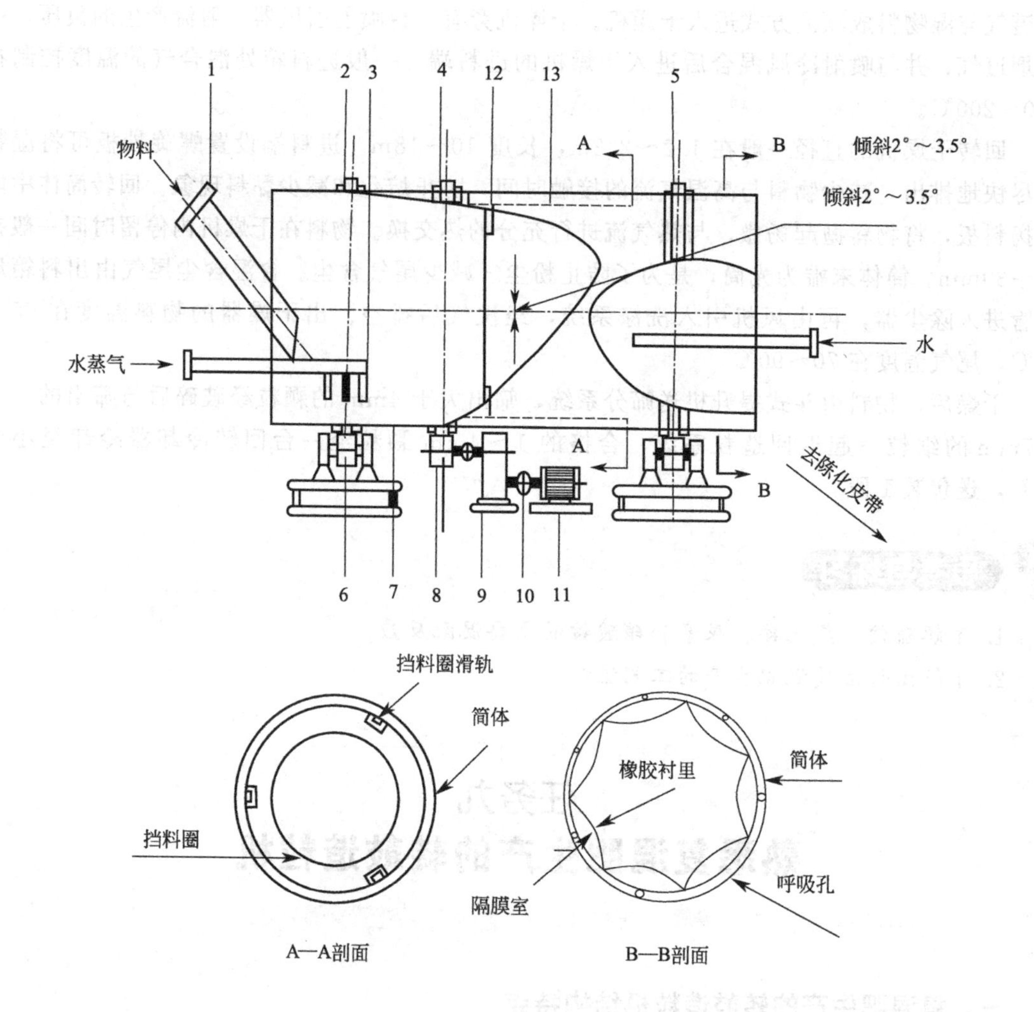

图 8-8　转鼓造粒机结构示意图

1—进料口；2—前大拖轮；3—蒸汽管；4—大齿轮；5—后拖轮；
6—前小拖轮；7—转鼓；8—小齿轮；9—减速器；10—轮轴节；
11—电机；12—物料挡板；13—挡圈轮轨

慢，需要更长的成粒时间，才能有较高的成球率，这就要求造粒区长一些，而抛光区短一些；生产中浓度复混肥时，物料黏性和成粒速率介于低浓度和高浓度之间，环形挡板处于居中位置。

有时为解决物料黏性大，导致筒内壁物料结块严重的现象，内置特殊的橡胶衬板，如氯丁橡胶。在筒体内壁均衡分成若干块，每块筒壁从前到后分布若干圆孔，作为空气呼吸孔。物料随筒体运动到最低点时，物料的重量压低橡胶衬板，将接触室里的空气从呼吸孔排出，当物料运行到一定高度，物料对橡胶衬板的压力下降，外界空气从呼吸孔进入接触室，将橡胶衬板鼓起，使物料下落并发生翻滚，物料几乎不会黏附，从根本上解决了物料内壁结疤问题，同时，颗粒均匀完美。

在筒体内部加料端设有加料挡圈防止物料溢出，出料端设置出料挡圈保证一定的料层厚度。有的造粒机在出料挡圈后装尾筛和卸料箱，在筒体内物料入口处设有导料叶板（小直径造粒机也可不设）。

2. 传动部分

整台造粒机传动部分尤为重要，整个机体的转动都由此而行。传动装置由小齿轮与筒体上的大齿轮啮合组成，由电动机驱动而使筒体转动。传动架均采用优质槽钢焊接而成，安装在传动架上的主电动机、减速机和小齿轮，带动固定在筒体中部的大齿圈和筒体做低速旋转。

3. 滚圈

滚圈固定于筒体两侧，以支撑整个机体。在筒体外壁的两端装有钢制滚圈，滚圈支承在托轮装置上。

4. 托轮部分

整个机体转动部分都由托轮支撑，受力较大。因此托轮支架部分均采用中碳钢板、槽钢焊接而成。除此之外更重要的是固定在架子上的拖轮，因与机体滚圈会产生较大摩擦，采用对称布置形式，同时采用进口滚动轴承、石墨块润滑。

二、复混肥生产的转鼓造粒机维护要点

造粒机运行中检查内容如下。

1. 电动机

(1) 操作电流是否超过额定电流，指示是否平稳。

(2) 电机是否超过允许温升。

(3) 电机有无振动或异声。

(4) 防护装置是否完好。

2. 减速机

(1) 有无振动或异声。

(2) 油位是否符合规定。

3. 大小齿轮及托轮、滚圈

(1) 润滑是否良好。

(2) 接触是否良好。

(3) 磨损是否严重。

(4) 有无异声。

(5) 托轮是否能自由转动 。

4. 筒体

(1) 是否有上窜或下移现象。

(2) 有无摩擦及异声。

(3) 转速是否均匀。

(4) 密封处是否漏料。

(5) 保温层有无损坏。

5. 物料进出口管

(1) 下料是否畅通。

(2) 是否有结疤现象。

6. 卸料箱

(1) 卸料箱内粗筛网有无损坏。

(2) 与筒体有无摩擦异声。

思考与练习

1. 转鼓造粒机由哪几个部分构成?
2. 转鼓造粒机的维护要点有哪些?

任务十
懂得复混肥生产的转鼓造粒机操作

一、复混肥生产的转鼓造粒机操作要点

1. 开车前的准备与检查

(1) 检查造粒机各零部件是否完好,润滑是否良好,进、出料口是否畅通,机内是否有杂物。

(2) 检查电气系统的工作状态是否正常。

(3) 检查各管道阀门是否完好,阀门是否关闭。

(4) 启动造粒机,转动数圈,确认无异常。

(5) 准备好岗位工、器具和原始记录。

2. 开车

(1) 接到开车通知后,通知干燥等后续岗位开车,锅炉做好供汽准备。

(2) 启动造粒机。

(3) 通知原料破碎岗位开车,向造粒机加料。

(4) 向造粒机内通入氨、稀酸、蒸汽,并按工艺要求进行调节。

3. 停车

(1) 接到停车指令后,通知原料破碎岗位停车,停止向机内加料。

(2) 停止向机内供氨、稀酸、蒸汽。

(3) 待造粒机内物料卸完后停造粒机。

(4) 事故停车时应立即停止加料、水和蒸汽,待事故处理完毕按程序开车。

(5) 停车后应做好设备的维护保养及卫生清扫工作,同时清理进、出料口并处理内结疤。

4. 正常操作要点

(1) 造粒岗位作为复肥生产的关键岗位,操作人员应随时调整操作条件,尽可能地提高出料成粒率。

(2) 保持进出料的稳定。进料量波动时要及时调节蒸汽、稀酸、蒸汽的加入量,防止出现粒度过大或过小及黏结现象。

(3) 经常检查设备电机电流、轴承温升是否正常。

(4) 经常检查进、出料口是否畅通,筒内是否结料,发现后及时处理。

二、复混肥生产的转鼓造粒机操作异常现象及处理

复混肥生产的转鼓造粒机操作中常见的异常现象、产生原因及处理方法见表8-3。

表8-3 复混肥生产的转鼓造粒机操作中的主要异常现象、产生原因及处理方法

异常现象	产生原因	处理方法
出料粒度过大	①液相量过大 ②进料粒度过大	①调小加汽、水量 ②通知破碎岗位，调整出料粒度
出料粒度过小	①液相量不足 ②物料在造粒机内停留时间太短，挡板损坏	①调整加汽、水量 ②调整进料量，维修造粒机挡板
筒体振动或轴向窜动量过大	①托轮装置与底板连接螺栓松动 ②托轮位置变动	①拧紧连接螺栓 ②校正托轮位置

三、复混肥生产的转鼓造粒机的安全操作事项

(1) 工作中必须按规定穿戴劳动保护用品，生产中严格按操作规程进行操作。

(2) 随时注意转动设备的运转情况，提升机的运转情况，发生异常情况，要立即采取措施，以防设备损坏，造成人身伤亡事故，同时将情况报告班长。

思考与练习

1. 转鼓造粒机开车前的准备工作有哪些？
2. 了解转鼓造粒机有哪些正常操作要点。

任务十一 了解掺混肥和液体肥料

一、掺混肥

掺混肥又称BB肥或干混肥，是氮、磷、钾三种养分中，至少有两种养分标明量的由干混方法制成的颗粒状肥料，一般以粒状单元肥料或复合肥料为原料，通过简单的机械混合制成，在混合过程中无显著化学反应。掺混肥生产工艺简单、设备易得、投资低，且便于测土施肥以维持土壤养分均匀，因而发展较快。掺混肥的生产和施用可在同一天进行，在这种情况下，生产厂和施用农田之间距离一般不超过50km，且不需考虑掺混肥产品的贮存性能；掺混肥的生产和使用也可不在同一天进行，在这种情况下，掺混肥产品还需包装和贮存一段时间，因而产品的贮存性能十分重要，要求生产原料干燥、颗粒均匀且强度高，以防产品在贮存和运输过程中吸水、结块和颗粒分层等。

生产掺混肥的主要原料包括硝酸铵、尿素、硫酸铵、磷酸一铵、磷酸二铵、重过磷酸钙、普通过磷酸钙、氯化钾、硫酸钾等，其中，尿素是掺混肥最广泛的氮养分来源，约60%的掺混肥生产使用尿素；硫酸铵由于物理性能和混配性能较好，也经常作为掺混肥氮养分的来源；磷酸二铵是掺混肥最广泛的磷养分来源；氯化钾是掺混肥最广泛的钾养分来源，对于忌氯植物，则用硫酸钾代替氯化钾。除主要原料外，在掺混肥生产中常根据土壤和植物

的需要，使用能提供硫、镁、锌、铜和锰等微量元素的原料，有时为增加功效，在生产中还往掺混肥中加入除草剂、杀虫剂等，制得多效掺混肥。

掺混肥的贮存性能主要是指在湿热的气候条件下，掺混肥产品颗粒结块和分层的难易程度，当难以结块和分层时，则掺混肥贮存性能好。掺混肥颗粒结块的难易程度与掺混肥生产主要原料颗粒表面的吸水程度有关，而分层难易程度与掺混肥产品颗粒大小的均匀程度有关，一般吸水程度越低则越不易结块，颗粒大小越均匀则越不易分层。

表 8-4 是 30℃时掺混肥部分主要原料和掺混产品的临界相对湿度，可见除个别情况外，一般两种主要原料掺混后所得的掺混肥产品，其临界相对湿度比原料低，比原料更易吸潮结块。

表 8-4 30℃时掺混肥部分主要原料和掺混产品的临界相对湿度 单位：%

相对湿度 原料 / 原料	硝酸铵	尿素	硫酸铵	磷酸二铵	氯化钾	磷酸一铵	过磷酸钙	硫酸钾
硝酸铵	59.4	18.1	62.3	59.0	69.7	58.0	52.8	69.2
尿素		75.2	56.4	62.0	60.3	65.2	65.1	71.5
硫酸铵			79.2	72.0	71.3	76.8	87.7	81.4
磷酸二铵				82.5	70.0	78.0	78.0	77.0
氯化钾					84.0	72.8	—	—
磷酸一铵						91.6	88.8	79.0
过磷酸钙							93.6	—
硫酸钾								96.3

两种主要原料是否适合掺混即可配合性，取决于掺混肥产品临界相对湿度的大小和原料掺混过程是否有结晶水产生。两种主要原料间的可配合性分为“可以混配”“有条件地配合”和“不宜混配”三种，其中“可以混配”指掺混后产品不易结块，两种主要原料几乎可无限制地相互混合；“有条件地配合”，指在一定的限制条件下，两种主要原料才可以混合而不明显结块；“不宜混配”指掺混后产品结块严重，两种主要原料不可以相互混合。

我国各地气候差异大，土壤类型多，农作物种类较多，种植方式多样，农业对化肥品种的要求多，测土施肥即科学施肥，针对土壤的养分含量测试结果，分析缺各养分含量的高低，对应施用化肥，才能防止土壤养分失衡，造成作物减产和品质降低。掺混肥能满足测土施肥的要求，养分元素可合理调配，是目前化肥品种发展的方向。

二、液体肥料

肥料按照状态不同可分为固体肥料和液体肥料。液体肥料品种多，大致可分为液体氮肥和液体复混肥两大类。液体氮肥有铵态、硝态和酰胺态的氮，如液氨、氨水、硝酸铵与氨的氨合物、尿素与氨的氨合物等。液体复混肥含有氮、磷、钾中两种或者三种营养元素，如磷酸铵、尿素磷酸铵、硝酸磷酸铵、磷酸铵钾等。

相比固体肥料而言，液体肥料在技术和经济方面具有许多突出优点：液体肥料生产过程无需浓缩、结晶、过滤（或造粒）和干燥等工序，生产简单、成本低；液体肥料一般采用槽罐储存，可以采用泵和管道输送，运输过程污染小，无粉尘产生；液体肥料施肥方式灵活，既可在作物根部施用，也可在叶面施用；液体肥料可添加中量营养元素（Ca、Mg、S）和微量元素（Zn、B、Ca、Fe、Mn、Mo）以及除草剂、杀虫剂、植物激素等，综合效果明显，对作物增产效果显著。但是液体肥料的主要养分含量低，一般适宜就近施用，适合作追肥，不宜长期贮存。

参考文献

[1] 陈五平．无机化工工艺学．第3版．北京：化学工业出版社，2002.
[2] 陈五平．化学肥料．第2版．北京：化学工业出版社，1989.
[3] 郑永铭．硫酸与硝酸．北京：化学工业出版社，1998.
[4] 文建光．纯碱与烧碱．北京：化学工业出版社，1998.
[5] 王全．纯碱制造技术．北京：化学工业出版社，2010.
[6] 叶树滋．硫酸生产工艺．北京：化学工业出版社，2012.
[7] 赵师琦．无机物工艺．北京：化学工业出版社，2009.
[8] 马瑛．无机物工艺．北京：化学工业出版社，2011.
[9] 王小宝．化肥生产工艺．北京：化学工业出版社，2009.
[10] 杨雷库．化学反应器．第3版．北京：化学工业出版社．2012.
[11] 田铁牛．化学工艺．第2版．北京：化学工业出版社．2010.
[12] 池永庆．尿素生产技术．北京：化学工业出版社，2006.
[13] 陈留栓．氨汽提尿素生产工艺培训教材．北京：化学工业出版社，2005.
[14] 江善襄等．磷酸、磷肥和复混肥料．北京：化学工业出版社，1999.
[15] 张伟，黄京生．磷肥生产工．北京：化学工业出版社，2005.
[16] 戴德深．钙镁磷肥高炉的运行故障及其处理．武汉：2005年全国低浓度磷肥发展研讨会论文集．
[17] 胡云武．硝酸铵生产工．磷肥与复合肥，2007，5：33-34.
[18] 刘金银．氨汽提尿素装置技改情况总结．北京：化学工业出版社，2005.
[19] 方天翰．复混肥料生产技术手册．北京：化学工业出版社，2003.
[20] 颜鑫．无机化工生产技术与操作．北京：化学工业出版社，2011.
[21] 杨苗．无机工艺．北京：化学工业出版社，2008.
[22] 蒙红平．无机化工生产技术．北京：化学工业出版社，2014.